环境工程导论

INTRODUCTION TO ENVIRONMENTAL ENGINEERING

主　编　李登新

副主编　关　杰　马林转　徐建玲　刘满红

U0252088

中国环境出版集团·北京

图书在版编目（CIP）数据

环境工程导论/李登新主编 . —北京：中国环境出版集团，2015.9（2021.8 重印）
（高等院校环境类卓越工程师培养系列教材）
ISBN 978 - 7 - 5111 - 2501 - 9

Ⅰ．①环…　Ⅱ．①李…　Ⅲ．①环境工程学—高等学校—教材　Ⅳ．①X5

中国版本图书馆 CIP 数据核字（2015）第 201161 号

出 版 人　武德凯
责任编辑　葛　莉
助理编辑　宾银平
责任校对　尹　芳
封面设计　彭　杉

出版发行　中国环境出版集团
　　　　　（100062　北京市东城区广渠门内大街 16 号）
　　　　　网　　　址：http://www.cesp.com.cn
　　　　　电子邮箱：bjgl@cesp.com.cn
　　　　　联系电话：010 - 67112765（编辑管理部）
　　　　　　　　　　010 - 67113412（教材图书出版中心）
　　　　　发行热线：010 - 67125803　010 - 67113405（传真）
印　　刷　北京市联华印刷厂
经　　销　各地新华书店
版　　次　2015 年 9 月第 1 版
印　　次　2021 年 8 月第 2 次印刷
开　　本　787×1092　1/16
印　　张　18
字　　数　430 千字
定　　价　49.00 元

中国环境出版集团郑重承诺：
中国环境出版集团合作的印刷单位、材料单位均具有中国环境标志产品认证；
中国环境出版集团所有图书"禁塑"。

编者的话

随着国民经济向高端制造业转型，高等教育对工科类人才的创新能力和实践能力提出了更高的要求。建设人力资源强国是我国可持续发展的战略支撑。《教育部关于实施卓越工程师教育培养计划的若干意见》（教高［2011］1号）指出，卓越工程师教育培养的主要目标是"面向工业界、面向世界、面向未来，培养造就一大批创新能力强、适应经济社会发展需要的高质量各类型工程技术人才，为建设创新型国家、实现工业化和现代化奠定坚实的人力资源优势，增强我国的核心竞争力和综合国力。以实施卓越计划为突破口，促进工程教育改革和创新，全面提高我国工程教育人才培养质量，努力建设具有世界先进水平、中国特色的社会主义现代高等工程教育体系，促进我国从工程教育大国走向工程教育强国。"

为适应我国当前工程师教育的发展形势，响应教育部实施的卓越工程师教育培养计划，配合国家环境专业综合改革方案，培养造就一大批创新能力强、适应经济社会发展需要的高质量工程技术人才，迫切需要编写出版符合新的专业（评估、认证）规范和卓越工程师计划要求的新教材。

鉴于此，中国环境出版社联合教育部环境特色专业、卓越计划高校，成立了由高等院校教师和企业、研究院所、行业协会、培训机构的专家共同组成的教材编审委员会，在反复学习、深刻领会教育部《卓越工程师教育培养计划》、《国家中长期教育改革和发展规划纲要（2010—2020年)》、《教育部关于实施卓越工程师教育培养计划的若干意见》（教高［2011］1号）和《国家中长期人才发展规划纲要（2010—2020年)》等文件的基础上，开发了这套《环境类卓越工程师培养系列教材》，希望能为环境类卓越工程师的培养作出积极贡献，成为环境工程卓越工程师教学标准体系和课程标准体系的载体，助力实现国家卓越工程师教育、培养一大批能够适应和支撑产业发展、创新型工程人才和具有国际竞争力的工程人才的目标。

该系列教材注重能力培养。与现有教材相比，更加突出对学生应用创新能力的培养；在教材内容和结构上，充分考虑知识与能力的关系，加大工程实践应用的比重，特别是与生产实践联系紧密的学科进行教材探索；同时开发相配套的实验教材，切实培养学生的环境工程实践能力、综合运用交叉学科知识的能力和科技创新能力。

该系列教材突出校企联合。卓越工程师计划就是要强化主动服务行业企业需求的意识，创新高校与行业企业联合培养人才的机制，作为培养人才的重要载体，该套教材将从教学源头引入企业的参与，让学校教师、企业专家共同讨论，吸取企业一线最直接的建议和意见，引入企业生产实践中的典型案例，摒弃以往教材中理论与实践脱节的现象，使教材内容更加突出应用性、创新性和时代感。

《环境类卓越工程师培养系列教材》可作为高等院校环境工程、环境科学、给排水专业、资源环境类及相关专业的本科教材，也可作为高职高专相关专业的选用教材，还可供有关工程技术人员学习参考。

中国环境出版社
2014 年 7 月

前　言

本教材以大工程教育为背景，以多专业知识融合为前提，以提高学生工程思维能力、丰富知识体系、强化能力训练为创新点。教材与学术著作不一样，不仅讲究守正创新，而且讲究系统性与规范性。在教材内容和结构上，充分考虑知识与能力的关系，及时筛选补充与时俱进的新内容，以达到培养学生系统解决环境问题、综合运用交叉学科知识和科技创新能力的目的。

本教材采用学科理论体系为主导的编排方式，较深刻、全面地回答了环境问题产生的根源，总结了最近几年环境学相关研究成果，系统全面地论述了环境学有关的基本理论，特别是能够启发环境专业学生学习、思考和研究环境系统问题及其解决方案。

本教材的特点是把各介质环境当成一个完整的环境系统来介绍，这与传统教材平铺直叙的介绍有所不同，希望读者全面系统掌握各类介质基本知识，从系统学角度理解各类环境，并针对各介质环境污染问题提出系统、完整和科学的污染控制方案。同时各章节还注重各介质环境的相互联系、相互影响和相互制约，力图各章节有一个完整的知识体系，又不完全封闭和孤立。

本教材注重跟踪最新发生的系统性、大范围环境事件，剖析发生的内因；描述了一系列新型环境污染物及其污染控制理念和工程经验，加强了土壤环境介质相关知识，弥补了现行环境专业教学计划中相关知识的缺乏和不足。

本教材是以应用创新工程型本科人才培养为目标，以卓越工程师培养计划为基本要求，重点突出创新能力的培养，特别是在污染控制、环境管理与规划、工艺选择与技术比较等方面与生产实践紧密联系。在现有教材的基础上，进行了深入的总结和研究，克服了系统性缺乏，批判、创新少的弊端。

本教材有目的地设计了环境学的基本原理、环境问题及其产生根源、水环境系统及其污染控制理念、大气环境系统及其污染控制模式、固体废物和危险固体废物最终处置方案及技术比较与优选、物理性污染特别是新型污染预防与控制以及生态环境优化、土壤环境及其污染修复等热点内容，目的在于激发同学热爱环境专业，引导他们掌握环境系统理论、解释环境问题、提出解决环境问题的思路。

本教材由国内多所学校教师与相关企业技术人员经多方调研、讨论编撰而成。参加本教材编写工作的人员（按篇章顺序）有：东华大学李登新、陈燕、宋新山（第一章、第六章、第七章）；东北师范大学徐建玲（第三章、第四章）；上海第二工业大学关杰（第一章至第四章）；云南民族大学马林转（第二章、第三章）、刘满红（第七章）；福建师范大学钱庆荣，东华大学许士洪、王君、王永乐、李洁冰、苏瑞景、段元东、吕伟、周婉媛、邵先涛、孙秀枝、尹佳印、王倩、伊玉、陆均皓和纪豪等为本教材相关章节提供或收集了部分技术资料，并进行了审核、校对等大量技术工作。全书由李登新统编、整理，并对部分篇、章进行修改、增补和调整。在编写过程中得到了中国环境出版社的大力支持，书中引用国内外出版的书籍、期刊、专利技术、标准和规范，最新发表的科技成果，硕士、博士论文有关内容及中国环境科学学会环境工程分会论文集等，在此一并致谢。

本教材供高等院校师生使用，希望也能对从事环境保护的管理人员、污染控制的决策人员、科研人员和技术开发人员有所裨益。

本教材编写水平有限，不当之处敬请指正。

编者

2015 年 9 月 10 日

目　录

第一章　绪　论 ·· 1

第一节　环境的基本概念 ····························· 1

第二节　环境系统 ······································ 5

第三节　环境多样性 ···································· 9

第四节　环境问题 ······································ 16

第五节　环境学基本原理 ····························· 31

第六节　环境科学体系 ································· 46

第七节　环境工程专业岗位分析 ······················ 48

思考题 ·· 56

参考文献 ·· 57

第二章　水环境与水污染控制 ······················· 58

第一节　水环境 ·· 59

第二节　水的利用 ······································ 71

第三节　水污染 ·· 76

第四节　水环境管理 ···································· 80

第五节　水污染控制 ···································· 99

思考题 ·· 109

参考文献 ·· 110

第三章　大气环境管理与污染控制 ··················· 111

第一节　大气环境系统 ································· 111

第二节　大气环境问题 ································· 119

第三节　大气污染成因与危害 ························· 132

第四节　大气环境管理 ································· 135

第五节　大气污染控制 ································· 140

思考题 ·· 149

参考文献 ·· 150

第四章　固体废物处理与处置 ······················· 151

第一节　固体废物来源、特征与管理 ·················· 151

第二节 固体废物处理处置基本原则 ·· 158

第三节 固体废物处理与处置方法 ·· 160

思考题 ·· 162

参考文献 ·· 162

第五章 物理性污染 ··· 163

第一节 噪声污染及其控制 ·· 163

第二节 电磁辐射污染及其防治 ·· 169

第三节 放射性污染及其控制 ·· 178

第四节 热污染及其控制 ·· 187

第五节 光污染及其控制 ·· 194

第六节 生物污染及其控制 ·· 199

思考题 ·· 203

参考文献 ·· 203

第六章 生态环境与污染控制 ··· 204

第一节 生态学 ·· 204

第二节 生态系统 ·· 205

第三节 生态学规律与生态建设 ·· 209

第四节 生态安全与食品安全 ·· 213

第五节 生态环境管理与修复 ·· 219

思考题 ·· 225

参考文献 ·· 226

第七章 土壤环境与污染修复 ··· 228

第一节 土壤物理性质与环境 ·· 228

第二节 土壤化学性质与环境 ·· 232

第三节 土壤退化与土壤质量 ·· 256

第四节 土壤环境污染 ·· 265

第五节 土壤环境容量与自净 ·· 270

第六节 土壤环境污染防治 ·· 274

思考题 ·· 278

参考文献 ·· 279

第一章 绪 论

本章介绍了环境工程学有关的概念、环境问题产生的根本原因、环境学基本原理、环境系统与环境污染迁移转化规律以及控制，最后分析了环境工程师应具备的素质和就业岗位分析的能力。要求同学们通过学习掌握环境问题产生的原因和基本原理，理解环境工程学基本概念、基本原理、污染物类型、迁移转化规律，提出环境问题解决的基本方案，了解环境问题的发展趋势、预测方法，对环境工程岗位要求有一定的了解。

第一节 环境的基本概念

1. 环境

所谓环境是相对于某一中心事物而言，作为某一中心事物的对立面而存在。它因中心事物的不同而不同，随中心事物的变化而变化。与某一中心事物有关的周围事物，就是这个中心事物的环境。环境科学所研究的环境，是以人类为主体的外部世界，即人类生存、繁衍所必需的、与自然相适应的环境，或物质条件的综合体，它们可分为自然环境、人工环境及社会环境。《中华人民共和国环境保护法》称，环境是指影响人类生存和发展的各种天然的和经过人工改造的自然因素的总体，包括大气、水、海洋、土壤、矿藏、森林、草原、野生生物、自然遗迹、人文遗迹、自然保护区、风景名胜区、城市和乡村等。

2. 工程

工程是将自然科学原理应用到工农业生产等部门而形成的各学科的总称。"工程"是科学的某种应用，通过这一应用，使自然界中物质和能源的特性能够通过各种结构、机器、产品、系统和过程，在最短的时间利用精而少的人力做出高效、可靠且对人类有用的系统。随着人类文明的发展，人们可以建造出比单一产品更大、更复杂的产品，这些产品不再是结构或功能较为单一的产品，而是各种各样的所谓"人造系统"（如建筑物、轮船、飞机等），于是工程的概念就产生了，并逐渐发展为一门独立的学科和技艺。

在现代社会中，"工程"一词有广义和狭义之分。就狭义而言，工程定义为以某组设想的目标为依据，应用有关的科学知识和技术手段，通过一群人的有组织的活动将某个（或某些）现有实体（自然的或人造的）转化为具有预期使用价值的人造产品的过程。就广义而言，工程则定义为一群人为达到某种目的，在一个较长时间周期内进行协作活动的过程，将自然科学的理论应用到具体工农业生产部门中形成各学科的总称，如：水利工程、化学工程、土木建筑工程、遗传工程、系统工程、生物工程、海洋工程、环境微生物工程。另外，用较多的人力、物力来进行繁重而复杂的工作，需要在一个较长时间周期内完成，如城市改建工程、京九铁路工程、菜篮子工程。

关于工程的研究称为"工程学";关于工程的立项称为"工程项目";一个全面的、大型的、复杂的包含各个子项目的工程称为"系统工程"。

3. 环境工程

环境工程是环境科学的一个分支。它主要研究运用工程技术和有关学科的原理和方法,达到合理利用自然资源,防治环境污染,改善环境质量目的的学科。环境工程的主要内容包括大气污染防治工程、水污染防治工程、固体废物的处理处置和噪声控制等。环境工程学还研究环境污染综合防治的方法和措施,以及利用系统工程方法,从区域的整体上寻求解决环境问题的最佳方案。

4. 环境科学

环境科学是一门研究人类社会发展活动与环境演化规律之间的相互作用,寻求人类社会与环境协同演化、持续发展途径与方法的科学。在宏观上,环境科学要研究人与环境之间的相互作用、相互制约的关系,力图发现社会经济发展和环境保护之间协调发展的规律;在微观上,研究环境中的物质,尤其是人类活动排放出来的污染物质,在有机体内迁移、转化、蓄积的过程以及其内在的运动规律,对生命的影响和作用机理。环境科学要探索全球范围内的环境演化规律、人类活动与自然生态之间的关系、环境变化对人类生存发展的影响,以及区域环境污染的防治技术和管理措施。

5. 环境背景值

环境背景值也称自然本底值,是指在不受污染的情况下,环境组成的各要素,如大气、水体、岩石、土壤、植物、农作物、水生生物和人体组织中与环境污染有关的各种化学元素的含量及其基本的化学组成。环境背景值反映环境质量的原始状态。

6. 环境问题

环境问题是指由于人类活动作用于周围环境所引起的环境质量的变化,以及这种变化对人类的生产、生活和健康所造成的影响。人类在改造自然环境和创建社会环境的过程中,自然环境仍以其固有的自然规律变化着,社会环境一方面受自然环境的制约,另一方面也以其固有的规律运动着。人类与环境不断相互影响和作用,即产生环境问题。

7. 环境质量

环境质量是环境系统客观存在的一种本质属性,并能用定性和定量方法加以描述环境系统所处的状态。环境始终处于不停的运动和变化过程当中,作为以环境状态表示的环境质量,也是处于不停的运动和变化之中。引起环境质量变化的原因主要有两个方面,一方面由人类的生活和生产行为引起的环境质量变化;另一方面由自然因素引起的环境质量变化。

8. 环境容量

环境容量又称环境负载容量、地球环境承载容量或负荷量,是在对人类生存和自然生态系统不产生危害的前提下,某一环境所能容纳的污染物的最大负荷量。或一个生态系统在维持生命机体的再生能力、适应能力和更新能力的前提下,承受有机体数量的最大限度。环境容量包括绝对容量和年容量两个方面。前者是指某一环境所能容纳某种污染物的最大负荷量。后者是指某一环境在污染物的积累浓度不超过环境标准规定的最大容许值的情况下,每年所能容纳的某污染物的最大负荷量。

9. 环境承载力

环境承载力又称环境承受力或环境忍耐力。它是指在某一时期,某种环境状态下,某一区域环境对人类社会、经济活动的支持能力的限度。人类赖以生存和发展的环境是一个大系统，它既为人类活动提供空间和载体，又为人类活动提供资源并容纳废弃物。对于人类活动来说，环境系统的价值体现在它能对人类社会生存发展活动的需要提供支持。由于环境系统的组成物质在数量上有一定的比例关系、在空间上具有一定的分布规律，所以它对人类活动的支持能力有一定的限度。当今存在的种种环境问题，大多是人类活动与环境承载力之间出现冲突的表现。

10. 环境系统

环境系统是环境各要素及其相互关系的总和。环境系统的范围可以是全球性的，也可以是局部性的。地球表面各环境要素及其相互关系的总和，构成地球环境系统。环境系统各要素之间彼此联系、相互作用，构成一个不可分割的整体；有其发生、发展、形成和演化的历史，在长期演化过程中逐渐建立起自我调节机制，维持自身系统的相对稳定；它是一个开放系统，是一个动态变化的体系，各种物质之间不断进行着能量流动和物质交换。环境系统和生态系统两个概念的区别：前者，着眼于环境整体，它自地球形成以后就存在；后者，侧重于生物彼此之间以及生物与其环境之间的相互关系，是生物出现以后的环境系统。

11. 环境系统稳定性

环境系统是具有一定调节能力的系统，对来自外界比较小的冲击能够进行补偿和缓冲，从而维持环境系统的稳定性。环境系统的稳定性在很多情况下取决于环境因素与外界进行物质交换和能量流动的容量，容量愈大，调节能力也愈大，环境系统也愈稳定；反之，环境系统就不稳定。在地球环境系统中，海洋、土壤和植被是巨大的调节系统，对于维护环境系统的稳定性起到相当大的作用。海洋的巨大热容量，调节着地表的温度，使之不致发生剧烈变化。海洋又是二氧化碳（CO_2）的巨大储存库。海水中 CO_2 与大气中 CO_2 进行交换，处于动态平衡，因此海洋能够使大气中 CO_2 的浓度保持稳定，从而保持地表层热量的稳定。土壤是陆地表面的疏松多孔体，又是一个胶体系统，对于植物所需的水分和养分有较强的吸收和释放能力。表土一旦丧失，土地肥力就急剧下降。植被通过根系和残落物层吸收水分加上叶子的蒸腾作用，调节地面水分和热量，使气候稳定。在生态系统中，构成群落的生物种类愈是多样化，食物链和食物网愈复杂，生态系统也就愈稳定。由此可见，任意缩小水面、滥施垦殖、毁坏植被、消灭野生生物或任意引进新种，都会破坏环境中的稳定因素，降低环境抗御自然灾害的能力。

12. 生态环境系统

生态环境系统是指由生物群落与无机环境构成的统一整体。生态系统的范围可大可小，相互交错，最大的生态系统是生物圈；最为复杂的生态系统是热带雨林生态系统，人类主要生活在以城市和农田为主的人工生态系统中。生态系统是开放系统，为了维系自身的稳定，生态系统需要不断输入能量，否则就有崩溃的危险；许多基础物质在生态系统中不断循环，其中碳循环与全球温室效应密切相关，生态系统是生态学领域的一个主要结构和功能单位，属于生态学研究的最高层次。

13. 多介质环境系统

环境的组成非常复杂，由一系列彼此相连的环境介质或环境所组成，如大气、土壤、湖泊、河流、海洋、湖底沉积物、湖中悬浮物，以及水或土壤中的生物体等。多介质环境系统即具有两种或两种以上环境介质的系统。

14. 生态足迹

生态足迹也称"生态占用"，是指特定数量人群按照某一种生活方式所消费的自然生态系统提供的各种商品和服务功能，以及在这一过程中所产生的废弃物需要环境（生态系统）吸纳的量，并以生物生产性土地（或水域）面积来表示的一种可操作的定量方法。其应用意义在于通过生态足迹需求与自然生态系统的承载力（亦称生态足迹供给）进行比较，即可以定量地判断某一国家或地区目前可持续发展的状态，以便对未来人类生存和社会经济发展做出科学规划和给出合理的建议。

15. 环境风险

环境风险是由人类活动引起的或由人类活动与自然界的运动过程共同作用造成的，通过环境介质传播，能够对人类社会及其生存、发展的基础环境产生破坏、损失乃至毁灭性作用等不利后果事件的发生概率。

16. 环境安全

广义的环境安全是指人类赖以生存发展的环境处于一种不受污染和破坏的安全状态，或者说人类和世界处于一种不受环境污染和环境破坏的良好状态。环境安全可分为生产技术性的环境安全和社会政治性的环境安全两类。

17. 环境管理

环境管理是国家环境保护部门的基本职能。它运用行政、法律、经济、教育和科学技术等手段，协调社会经济发展同环境保护之间的关系，处理国民经济生产各部门、各社会集团和个人有关环境问题的相互关系，使社会经济发展在满足人们物质和文化生活需要的同时，防治环境污染并维护生态平衡。由于环境管理的内容涉及土壤、水、大气、生物等各个方面，环境管理的领域涉及经济、社会、政治、自然、科学技术等多个方面，环境管理的范围涉及国家的各个部门，所以环境管理具有高度的综合性。

主要内容可划分为3个方面：①环境计划的管理。环境计划包括工业交通污染防治、城市污染控制、流域污染控制、自然环境保护、环境科学技术发展以及宣传教育计划等，还包括在调查、评价特定区域的环境状况的基础上进行区域环境规划。②环境质量的管理。主要是有组织地制定各种质量标准、各类污染物排放标准和监督检查工作，有组织地调查、监测和评价环境质量状况以及预测环境质量的变化趋势。③环境技术的管理。主要包括确定环境污染和破坏的防治技术路线、确定环境科学技术的发展方向、组织环境保护的技术咨询和情报服务工作、组织国内和国际的环境科学技术合作交流活动等。

18. 环境评价

环境评价是环境质量评价和环境影响评价的简称。从环境卫生学角度看环境质量评价是按照一定的评价标准和评价方法对一定区域范围内的环境质量进行客观的定性和定量的调查分析、评价和预测。实质上是对环境质量优劣的评定过程，该过程包括环境评价因子的确定、环境监测、评价标准、评价方法、环境识别，因此环境质量评价的正确性体现在上述5个环节的科学性与客观性。常用的方法有数理统计法和环境指数法两种。

环境影响评价简称环评、环境评价、环境评估等，英文缩写 EIA，即 Environmental Impact Assessment。环境影响评价是指对规划和建设项目实施后可能造成的环境影响进行分析、预测和评估，提出预防或者减轻不良环境影响的对策和措施，并进行跟踪监测的方法与制度。通俗地说就是分析项目建成投产后可能对环境造成的影响，并提出污染防治对策和措施。

19. 环境污染

环境污染是指人类直接或间接地向环境排放超过其自净能力的物质或能量，从而使环境的质量降低，对人类的生存与发展、生态系统的稳定造成不利影响的现象。具体包括水污染、大气污染、噪声污染、放射性污染等。

20. 环境污染控制

环境污染控制是指控制污染物排放的有效手段，主要包括污染物排放控制技术和污染物排放控制政策两个方面。技术一般由企业或科研机构进行研发，按照市场机制运行，主要以配合污染控制政策为目的，指定污染控制政策是国家职能，一般都是根据环境质量和经济发展状况确定。一般包括大气污染、水污染、固体废物污染、噪声污染、光污染、热污染、生物污染和放射性污染控制几大类。

第二节 环境系统

一、环境基本组成

（一）自然环境的组成和结构

自然环境是在人类出现之前就存在的，是人类目前赖以生存和发展的自然条件和自然资源的总称，即阳光、温度、气候、地磁、空气、水、岩石、土壤、动植物、微生物以及地壳的稳定性等自然因素的总和，即直接或间接影响人类的一切自然界的物质、能量和自然现象的总体，见图1-1。

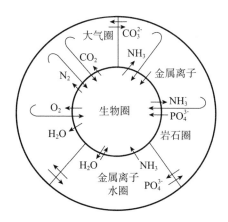

图1-1 自然环境组成及其部分物质循环

物质流和能量流通过各营养级的生物有机体组成所谓的食物链。处于各营养级的生物有机体种类繁多，因而食物链也是较多的，链的长短不一。食物链大多是交织在一起形成食物网，沿着食物链而上的生产率、生产量和生物个体数是逐级递减的，但污染物的浓度是逐级增加的，也就是说，食物链对污染物有明显的生物富集作用。了解这一点，对如何适量地发展生产、保障人类生活和健康具有指导意义。

生物群落及无机环境共同组成自然环境的结构单元，高级单元由低级单元组成，所以自然环境实际上是一个由两阶梯（由组成要素组成结构单元，再由低级结构单元组成高级结构单元）组成的多级谱系。

（二）人工环境的组成和结构

人工环境是人类在利用和改造自然环境过程中创造出来的。现代人类活动的内容和结构是异常丰富并且复杂的，但最基本、最主要的是生产和消费活动，就是人类与自然环境间以及人与人之间的物质、能量和信息的交换过程。这一活动的全部过程——从资源由自然环境中提取出来到以固、液、气的形式再排入自然环境，一般可分为提取、加工、调配、消费和排放5个分过程或5个阶段，且每个分过程又可以再继续细分下去。它包括农业人工环境、工业人工环境、能源人工环境、交通通信人工环境及信息人工环境等，它们是人类在利用和改造自然环境中创造出来的，但反过来它们又成了影响自然环境和人类活动的重要因素和约束条件。

（三）社会环境的组成和结构

社会环境是由政治、经济和文化等要素构成的，经济是基础，政治是经济的集中表现，文化则是政治和经济的反映。一定的社会具有一定经济基础和相应的政治和文化等上层建筑。社会环境是人类活动的产物，但它反过来又成为人类活动的制约条件，也是影响人类与自然环境关系的决定性因素。

自然环境、人工环境与社会环境共同组成各级人类生存环境单元，如聚落环境、区域环境，直至全球性环境。

二、环境的功能与特征

环境构成一个系统，是由于在各子系统和各组成成分之间，存在着相互作用，并构成一定的网络结构。正是由于这种网络结构，使环境具有整体功能，形成集体效应，起着协同作用。环境的整体功能大于各子系统和各组成成分功能之和。

由于人类环境存在着连续不断的能量和信息的流动，表现出其对人类活动的干扰与压力，具有不容忽视的特性。

（一）整体性

人与地球环境是一个统一的整体，地球上的任何一部分，或任一系统，都是人类环境的组成部分。各部分之间存在着紧密的相互联系、相互制约关系。局部地区的环境污染或破坏，总会对其他地区造成影响和危害。所以人类的生存环境及对其的保护，从整体上看是没有地区界线、省界和国界的。

（二）有限性

地球不仅在宇宙中是独一无二的，而且其空间也是有限的，有人称其为"弱小的地球"。这也同时意味着人类环境的稳定性有限、资源有限、容纳污染物质的能力有限，或对污染物质的自净能力有限。下面以环境对污染物的容纳能力或自净能力为例，加以说明。

环境对于进入其内部的污染物质或污染因素，具有一定的迁移、扩散和同化、异化的能力，即具有一定的环境容量。环境容量的大小，与其组成成分和结构，污染物的数量及其物理和化学性质有关。任何污染物对特定的环境及其功能要求，都有其确定的环境容量。由于环境的时、空、量、序变化，导致物质和能量的不同分布和组合，使环境容量发生变化，其变化幅度的大小，表现出环境的可塑性和适应性。污染物质或污染因素进入环境后，将引起一系列物理的、化学的和生物的变化，而自身逐步被清除出去，从而使环境能够达到自然净化。环境的这种作用，称为环境自净。人类发展活动产生的污染物或污染因素进入环境的量，超越环境容量或环境自净能力时，就会导致环境质量恶化，出现环境污染。这正说明环境是有限的。

（三）不可逆性

人类的环境系统在其运转过程中，存在两个过程：能量流动和物质循环。后一过程是可逆的，但前一过程不可逆，因此根据热力学理论，整个过程是不可逆的。所以环境一旦遭到破坏，利用物质循环规律，可以实现局部的恢复，但不能彻底回到原来的状态。

（四）隐蔽性

除了事故的污染与破坏（如森林大火、农药厂事故等）可直观其后果外，日常的环境污染与环境破坏对人们的影响，其后果的显现需要经过一段时间。如日本汞污染引起的水俣病，经过 20 多年的时间才显现出来；又如 DDT 农药，虽然已经停止使用，但进入生物圈和人体中的 DDT，还得经过几十年才能从生物体中彻底排除出去。

（五）持续反应性

事实告诉人们，环境污染不但影响当代人的健康，而且还会造成世世代代的遗传隐患。目前中国每年出生的有缺陷的婴儿约 300 万，其中残疾婴儿约 30 万，这类现象与环境污染或多或少地存在一定联系；历史上黄河流域生态环境的破坏，至今仍给炎黄子孙带来无尽的涝旱灾害。环境对其遭受的污染和破坏，具有持续反应特性。

（六）灾害放大性

实践证明，某方面不引人注目的环境污染与破坏，经过环境的作用以后，其危害性或灾害性，无论从深度还是广度来看，都会明显放大。如上游小片林地的毁坏，可能造成下游地区的水、旱、虫灾害；燃烧释放出来的 SO_2、CO_2 等气体，不仅造成局部地区空气污染，还可能造成酸沉降，毁坏大片森林，造成大量湖泊不宜鱼类生存，或因温室效应，使全球气温升高，冰帽融化，海水上涨，淹没大片城市和农田。又如，由于大量生产和使用氟氯烃化合物，破坏了大气臭氧层，结果不仅使人类皮肤癌患者增加，而且太阳光中能量较高的紫外线杀死地球上的浮游生物和幼小生物，切断了大量食物链的始端，以致有可能毁掉整个生物圈。以上例子说明，环境对危害或灾害的放大作用是相当强大的。

三、多介质环境系统

（一）环境介质的内涵

1. 环境与环境介质

环境是个复杂的开放系统。任何环境系统均由物质、能量和信息三部分构成，系统内的各圈层之间以及系统与外界之间时刻都在发生着物质、能量和信息的传递与交换。对于任何环境系统，将其中的物质如大气、水、土壤或沉积物、生物等统称为环境介质，能量和信息则称为环境因素。环境系统中能量和信息的交换是通过物质的传输来实现的，因此环境介质与环境因素之间既有区别，又有联系，前者是载体，后者是客体。

2. 环境介质的属性

作为可以感知又能测定的客观实体，环境介质具有物质的属性、容量的属性和动态演化的属性。所谓物质的属性，即环境介质是不依赖于人们的主观意识而客观存在的，其存在形态一般有气态、液态和固态三种。环境介质的物质属性决定了环境介质对其他物质的吸引力，也决定了环境介质具有反抗外界作用的性质（即物理学上的惯性），在环境科学中称这种惯性为自净能力。容量的属性，即环境介质本身所具有主动维持自身稳定状态的惯性。容量的属性使得环境系统在受到外界干扰时，产生一定的缓冲作用，以减少外界对环境系统的改变，环境介质的这种抗干扰能力或缓冲能力称为环境容量。由于环境容量有一定限度，因此当人类活动与自然活动过于频繁时，环境介质的结构、组成乃至功能将会发生不可逆转的变化，即通常所说的环境污染或生态破坏。动态演化的属性，即大气圈、水圈、岩石圈和生物圈等环境介质是在各种内外因素的共同作用下，不断发展和演化所形成的。随着生命的延续、自然和人类社会活动的继续，环境介质的演化将会不间断地持续下去。

（二）多介质环境的含义

1. 多介质环境

严格地讲，在地球表面不存在完全单一的环境介质，因为水中往往含有一定量的气体和固体悬浮物，大气中也含有一定量的水和固体颗粒物，土壤中则含有一定量的水分、气体和生物。但在宏观研究中，一般将大气、水体、土壤、岩石和生物分别看作单介质，而把由两种以上的单介质构成的体系称为多介质环境。在多介质环境中，由于存在复杂的物理、化学和生物过程的联合作用，排放到环境系统的污染物发生跨介质迁移、转化，并在各环境介质间进行重新分配。因此全面认识污染物在环境中的行为及其生态效应，需要从多介质的概念出发深入研究污染物在多介质环境系统的迁移转化和降解。

2. 多介质环境特性

多介质环境是指由多个环境介质组成的有机体系，它除了具有一般环境介质的属性外，还具有跨介质迁移、界面（两个或多个系统间的重叠部分，是环境介质单元间相互作用的产物，具有一定的厚度）效应、非线性作用和协同效应等特殊属性。①跨介质迁移是指物质由一种环境介质进入另一种环境介质中，如水—气界面的挥发扩散过程、大气—土壤界面的干/湿沉降过程、水—悬浮颗粒物之间的吸附过程等都属于污染物的跨介质迁移过程。②跨介质迁移是污染物在多介质环境中运动的重要形式，进入环境的污染物在不同环境介质的重新分布是通过跨介质的迁移过程来实现的。界面效应指污染物或微小生物在不同环境介质的界面（两个或多个环境介质间的重叠部分）中表现出来的特殊性质，界面效应的存在导致了污染物的跨介质迁移机理和速率与单一环境介质中的迁移行为大为不同。在污染物的转化过程中，界面效应的存在使得环境界面附近的转化与远离界面的环境介质内部的转化不同。③非线性作用指污染物在多介质环境界面的行为具有非线性特征，因为界面两侧的环境介质在状态、结构、理化性质等方面都存在差异，污染物通过界面的传输将比在原来介质内的传输速度加快或是减慢。大量的研究表明，物质在环境介质或界面的许多行为表现出非线性特征，如水—气界面上物质传输的双膜理论、水体沉积物对污染物的吸附—解吸动力学过程、污染物在水体或大气中扩散的费克定律、地表水与地下水之间的物质传输过程，生物与周围环境介质之间的物质和能量的交换过程等都属于二级反应过程，表现出明显的非线性特征。

第三节　环境多样性

一、环境多样性分类

环境多样性可分为自然环境多样性、人类需求和创造的多样性、人与环境相互作用的多样性、环境各要素间相互作用的多样性等。自然环境多样性包括物质多样性、生物多样性、环境过程多样性、环境形态与功能多样性；人类需求和创造的多样性包括人类需求多样性和人类创造多样性；人与环境相互作用的多样性包括相互作用界面多样性、作用方式多样性、作用过程多样性和作用效应多样性；环境各要素间相互作用的多样性包括环境要素间正负相互作用的多样性、直接或间接作用的多样性、作用界面多样性、作用方式多样性、作用过程多样性和作用效应多样性。

二、自然环境多样性

自然环境多样性包括物质多样性、生物多样性、环境过程多样性和环境形态与功能的多样性。物质多样性包括生命物质的多样性和非生命物质的多样性。

（一）物质多样性

物质是世界的本源，可以把组成世界的物质分为生命物质和非生命物质两大类，它们之间存在着辩证统一的关系，即两者间相互影响、相互制约：生命物质起源于非生命物质，而非生命物质对生命物质产生反馈作用；生命物质和非生命物质间有物质和能量的交换过程；生命物质的进化受非生命物质的制约。

生命物质包括核酸、蛋白质、脂类、糖类和一些无机盐类等。科学家通过研究各种生物的原生质，即细胞内的生命物质，查明了组成生物体的化学元素的种类、数量和作用。组成生命物质的化学元素有 20 多种，其含量差异很大。玉米和人体内含量较多的化学元素除 C、H、O、N 外，还有 P、S、K、Ca、Mg、Si、Cl、Al、Fe、Na、Zn 等。据统计，在生物体的细胞内至少可以找到 62 种元素，其中常见的元素约有 29 种，最重要的有 24 种。分析表明组成玉米和人体的基本元素是 C，此外还含有 O、H 和 N，这 4 种元素占元素总量的 90% 左右。组成生物体的化学元素虽然大体相同，但是，在不同的生物体内，各种化学元素的含量相差很大。在组成生物体的大量元素中，C 是最基本的元素，C、H、O、N、P、S 六种元素是组成原生质的主要元素，大约共占原生质总量的 95%。生物体的大部分有机化合物是由以上六种元素组成的。例如，蛋白质是由 C、H、O、N 等元素组成的，核酸是由 C、H、O、N、P 等元素组成的。除了上述所提到的物质外其他物质都可以归结到非生命物质中来。

（二）生物多样性

生物多样性是指在一定时间和一定区域内所有生物（动物、植物、微生物）物种及其遗传变异和生态系统复杂性的总称。生物多样性一般从基因、物种和生态系统 3 个层次来定义，其包括遗传多样性、物种多样性和生态系统多样性 3 个组成部分。

1. 遗传多样性

遗传多样性是生物多样性的重要组成部分。广义的遗传多样性是指地球上生物所携带的各种遗传信息的总和。这些遗传信息储存在生物个体的基因之中。因此，遗传多样性也就是遗传基因的多样性。任何一个物种或一个生物个体都保存着大量的遗传基因，因此，可以被看做是一个基因库（Gene pool）。一个物种所包含的基因越丰富，它对环境的适应能力就越强。基因的多样性是生命进化和物种分化的基础。

2. 物种多样性

物种多样性是指地球上动物、植物、微生物等生物种类的丰富程度。物种多样性包括两个方面，其一是指一定区域内物种的丰富程度，可称为区域物种多样性；其二是指生态学方面物种分布的均匀程度，可称为生态多样性或群落物种多样性。物种多样性是衡量一定地区生物资源丰富程度的一个客观指标。

在阐述一个国家或地区生物多样性丰富程度时，最常用的指标是区域物种多样性。区域物种多样性的测量有以下 3 个指标：①物种总数，即特定区域内所拥有的特定类群的物种数目；②物种密度，指单位面积内特定类群的物种数目；③特有物种比例，指在一定区域内某个特定类群特有物种占该地区物种总数的比例。

3. 生态系统多样性

生态系统是各种生物与其周围环境所构成的自然综合体。所有的物种都是生态系统的组成部分。在生态系统之中，不仅各个物种之间相互依赖、彼此制约，而且生物与其周围环境之间也存在相互作用。从结构上看，生态系统主要由生产者、消费者、分解者构成。生态系统的功能是对地球上的各种化学元素进行循环和维持能量在各组分之间的正常流动。生态系统的多样性主要是指地球上生态系统组成、结构、功能以及各种生态过程的多样性，包括生境的多样性、生物群落和生态过程的多样化等多个方面。其中，生境的多样性是构成生态系统多样性形成的基础，生物群落的多样化可以反映生态系统类型的多样性。

近年来，有些学者还提出了景观多样性（landscape diversity）的概念，作为生物多样性的第四个层次。景观是一种大尺度的空间，是由一些相互作用的景观要素组成的具有高度空间异质性的区域。景观要素是组成景观的基本单元，相当于一个生态系统。景观多样性是指由不同类型的景观要素或生态系统要素构成的景观在空间结构、功能机制和时间动态方面的多样化程度。遗传多样性是物种多样性和生态系统多样性的基础，或者说遗传多样性是生物多样性的内在形式。物种多样性是构成生态系统多样性的基本单位。因此，生态系统多样性离不开物种多样性，也离不开不同物种所具有的遗传信息的多样性。

（三）环境形态与功能多样性

形态是物质外在的表现形式和状态。自然环境形态多样性包括地形地貌多样性、气象形态多样性、物质形态多样性、生物形态多样性、景观多样性等。

环境功能是指环境各要素及其构成的系统为人类生存和发展所提供的环境服务的总称，包括保障自然生态安全和维护人居环境健康两个方面。一方面保障与人体直接接触的各环境要素的健康，即维护人居环境健康；另一方面保障自然系统的安全和生态调节功能的稳定发挥，构建人类社会经济活动的生态环境支撑体系，即保障自然生态安全。环境功能区包括大气功能、水功能、海洋功能、水土流失治理、生态功能等。各类功能区又可进行详细分类。如水功能区包括自然保护区、饮用水水源保护区、渔业用水区、工农业用水区、景观娱乐用水区等，以及混合区和过渡区；大气功能区包括的一类区为自然保护区、风景名胜区和其他需要特殊保护的区域；二类区为城镇规划中确定的居住区、商业交通居民混合区、文化区、一般工业区和农村地区；三类区为特定工业区。

（四）环境过程多样性

环境过程是指不同的物质在环境中通过不同的物理、化学、生物、生态作用的动力学迁移过程和转化过程中各种发生条件和影响因素的生物降解和生态变化过程。由于生物的多样性，产生了较为丰富的运动变化过程。由于参与的物质和生物种类的不同、时间尺度的差别，以及变化本身性质的迥异，共同组成了环境过程多样性。

例如，从时间尺度上而言，有些变化是瞬间过程，如雷电、一些化学变化、位移等；有些变化需要的时间可以用秒、分、小时或者天来计算，如完成一段位移、加热、蒸发、天气现象、一些有机化学反应、生理过程等；有些变化的时间需要用月、年来计算，如生物的成长、进化，种群、群落、生态系统的演化，陆地形态的变化，河流水位的变化等；有些变化的时间相对于人类发展的历史则是极为漫长的，如矿产资源的形成、地球、气候、大气层、地质的演化，甚至宇宙的演化和各种物质的形成等，类似这样的时间尺度通常用"地质年代"的概念来进行描述，通常都要以数十万年、数千万年甚至数亿万年来进行计算。

从变化本身的性质而言，有物理过程，如蒸发、分割、组合、衰变、大气运动、水流、扩散迁移等；化学过程，如成岩、分解、合成、降解等；生物过程，如生物的生老病死及进化等；生态过程，如能量流动、物质循环、信息传递等；更多的变化是多种过程相互交织在一起形成的，如自然界的水、碳、氮等物质循环，生态系统、地质的演化等。这些环境过程确实是多种多样的，但是也并非无迹可循，它们总是在遵循着一定的规律运行。

1. 物理过程多样性

物理过程是指自然环境中物体通过旋转、迁移实现转化，使分子不断扩散等一系列的过程。自然界中的物理过程数不胜数，每一种物质都是在不断的物理运动过程中存在的。在人类不断认识和探索过程中，其中的规律不断得到认知和确认。

（1）力学过程。力学过程是指物体受力的形变过程及速度远低于光速的运动过程。根据力学的主要分支体系，可以将力学过程大致概括为固体力学过程、流体力学过程、天体力学过程。

（2）热力学过程。热力学过程主要包括热现象中物态转变和能力转换的过程，主要分为热扩散、热传递、相变与相平衡、黏滞性输送等过程。

（3）光学过程。当一束光投射到物体上时，会发生反射、折射、干涉、散射及衍射等现象，且光线在均匀同等介质中总沿直线传播。

（4）声学过程。声学过程一般是指媒介中机械波的产生、传播、反射、折射、干涉、衍射、驻波、散射、接收和效应的物理过程，其中媒介包括各种状态的物质，可以是弹性物质也可以是非弹性物质。

（5）电磁学过程。电磁学过程是指电、磁和电磁的相互作用的过程。电磁学过程主要包括电荷移动过程、电流形成过程、磁效应过程、电效应过程和电磁感应等。

2. 化学过程多样性

化学过程包括物质在组成、结构和性质上发生的变化。物质的多样性决定了化学过程的多样性。物质结构类型众多，化学键类型复杂，化学反应多种多样，且大部分反应并不是经过单一的反应步骤就能完成的，而是经过生成中间产物的许多中间步骤完成的，且其反应速率也相差悬殊。在此列举水化学过程、大气化学过程和土壤化学过程来说明化学过程的多样性。

（1）水化学过程。水化学过程大致可以概括为水的酸碱化学过程、配位过程、氧化还原过程和相间作用过程等。水体中大部分化学和生化现象都是相间作用过程，主要有其在水中的溶解和挥发、固体的沉淀和溶解、胶体颗粒的聚沉及微生物细胞的絮凝等相互作用过程。

（2）大气化学过程。大气化学过程是指大气与地表生物圈、海洋、地球以及其他星体和空间相互作用，主要包括大气中物质浓度的变化过程、均相与非均相化学过程、沉降过程、循环过程和光化学反应等。大气中大多数均相化学过程直接或间接地与太阳紫外光辐射的大气吸收有关。在均相化学过程中最具有代表性的有：氢氧化物的光化学转化、氮氧化物的光化学转化、臭氧的光化学循环等。大气中的微量和痕量成分在发生化学变化的同时又在全球尺度上被输送，并形成循环过程，其中最具有代表性的有水汽循环、氢循环、碳循环、氮循环、氧循环、硫循环、磷循环等。

（3）土壤化学过程。土壤化学过程主要指土壤中的物质各组分之间和固液相之间的化学过程，以及离子（或分子）在固液相界面上所发生的化学变化。土壤中的化学过程多种多样，主要包括土壤中溶质迁移过程、土壤离子吸收与交换过程、土壤的酸化与碱化过程、土壤的氧化还原过程等。

3. 生物过程多样性

生物过程是生物各个层次的物质运输与代谢、生殖发育、起源进化以及生物与周围环境相互作用等过程的总称。生物不仅具有多种多样的形态结构，也具有多种多样的生物过程。

（1）生物的物质运输与代谢。生物的物质运输多种多样，生物物质运输是一个复杂的生理过程，既取决于生物本身的特性，也受许多环境条件的影响。绿色植物的营养方式是自养，其呼吸主要以扩散方式进行；动物为异养型生物，其呼吸方式多种多样，如皮肤呼吸、鳃呼吸、肺呼吸、气管呼吸等。生物的新陈代谢包括生物体内的一切化学反应，其反应过程是复杂多样的，并由一系列反应组成，但有其顺序性，各反应间紧密联系，密切配合，有条不紊地进行。在生物体的新陈代谢中最为普遍的有：糖、脂质、氨基酸、核苷酸以及酶的代谢。

（2）生物生殖。生殖是生物生长发育到一定阶段后产生后代以延续种族的现象。无性生殖是指不经过生殖细胞的结合，生物个体的营养细胞或营养体的一部分，直接生成或经过孢子而产生能独立生活的个体的生殖方式，如裂殖、芽殖、孢子生殖。有性生殖是由亲体产生性细胞，通过两性细胞结合成为合子，进而发育成新个体的生殖方式，如同配生殖、异配生殖和卵生殖。

（3）生物进化。生物进化是指生物种群多样性和适应性发生变化，或一个群体在历史发展过程中遗传组成发生变化。生物进化的范围很广，可以使某一物种、某一类群的变化，也可大至整个生物界的变化发展。现代的各类生物都是由较原始的古代生物经过长期、缓慢、复杂的进化过程演变而来的。生物进化的道路是曲折的，表现出种种特殊的复杂情况。除进步性发展外，生物界中还存在特化和退化现象。生物进化既包含有缓慢的渐进，也包含有急剧的跃进；生物进化既可以是连续的，又可以是间接的。

（4）生物死亡与物种的灭绝。生命的本质是机体内同化、异化过程这一对矛盾体不断发生运动，而死亡则是这对矛盾体的终止。灭绝是物种的死亡，物种总体适应度下降到零。在生物进化过程中，灭绝和生存几乎同等重要。灭绝是生物圈在更大的时空范围内进行的自我调整，是生物与环境相互作用过程中，生物为达到与环境的相对平衡所付出的代价。地球上自从约35亿年前出现生命开始，已有5亿种生物生存过，如今绝大多数生物早已灭绝。

三、人与环境相互作用的多样性

人类社会的发展，现已达到了足以改变整个地球命运的程度，而自然环境的变化，也已显示出足以毁灭整个人类社会的巨大力量。这就是具有特殊意义的基于人类社会与自然环境相互作用的人类－环境系统的现象。研究认为，在人类－环境系统中，人类与环境的相互作用具有多样性和规律性两个基本特点。

（一）人类－环境系统作用的多样性

人类需求和创造的多样性决定了人类与环境在互相作用的界面、方式、过程和效果等方面同样具有多样性。人类与环境相互作用的多样性，为人类－环境系统的稳定奠定了基础。

1. 作用界面的多样性

人类与环境相互作用的界面存在于人类生活和生产的各个方面。人类生活的多样性表现为不同国家、地区、种族的各种生活习惯、信仰、习俗和制度等方面。人类生产的多样性表现为工业、农业、交通、电信和建筑等方面。在工业生产中，工厂、矿山、油田都是重要的界面；在农业生产中，土地、农场、林场、鱼塘等也都是人类与环境相互作用的重要界面。总而言之，在宏观上大到整个宇宙，微观上小到细胞内部的分子，几乎都可以成为人类与环境相互作用的界面。而且，随着科学技术的不断进步，人类与环境相互作用的关系越来越复杂，作用的界面也愈加多样化。

2. 作用方式的多样性

一方面，人类对环境的作用方式是多种多样的。各种环境资源对人类来说拥有不同的用途，人类对各种环境资源也有不同的利用方式。人类对不同的产品有着不同的生产方式，对不同的生存环境，也有不同的改造方式。另一方面，环境对人类的作用方式也是多种多样的，既有直接作用，也有间接作用，既可以通过景观、饮食、呼吸、体表接触作用于人体，也可以通过环境资源和环境质量状况作用于人类社会关系。

3. 作用过程的多样性

作用过程大致可以分为物理、化学和生物学三种类型，每种过程都各具多样性。例如，在磷循环中的作用过程有：对磷酸盐岩石的侵蚀（化学过程为主）与开采（物理过程）、在生产和生活中的应用（物理、化学、生物过程）、生物原生质的合成（生物过程）、磷酸盐化细菌的降解（物理、生物过程）以及沉积岩形成的地质过程（物理、化学过程）等，可见其复杂的多样性。

4. 作用效果的多样性

有些作用效果是显著的，有些则相当隐蔽，直至引发更大后果时才显露出来；从时间尺度上讲有些作用效果是瞬时的，有些则是要经过较长时间才能看到；从对人类的长远影响看，有些作用效果促进了人与环境的协调发展，有些则破坏了人类发展的可持续性。

四、环境各要素间相互作用的多样性

自然地理环境的基本组成要素有 5 个，即气候、水文、地貌、生物和土壤。环境各要素间相互作用的多样性包括环境要素间正负相互作用多样性、直接或间接作用的多样性、作用界面的多样性、作用方式的多样性、作用过程的多样性和作用效应的多样性，见图 1-2。

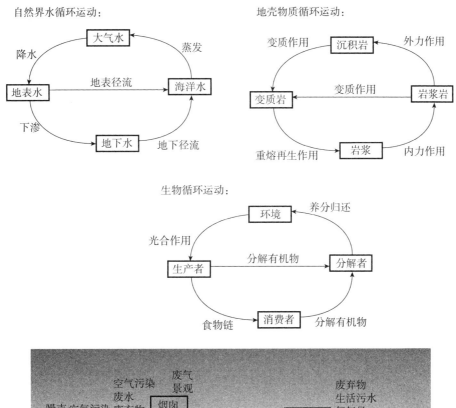

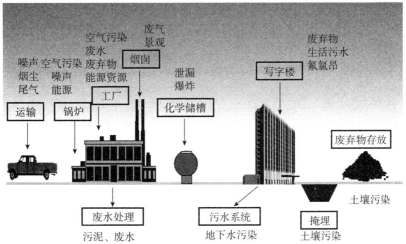

图 1-2 环境要素的相互作用

（一）地理要素间进行着物质与能量的交换

自然地理环境由大气、水、岩石、生物、土壤等地理要素组成。这些要素通过水循环、生物循环和岩石圈物质循环等过程，进行着物质迁移和能量交换，形成了一个相互制约和相互联系的整体。

（二）地理要素间相互作用产生新功能

自然地理环境作为一个系统，除了具有每个地理要素的独特功能外，还具有各要素间相互作用所产生的一些新功能，如生产功能、平衡功能等。

（1）生产功能。是指自然地理环境之间具有的合成有机物的能力，主要依赖于光合作用。

（2）平衡功能。是指各自然地理要素通过物质和能量交换，使自然地理要素的性质保持稳定的能力。

（三）自然地理环境具有统一的演化过程

自然地理环境各要素每时每刻都在发生演化。各个要素的发展演化过程是统一的，一个要素的演化伴随着其他各要素的演化。或者说，每个地理要素的演化都是自然地理环境演化的一个方面。自然地理环境具有统一的变化过程，保证了自然地理要素之间的协调，是自然地理环境整体性的重要表现形式。

（四）地理要素的变化会"牵一发而动全身"

某一自然地理要素的变化，会导致其他要素及整个地理环境状态的变化。

第四节　环境问题

一、常见环境问题

到目前为止已经威胁人类生存并已被人类认识到的环境问题主要有：雾霾、全球变暖、臭氧层破坏、酸雨、淡水资源危机、能源短缺、森林资源锐减、土地荒漠化、物种加速灭绝、垃圾成灾、有毒化学品污染等众多方面。

二、环境问题分类

第一类环境又称原生环境，是指没有受到人类活动影响的自然环境。在原生环境中，由于自然界本身的变异所造成的环境破坏问题，即自然界固有的不平衡性，诸如自然条件的差异，自然物质分布的不均匀性，太阳辐射变化产生的台风、干旱、暴雨，地球热力作用和动力作用产生的火山爆发、地震，地球表面化学元素分布的不均匀性等，常导致局部地区某种化学元素含量的过剩或不足，所引起的各种类型的生物地球化学性疾病，都可称为第一类环境问题。

第二类环境问题又称次生环境问题，是指由于人类的社会经济活动造成的对自然环境的破坏，改变了原生环境的物理、化学或生物学的状态。人类工农业生产活动和生活过程中废弃物的排放造成大气、水体、土壤、食品的物质组分发生变化，对矿产资源不合理开发利用造成的气候变暖、地面沉降、诱发地震等，大型工程活动造成的环境结构破坏，对森林的滥砍滥伐、草原的过度放牧造成的沙漠化问题，不适当的农业灌溉引起的土壤变质，动物捕杀造成种群的减少问题等，均称为次生环境问题。

第三类环境问题，是指社会环境本身存在的问题，主要是人口发展，城市化及经济发展带来的社会结构和社会生活问题。人口无计划地增长带来住房、交通拥挤，燃料和物质供应不足等问题而导致生活质量降低，风景区及文物古迹破坏等，这些社会环境问题，称为第三类环境问题。它属于社会科学研究的范畴。

三、环境问题发展趋势

（一）全球环境问题发展趋势

1. 全球环境总体状况恶化，环境问题的地区及社会分布失衡加剧

尽管世界各国、相关组织和机构、各利益攸关者等通过制度、政策、技术、投资、能力建设以及国际合作等在解决上述环境问题方面做出了巨大的努力，取得了一些进步，但是全球环境总体状况改善没有取得期望的效果，全球环境问题依然严峻。总的态势是局部地区改善，但是全球总体恶化，全球环境变化的地理与社会分布失衡加剧。

2. 少数全球或区域性环境问题取得积极进步，多数问题进展缓慢或改善乏力

根据联合国环境规划署的全球评估，过去 20 年，在国际社会的共同努力下，少数相对简单的全球和区域环境问题的解决取得了积极进展，但是多数问题并没有得到有效解决或延缓。

根据评估，取得积极进展的全球环境问题主要是臭氧层破坏和酸雨。在臭氧层耗损方面，在过去 20 年，国际团体已经将消耗臭氧层物质或化学品的生产减少了 95%，这是一个不小的成就；酸雨问题在欧洲和北美地区已经得到基本解决，但是在墨西哥、印度和中国等国家依然是个不小的问题，这表明酸雨已经从一个全球性环境问题退变为典型的区域环境问题。除此之外，国际社会制定了温室气体减排条约，建立了一些新形式的碳交易以及碳补偿市场；保护区不断增加，大约覆盖了地球面积的 12%；另外还提出了很多方法来应对其他各种全球和区域环境问题。

但是大多数问题没有得到切实解决。在气候变化方面，自 1906 年以来，全球温度平均升高 0.74℃。根据联合国政府间气候变化专门委员会（IPCC）最乐观的估计，21 世纪全球温度还将升高 1.8 ~ 4℃。

生物多样性丧失依然在持续，生态系统服务功能退化。根据综合评估，现在物种灭绝的速度比史前化石记录的速度快 100 倍；全球 60% 的生态系统功能已经退化或正在以不可持续的方式利用；脊椎动物群中 30% 以上的两栖动物、23% 的哺乳动物以及 12% 的鸟类都受到了威胁；1987—2003 年，全球淡水脊椎动物的总数平均减少了将近 50%。联合国环境规划署的评估报告对生物多样性丧失提出了预警，认为全球第 6 次物种大规模灭绝即将开始，而这次完全是由人类活动引起的；而且，一旦生物多样性缓慢的减少达到一定阈值，就会导致突然的锐减，造成不可逆转的影响。同时，外来物种入侵问题及其造成的危害和损失在全球范围内也日益严重。

3. 各种全球环境问题相互交织渗透，关联性不断增强，与非环境领域的联系日益紧密

（1）全球与区域环境问题相互转化，交相呼应。在过去 20 年，一些全球性环境问题转变为区域性问题，如酸雨问题，已经从过去的全球性问题变成典型的区域性问题；臭氧层问题，尽管臭氧层破坏的影响是全球性的，但目前消耗臭氧层物质的生产和消费也是区域性的，也就是说臭氧层破坏的源头是局部的。而一些区域性问题逐渐上升为全球性问题，如危险废物特别是电子废物的越境转移，从过去集中在亚洲逐渐扩展到非洲、欧洲等。

同时，全球环境问题存在一种倾向，即在区域范围内寻求最佳解决方案，至少是期望在区域内获得一定突破或得到初步解决，因为某些问题在多边框架下进展比较缓慢或者治理效果不明显，反而在区域范围内，问题相近的国家和地区容易达成一致意见；而某些区域性问题需要全球机制如公约、资金和技术援助的支持，如电子废物越境转移、削减和淘汰消耗臭氧层物质等。

（2）各种全球环境问题之间的关联性不断增强。例如，全球气候变暖可使极地冰川融化、海平面上升，导致海洋生态系统发生变化；气候变暖还可能改变动植物生存的生境，影响陆地生态系统及其服务功能；造成极端异常气候，产生旱涝灾害，加剧水资源分配不平衡，影响土地利用等。土地退化、荒漠化与生物多样性保护紧密相关。总之，环境问题之间的关联和交织增加了问题解决的难度，需要统筹考虑这些问题，制定可持续的政策路径，需要在国际和国家水平上同时考虑经济、贸易、能源、农业、工业以及其他部门的综合措施。

（3）全球环境问题与国际政治、经济、文化、国家主权等非环境领域因素的关系越来越密切。全球环境问题的泛政治化、经济化、法制化与机构化趋势日益明显。实际上，全球环境问题的实质是各国家和地区在全球化趋势下对环境要素和自然资源利用的再分配，是利益的争夺问题，包括经济和政治利益。如气候变化问题，受气候变化影响最大的国家如小岛屿国家要避免气候变暖海平面上升带来的威胁，敦促其他国家进行温室气体减排；发达国家为维持既有的生产和消费方式及其利益，对发展中国家施加压力，增加其减排的责任；而新兴以及发展中国家要维护自己的发展权而为自己争取更大的温室气体排放空间。总的来看，围绕《联合国气候变化框架公约》《京都议定书》以及"后京都议定书"时代的国际规则和资金机制等相关问题，不同利益攸关者为各自利益而进行的谈判斗争日益激烈。生物多样性等其他全球环境问题也是如此。

（二）中国经济社会发展对全球环境问题的影响及面临的国际压力

过去 20 年间，特别是加入 WTO 以来，在中国融入全球化的进程中，其广度和深度是前所未有的。中国已经成为全球经济增长的重要引擎。在经济全球化和贸易自由化背景下，中国经济增长对全球资源的需求和消耗急剧增加，使得中国对全球的环境影响在近几年内成为国际社会关注的焦点。中国对全球环境的影响主要分为两个方面：一是中国自身的环境问题，由于人口基数和经济规模巨大，出于大国效应，对全球环境问题的贡献份额很大；二是中国在全球市场配置自然资源而引发的国际资源环境问题。总的来看，在全球范围和水平下，中国已经成为世界上最大的污染者之一，成为能源和资源的最大需求者之一。可以说，目前中国是各类全球环境问题的集合载体，当前的全球和区域环境问题在中国得到了集中体现和爆发。中国对全球环境变化的影响表现在以下若干方面。

1. 生态足迹

生态足迹就是能够持续地提供资源或消纳废物的、具有生物生产力的地域空间，其含义就是要维持一个人、地区、国家的生存所需要的或者指能够容纳人类所排放的废物的、具有生物生产力的地域面积。生态足迹估计要承载一定生活质量的人口，需要多大的可供人类使用的可再生资源或者能够消纳废物的生态系统，又称为"适当的承载力"，见图1-3。目前中国总的生态足迹（Ecological footprint）位居全球第二，2001年全球人均生态足迹为$2.2hm^2$。根据估算，1978—2003年，中国生态足迹呈现逐渐上升趋势，从1978年的人均$0.843hm^2$升至2006年的人均$1.643hm^2$；中国1978—2006年的生态赤字显著增加，由人均生态赤字$0.248hm^2$上升至$0.890hm^2$。

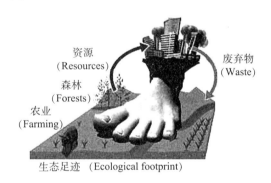

资源（Resources）
森林（Forests）
农业（Farming）
废弃物（Waste）
生态足迹（Ecological footprint）

图1-3 生态足迹意义

2. 气候变化

当前中国已经成为全球温室气体排放第一大国。根据2007年发改委发布的《中国应对气候变化方案》评估，1994年中国温室气体排放总量为40.6亿t二氧化碳当量（扣除碳汇后的净排放量为36.5亿t二氧化碳当量），而2004年分别为61亿t和56亿t二氧化碳当量，1994—2004年，中国温室气体排放总量的年均增长率约为4%，二氧化碳排放量在温室气体排放总量中所占的比重由1994年的76%上升到2004年的83%。

3. 臭氧层破坏

中国是世界上最大的生产和消费消耗臭氧层物质的国家。虽然中国在1999年成功地将消耗臭氧层物质的生产和使用水平冻结在1995—1997年的水平，并且截至2002年年底，中国获得7.4亿美元的多边基金赠款，将淘汰7万多t消耗臭氧层的物质，但是，与美国、日本和印度三国相比，目前中国对消耗臭氧层物质的消费量仍然居高不下，对臭氧层的破坏还在继续。

4. 酸雨

前面提到，酸雨问题已经成为典型的区域性环境问题，而中国是目前酸雨问题的主要制造者。而且在目前世界上仅存的三大酸雨区中，中国华南酸雨区是唯一尚未得到有效治理的。

5. 化学品及持久性有机污染物

中国是世界上化学品生产与消费大国，而且近几年来，中国化工行业特别是重化工行业呈现出快速扩张趋势。化学品的生产和消费特别是持久性有机污染物的使用对全球空气、水以及土壤的污染产生的影响是巨大的。

6. 能源与资源需求与消耗

中国的经济增长对能源和资源的消耗是巨大的。根据估算，中国的 GDP 占世界的 4%，却消耗了全球 26% 的钢、37% 的棉花、47% 的水泥；中国的煤炭、石油、钢等能源消耗、建材消耗、原材料进口居全世界第一；中国是工业用木材纸浆纸产品的全世界第二大市场；单位 GDP 能耗是发达国家的 8～10 倍，污染是发达国家的 30 倍。

四、环境问题的产生

（一）环境问题产生的历史根源

1. 原始社会的环境问题

自然环境为人类提供了丰富多彩的物质基础和活动舞台，但人类在诞生以后很长的岁月里，只是自然食物的采集者和捕食者，它主要是以生活活动—生理代谢过程与环境进行物质和能量交换，主要是利用环境，而很少有意识地去改造环境。即使发生环境问题，也主要是因为人口的自然增长和像动物那样的无知而乱采乱捕，滥用自然资源所造成的生活材料的缺乏，以及由此而引起的饥荒，为了解除这一环境威胁，人类就被迫扩大自己的环境领域，学会适应在新环境中生活的本领。

人类历史初期，使用简单的劳务工具，人对自然界的作用是有限的。可以说，这时人还是自然界的奴隶，在许多方面还和动物一样是不自由的，寒冷、饥饿、野兽的威胁、疾病和死亡等受大自然的支配，人类在生存发展中遇到了许多困难。为了渡过这些难关，人们成群地生活在一起，凭借简单的石器和木棒工具，主要靠采集和狩猎为生。但即使是这样低水平的劳动，也引起了人类最早的环境问题——过度的采集和狩猎，往往是消灭了居住地区的许多物种，而破坏了人们的食物来源，失去了进一步获得食物的可能性，使自己的生存受到威胁，这是人类活动产生的第一个环境问题。为了解决生存危机，人类被迫进行迁徙，转移到有食物的地方去，以同样的方式破坏了那里的食物来源，又会被迫再进行迁徙。这时，地球上人口数量很少，一个地区停止人类活动之后，生命系统可以慢慢地自行恢复。因而古人类总是可以从一个地方迁徙到另一个地方，使其采集、狩猎和迁徙的生活得以维持。但是，迁徙不能从根本上解决人类与自然界的上述冲突。

2. 农牧时代的环境问题

新石器时期，随着生产工具的进步以及磨制石器如石犁、石锄的使用，产生了原始农业和畜牧业，这就是人类农业革命的兴起。农业的产生创造了人类史上光辉灿烂的古代文明。但是，正如恩格斯指出的："不要过分陶醉于对自然界的胜利。对于每一次这样的胜利，自然界都进行了报复。每一次胜利，在第一步都确实取得了预期的结果，但是在第二步和第三步却有了完全不同的、出乎预料的影响，常常把第一个结果又取消了。""刀耕火种"是人类最早的农业技术。为了发展农业和畜牧业，人们砍伐和焚烧森林，开垦土地和草原，把焚烧山林的草灰作为土地的肥料。随着人口的增长，反复的"刀耕火种"，反复弃耕，特别是在一些干旱和半干旱地区，就会导致土壤破坏，出现严重的水土流失，使肥沃的土地变成不毛之地。曾经产生光辉灿烂的古代三大文明（巴比伦文明、哈巴拉文明、玛雅文明）的地方，原来也是植被丰富、生态系统完善的沃野，只是由于不合理的开发，由于"刀耕火种"的掠夺经营，过分强化使用土地，才导致千里沃野变成了山穷水恶的荒凉景观。这就是以土地破坏为特征的人类的第二个环境问题。

黄河流域是中华民族的摇篮，哺育了我国光辉灿烂的历史文化，四千多年前，这里是森林茂密，水草丰富的森林草原带。据史料表明，至周代，黄土高原的森林约有32 万 km^2，覆盖率达 53%。在农业生产中，由于盲目开发，森林被破坏了，致使今天这里 43 万 km^2 的土地上，千沟万壑，水土流失严重，呈现处处荒山秃岭、茫茫荒原的景象。值得注意的是，农牧时代的环境问题一直延续到今天，土地侵蚀问题仍是世界性的严重环境问题。

3. 工业革命时代的环境问题

以二百多年前蒸汽机的广泛使用为标志，爆发了工业革命，许多国家随着工业文明的崛起，由农业社会过渡到工业社会。工业文明涉及人类生产和生活的各个方面。工业文明的兴起，大幅度地提高了劳动生产率，增强了人类利用和改造环境的能力，丰富了人类物质生活条件和精神生活资料。今天，现代生活中的每一个人都离不开这样高度发达的技术社会。但是，很多国家盲目地不惜代价地增加国民生产总值，极度地"增产"，甚至不顾一切地挖掘自然资源，破坏生态环境，对地球生物圈的破坏是无可挽救的。由于工业现实基于征服自然的原则，由于人口增长，不断提高的技术和为了发展而持续不断的需求，对周围环境的破坏，超过了早先的任何年代。工业革命造成了严重的环境污染，如大气污染、水污染、土壤污染、噪声污染、农药污染等，其规模之大，影响之深是前所未有的。

例如，18 世纪末英国产业革命后，因蒸汽机的发明和普遍使用而造成的环境污染，使伦敦曾在 1873 年、1880 年、1892 年发生 3 次由于燃煤造成的烟雾事件，主要是由于燃煤产生的大气烟尘及二氧化硫，死亡约 2 800 人；1905 年在英国格拉斯哥又发生过一次烟雾事件，死亡 1 063 人。这种情况屡有出现。到了 20 世纪初，各资本主义国家工业更加迅速发展，除燃煤造成的污染有所加重外，内燃机的发明和使用、石油的开发和炼制、有机化学工业的发展，对环境污染带来更加严重的威胁，曾出现过多起震惊世界的公害事件。特别是自 20 世纪 50 年代以来，不但工业污染物排放量大，而且出现许多新的污染源和污染物，使原来未被污染波及的领域也不能幸免。例如，巨型油轮、海上钻井等的出现，使海洋污染日趋严重；航空与航天技术的发展，使高空大气层也遭受污染，甚至山巅与极地也被不同程度地影响了。现在可以说，在地球上很难找到一块未被污染的"洁净绿洲"。于是，环境污染问题就成为全球性的问题。与此同时，人口剧增、资源过度消耗、生态破坏等也日益严重地阻碍着经济的进一步发展和人民生活质量的提高，继而威胁着全人类的未来生存和发展。在这种严峻形势下，人类不得不重新审视自己的社会经济行为和走过的历程，认识到通过高消耗追求经济数量增长和"先污染后治理"的传统发展模式已不再适应当今和未来发展的要求，而必须努力寻求一条人口、经济、社会、环境和资源相互协调的，既能满足当代人的需求而又不对满足后代人需求的能力构成危害的可持续发展的道路。

4. 当代的环境问题

20 世纪 60 年代开始的以电子工程、遗传工程等新兴工业为基础的"第三次浪潮"，使工业技术阶段发展到信息社会阶段。信息社会的特点是，在信息社会里战略资源是信息，价值的增长通过信息。信息社会中充分体现人与人之间的相互作用。新技术、新能源和新材料的发展和应用，给人类在利用和改造自然的抗争中增添了新的力量，它将带来社会生产力的新飞跃，影响产业结构、社会结构和社会生活的变化，对经济增长和社会进步产生深刻的影响。它的环境意义和作用表现为：一方面新的科学技术革命有利于解决工业化带来的环境问题，新技术的应用将实现提高劳动生产率和资源利用率。另一方面，新技术应用于环境管理系统、环境监测和污染控制系统，可大大提高环境保护工作效率，促进环境保护工作。但是，它可能带来新的环境问题。新技术革命的发展，使发达国家发展新兴产业，可能把技术落后、环境污染严重的传统产业转移到发展中国家。就某一地区而言，城市发展高技术新兴产业，而传统工业则可能向农村乡镇转移。这样，将使污染由发达国家向发展中国家转移，由城市向农村转移。另外，新技术、新材料的应用，也会产生相应的环境效应，有许多因素尚难以预测。

（二）典型的环境污染事件

最典型的环境污染事件是轰动世界的八大公害事件，分别是：①1930 年比利时的马斯河谷烟雾事件，主要是由工业排放的有毒有害气体引起的；②1948 年发生在美国宾夕法尼亚州的多诺拉烟雾事件，也是由工业废气不进行处理直接排放引起的；③20 世纪 40 年代发生在美国洛杉矶的光化学烟雾事件，主要是由机动车尾气排放发生二次污染引起的，直到 70 年代，洛杉矶仍被称为"美国的烟雾城"；④1952 年发生在英国的伦敦烟雾事件，其罪魁祸首是燃煤排放的粉尘和二氧化硫；⑤1953—1956 年日本熊本县水俣市发生的水俣病事件，是由工业排放的含汞废水引起的；⑥1961 年日本四日市硫酸烟雾事件，这是由石油冶炼和工业燃油排放的重金属微粒与二氧化硫引起的；⑦1968 年日本北九州市、爱知县一带发生的米糠油事件，这是由于多氯联苯混入米糠油中引起的食物中毒；⑧1955—1972 年日本富山县神通川流域发生的骨痛病事件，这是由稻米和饮用水受镉污染引起的。

进入 20 世纪 80 年代后，环境污染事件频发，污染因子趋于多元化，如：①1984 年印度博帕尔事件。这是由于美国联合碳化公司在印度博帕尔市的农药厂因管理混乱、操作不当，致使地下储罐内剧毒的甲基异氰酸脂因压力升高而爆炸外泄引起的。②1986 年切尔诺贝利核泄漏事件。这是由于切尔诺贝利核电站管理不善和操作失误，导致 4 号反应堆爆炸起火，致使大量放射性物质泄漏引起的。③1986 年莱茵河污染事件。这是由于瑞士巴塞尔市桑多兹化工厂仓库失火，近 30 t 剧毒的硫化物、磷化物与含有水银的化工产品随灭火剂和水流入莱茵河引起的。④1990—1991 年海湾战争石油污染事件。由于空袭，科威特油田到处起火，部分油田被炸，浓烟蔽日，原油顺海岸流入波斯湾，部分油膜起火燃烧黑烟遮没阳光，伊朗南部降了"黏糊糊的黑雨"。⑤中国中东部地区霾污染事件。近几年来，北京、天津、河北、河南、江苏等地都笼罩在霾污染的阴影中，能见度低，污染程度高。污染原因复杂，污染物主要来源于工业排放、燃煤取暖和机动车尾气排放。⑥土壤污染事件。近年来，我国土壤污染严重，正进入集中多发期。污染物质来源丰富，如废水、废气、废渣、农药、化肥、污泥以及近年来出现的微生物污染。

（三）环境问题产生的根本原因

人类对环境问题产生原因的认识，有一个逐步深化的过程。刚开始，人们认为环境问题是由科学技术发展的不足引起的，倾向于仅从技术角度来研究环境问题的解决之道。但是，环境问题并没有随着科技的发展而得以解决，非但如此，反而变得更为严重。后来，人们又从经济学、伦理学等角度来研究环境问题，环境经济学、环境哲学、环境伦理学、环境法学等新兴科学由此诞生。环境问题的产生是相当复杂的，应当从多学科、多维视角予以研究。在当代社会，环境问题不仅仅是一个技术问题和经济问题，它还是一个哲学问题、宗教问题、伦理问题。归根结底，它是文明问题，它深刻地揭示了传统工业文明的弊端，宣告了传统工业文明必将走向终结的命运，它也预示了一个新文明——生态文明的诞生。

环境问题产生的原因在于以下几点：

第一，是人类运用不正确的理论思维指导处理自身与自然、与环境关系的一个必然结果。即人类运用不正确的世界观（包括自然观、科学观、消费观、发展观、道德观）指导处理自身与自然环境关系，导致人类做出错误的行为，引起环境问题。

第二，环境管理问题也是大多数国家产生环境问题的原因。环境管理作为运用计划、组织、协调、控制、监督等手段，为达到预期环境目标而进行的一项综合性活动，可以很好地预防环境问题的发生并对已有的环境问题进行处理，在环境保护中起着举足轻重的作用。因此，环境管理体系不完善、环境管理水平较低、执法不严、违法成本低、区域等新型环境问题复杂等环境管理问题最终导致环境问题发生和趋于严重。

第三，人类对自然规律、社会规律、科学规律、经济规律认识不足，还有诸多规律未被揭示，这种局限性导致新的环境问题未被意识到。

1. 环境问题产生的哲学根源——不正确的自然观

环境问题的产生与西方世界"主客二分"的哲学传统有密切的关系。古希腊哲学家柏拉图开"主客二分"思想之先河，近代的伽利略、培根和笛卡尔，特别是笛卡尔，对"主客二分"式的机械论哲学的最终确立和使其占据统治地位，做出了最有成效的努力。在著名的笛卡尔的"心物二元论"中，他在精神和肉体之间画出了一道截然分明的界限，"主客二分"的哲学模式对于确立人的主体性和科技的发展，的确发挥了进步的历史意义。但是它忽视了大自然的整体性和价值尊严，导致了人类对自然界盲目的肆无忌惮的征服和改造。"现在，深刻化的地球规模的环境破坏的真正原因，在于将物质与精神完全分离的'心物二元论'西方自然观，拥有席卷整个世界的势头。"

2. 环境问题产生的伦理学根源——道德观

在传统的伦理学中，所谓伦理即是人伦之理。伦理学的研究对象，仅限于人与人之间的社会关系，而人与自然的关系则被排除在外。自然界只有工具价值，没有自身的内在价值，它的价值仅是满足人类永无止境的欲望。由于自然界没有获得"道德关怀"的资格，由于大自然没有自身的价值和尊严，人类在征服和利用大自然的过程中就缺少了必要的伦理准则的制约。

3. 环境问题产生的技术根源——科学观

一方面，很多环境问题的产生，是由于技术发展的不足和人类理性的有限性，人们对自然规律和社会规律的认识总是具有一定的片面性。一些反自然、反科学的人类行为，必然会遭到大自然的报复。另一方面，技术就像是一把高悬在人类头顶之上的达摩克利斯剑，对技术的滥用往往会使人类反受其害。例如，对核能和生物技术的滥用，会导致无可估量的生态恶果。

4. 环境问题产生的经济根源——消费观

经济行为的负外部性和共有资源的非排他性是导致环境问题的原因之一。

所谓行为的负外部性，是指人们的行为对他人或社会有不利的影响。在经济行为中，它既包括生产的负外部性，也包括消费的负外部性。例如，工矿企业排放废水、废气、废渣等行为，居民在使用助力车或汽车的过程中排出的尾气，对他人和周围的环境均有负面影响。为有效减少和控制经济行为的外部负效应，就应当使外部成本内在化。根据科斯定理，如果私人各方可以无成本地就资源配置进行协商，那么，私人市场就将总能解决外部性问题，并能有效地配置资源。但是，由于交易成本的存在和交易人数众多等原因，科斯定理难以适用于现实。为此，就需要政府采取管制、征收庇古税等公共政策来应付外部性问题。然而，与"市场失灵"一样，也往往存在"政府失灵"现象，从而使负外部性问题难以得到有效克服。

在经济学中，根据物品是否具有排他性和竞争性，可以把物品分为私人物品、公共物品、共有资源和自然垄断物品。私人物品是既有排他性又有竞争性的物品，公共物品是既无排他性又无竞争性的物品，共有资源是有竞争性而无排他性的物品，自然垄断物品是有排他性但没有竞争性的物品。清洁的空气和水、石油矿藏、野生动物等是典型的共有资源。1968年，美国加州大学的哈丁教授就人口资源等问题撰写了一篇题为"公地的悲剧"的论文，深刻地说明了由于外部性的存在和人们追求个人利益最大化而导致共有资源的枯竭。"公地的悲剧是一个有一般性结论的故事：当一个人用共有资源时，他减少了其他人对这种资源的使用。由于这种负外部性，共有资源往往被过度使用。"当今社会，资源的枯竭、环境质量的退化，与共有资源的非排他性和经济行为的负外部性有密切的联系。

5. 环境问题产生的社会根源——发展观

（1）传统的生产方式和消费方式。大量开采资源—大量生产—大量消费—大量废弃模式是建立在高能耗、高物耗、高污染的基础之上的，是不可循环的，因而也是不可持续的。"虽然贫困导致某些种类的环境压力，但全球环境不断退化的主要原因是非持续消费和生产模式，尤其是工业化国家的这种模式。这是一个严重的问题，它加剧了贫困和失调。"恩格斯在《家庭、私有制和国家的起源》中就精辟地指出："鄙俗的贪欲是文明时代从它存在的第一日起直至今日起推动作用的灵魂；财富，财富，第三还是财富，不是社会的财富，而是这个微不足道的单个的个人的财富，这就是文明时代唯一的、具有决定意义的目的。"他还引用摩尔根的话，说明人与自身创造的财富之间的异化现象，"自从进入文明时代以来，财富的增长是如此巨大，以致这种财富对人类来说已经变成了一种无法控制的力量。人类的智慧在自己的创造物面前感到迷惘而不知所措了"。美国哲学家和精神分析学家弗洛姆则从精神分析学和社会心理学的角度对资本主义社会的工业生产、高消费与人的异化作了精彩的分析，他指出："社会越来越被工业官僚阶层和职业政治家所控制。人们被社会影响所左右，他们的目的是尽可能多地生产和尽可能多地消费，并把这作为自我目标。一切活动都从属于经济目标，手段变成了目标。人变成了物，成为自动机器：一个个营养充足，穿戴讲究，但对自己人性的发展和人所承担的任务却缺乏真正的和深刻的关注。应该使得人不再同自己的力量产生异化并且不再通过崇拜新偶像——国家、生产、消费的方式去体验自己的力量。"传统的生产模式和消费模式在经济上是不可持续的，从社会心理学和文化学的角度而言，则是一种病态的与人类自身异化的现象，不克服这种异化，环境问题就不会得到真正的解决。

（2）经济的贫困化是环境恶化的根源。经济落后国家没有建立起本国的工业体系，为了生存和偿还外债，迫使他们不断开采本国的自然资源廉价出口到发达国家。由于缺乏资金和技术，一些发展中国家无法解决因过度开采资源所导致的环境问题：土壤肥力的降低、水土流失、森林等资源的急剧减少以及由此而带来的各种自然灾害。而这些环境问题又反过来加剧了经济的贫困化。于是，很多国家陷入了经济贫困和环境退化的恶性循环之中。《联合国人类环境宣言》指出："在发展中国家中，环境问题大半是由于发展不足造成的。千百万人的生活仍然远远低于像样的生活所需要的最低水平。他们无法取得充足的食物和衣服、住房和教育、保健和卫生设备。因此，发展中国家必须致力于发展工作，牢记他们的优先任务和保护及改善环境的必要。"

五、我国环境问题的产生原因及其对策

自然资源和环境是人类社会生存、发展的自然物质基础，是社会生产资料和人们生活资料的基本来源。新中国成立后，对资源和环境的开发利用在深度和广度上日益扩大，尤其是我国改革开放以来经济高速增长，取得了令世人瞩目的经济成就，但也付出了资源环境的沉重代价。我国经济总量的增长实际上走的是一条粗放式的发展道路，对资源进行掠夺式开发利用，对资源环境造成了严重的破坏和污染。资源短缺、环境污染已成为制约我国经济社会实现可持续发展的瓶颈，并将产生长期的负面影响。对我国现阶段的资源环境问题予以思考和关注，研究资源环境问题产生的原因，寻求解决的对策与措施，化解资源环境与经济社会发展的矛盾，促进资源环境的合理开发利用和保护，对于保障我国经济社会的可持续发展，无疑具有重要的意义。

（一）我国资源开发利用和环境质量现状

1. 现阶段我国矿产资源、能源和水资源等主要自然资源的开发利用规模巨大

2014 年我国能源和矿产品产量快速上升，原煤产量达到 39.74 亿 t、原油 2.14 亿 t、铁矿石 10.71 亿 t、粗钢 8.23 亿 t、10 种有色金属 4 417 万 t、磷矿石 1.20 亿 t、原盐 6 434 万 t、水泥 24.76 亿 t。大宗短缺矿产品的进口量持续增加，2014 年我国矿产品贸易总额超过 1.09 万亿美元，进口原油 3.08 亿 t、铁矿石 93 251 万 t、锰矿石 1 622 万 t、铬铁矿 939 万 t、铜矿石 1 181 万 t、钾肥 804 万 t。"十二五"期间，中国能源消费总量持续快速增长，从 2010 年的 29.7 亿 t 标准煤增加到 2014 年的 42.6 亿 t 标准煤，增长了 43.9%。我国水资源总量占世界总量的 6.5%，用水总量占世界总量的 15.4%，黄河流域、淮河流域

和海河流域水资源的开发利用率已分别高达76%、60%和90%，而国际上公认的河流水资源开发利用率应低于40%，否则将危害河流健康和流域安全。过去几年间，我国主要资源消费的增加量占世界总增加量的比例，包括铁矿石、煤炭、石油和钢等均居世界第一位，资源开发利用的规模巨大。

2. 我国资源开发利用的效率不高

世界银行和英国石油公司公布的统计数据计算表明，2013年我国每创造1万美元的GDP所消耗的能源数量，是世界平均水平的2倍、美国的2.5倍、英法德意等欧洲发达国家的5倍、韩国的3.1倍、日本的9倍。目前我国的原材料利用效率低、浪费严重，单位产值的消耗强度大大高于世界平均水平，单位资源产出水平仅相当于美国的1/10、日本的1/12。以水资源为例，我国农业灌溉用水消耗的水资源总量占水资源总消耗量的70%，但由于输水方式、灌溉方式、农田水利基础设施、耕作制度、栽培方式等方面的原因，农业用水的利用率不高，渠道灌溉区只有30%用于输水，机井灌溉区也只有60%，低于发达国家水资源利用率80%的水平。

3. 污染物排放量大，生态环境有待修复

2014年，废水中主要污染物：化学需氧量排放总量为2 294.6万t，同比下降2.47%；氨氮排放总量为238.5万t，同比下降2.90%。2014年废气中主要污染物：二氧化硫排放总量为1 974.4万t，同比下降3.40%；氮氧化物排放总量为2 078.0万t，同比下降6.70%。2014年，全国工业固体废物产生量为325 620.0万t，综合利用量（含利用往年贮存量）为204 330.2万t，综合利用率为62.13%。截至2014年年底，全国设市城市污水处理厂达1 797座，污水处理能力为1.31亿 m^3/d，同比增加611万 m^3/d。全国城市污水处理厂累计处理污水382.7亿 m^3，同比上升5.9%，城市污水处理率达到90.2%。2014年，全国设市城市粪便清运量为1 546万t，处理量为691万t，粪便处理率为44.7%。2014年，全国城市生活垃圾清运量为1.79亿t，无害化处理量为1.62亿t，无害化处理率达90.3%。无害化处理能力为52.9万t/d，同比增加3.7万t/d，无害化处理率上升1个百分点。其中，卫生填埋处理量为1.05亿t，占65%；焚烧处理量为0.53亿t，占33%；其他处理方式占2%。2014年，全国生活垃圾焚烧处理设施无害化处理能力为18.5t/d，占总处理能力的35.0%，同比上升2.8个百分点。

研究表明，"十三五"时期，我国主要污染物排放将会达到峰值。未来5~10年，我国主要污染物排放的拐点将全面到来，所以污染物治理任务还很艰巨。

由环保部、国土资源部等13个部门联合编制的《2014中国环境状况公报》（以下简称《公报》）显示，全国开展空气质量新标准监测的161个城市中，145个城市空气质量超标。在地下水水质方面，在近5 000个地下水监测点位中，较差级的监测点比例为45.4%，极差级的监测点比例为16.1%。备受公众关注的大气、水和土壤等领域的污染状况依然让人担忧。全国74个重点城市仅3城市空气质量达标。《公报》显示，2013年全国化学需氧量、氨氮、二氧化硫、氮氧化物都实现了主要污染物总量减排年度目标，但是环保形势依然严峻。2013年全国平均霾日数为35.9d，比上年增加18.3d，为1961年以来最多。

2013年，京津冀、长三角、珠三角等重点区域及直辖市、省会城市和计划单列市共74个城市按照新标准开展监测，依据《环境空气质量标准》（GB 3095—2012）2013年新标准第一阶段监测实施城市各指标不同浓度区间城市比例对 SO_2、NO_2、PM_{10}、$PM_{2.5}$ 年均值，CO 日均值和 O_3 日最大 8 小时均值进行评价，74 个城市中仅海口、舟山和拉萨 3 个城市空气质量达标，占 4.1%；超标城市比例为 95.9%。

水环境质量状况也不容乐观。《公报》指出，全国 423 条主要河流、62 个重点湖泊（水库）的 968 个国控地表水监测断面（点位）开展了水质监测，Ⅰ类、Ⅱ类、Ⅲ类、Ⅳ类、Ⅴ类、劣Ⅴ类水质断面分别占 3.4%、30.4%、29.3%、20.9%、6.8%、9.2%，主要污染指标为化学需氧量等。329 个地级及以上城市开展了集中式饮用水水源地水质监测，取水总量为 332.55 亿 t，达标水量为 319.89 亿 t，占 96.2%。意味着在地级及以上城市集中式饮用水取水量中有 12.66 亿 t 不达标。有关饮用水的指标 100 多项，如果有的指标不达标的话，造成的后果会很严重，这方面的情况比较复杂，需要具体分析。

与以往的年度环境状况公报不同的是，《公报》对 2 461 个县域生态环境质量进行了评估。其中"优""良""一般""较差"和"差"的县域分别有 558 个、1 051 个、641 个、196 个和 15 个。生态环境质量为"优"和"良"的县域占国土面积的 46.7%，"一般"的县域占 23.0%，"较差"和"差"的县域占 30.3%。

专家提醒，生态环境有些领域的潜在危害比环境污染还大，危害持续的时间也更久，应该引起关注，并进行相关治理。

4. 环保投入不足，历史欠账大

"十五"计划以前我国环境污染的治理缓慢，治理的速度赶不上破坏和污染的速度，重点环境治理工程成效不明显且容易出现反复。我国环保投入虽然总量上有所增加，但占国民生产总值的比例仍然偏低，从"六五"期间的环保投入为 GDP 的 0.2% 增加到"十五"的 1.31%。

"十一五"后环保投资迅速增加。国家统计局数据显示，2012 年环保投资占 GDP 的比例为 1.59%，距离发达国家 2% 以上的水平仍有较大差距，若我国环保投资占 GDP 的比例达到 2.3% 左右，则环保行业年投资额将达到 2 万亿元左右，相比目前的水平有 1 倍以上的增长空间，环保行业景气度将进一步上升。

（二）我国资源环境问题产生的主要原因

尽管以全球性气候变暖为首要特征的全球环境变化的影响不容忽视，但我国的资源环境破坏和污染、生态退化的主要驱动因素是人为因素，粗放型经济增长方式和重经济发展轻资源环境保护的发展状况是导致我国环境状况恶化的根本原因，资源环境的相关管理工作也有待加强。

1. 政绩考核过分注重经济指标

改革开放后，我国将以经济建设为中心作为经济社会发展的首要任务，许多党政领导在实际工作中对发展的认识就是提高经济增长指标，以经济建设为中心被简单地理解为以 GDP 为中心，没有真正树立起可持续发展的理念。长期以来，经济指标已成为党政领导政绩考核的主要依据，使党政领导过分地注重 GDP 的增长，甚至以牺牲资源环境为代价换得短期的经济增长。由于在政绩考核中明显缺乏资源环境保护方面的约束，地方政府在资源环境保护方面的积极性不高，往往预算内的环保配套资金都难以到位，加上社会资本投入有限，使得我国环保事业长期处于投入不足的状态。长期重视不够和投入不足，造成历史欠账大，另一方面历史遗留的资源环境问题又会成为下一届党政领导执政期间保护资源环境不力的托词，形成恶性循环。

2. 粗放型经济增长方式和不合理的能源结构造成严重的资源消耗和环境污染

在我国，"转变经济增长方式"的提法，在邓小平同志 1992 年南方谈话后不久已提出，但由于社会主义市场经济体制的不完善和政府职能转变的缓慢，十几年来经济增长方式粗放的状态并没有根本改变。发展经验表明，在发达国家的经济增长中，75% 靠技术进步，25% 靠能源、原材料和劳动力的投入，而我国的情况则恰好相反。在当前的国际市场分工中，我国已成为世界加工厂，承接了国际市场上劳动密集型和高投入、高消耗、高污染型产业的转移。多年来经济增长走的是高投入、高消耗、高污染的粗放式发展道路，经济总量的增长在相当程度上是建立在资源大量消耗和环境严重污染的基础上。

以煤炭为主的能源结构造成了我国煤烟型的大气污染。我国是目前世界上少数能源消费以煤炭为主的国家，2014 年我国煤炭消费量为 35.1 亿 t，占能源消费总量的 64.2%，目前我国煤炭生产量和消费量均占到世界总量的 47.4% 以上。据估算，全国烟尘排放量的 67%、SO_2 排放量的 93%、氮氧化物排放量的 70%、CO_2 排放量的 80% 都来自于煤炭燃烧，燃煤是造成我国煤烟型大气污染和酸雨污染的重要原因。

3. 资源环境管理体制和机制没有完全理顺

从大的方面看，资源环境系统具有整体性和不可分割性，自然资源开发和环境保护工作密不可分，资源管理工作和环境管理工作不宜割裂开来。而我国现行的实际上是部门行业条块分割的资源环境管理体制，在部门行业的管理职能设置上割裂了资源环境管理工作的整体性，体制上政出多门、责权不清，容易导致低水平重复投入和建设，协调成本高，机制不顺，工作成效需要提高。比如水资源和水环境具有量和质两种属性的天然统一性，但我国的水资源环境保护事业在实际工作中实行的是多龙管水的体制，目前的管理体制中水源工程归水利部门管理，配水设施归城建部门管理，污水处理归环保部门管理，地下水归国土资源部和地矿部门管理，再加上大气降水预测预报由气象部门管理，水利水电开发由电力部门管理等，这种部门行业切割分块式的管理，导致管供水的不管配水，管城镇用水的不管农村用水，管水量的不管水质，管地表水的不管地下水，造成水务管理中政出多门，再加上流域范围与地方行政管理范围的不吻合，在水资源管理方面直接限制了地表水与地下水联调等措施的落实，在水环境管理方面，水污染治理成效不明显。

4. 资源环境保护的法规、制度不健全

经过多年的努力，我国已初步形成了一系列资源环境保护的法规和制度，先后颁布了 20 多部资源与环境法律、100 多部法规和规章，这些法规和制度对我国资源环境工作的开展和可持续发展的实施起到了积极的促进作用。但总的来看，资源环境保护的法规、制度建设工作与任务要求不相适应，资源环境保护工作没有真正走向法制化和规范化建设的轨道。法律和规章制度的规范化、体系化建设不够健全，覆盖范围不够，一些重要领域法规和制度缺位，如目前尚没有关于湿地资源环境保护的专门法规，关于农村、城市地区污染控制的管理不够或空白。我国现行资源环境的法规和制度规定的行政命令性和原则性较强，政策性制度的配套不够，可操作性较差，容易助长执法不严和有法不依的现象，现实中违法成本低而守法成本高。没有建立起具有较强可操作性的责任追究和奖惩制度，法规和制度对各级政府决策的约束性不强。

5. 市场化机制作用没有得到充分发挥

我国在 1992 年确立了社会主义市场经济的目标模式，但长期以来，市场在资源配置中的基础性作用并没有很好地发挥，政府在经济发展过程中发挥了主导作用。政府拥有对土地、自然资源、信贷等经济要素的控制权，在发展经济和政绩考核的驱动下，各地政府以 GDP 增长为主要任务，往往对土地和资源等进行低价招商寻租，或者政府直接投资而投资的责任追究制度并不健全，各地方相互攀比竞相压低资源价格，造成大量低水平重复建设，注重规模的扩张和铺摊子，忽视效率的提高和发展的资源环境成本，必然带来严重的资源浪费与环境污染。

长期以来，对自然资源的定价和收费过低，资源价格和产品价格尤其没有考虑资源开发和使用过程中造成的环境外部成本。在国家现行的资源定价机制改革中，为了避免能源和原材料等资源价格上大的波动而导致经济的大起大落，国家采取了资源及其产品价格的逐步微调的渐进式改革方式，不但没有有力地推动企业重视进行资源利用中的"节流"，反而促使企业反映的焦点集中在提高产品价格方面以抵消资源价格上涨的影响，致使资源及资源产品的相对价格更加低廉，甚至起到刺激企业过度开发资源以换取更多利润的反作用。

环境污染的违法成本低，企业用于防污治污的投入高于违法后被发现处罚的机会成本，防污治污积极性不高，宁愿被发现后依法行政处罚，或者与行政执法和管理部门躲闪游离虚以推诿，增加了执法成本。总的来看，市场机制在我国资源环境保护工作中的调节作用没有得到充分发挥。

（三）我国资源环境问题的解决对策与措施

1. 切实转变领导干部对待发展的思想认识

引导和教育广大领导干部，使其将"以经济建设为中心"的内涵延伸理解为"以经济建设为中心，经济建设以提升效益为中心"，将"发展是硬道理"的内涵延伸理解为"可持续发展是硬道理""发展是硬道理，可持续发展是硬道理的道理"。让广大领导干部意识到，中国必须走出一条适合中国国情和经济发展规律的可持续发展道路，中国必须坚持"五位一体"的总体布局。

"五位一体"是党的十八大报告的"新提法"之一，是以经济建设、政治建设、文化建设、社会建设、生态文明建设为中心，着眼于全面建成小康社会、实现社会主义现代化和中华民族伟大复兴。面对资源约束趋紧、环境污染严重、生态系统退化的严峻形势，必须树立尊重自然、顺应自然、保护自然的生态文明理念，走可持续发展道路。生态文明建设其实就是把可持续发展提升到绿色发展高度，为后人"乘凉"而"种树"，就是不给后人留下遗憾而是留下更多的生态资产。

2. 倡导建立适合中国国情的发展理念和合理消费模式

从近期发展战略来看，必须要从高投入高消耗难以为继的扩张转向更多依靠科技进步和自主创新、走资源节约型和环境友好型的可持续发展道路。

由于我国人口众多，如果人均消费水平要达到发达国家水平，不仅我国自身的资源环境无法进行支持，全世界的资源承载和环境容量也难以支撑。在我国人口众多、人均资源占有量不足、资源环境相对脆弱的基本国情的基础上，我国的现代化发展道路应致力于解决以下方面的问题：消除贫困，缩小贫富差距，控制人口数量增长，提高人口素质，建设节约型社会包括发展循环经济、保护资源环境、发展交通等领域的公共服务和适度节制消费。

3. 转变政府职能，加强和改善宏观调控，促进经济结构调整和增长方式转变，加强资源环境破坏与污染的源头控制

转变政府职能，实现从经济建设型政府向公共服务型政府的转变，改变政府直接参与和主导经济发展的状况，使政府致力于为经济发展提供良好的外部环境。政府应主要通过制度建设和市场化手段来加强和改善宏观调控，通过产业发展政策、财政税收政策、投融资政策、法规标准体系等的政策导向予以引导，既建立激励机制又建立约束机制，减少经济运行活动中的资源消耗和环境污染。

遵循市场经济规律，加强和改善宏观调控，促进经济结构的优化和增长方式的转变。加强政策扶持和市场监管，通过制定相应的产业政策和财税、投资政策，大力推动产业结构的优化升级，鼓励发展资源消耗低、附加值高的先进制造业、高新技术产业和服务业，推动环保产业发展。科学制定能源发展规划，改善以煤为主的能源结构，大力发展风能、太阳能、地热、生物质能等可再生能源和清洁能源，扩大其在能源构成中的比重，积极发展核电，有序开发水能，提高能源利用效率。通过政策导向和市场调节，大力发展循环经济，进一步调动企业和地方对发展循环经济的积极性，通过激励和限制性政策的并行使用，使企业在发展循环经济中获得利益，推动循环经济工作的开展。可以对发展循环经济的企业和产品减免税收和给予优惠贷款，政府采购优先考虑循环经济的绿色产品，鼓励企业发展循环经济，限制企业大量消耗和浪费资源。现阶段在不放松"末端治理"工作的同时，应通过采取上述措施等，加强引导与控制，将防治资源环境破坏与污染的工作重点逐步从"末端治理"转到"源头控制"，改变破坏和污染事件发生后"头疼医头，脚痛医脚"的局面，变末端跟踪与治理的"被动"为源头预防与控制的"主动"。

4. 完善管理体制和机制，积极、稳妥地探索管理机构的调整改革

推进资源环境管理工作体制和运行机制改革，降低管理成本，提高管理效率。应在国务院统一领导下，加强各资源环境相关管理部门间的协调配合，统筹协调我国内陆和海洋自然资源的开发和保护、生态环境的保护和建设、自然灾害的监测预报与防灾工作，统筹负责资源环境保护工作的政策制定和监督管理。必要时对涉及全局性工作的资源环境保护的主要管理部门予以行政级别升级，实行部门垂直管理，甚至考虑整合并调整部门间的职能和机构设置，提高我国资源环境保护工作的管理效能。通过相关政策的制定，打破不同部门对监测数据的垄断，促进监测数据和信息共享，促使政务公开和决策的科学化。

5. 健全资源节约环境保护的政策和法律法规体系建设

资源环境工作的市场化监管、行政审批、行政许可、责任追究、行政复议、政务公开等一系列权力运行和监督都应纳入法制化和规范化操作的轨道，应加强资源环境方面的法规体系和标准体系以及科学民主决策制度的建设工作。严格执行已颁布的有关法律法规，加强执法监督检查，同时研究和建立新的法律法规体系，如研究和实施生态补偿制度。研究和建立资源节约和环境保护相关决策的咨询、听证、会审和联席会议等制度，加强资源环境工作科学决策和民主决策的制度化保障。完善资源环境事故的应急监控和预警体系，科学制定重大资源环境污染突发事件和敏感区域的应急预案。探索和完善绿色 GDP 核算和评估体系。

6. 加强和完善市场化调控手段

资源环境问题是典型的"市场失效"的表现，但"市场失效"的产物并不意味着不能用市场的手段和方法来进行解决，相反地，经济方法和市场调节手段可以在资源环境保护工作中发挥重要作用。在资源环境保护工作中，既要发挥政府的主导作用，又要发挥市场在资源保护和污染治理中的基础性作用。比如，强化和完善投融资体制，建立健全政府、企业、社会多元化投融资机制；在监管体制上可以考虑建立专业的市场化监督检查机构，由公司化运作的环境监督机构监督环境污染问题，诉讼污染企事业和污染集体等污染责任人，依法提起诉讼，胜诉后从污染责任人处取得监督公司的发展盈利；制订充分体现资源稀缺性、环境成本和供求关系的资源价格体系，将环境外部性成本纳入资源及其产品价格；继续深化排污许可证制度和排污产权交易的改革，通过市场化交易鼓励企业减排污染物并使之直接在市场交易中受益；研究建立生态补偿和环境污染补偿制度，使受益区域和受益人群对受损区域和受损人群予以市场化的利益补偿。

第五节 环境学基本原理

一、环境原理的演变

1954 年美国航天工作者最早提出"环境科学"一词，当时的环境科学主要研究宇宙飞船中的人工环境。20 世纪 60 年代是环境科学的酝酿阶段，人类生存的环境问题出现并日益严重，环境科学的研究内容不断扩展，对环境问题的认识也不断深化；20 世纪 70 年代是环境科学的快速发展阶段，伴随着现代工业的发展，环境污染问题越来越突出，对人类健康造成很大危害，环境科学偏重于工业污染控制技术研究，在环境污染控制方面取得了重要成果，某些地区的环境质量也有所改善；20 世纪 80 年代至今是环境科学体系不断完善阶段，人们开始认识到，环境问题不仅仅是工业污染问题，而是一种必须以更具前瞻性眼光来看待的复杂综合体，环境科学必然是一门多学科交叉的学科。

在环境科学的发展过程中，国内外学者对环境科学的内涵和外延、基本原理（规律）和科学体系等基本理论问题进行了探索，取得了许多研究成果。由于环境科学发展历史较短，不同学者对环境科学的一些理论问题尚存在许多分歧，如环境学科与其他相关学科怎么区分，环境科学有没有独特的基本理论，环境科学的学科体系如何划分等。

环境科学研究者大多是从其他相关学科转变过来的，按照原有的学科背景进行环境问题研究，形成众多环境科学的分支学科，分支学科是相关学科的理论、方法与环境问题的结合。相关学科的理论是比较完善的，故分支学科的理论也相对比较完善。但是，环境科学作为一门独立的学科，是否有自身独特的基本理论，或者其基本原理究竟是什么尚未达成普遍共识。

不少学者认为，环境科学没有独特的基本原理，只是借助其他学科的基本原理研究环境问题而已。与此相反，有些学者认为环境科学有其独特的基本原理。例如，Boersma 等把环境科学原理分为普适性原理和特殊原理，普适性原理包括可持续发展原理、能量守恒定律、质能守恒定律、物质守恒原理、熵原理、进化原理、系统观念、生态学原理、人口学原理和恶性循环原理，特殊原理包括独立分析法、非独立分析法、经济思想起源指导原则、法学及其原理的指导原则、社会科学起源的指导原则、未来重要性原则、全球变化原则。昝廷全等认为，极限协同原理是环境科学的一条基本原理，只有当环境变化速度超过人体结构的适应调节速度的最大极限，或人体结构的适应调节过程超出人体结构的最大正常范围时，环境的变化才会对人体产生显著的影响。李长生认为，环境科学基础理论研究就是要揭示蕴藏在环境系统内部的客观规律，即环境系统内部结构及其运动变化规律。杨志峰等认为环境各个分支学科（如环境物理、环境化学、环境生态、环境地学、环境经济学、环境伦理学等）的基本理论即组成环境科学的基本理论。左玉辉认为，环境多样性原理、人与环境协调原理、规律规则原理和五律协同原理构成了环境科学的基本原理。

既然环境科学具有独特的研究对象，是人类知识（文明）体系中不可或缺的独立学科，那么必然有基本原理。环境科学的基本原理是整个学科的基础理论，是解决环境问题应该遵循的一般规律。

二、环境系统性原理

环境系统内部包括众多的子系统，不论什么级别的环境系统，都具有相同性质和原理，此即环境系统性原理。环境系统性原理主要包括以下几个方面：①环境系统的整体性。环境系统包括水体、大气、土壤、生物 4 个圈层。这 4 个圈层相互联系、相互制约，缺少任何圈层都不能构成一个完整的环境系统。同时，任一圈层发生变化，都会影响其他圈层的改变，从而导致整个系统的变化。例如，水质发生变化必然影响土壤环境质量，继而影响生物的生存环境和生物量，同时水和大气之间发生物质交换，对大气环境质量产生不利影响。②环境系统的多样性。环境系统的多样性首先表现为物质组成的多样性；非生物的物质又有各种天然物质（大气、水体、土壤和岩石等）和人工合成物质等。其次表现为环境系统结构多样性。最后表现为环境系统功能的多样性。③环境系统的开放性。人类不停地从环境系统中取得有用物质和能量，同时又将人类生产和生活过程中的废弃物质和多余能量不停地向环境排放，故环境系统是人类生存与发展的原料库，同时也是人类生产和生活的废物排放库。④环境系统的动态性。环境系统的动态性是指环境系统状态随着时间不断变化的性质。环境系统的变化是绝对的，不变是相对的。环境系统的变化多种多样，有周期性变化也有随机性变化，有非线性变化也有线性变化，有渐进性变化也有突变性变化。

环境系统性原理的整体性、多样性、开放性和动态性是相互联系的，从不同方面刻画了环境系统的特征。一般来说，多样性明显的环境系统，由于系统内部各要素之间，以及系统与环境之间的物质、能量和信息联系广泛，抗干扰能力强大，所以系统就表现出明显的整体性和开放性，而其动态性则不明显。

三、环境容量原理

环境系统在不发生质变（突变）的前提下，接纳外来物质（污染物）的最大能力或者为外界供应物质或能量（资源）的最大能力定义为环境容量；即环境容量是指在不改变环境质量的前提下，人类活动向环境系统排放外来物质或者从环境中开发某种物质的最大量。环境容量的大小是由该环境系统的组成和结构决定的，是环境系统功能的一个表现形式，环境系统组成和结构越复杂、多样性越大、开放度越大，那么其容量就越大。环境容量具有有限性、变化性、可调控性等特点。

（1）环境容量是有限的。任何环境系统的容量都是有限的，在这个上限之下，人类活动对环境系统的干扰（向环境排放某种物质或从环境中提取某种物质）是不会导致环境系统质量变坏的。环境容量的有限性是我们进行环境立法、环境评价、环境管理的基础。

（2）环境容量是变化的。环境系统的容量在特定条件下是一个定值，但随着时空的变化，环境容量是变化的。环境容量不仅随着环境系统周围条件的变化而变化，而且还随着环境系统内部组成和结构的变化而变化。环境容量的变化性，要求我们进行环境管理工作时，在借鉴他人经验的同时，要有变化的理念，不能形而上学、死搬硬套，要随着时间和空间的变化而对环境法规和环境评价的标准进行相应的修订，以适应环境容量的变化。

（3）环境容量是可调控的。环境容量的可调控性是人们在研究环境容量的影响因素（环境系统内部结构和功能、外部条件等）、变化规律的基础上，通过改变某一（些）环境因素，对环境容量进行调控，让环境系统向着有利于人类的方向转变。例如，水污染控制技术就是在水环境容量研究的基础上，通过改变水的 pH、溶解氧、氧化还原电位、生物量、搅拌程度等影响因素，增加水环境容量，提高水环境质量，达到水污染控制的目的。水污染的微生物处理单元（活性污泥处理系统）是通过人工充氧、强化搅拌、加大生物量等工程措施，来实现有机污染物的净化，实质上也就是增大了人工环境系统（生物处理单元）的环境容量。

四、人与环境共生原理

"共生"概念最早由德国真菌学家 Anton de Bary 提出，指两个或者多个生物在生理上的相互依存度达到平衡的状态。后来这一概念被引申到其他的自然学科和社会学科中。自然界是一个共生体，动物、植物之间只有相互和谐，才能共生共荣。共生理论的哲学含义就是双方共存、互利共赢。按照马克思唯物主义世界观，人类本身就是自然界的一部分，人类与环境之间的物质与能量交换是不可避免的。人类是自然环境发展的产物，环境是人类发展的物质基础，人类发展又对环境系统造成影响。左玉辉提出的人与环境和谐原理只是人与环境共生的一个方面，人与环境和谐的判断标准是人类社会的可持续发展，带有很大的主观性，人与环境共生是把人与环境平等对待，双方共存，互利共赢。人类与环境的共生理论要求人类在决策时，不但要追求人类利益的最大化，同时还要使环境系统可持续发展，也就是最后追求人类的发展与环境可持续的双方共存、互利共赢。人类与环境共生理论包括以下两个方面。

（1）人类和环境系统的共同发展是以人与环境系统的共生为前提的。人类的发展规划不但要考虑人自身的利益，还要考虑环境系统的可持续性，要慎重审视人类的发展规划是否改变了环境系统的稳定性和多样性，是否突破了环境容量，是否有利于环境系统的可持续发展，是否对环境系统造成危害等。如果人类活动对环境系统造成了危害，那么通过环境系统的一系列反馈机制，最后一定会反作用于人类，对人类的健康与发展造成危害。

（2）人类与环境系统的共生是以人类和环境系统的共同发展为目的的。人与环境系统的共生是人类在环境问题发生、发展与治理过程中逐渐认识到的一条基本规律，人与环境系统共生的最终目的就是达到人类和环境系统的共同发展。

五、熵原理

熵是表征系统无序度大小的物理量，与其功能呈反相关。高熵对应系统无序，功能弱小；低熵对应系统有序，功能强大。对于环境系统来说，高熵对应环境污染和破坏，质量下降；低熵对应环境质量提高。按照耗散结构理论，环境系统无疑是一个耗散结构系统。耗散结构系统的熵变化（S）由两部分组成，一是系统内部不可逆过程导致的熵产生（$\mathrm{di}S$），二是系统与环境之间的熵交换（$\mathrm{de}S$），即 $S<0$，表示环境质量不断提高；$S>0$，表示环境质量恶化。热力学第二定律表明，永远有 $\mathrm{di}S>0$，所以要想使 $S<0$，必须要求 $\mathrm{de}S<0$，且其绝对值大于 $\mathrm{di}S$，即在负熵流存在的情况下环境质量才能提高，否则环境质量将下降。

对于环境系统来说，影响 $\mathrm{de}S$ 大小和正负号的因素是太阳辐射和人类活动。太阳活动输入到系统的 $\mathrm{de}S$ 总是负的，有利于环境系统的存在和发展；而人类活动向系统输入的 $\mathrm{de}S$ 可正可负。当人类向环境系统输入的物质和能量有利于系统的熵值降低时（环境治理投入），则 $\mathrm{de}S$ 的符号是负的；反之，人类向环境系统输入的物质和能量非但不能降低系统的熵值，而且使系统熵值进一步增大（人类从环境系统大量开发利用自然资源或向环境输入有害物质和能量），那么 $\mathrm{de}S$ 的符号则是正的。

在人类社会出现以前，太阳辐射向环境系统输入的负熵大于 $\mathrm{di}S$，因此系统的总熵在不断减小，环境系统的组成、结构和功能逐渐有序化，环境质量出现正向演替。自从人类社会出现之后，人类开始从环境系统中开发利用自然资源，以求得经济发展和生活水平的提高。人类开发利用自然资源、产品生产、运输和消费各个环节的能量转化都受热力学第二定律的制约，不可能 100% 利用有用物质和能量，必然以不同的技术水平伴随着或多或少的无用物质和能量产出（熵产生，$\mathrm{de}S>0$），从而使环境系统的熵增加。在农业社会之前，由于人口规模小、技术水平低、开发利用自然资源的规模和强度较小，向环境系统排放的正熵有限，连同系统内部的 $\mathrm{di}S$ 仍不足以抵消太阳辐射的负熵输入，所以系统的总熵依然小于零，环境系统没有遭到污染和破坏。自从进入工业化社会以后，随着人口急剧膨胀和技术水平的提高，自然资源遭到大规模开发利用，向环境系统排放的正熵越来越多，连同系统内部的 $\mathrm{di}S$ 已超过了太阳辐射的负熵，使总熵开始大于零，从而出现了各种环境问题，见图 1-4。

通过资源开发、经济发展和环境污染的熵分析，可以得出如下结论：当前环境问题出现的实质是由于经济发展的速度太快、规模太大，人类活动导致的熵产生连同系统内部不可逆熵的产生超过了太阳辐射的负熵输入，使环境系统的总熵大于零，自然环境的熵平衡被打破。

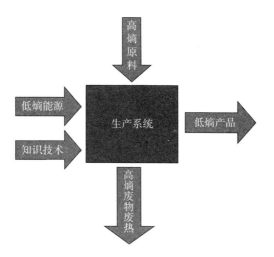

图 1-4　生产过程造成的熵增加示意

六、可持续发展理论

（一）可持续发展沿革与基本内容

1. 可持续发展的历史沿革

可持续发展理论的形成经历了相当长的历史过程。20 世纪 50—60 年代，人们在经济增长、城市化、人口、资源等所形成的环境压力下，对增长等于发展的模式产生怀疑并展开讲座。1962 年，美国女生物学家蕾切尔·卡逊（Rachel Carson）发表了一部引起很大轰动的环境科普著作《寂静的春天》，作者描绘了一幅由于农药污染所产生的可怕景象，惊呼人们将会失去"阳光明媚的春天"，在世界范围内引发了人类关于发展观念上的争论。10 年后，两位著名美国学者巴巴拉·沃德（Barbara Ward）和雷内·杜博斯（Rene Dubos）的享誉中外的《只有一个地球》问世，把人类生存与环境的认识推向一个新境界，即可持续发展的境界。同年，一个非正式国际著名学术团体——罗马俱乐部发表了有名的研究报告《增长的极限》，明确提出"持续增长"和"合理的持久的均衡发展"的概念。1987 年，以挪威首相布伦特兰为主席的联合国世界与环境发展委员会发表了一份报告《我们共同的未来》，正式提出可持续发展概念，并以此为主题对人类共同关心的环境与发展问题进行了全面论述，受到世界各国政府组织和舆论的极大重视。在 1992 年联合国环境与发展大会上，可持续发展要领得到与会者的共识与承认。在这次大会上，来自世界178 个国家和地区的领导人通过了《21 世纪议程》《气候变化框架公约》等一系列文件，明确把发展与环境密切联系在一起，使可持续发展走出了仅仅在理论上探索的阶段，响亮地提出了可持续发展的战略，并将之付诸为全球的行动。

可持续发展理论的形成和发展过程中，在认知层面上发达国家与发展中国家产生了空前的一致，这也是 20 世纪在所有涉及发达国家与发展中国家的国际问题的讨论中所绝无仅有的。与此同时，人们也注意到，目前可持续发展的思想更多的是在发达国家中得到实践和探索。而在人类社会通往和谐发展的道路上，可持续发展概念的实施依然面临重重障碍。首先,南北不平衡是未来可持续发展的最大阻力。发达国家不仅通过两次工业革命获得了经济上的优势,而且在自然资源的占有和消费上达到了奢侈的境地。据经合组织统计,美国每年人均能源消费量达到了全球平均水平的 5 倍。发达国家享有工业革命的利益,却又力图回避与逃脱自身对全球环境应负的责任。这也成为全球可持续发展道路上的绊脚石。2000 年,在海牙举行的 20 世纪最后一次《联合国气候变化框架公约》缔约方大会就因个别发达国家的阻挠而未能达成协议,使框架公约得以贯彻的前景变得暗淡。其次,就发展中国家而言,追求自身进步与发展、提高居民生活水平的权利无可剥夺。但是,发展是否应该沿袭发达国家的"样板",这也成为通往可持续发展之路上的困惑。典型的美国发展模式——大量占有和奢侈消费自然资源、同时大量排放污染——是否值得广大发展中国家仿效?这不仅在发展中国家,而且在日本和欧洲等发达国家和地区,也都成为思考的热点。

2. 可持续发展的内涵

从全球普遍认可的概念中,可以梳理出可持续发展有以下几个方面的丰富内涵:

(1) 共同发展。地球是一个复杂的巨系统,每个国家或地区都是这个巨系统不可分割的子系统。系统的最根本特征是其整体性,每个子系统都和其他子系统相互联系并发生作用,只要一个系统发生问题,都会直接或间接导致其他系统紊乱,甚至会诱发系统的整体突变,这在地球生态系统中表现得最为突出。因此,可持续发展追求的是整体发展和协调发展,即共同发展。

(2) 协调发展。协调发展包括经济、社会、环境三大系统的整体协调,也包括世界、国家和地区三个空间层面的协调,还包括一个国家或地区经济与人口、资源、环境、社会以及内部各个阶层的协调,持续发展源于协调发展。

(3) 公平发展。世界经济的发展呈现出因水平差异而表现出来的层次性,这是发展过程中始终存在的问题。但是这种发展水平的层次性若因不公平、不平等而引发或加剧,就会由局部上升到整体,并最终影响到整个世界的可持续发展。可持续发展思想的公平发展包含两个纬度:一是时间纬度上的公平,当代人的发展不能以损害后代人的发展能力为代价;二是空间纬度上的公平,一个国家或地区的发展不能以损害其他国家或地区的发展能力为代价。

(4) 高效发展。公平和效率是可持续发展的两个轮子。可持续发展的效率不同于经济学的效率,可持续发展的效率既包括经济意义上的效率,也包含着自然资源和环境的损益成分。因此,可持续发展思想的高效发展是指在经济、社会、资源、环境、人口等协调下的高效率发展。

(5) 多维发展。人类社会的发展表现出全球化的趋势,但是不同国家与地区的发展水平是不同的,而且不同国家与地区又有着异质性的文化、体制、地理环境、国际环境等发展背景。此外,因为可持续发展又是一个综合性、全球性的概念,要考虑到不同地域实体的可接受性,因此,可持续发展本身包含了多样性、多模式的多维度选择的内涵。因此,在可持续发展这个全球性目标的约束和指导下,各国与各地区在实施可持续发展战略时,应该从国情或区情出发,走符合本国或本区实际的、多样性和多模式的可持续发展道路。

3. 可持续发展的主要内容

在具体内容方面,可持续发展涉及可持续经济、可持续生态和可持续社会三方面的协调统一，要求人类在发展中讲究经济效率、关注生态和谐和追求社会公平，最终达到人的全面发展。这表明，可持续发展虽然源起于环境保护问题，但作为一个指导人类走向 21 世纪的发展理论，它已经超越了单纯的环境保护。它将环境问题与发展问题有机地结合起来，已经成为一个有关社会经济发展的全面性战略。

（二）可持续发展的基本原则

可持续发展是一种新的人类生存方式。这种生存方式不但要求体现在以资源利用和环境保护为主的环境生活领域，更要求体现到作为发展源头的经济生活和社会生活中去。贯彻可持续发展战略必须遵从一些基本原则：

（1）公平性原则（Fairness）。可持续发展强调发展应该追求两方面的公平：一是本代人的公平即代内平等。可持续发展要满足全体人民的基本需求和给全体人民机会以满足他们要求较高生活的愿望。当今世界的现实是一部分人富足，而占世界 1/5 的人口处于贫困状态；占全球人口 26% 的发达国家耗用了占全球 80% 的能源、钢铁和纸张等。这种贫富悬殊、两极分化的世界不可能实现可持续发展。因此，要给世界以公平的分配和公平的发展权，要把消除贫困作为可持续发展进程特别优先的问题来考虑。二是代际间的公平即世代平等。要认识到人类赖以生存的自然资源是有限的。本代人不能因为自己的发展与需求而损害人类世世代代满足需求的条件——自然资源与环境。要给世世代代以公平利用自然资源的权利。

（2）持续性原则（Sustainability）。持续性原则的核心思想是指人类的经济建设和社会发展不能超越自然资源与生态环境的承载能力。这意味着，可持续发展不仅要求人与人之间的公平，还要顾及人与自然之间的公平。资源和环境是人类生存与发展的基础，离开了资源和环境，人类的生存与发展就无从谈及。可持续发展主张建立在保护地球自然系统基础上的发展，因此发展必须有一定的限制因素。人类发展对自然资源的耗竭速率应充分顾及资源的临界性，应以不损害支持地球生命的大气、水、土壤、生物等自然系统为前提。换句话说，人类需要根据持续性原则调整自己的生活方式、确定自己的消耗标准，而不是过度生产和过度消费。发展一旦破坏了人类生存的物质基础，发展本身也就衰退了。

（3）共同性原则（Common）。鉴于世界各国历史、文化和发展水平的差异，可持续发展的具体目标、政策和实施步骤不可能是唯一的。但是，可持续发展作为全球发展的总目标，所体现的公平性原则和持续性原则，则是应该共同遵从的。要实现可持续发展的总目标，就必须采取全球共同的联合行动，认识到家园——地球的整体性和相互依赖性。从根本上说，贯彻可持续发展就是要促进人类之间及人类与自然之间的和谐。如果每个人都能真诚地按"共同性原则"办事，那么人类内部及人与自然之间就能保持互惠共生的关系，从而实现可持续发展。

（三）可持续发展的基本理论

1. 可持续发展的基础理论

（1）经济学理论。

1）增长的极限理论。增长的极限理论是 D. H. Meadows 在其《增长的极限》一文中提出的有关可持续发展的理论，该理论的基本要点是：运用系统动力学的方法，将支配世界系统的物质关系、经济关系和社会关系进行综合，发现人口不断增长、消费日益提高，而资源则不断减少、污染日益严重，制约了生产的增长；虽然科技不断进步能起到促进生产的作用，但这种作用是有一定限度的，因此生产的增长是有限的。

2）知识经济理论。该理论认为经济发展的主要驱动力是知识和信息技术，知识经济将是未来人类可持续发展的基础。

（2）生态学理论。所谓可持续发展的生态学理论是指根据生态系统的可持续性要求，人类的经济社会发展要遵循生态学 3 个定律：一是高效原理，即能源的高效利用和废弃物的循环再生产；二是和谐原理，即系统中各个组成部分之间的和睦共生，协同进化；三是自我调节原理，即协同演化着眼于其内部各组织自我调节功能的完善和持续性，而非外部的控制或结构单纯增长。

1）人口承载力理论。所谓人口承载力理论是指地球系统的资源与环境，由于自我组织与自我恢复能力存在一个阈值，在特定技术水平和发展阶段下的对于人口的承载能力是有限的。人口数量以及特定数量人口的社会经济活动对于地球系统的影响必须控制在这个限度之内，否则，就会影响或危及人类的持续生存与发展。这一理论被誉为 20 世纪人类最重要的三大发现之一。

2）人地系统理论。所谓人地系统理论是指人类社会是地球系统的一个组成部分，是生物圈的重要组成，是地球系统的主要子系统。它是由地球系统所产生的，同时又与地球系统的各个子系统之间存在相互联系、相互制约、相互影响的密切关系。人类社会的一切活动，包括经济活动，都受到地球系统的气候（大气圈）、水文与海洋（水圈）、土地与矿产资源（岩石圈）及生物资源（生物圈）的影响，地球系统是人类赖以生存和社会经济可持续发展的物质基础和必要条件；而人类的社会活动和经济活动，又直接或间接影响了大气圈（大气污染、温室效应、臭氧洞）、岩石圈（矿产资源枯竭、沙漠化、土壤退化）及生物圈（森林减少、物种灭绝）的状态。人地系统理论是地球系统科学理论的核心，是陆地系统科学理论的重要组成部分，是可持续发展的理论基础。

2. 可持续发展的核心理论

可持续发展的核心理论，尚处于探索和形成之中。目前已具雏形的流派大致可分为以下几种：

（1）资源永续利用理论。资源永续利用理论流派的认识论基础在于：认为人类社会能否可持续发展取决于人类社会赖以生存发展的自然资源是否可以被永远地使用下去。基于这一认识，该流派致力于探讨使自然资源得到永续利用的理论和方法。

（2）外部性理论。外部性理论流派的认识论基础在于：认为环境日益恶化和人类社会出现不可持续发展现象和趋势的根源，是人类迄今为止一直把自然（资源和环境）视为可以免费享用的"公共物品"，不承认自然资源具有经济学意义上的价值，并在经济生活中把自然的投入排除在经济核算体系之外。基于这一认识，该流派致力于从经济学的角度探讨把自然资源纳入经济核算体系的理论与方法。

（3）财富代际公平分配理论。财富代际公平分配理论流派的认识论基础在于：认为人类社会出现不可持续发展现象和趋势的根源是当代人过多地占有和使用了本应属于后代人的财富，特别是自然财富。基于这一认识，该流派致力于探讨财富（包括自然财富）在代际之间能够得到公平分配的理论和方法。

（4）三种生产理论。三种生产理论流派的认识论基础在于：人类社会可持续发展的物质基础在于人类社会和自然环境组成的世界系统中物质的流动是否通畅并构成良性循环。他们把人与自然组成的世界系统的物质运动分为三大"生产"活动，即人口生产、物质生产和环境生产，致力于探讨三大生产活动之间和谐运行的理论与方法，见图1-5。

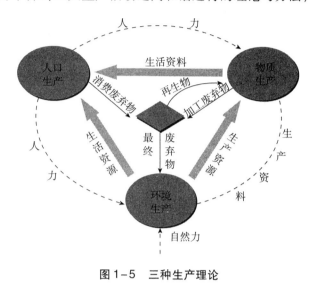

图1-5 三种生产理论

（四）可持续发展理论对传统经济学的修正

1. 对绿色 GDP（GNP）的修正

当使用可持续发展概念时，人们已经认识到，传统的国内生产总值（GDP）和国民生产总值（GNP）作为宏观经济增长指标是一种不能保证环境状况良好的增长。在 GDP 的核算中，并未将由于经济增长而带来的对环境资源的消耗和破坏造成的影响及其对生态功能、环境状况的损害考虑在内。环境影响通常没有相应的市场表现形式，但这并不意味着它们没有经济价值。因此，实际上应该将所发生的任何环境损失都进行价值评估，并从 GDP 中扣除。经济学家不断试图在计算国内生产和收入时纳入一系列的自然资源和环境因素，即考虑环境后的净国内产值（EDP）和净国内收入（ENl）。国民生产净值定义为国民生产总值（GDP）减去人造资本的折旧和减去自然资本的存量。

2. 自然资源账户

对传统经济的修正包括另外建立一套自然资源账户，这套资源账户采用非货币单位的形式，它只是表示在一个特定的国家里，资源究竟发生了什么样的变化。更简单的修正方法是建立一系列的环境统计报表。这些账户应该显示出环境的不同变化是如何同经济变化联系起来的。这至少可以避免以往那种认为经济好像同环境没有什么关系似的经济管理方式的错误。

3. 可持续收入

对一个国家或一个地区的可持续发展水平和可持续发展能力的衡量，还必须考虑其全部资本存量的大小及增加或减少可持续收入的基本思想是由希克斯在其 1946 年的著作中提出的。这个概念的基础是只有当全部的资本存量随时间保持不变或增长时，这种发展途径才是可持续的。可持续收入定义为不会减少总资本水平所必须保证的收入水平。对可持续收入的衡量要求对环境资本所提供的各种服务的流动进行价值评估。可持续收入数量上等于传统意义上的 GDP 减去人造资本、自然资本、人力资本和社会资本等各种资本的折旧。衡量可持续收入意味着要调整国民经济核算体系。

4. 产品价格与投资评估

皮尔斯等认为，为了全面反映环境资源的价值，产品价格应当完整地反映三部分成本：一是资源开采或获取的成本；二是同资源开采、获取、使用有关的环境成本；三是由于当代人使用了这一部分资源而不可能成为后代人使用的效益损失，即用户成本。

5. 环境资源价值公式

穆拉辛格认为，为建立一个合法的决策框架，对资源进行定价是必需的。从概念或价值评估的角度，可以将环境资源的全部经济价值划分为两大类：使用价值和非使用价值。前者进一步被划分为直接使用价值和间接使用价值以及选择价值。其中，选择价值是指当代人为了保证后代人对资源的使用而对资源所表示的支付意愿。非使用价值又称存在价值，是指人类的发展将有可能利用的那部分资源的价值，也包括那些能满足人类精神文化和道德需求的环境资源的价值，如美丽的风景、濒危物种等。

六、宇宙飞船理论

20 世纪 60 年代美国学者鲍丁提出宇宙飞船理论，指出地球只是茫茫太空中一艘小小的宇宙飞船，人口和经济的无序增长迟早会使船内有限的资源消耗殆尽，而生产和消费的过程中排放出的废料将会污染飞船，毒害船内的乘客，此时飞船将会坠落，社会也会随之崩溃。为了避免这种悲剧，必须改变经济增长方式，要从"消耗型"改为"生态型"；从"开环式"转为"闭环式"。经济发展目标应以福利和实惠为主，而并非单纯地追求产量，这就是所谓的循环经济思想的源头。科学家在设计宇宙飞船时，非常珍惜飞船的空间和它所携带的装备和生活必需品，在飞船中，几乎没有废物，即使乘客的排泄物也经过一系列的处理、净化，变成乘客必需的氧气、水和盐回收，再供给乘客使用。如此循环不已，构成一个宇宙飞船的良性生态系统。"宇宙飞船经济"也是根据这一生态系统的思想而提出的。它把地球看成一个巨大的宇宙飞船，除了能量要依靠太阳供给外，人类的一切物质需求均靠完善的循环来得到满足。事实上，地球上的生命生生不息的奥秘，就在于地球是一个自给自足的生态系统，它在太阳能的推动下，日复一日、年复一年地进行着物质的周期循环，不需要补给什么东西，也没有多余的废物，其中的一切均有各自的用途。生命就是在这种川流不息的物质循环中得以体现。宇宙飞船经济就是把这一生态学观念应用于人类社会的经济模式中去，要求人类按照生态学原理建造一个自给自足的、不产生污染的经济或生产体系，它将是一种封闭的经济体系，其内部具有极完善的物质循环和更新性能。

波尔丁将经济系统分为两种类型，并分析说，作为人口极大增长的结果，人们必须把逍遥自在的"牛仔经济学"转变为限制自由的"宇宙飞船经济学"。波尔丁的这种新经济思想在当时具有相当的超前性，对随后几年开始的关于资源与环境的国际经济研究产生了很大的影响。

最近几年，环境保护、清洁生产、绿色消费和废弃物的再生利用等，已经整合为一套系统的以资源循环利用、避免废物产生为特征的循环经济战略，并正在成为环境与发展领域的一个主流思潮。

七、多介质环境的基本理论

（一）多介质环境的基本原理

从理论上讲，多介质环境的基本原理包括经典力学原理、统计热力学原理、动力学原理、系统学原理和不确定性原理。

1. 经典力学原理

经典力学是研究大量分子组成系统的宏观运动规律的科学，其研究任务在于用数理逻辑推导宏观物体（包括气体、液体和固体）的运动，将受力作用的物体的空间位置表示为时间的函数。采用经典力学理论，可以宏观描述给定分子体系的运动特性。而环境介质本身由大量的分子组成，因此经典力学原理应该是研究多介质环境运动特性的最基本原理，但由于目前的条件和能力有限，大量的经典力学方程难以求解，因此在此方面尚难以进行深入研究。

2. 统计热力学原理

统计热力学是把一般热力学定律与物质的微观结构联系起来，其研究任务是利用统计学原理从微观粒子的基本性质推导出宏观体系的热力学性质。统计热力学又分为经典统计热力学和量子统计热力学两种。经典统计热力学侧重于用力学定律对大量单个粒子的平均值进行统计分析，研究物质的微观结构，在经典统计热力学中通常用广义坐标和广义动量构成的相对空间来描述系统的微观运动状态。

量子统计热力学的原理在于通过对量子运动的统计分析，研究宏观系统的运动特性。在量子分析中通常用一系列数学函数或矩阵方程来描述系统的变化，如著名的薛定谔波动方程、狄拉克矢量方程和海森伯矩阵方程，方程中的矩阵表示系统的特性，矩阵的特征根则对应于对系统特性进行测量的可能结果。在量子统计热力学中，系统的状态被定义为在给定时刻中系统所取得测量结果的概率的集合，因此量子统计热力学非常适用于由气态、液态和固态组成的多介质环境系统。

3. 动力学原理

一般来讲，进入环境的污染物在物理、化学和生物过程的作用下发生位置或形态上的改变，在环境质量的评价或趋势预测中，不仅需要了解污染物在环境介质中的含量，还需要确定污染物在介质内和介质间的迁移转化速度和降解速度，而要解决该问题，必须对污染物在环境中的动力学过程进行研究，利用环境动力学理论定量描述污染物在多介质环境系统中的行为变化和发展趋势。环境动力学是指研究污染物在环境系统中的时空变化速率及其他环境因素对这种变化速率的影响。环境动力学研究与污染物在环境系统中的各种迁移转化和降解过程密切相关，由于污染物在环境系统中的物理、化学和生物过程具有多样性和复杂性，环境动力学的研究对象具有复杂性，研究内容也较物理化学中的动力学更为复杂、丰富和广泛，具体包括污染物跨介质迁移动力学、界面效应动力学、均相反应动力学、生物生长动力学以及生物暴露与污染物的动力学等。但环境动力学具有传统的物理化学动力学的基本特征，即环境介质内和介质间所发生的各种过程需要公式化和定量化。

4. 系统学原理

多介质环境是指由两个以上的生物和非生物介质相互关联并相互作用而构成的复杂而完整的生态系统，因此可应用系统学的观点与方法研究污染物在多介质环境的行为特性及污染特征。根据系统学的原理，多介质环境系统具有以下重要特征：

（1）整体性，即环境系统是由其组成要素根据系统的功能和逻辑统一性的要求而构成的整体，系统内各组成部分之间的关系以及组成部分与系统之间的关系都服从系统整体的要求，系统的性质或特点不是其组成部分的性质或特点的简单加和，而是整体大于各孤立部分之和。

（2）有机关联性，指系统内的组成要素之间相互联系、相互依存、相互制约，系统内一个要素的变化，往往会影响其他要素，引起其他要素的变化，如在生态环境中，温度的变化可能会影响生境的湿度，也可能影响水体中溶解氧的含量。因此在分析多介质环境系统时，不仅需要分析单一组成要素的作用与变化，还需要全面、深入地分析各组成要素之间的相互作用。

（3）层次性，即多介质环境系统内存在一定的层次结构，一个系统可能包含若干个子系统，一个子系统又可能包含若干个次级子系统，不同级别的系统与子系统之间存在着物质、能量和信息的交换。以湖泊生态环境系统为例，该系统可以分为大气、水体和底部沉积物三部分，大气部分又可以细分为气相与大气颗粒物，水体可以分为水相、悬浮颗粒相与生物相，而底部沉积物又可细分为固相、气相、水相与生物相。

（4）动态性，即系统的组成要素之间的有机关联性并非是一成不变的，而是具有时间变异性的。一方面，多介质系统本身是一个开放系统，其内部的物质、能量和信息具有时间上的差异性；另一方面，从系统内部的结构来看，其分布位置并不是固定不变的，具有特定结构和功能的多介质环境系统处于动态变化之中。

（5）预决性，即多介质环境系统的发展方向并不完全取决于少数的偶然性因素，而更多取决于必然性因素（这种必然性因素是由很多个偶然性因素共同作用而表现出来的一种变化趋势）。

5. 不确定性原理

多介质环境系统的行为不仅受自然因素的影响，还受到人为因素的干扰，其中有些因素的影响或变化具有随机性，导致系统的许多变化过程具有随机性。另外，由于人类对系统的认知程度和认知能力有限，用数学模型或数学方程定量描述系统状态或变化时，必然要产生某种程度的不确定性。因而研究污染物在多介质环境系统的行为和变化特征时，必须进行不确定性分析，研究不确定性因素的影响机制，并最大限度地减少模型输出的不确定性。不确定性分析的研究方法主要有泰勒级数法和蒙特卡罗分析方法，其中应用较多的是蒙特卡罗分析方法。目前蒙特卡罗分析方法已广泛应用于污染物在不均匀蓄水层传输速率的空间变异性分析、环境/生态风险评价、点源污染传输途径的随机模拟、有毒有机污染物的迁移模拟以及湖泊的富营养化等研究领域。

（二）污染物在多介质环境系统中的迁移和转化

污染物在环境中发生的各种变化过程称为污染物的迁移和转化（Transport and transformation of pollutants），有时也称为污染物的环境行为（Environmental behavior）或环境转归（Environmental fate）。

污染物在环境中的迁移和转化的过程及其内在的规律性，对于阐明人类在环境中接触的是什么污染物，接触的浓度、时间、途径、方式和条件等都具有十分重要的环境毒理学意义。环境毒理学的许多基本问题在一定程度上也取决于对污染物在环境中的迁移和转化规律的认识。例如，污染物的物质形态、联合作用、毒作用的影响因素、剂量效应关系等，都要根据涉及的接触污染物的真实情况来确定。

1. 环境污染物的迁移

污染物的迁移（transport of pollutants）是指污染物在环境中发生的空间位置的相对移动过程。迁移的结果导致局部环境中污染物的种类、数量和综合毒性强度发生变化。

（1）机械迁移。根据污染物在环境中发生机械迁移的作用力，可以将其分为气、水和重力机械迁移三种作用。

1）气的机械迁移作用：包括污染物在大气中的自由扩散作用和被气流搬运的作用，其影响因素有气象条件、地形地貌、排放浓度、排放高度。一般规律：与污染物在大气中的排放量成正比，与平均风速和垂直混合高度成反比。

2）水的机械性迁移作用：包括污染物在水中的自由扩散作用和被水流搬运的作用。一般规律：污染物在水体中的浓度与污染源的排放量成正比，与平均流速和距污染源的距离成反比。

3）重力的机械迁移作用：主要包括悬浮污染物的沉降作用以及人为的搬运作用。

（2）物理化学迁移。物理化学迁移是污染物在环境中最基本的迁移过程。污染物以简单的离子或可溶性分子的形式发生溶解—沉淀、吸附—解吸附，同时还会发生降解等作用。

1）风化淋溶作用：风化淋溶作用是指环境中的水在重力作用下运动时通过水解作用使岩石、矿物中的化学元素溶入水中的过程，其作用的结果是产生游离态的元素离子。

2）溶解作用：降水、固体废物水溶性成分的溶解；VOC 在水中的部分溶解。

3）酸碱作用（常表现为环境 pH 值的变化）：①酸性环境促进了污染物的迁移，使大多数污染物形成易溶性化学物质。例如，酸雨加速岩石和矿物风化、淋溶的速度，促使土壤中铝的活化。②环境中 pH 值偏高时，许多污染物就可能沉淀下来，在沉积物中形成相对富集。

4）络合作用（改变毒物吸附和溶解能力）：络合物的形成大大改变了污染物的迁移能力和归宿。例如，当含有 Hg^{2+} 的河水流入海洋时，水中氯离子浓度逐渐增高，河口水体中的 Hg^{2+} 逐次形成 $Hg(OH)_2 \rightarrow Hg(OH)Cl \rightarrow HgCl_2 \rightarrow HgCl_3^- \rightarrow HgCl_4^{2-}$。其中的 $Hg(OH)Cl$ 与水体中的悬浮态黏土矿物和氧化物吸附力最强，而 $HgCl_2$ 的吸附力最差。因而，$Hg(OH)Cl$ 部分的汞大量转移到悬浮态固相或沉积物中，而少量的汞仍存留在水体中。

5）吸附作用：吸附是发生在固体或液体表面的对其他物质的一种吸着作用。重金属和有机污染物常吸附于胶体或颗粒物之中，并随之迁移。

6）氧化还原作用：有机污染物在游离氧占优势时会逐渐被氧化，可彻底分解为二氧化碳和水；在厌氧条件下则形成一系列还原产物，如硫化氢、甲烷和氢气等。一些元素如铬、钒、硫、硒等在氧化条件下形成铬酸盐、钒酸盐、硫酸盐、硒酸盐等易溶性化合物，具有较强的迁移能力；在还原环境中，这些元素又变成难溶的化合物而不能进行迁移。

（3）生物迁移。污染物通过生物体的吸附、吸收、代谢、死亡等过程而发生的迁移叫做生物迁移，包括生物浓缩、生物累积、生物放大。

1）生物浓缩：指生物体从环境中蓄积某种污染物，出现生物体中浓度超过环境中浓度的现象，又称生物富集。生物浓缩的程度常用生物浓缩系数（BCF）表示：

BCF = 生物体内污染物的浓度（$\times 10^{-6}$）/环境中该污染物的浓度（$\times 10^{-6}$）

2）生物累积：指生物个体随其生长发育的不同阶段从环境中蓄积某种污染物，从而浓缩系数不断增大的现象。生物累积程度常用生物累积系数（BAF）表示：

BAF = 生物个体生长发育较后阶段体内蓄积污染物的浓度（$\times 10^{-6}$）/该生物个体生长发育较前阶段体内蓄积污染物的浓度（$\times 10^{-6}$）

生物累积某种污染物的浓度水平取决于该生物摄取和消除该污染物的速率之比，摄取大于消除，则发生生物累积。

3）生物放大：指生态系统的同一食物链上，某种污染物在生物体内的浓度随着营养级的提高而逐步增大的现象。生物放大的程度用生物放大系数（BMF）表示：

BMF = 较高营养级生物体内污染物的浓度（$\times 10^{-6}$）/较低营养级生物体内该污染物的浓度（$\times 10^{-6}$）

DDT 生物迁移与富集过程见图 1-6。

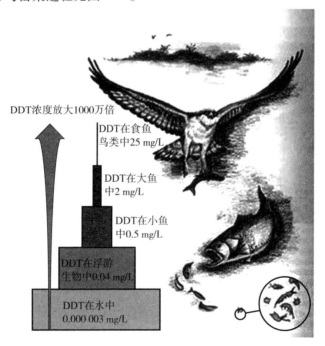

图 1-6　DDT 生物迁移与富集

2. 环境污染物的转化

污染物在环境中通过物理的、化学的或生物的作用改变形态或者转变成其他物质的过程叫做污染物的转化（包括一次污染物和二次污染物），根据其转化形式，可分为物理转化、化学转化和生物转化。

（1）物理转化作用，指污染物通过蒸发、渗透、凝聚、吸附以及放射性元素的蜕变等一种或几种过程实现的转化。

（2）化学转化作用，指污染物通过各种化学反应过程发生的变化，如氧化还原反应、水解反应、络合反应、光化学反应等。在大气中，污染物的化学转化以光化学氧化和催化反应为主。在水体中，污染物的化学转化主要是氧化还原反应和络合水解反应。土壤中农药的水解由于土壤颗粒的吸附催化作用而加强，甚至有时比在水中快；金属离子在土壤中也常在其价态上发生一系列的变化。

（3）生物转化和生物降解作用，指污染物通过相应酶系统的催化作用所发生的变化。污染物生物转化的结果一方面可使大部分有机污染物毒性降低，或形成更易降解的分子结构；另一方面可使一部分有机污染物毒性增强，或形成更难降解的分子结构。

3. 污染物迁移转化案例分析

污染物在进入环境后，将继续处于动态的迁移和转化过程中，各种具体因素之间发生一系列物理、化学和生物反应。不同污染物的迁移和转化的特点是不同的，污染物迁移转化的方向、速度和强度取决于污染物本身的特性和环境因素的物质组成与特性。下面以一些常见污染物的迁移转化为例作简要说明。

（1）有害气体污染物的迁移转化。

1）空气中 SO_2 可以通过两种途径即催化氧化和光化学氧化转化为 SO_3，进而形成硫酸雾随天然雨水降落到地面和水体。

催化氧化：$2SO_2 + 2H_2O + O_2 + 催化剂（Fe、Mn 盐）\rightarrow 2H_2SO_4$

光化学氧化：$2SO_2 + O_2 + 光照 \rightarrow 2SO_3，SO_3 + H_2O \rightarrow H_2SO_4$

2）NO_x、NH_3 在空气湿度大和有金属杂质的条件下，生成硝酸和硝酸盐，进而形成硝酸雾并形成酸雨降落进入地面和水体。具体过程如下：

$$NO_2 \rightarrow NO_2 + H_2O \rightarrow HNO_3 + NH_3 \rightarrow NH_4NO_3$$

（2）空气中烟尘与粉尘的迁移。烟尘是指燃料和其他物质燃烧的产物，通常由不完全燃烧所形成的煤黑、多环芳烃化合物和尘灰等组成；粉尘则是指固体物质在加工和运输过程中所形成的微小固体颗粒，如水泥厂所排放的飞灰等。粉尘粒度较大（多在几十至几百微米之间），往往在较短距离内即可沉降进入地面或水体。烟尘中粒径大于 $10\mu m$ 者，沉降较为容易，而小于 $10\mu m$ 者，可作长距离漂移，或被有关物体吸附，最终随着自然降雨过程进入水体和地面。

（3）无机悬浮物的迁移转化。无机悬浮物中，粒径大于 $0.1mm$ 的，易于沉降，在河道流速减缓时可沉降下来。胶体颗粒（粒径小于 $0.001mm$）即使在静水中也很难沉降，一般会随水迁移。这类悬浮物质虽本身无毒，但它可吸附有毒物质，并成为有毒物质转移的载体。

（4）有机物的迁移转化。①需氧污染物转化。在水中需要消耗大量的溶解氧进行微生物分解的污染物称为需氧污染物，它们进入水体后即发生化学反应，由污染物有机成分中的碳水化合物、蛋白质、脂肪和木质素等分解为简单的二氧化碳和水及其他无机物质。②难降解有机污染物转化。这是指难以被生物分解的有机物质，如有机氯农药、多氯联苯、芳香氨基化合物、高分子合成聚合物（塑料、合成橡胶、人造纤维）、染料等有机物质，它们在环境中难以被生物降解，污染造成的危害时间长。例如有机氯农药喷洒作物后只有小部分落在作物枝叶上，其余大部分散落在土壤表面或进入大气；其进入大气后又可随降雨或尘埃降落到地面后再进入水体。③植物营养物质转化。如果过多的植物营养物质（N、P 等）进入水体，会造成水质恶化。例如，蛋白质在水体中经过分解转化，生成硝酸盐，造成水体污染。

（5）重金属污染物的迁移转化。①胶体的吸附和重金属缔合。土壤中金属离子被土壤胶体吸附缔合，是其从液相转为固相的重要途径，并在很大程度上决定土壤中重金属的分布和富集。②重金属的络合和螯合作用。某些重金属在土壤溶液中（水中）主要以络合离子形成存在，形成较大分子的络合物。当金属离子浓度高时，以吸附交换作用为主，而在低浓度时则以络合或螯合作用为主。③重金属的化学沉淀。很多有毒金属离子是可以形成难溶性化学沉淀的。各种金属是否易生成沉淀与水体的酸碱性有直接关系。

（6）化学农药污染物的迁移转化。各种农药的化学性质及分解的难易程度不同，在一定的土壤条件下，每一种农药都有其相对的稳定性。进入土壤中的农药，在被土壤固相物质进行物理化学吸附的同时，还通过气体挥发、随水淋溶等过程，进而导致大气、水体污染。农药挥发作用的大小，主要取决于农药的溶解度和蒸汽压，以及土壤的温度、结构条件。农药水迁移的方法有两种：一是直接溶于水；二是被吸附于土壤固体胶粒上随水迁移。农药的挥发迁移，虽可促使土壤本身得到净化，但却导致了其他环境因素的污染，以及污染范围的扩大。

第六节　环境科学体系

根据学科层次划分的思想，将环境科学体系划分为环境哲学、环境学、环境技术学和环境工程学 4 个层次，每个层次又划分为若干级别的分支学科（图 1-7）。应根据环境科学体系的划分方案和当前出现的分支学科的现状，发现未来科学发展的方向和重点研究领域，以完善环境科学体系。

环境哲学层次主要从认识论和方法论上探讨人与环境系统相互作用的本质。环境基础理论层次主要探讨环境系统的组成、结构、功能及形成发育（演化）规律，以及人与环境相互关系的机制，将其概括为环境学。环境技术理论层次是介于环境基础理论和环境工程之间的过渡性层次，主要任务是解决与环境工程技术有关的应用理论问题。环境工程层次是利用工程技术的方法和手段来控制环境污染、改善环境质量的学科，它不仅要提供合理利用、保护自然资源的一整套技术途径和措施，而且还要研究开发废物资源化技术、改革生产工艺、发展无废或少废的闭路生产系统。

环境哲学是在其他 3 个学科层次的基础上经过科学归纳和概括而形成的，没有深入的理论研究和工程技术实践，就不可能出现科学的环境哲学。环境哲学可以为环境科学其他3 个层次的研究提供认识论和方法论指导。环境基础理论和技术理论是工程技术的理论基础，离开基础理论和技术理论，必然导致工程技术实践上的盲目性，不可能达到治理环境的目的。环境工程技术实践反过来又可以验证和促进基础理论技术的理论研究。所以，这

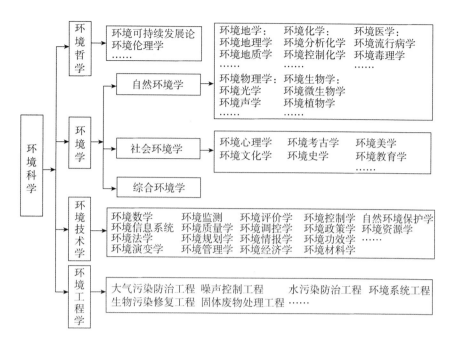

图 1-7 环境科学体系

4 个层次的研究相互联系、促进，共同构成了完整的环境科学体系。

　　根据上述环境科学体系的划分，并结合当前环境科学的研究现状可以发现，当前的环境科学研究主要集中在基础理论层次的自然环境学、技术理论层次和工程技术层次，完整的环境科学研究体系尚不健全，在很多方面还未涉及或者缺乏较为深入的研究。今后应在进一步推进原有环境科学分支研究的基础上，重点开展下列领域的研究：①尽快开展综合环境学研究。以往的环境科学研究大都是研究者根据自己的学术背景对某一（些）环境要素的研究，大大促进了分支学科的发展。对于环境系统的综合基础理论研究仍有欠缺，迄今为止综合环境学尚未诞生。前已述及，环境系统是一个复杂巨系统，有其独特的运动变化规律，单独从某一要素进行研究不可能从总体上揭示环境系统的运动变化规律，所以今后必须加强综合环境学研究。系统科学的出现与发展为我们开展综合环境学研究提供了契机，可通过借助系统科学的理论与方法，建立区域性或全球性的环境系统动力学模型，通过稳定性分析、分叉与突变理论、混沌与分形理论、耗散结构理论以及协同进化理论开展综合环境学研究。②加强环境哲学研究。随着环境科学基础理论和工程技术研究的推进，必然要求在哲学层面上得到归纳和提升，作为人类文明成果的一部分固化下来，为环境科学的进一步研究提供指导。从目前情况来看，环境哲学还比较贫乏，所以今后要以马克思辩证唯物主义为指导，对环境科学各分支学科的理论研究成果以及实践上的经验教训进行哲学概括和总结，以揭示环境问题的本质。③进一步促进其他新兴和交叉科学的发展。随着环境科学研究的深入，研究领域必将逐渐拓展，新的分支学科也将不断涌现，这不仅是综合环境学研究的必要，也是环境哲学研究的必要。

第七节 环境工程专业岗位分析

经过一段学习，同学们了解了环境问题产生的根本原因、环境学基本原理、环境系统与环境污染迁移转化规律，特别是了解了现阶段我国环境问题起因和污染控制对策。学习期间，很多同学认为环境专业学习非常重要，但同时也有很多疑问，如该专业需要学习哪些知识？需要提高哪些技能？同学们在将来学习过程中，需要增加哪些方面知识？需要提高哪些方面能力？企业对环境工程师有哪些期待？用人单位对工作人员有哪些基本素质要求？为此本节结合国内外招聘环境工程师岗位要求及其对每个专业岗位的分析，引导大家在以下课程和实践学习中更好、更主动、更积极地提高专业技能。

一、固体废物工艺设计工程师

（一）岗位职责

（1）完成各专业本身的工艺设计任务，保证设计质量和进度。要求能提交书面文件。

（2）把关专业内的设备选型、采购中的技术环节。要求能签订书面技术协议。

（3）参与项目的招、投标工作。这是主要工作之一，需要把专业的工艺设计落实、编辑到各种"招、投标技术文件"中。

（4）协调其他专业，保证互提资料的及时、完整。要求能与电气、自控、结构专业进行提资的衔接；要求能够与本部门内其他专业进行上下游的界面沟通。

（5）处理设计、采购、施工、开车等过程中出现的与本专业有关的问题，做到及时总结。要求责任心强，能注重细节。

（6）项目现场的技术工等其他工作。

（二）任职资格

（1）环境工程、热能等相关专业，本科以上学历；

（2）从事过环保行业的设计工作，在化工、电力等行业从事过5年以上设计工作；

（3）独立完成过项目的设计工作；

（4）对锅炉、焚烧炉、管道、烟气净化等工艺和技术比较熟悉；

（5）较强的学习能力和语言表达能力。

二、工艺设计工程师

（一）岗位职责

（1）负责贯彻执行有关标准、规范和设计规定，在吸收实践经验和科研成果的基础上，精心完成设计任务，确保设计质量符合质量体系标准；

（2）根据项目总体计划，完成专业设计计划，阶段性汇报工作，提出存在的问题，建议解决方案，保证设计质量。

（二）项目任务

（1）与采购工程师配合，完成设计过程中的设备选型、采购等相关技术环节的把关；

（2）根据需要，与相关专业进行配合，保证互提资料的正确、完整、及时；

（3）处理采购、施工、开车过程中出现的与本专业有关的问题，并及时总结经验；

（4）配合市场部完成技术方案，争取项目签约；参与项目的招、投标工作。

三、水处理调试工程师

（一）岗位职责

（1）负责生活污水处理厂、再生水厂、工业水（膜工艺）的调试工作，负责《联动方案》《调试方案》《操作手册》的编写工作；

（2）对水厂员工进行操作培训，编写培训教材；

（3）配合项目经理对工程进行环保验收等。

（二）任职资格

（1）本科以上学历（含本科），给排水、环境工程或相关专业毕业；

（2）3 年以上水厂调试工作经验；

（3）熟练应用 Office 软件并能处理相关文档；

（4）能适应工地现场的工作，经常出差。

四、污水工艺设计工程师

（一）岗位职责

（1）参与项目的前期工作，能够完成方案、科研、初设的设计；

（2）熟悉投标流程，能够完成技术标书的编制工作；

（3）熟悉项目设计程序，能进行工艺施工图的绘制，或者在指导下能够进行初步设计、详细设计及与此有关的设计工作；

（4）负责分包设计院工艺设计的进度、质量控制，负责确认相关图纸；

（5）配合解决采购、施工、开车过程中出现的设计问题，及时总结经验，尤其是现场项目的技术支持和调试工作，能适应经常出差。

（二）任职资格

（1）至少一个大项目的设计工作、现场调试工作经验；

（2）具有3年以上市政污水处理工程或工业污水处理工程方案的编制经验、施工图设计经验优先考虑。

五、高级水处理工艺工程师

（一）岗位职责

（1）能独立完成污水处理项目的需求调查、方案、操作说明书的编写；

（2）负责污水处理工艺与工程设计，绘制相关设计图纸；

（3）指导工程的现场安装、设备调试，解决技术难题；

（4）参与水处理工程的工艺调试工作；

（5）参与编制相关工艺指导手册，配合其他部门进行技术支持工作。

（二）任职资格

（1）大学本科及以上学历，环境工程、水处理、给排水、化学工程与工艺等相关专业；

（2）3年以上污水处理工作经验，有设计院、工程公司工作经验者优先；

（3）精通水处理主要工艺流程，熟悉设计规范及标准，能完成工艺方案编制和相关工艺设计；

（4）有较强的水处理理论基础，熟悉 AutoCAD 或 CADWorx 绘图，能绘制工艺图及部分施工图；

（5）具有较强的协调、沟通能力和语言表达能力。

六、高级水处理设备工程师

（一）岗位职责

（1）参与项目需求、设计的评审工作，并提出改进意见；

（2）水处理设备流程图绘制，系统设计优化、设备选型；

（3）详细设计计算、文档制作、操作手册的编制；

（4）水处理设备试运行及现场调试；

（5）工程交付及客户培训；

（6）客户、总包的沟通与协调。

（二）任职资格

（1）大学本科或以上学历，机械工程或化工机械或机电一体化专业，大学英语四级；

（2）具有不少于 3 年水及废水处理设备设计经验，熟练掌握各种水处理设备的设计，具有压力容器、换热器、塔器设计经验者优先；

（3）具有良好的品格和职业素养；

（4）具有很强的责任心、团队精神，踏实勤奋，吃苦耐劳；

（5）学习能力强，具有较强的沟通能力；

（6）熟悉 AutoCAD 等设计软件。

七、大气市场经理

（一）岗位职责

（1）负责完成市场定额；

（2）负责收集客户信息，了解各地的环保规划和实施状况；

（3）联络当地有关环保、电力、城建和石化部门，建立稳固、畅通的公共关系；

（4）大力宣传公司总体实力、行业技术优势、公司经营理念、技术特点；

（5）负责与客户的联络与沟通，做好市场前期调研与宣传活动，建立起广泛的用户群；

（6）负责项目期间与业主的联络及谈判；

（7）完成所负责合同的管理和跟踪服务；

（8）协助预算完成项目的初步报价；

（9）负责市场调研，以及行业信息、项目信息的收集、整理与反馈；

（10）完成公司交办的其他工作事宜。

（二）任职资格

（1）熟悉脱硫脱硝、除尘或垃圾发电的市场环境；

（2）熟悉电力、化工、冶金行业项目的运作规律；

（3）具有 3 年以上工作经验，热能工程、环境工程等工科背景。

八、“三废”车间主任（环境工程师）

（一）岗位职责

（1）主持“三废”车间工作，保证“三废”处理符合要求；

（2）认真学习、贯彻执行国家的环保法令、法规、方针和政策，在上级主管部门和公司的领导下，积极开展有效工作；

（3）结合本公司生态环境的特点，制定行之有效的保护措施；

（4）建立健全“三废”处理运行台账，确保上级有效督查；

（5）环保日常巡查，监督公司环保设施、设备的正常运行，对出现的问题提供技术指导、跟踪解决，确保公司不发生环境污染事故；

（6）与政府环保部门联系，对环保部门下达的各项任务进行贯彻落实，确保公司与政府部门建立和谐关系。

（二）任职资格

（1）本科以上，化工、环境工程相关专业；
（2）责任心强，工作积极主动，具有相关岗位工作经验者优先；
（3）外地人员优先录用。

九、给排水/消防设计工程师

（一）岗位职责

燃气门站、调压站、CNG 母站、LNG 储配站、气化站、LNG、L－CNG 汽车加气站、天然气液化工厂等项目的给排水及消防设计。

（二）任职资格

（1）给排水、环境工程等相关专业本科以上学历；
（2）具有 3 年以上燃气、石油化工类设计院给排水/消防设计工作经验；
（3）能够独立承担上述工程项目设计；
（4）注册公用设备工程师优先，担任过相关专业负责人优先。

十、销售项目经理

任职资格

（1）化工或环境工程专业，本科以上学历；
（2）具备石油化工专业的技术能力，5 年以上销售工作经验；
（3）熟悉石油、化工行业流程及渠道，在石油化工领域有较好的人脉；
（4）评议表达能力强，善于沟通、洽谈及市场开拓；
（5）有团队合作精神和组织协调能力；
（6）工作责任心强，会开车；
（7）有安全工程师资格证书者优先。

十一、安全工程师

（一）岗位职责

（1）制定年度安全生产目标和计划；

（2）安全检查与隐患整改追踪落实；

（3）参与事故调查与整改追踪；

（4）根据国家法律、法规与公司培训制度对员工进行培训；

（5）政府相关部门的联系与协调；

（6）OHSAS 18000 体系运行管理；

（7）厂区特种设备的管理。

（二）任职资格

（1）本科及以上学历，环境工程、安全工程、消防工程、化工、机电自控相关专业；

（2）熟悉国家相关环境法律法规及国际标准，熟悉 ISO 14001 及 OHSAS 18001 标准；

（3）具有良好的沟通与协调能力，具有良好的英语读写能力；

（4）安全工程师需具有相应的资格证书。

十二、环保主管

（一）岗位职责

（1）负责污水处理站的日常管理工作，保证污水处理站正常运行；

（2）建立健全管理污水处理站的运行制度和操作规程，并组织实施；

（3）严格执行环保法规，确保污水排放达标；

（4）主持污水处理一般性技术改造，负责组织应用和运行调试工作；

（5）负责污水处理站设备管理、安全管理和场地卫生管理，组织班组职工努力完成工作任务和各项指标，并严格控制成本；

（6）负责组织解决污水处理过程中出现的问题，确保污水处理体系正常运行，废水达标排放；

（7）污水处理质量事故的分析及处理工作；

（8）污水处理工艺改造及流程设计、生产设施、设备的管理和检修工作，员工技术知识方面的培训、指导、考核工作；

（9）上级领导安排的其他相关工作。

（二）任职资格

（1）环境工程相关专业，大专以上学历；

（2）3 年以上同岗位工作经验；

（3）熟悉污水处理工艺及设备，能够独立解决污水处理运行过程中出现的各种问题；

（4）具备良好的人际交往能力、组织协调能力、沟通能力以及解决复杂问题的能力。

十三、市场经理（环境公司）

任职资格

（1）具有大学专科以上学历，有驾照及驾驶经验；

（2）有一定的环保知识，熟悉环保行业；

（3）具有环保领域的相关营销工作经验；

（4）具有良好的沟通能力、应变能力，有良好的自身素质，工作扎实、为人稳重，具有挑战精神；

（5）了解、熟悉、从事过环保公司工作者优先。

十四、环境监理工程师

任职资格

（1）环境工程、化工、工程建设相关专业，3年以上环保行业监理工作经验；

（2）良好的组织协调和口头表达能力，能适应现场艰苦的工作环境；

（3）具有一定的施工管理经验，熟悉相应的工作流程；

（4）取得注册环保工程师或环境监理岗位证书者或者在环保行业有过监理工作经验者优先考虑录取。

十五、采购主管

任职资格

（1）化工、环境工程、给排水、泵阀、物流等工科类专业；

（2）熟悉工程项目泵阀、管道、仪器仪表、设备等各种原材料的询价、协助选型、供应商联络、发标、汇总、合同谈判、签约、催交、监造、物流组织、结算、合同执行、售后联系，熟悉大型EPC项目采购者优先；

（3）有4年工作经验。

十六、工艺调试经理

（一）岗位职责

负责项目调试。

（二）任职资格

环境工程、给排水等相关专业本科学历，年龄40岁以下，男。

十七、工程助理

（一）岗位职责

（1）第一年在项目现场工作，配合项目现场污水系统的运营工作；

（2）一年后回上海办公室做项目辅助工作：配合项目经理及其他工程师完成文件的上传，文档的整理、收发，文件资料的复印、打印等；

（3）上级交代的其他事宜。

（二）任职资格

（1）大专及以上学历，环境工程相关专业的应届毕业生；

（2）熟练使用办公自动化软件，会使用CAD；

（3）英语四级或六级；

（4）性格开朗，为人诚实；

（5）工作主动有责任感，具有较强的团队合作精神。

十八、报价工程师

（一）岗位职责

（1）编写废水处理或纯水处理系统标书报价，包括PFD、工艺描述、主要设备表、设备询价、造价预算等内容；

（2）同客户交流，进行售前技术支持。

（二）任职资格

（1）环境工程本科毕业；

（2）英语读写流利；

（3）文字处理及CAD制图熟练；

（4）优先考虑已有社会实习经验者；

（5）有责任心，沟通能力强，拥有良好的团队合作精神；

（6）心理素质好，能够承受工作压力，需要时可以加班完成任务。

十九、环境采样工程师

（一）岗位职责

（1）负责现场采集样品（废气、废水、土壤、噪声……）；

（2）负责在采样的同时与客户进行现场沟通。

（二）任职资格

（1）有1年以上相关工作经验；

（2）大专及以上学历，环境科学、环境工程、化学等相关专业；

（3）能适应频繁出差，在华南地区从事环境采样工作；

（4）拥有认真负责的工作态度、良好的沟通能力，能做到吃苦耐劳，服从工作安排。

二十、候选研究生

一般老师喜欢招收以下特点学生：攻读硕士学位的学生除了应具备专业基础知识、创新能力、语言表达能力、外语运用能力、动手操作能力、阅读理解能力和推理等能力外，还应具备以下特质：优异的学习成绩；对专业或者专业某方向有浓厚的兴趣；参加创新实验活动，获得创新成果（专利、论文、作品、研究成果或有关竞赛获奖等）；有评价较好的企事业单位的实习经历；英语考试通过六级；积极主动工作，思想品德高尚，尊重长辈，爱护同学，集体观念强。

思考题

1. 什么是环境问题、环境事故和环境安全？它们有何区别与联系？

2. 环境问题产生的根本原因有哪些？我国环境问题产生的根源是什么？

3. 如何对环境原理进行分类？有哪些环境原理？

4. 叙述环境熵原理，用它解析雾霾成因。

5. 什么是环境容量原理？

6. 环境多样性有哪些？怎样保持和优化环境多样性从而提高环境质量？

7. 什么是环境多介质理论？经常报道的北京周围环境质量差，影响了北京市环境质量，请说明区域大气污染形成的机制。

8. 人类创造有哪些多样性，怎样培养创新能力？举例说明。人与环境相互作用有哪些多样性？这种相互作用与环境质量有何关系？

9. 环境岗位对职业能力要求有哪些？你又有何种职业规划？

10. 可持续发展的基本原理是什么？可持续发展指标体系有哪些？

11. 我国现阶段环境负荷远超过环境容量，根据你所学理论如何才能避免在这种情况下发生罗马极限理论所预测的"为保护环境质量，经济不能再提高"的现象？

12. 区域环境问题有哪些特点？怎样解决这些环境问题？

13. 为什么说上海市的环境承载力决定了该地区的经济发展规模和发展模式？怎样才能通过提高环境承载力提高上海市的经济发展水平？

参考文献

［1］ 左玉辉. 环境学［M］. 北京：高等教育出版社，2011.

［2］ 唐孝炎，钱易. 环境与可持续发展［M］. 北京：高等教育出版社，2010.

［3］ 何强. 环境学导论［M］. 北京：清华大学出版社，2008.

［4］ Enger E D，Smith B F. Environmental Science（影印本）［M］. 9th edition. 北京：清华大学出版社，2004.

［5］ 左玉辉. 环境学原理［M］. 北京：高等教育出版社，2010.

［6］ 仝致琦，谷蕾，马建华. 关于环境科学基本理论问题的若干思考［J］. 河南大学学报：自然科学版，2012，4（2）：168－173.

第二章　水环境与水污染控制

　　本章介绍了水环境系统、水污染、水环境管理和水污染控制的基本知识和原理。通过学习，掌握水环境系统的构成、水污染物质的类型和特点、水环境管理的模式及标准体系以及水污染控制的基本方法；了解国外有关水环境管理模式、水污染控制的发展趋势；学会判断不同管理模式、污染控制技术的优缺点；熟悉实际水环境和水污染管理与治理模式的选择方法。

　　水环境是指自然界中水的形成、分布和转化所处的空间环境，是指围绕人群空间及可以直接或间接影响人类生活和发展的水体，维持其正常功能的各种自然因素和有关的社会因素的总体，或指相对稳定的，以陆地为边界的天然水域所处的空间环境。在地球表面，水体面积约占地球表面积的 71%。水是由海洋水和陆地水两部分组成的，分别占总水量的 97.28% 和 2.72%，后者所占的比例很小，且所处空间环境也十分复杂，水在地球上处于不断循环的动态平衡过程。天然水的基本化学成分和含量，反映了它在不同自然环境循环过程中原始的物理化学性质，是研究水环境中元素的迁移、转化、环境质量（或污染程度）与水质评价的基本依据。水环境主要由地表水环境和地下水环境两部分组成。地表水环境包括河流、湖泊、水库、海洋、池塘、沼泽、冰川等，地下水环境包括泉水、浅层地下水、深层地下水等。水环境是构成环境的基本要素之一，是人类社会赖以生存和发展的重要场所，同样水环境也是受人类干扰和破坏最严重的领域。水环境问题已成为当今世界主要的环境问题之一。水环境可以分为：海洋环境、湖泊环境、河流环境、地下水环境等（按照环境要素的不同）。由于物理、化学和生物作用以及三者的共同作用，污染物在进出水环境时易引起水质的变化，进而造成水环境质量变化，故需要应用水污染控制工程对其进行控制并防止水环境质量出现重大变化造成的水污染事故和对环境特别是人类健康可能造成的危害。

　　水污染控制工程是指使受纳水体的各项功能符合有关方面要求所做的各类工作的总称。水污染控制工程按处理对象可以划分为具有环境功能的水利设施、大型市政污水处理系统、中小城镇污水处理系统及工商业污水处理系统。依处理的群组划分，则包括集中污水处理工程和分类污水处理工程。分类污水处理工程一般用于处理工厂排放的特定类型污水，含有工厂产生的有毒有害物质，需要用特殊的工艺处理。集中污水处理工程主要用于集中处理城市生活污水，通过建造城市污水处理厂来处理生活污水中含有的耗氧物质（指标为 COD 或 BOD）、氮（指标为铵盐、硝酸盐和亚硝酸盐）、磷（指标为正磷酸盐和总磷）。另外需要控制的指标有 DO（溶解氧）、色度、恶臭、pH、大肠杆菌数量和 SS（悬浮固体物质）、重金属离子和高浓度盐类。一般的污水处理方法分为三大类：物理方法（包括过滤、沉淀、紫外消毒等）、化学方法（臭氧氧化、氯气消毒等）、生物化学方法（厌氧生物法、好氧生物法等）。一个典型的污水处理工艺流程为：进水、物理处理（格栅除渣、沉砂）、生物处理（厌氧法、好氧法）、物理处理（二次沉淀）、物理化学处理（紫外、臭氧或氯气消毒）及出水。生物处理环节主要用于去除污水中大部分的污染物并降低色度，最后的消毒程序则是为了去除大部分的致病菌，如大肠杆菌。

第一节　水环境

一、水环境系统

（一）水环境系统的组成

水环境的主体应是以人为核心的生命系统，作为与之对应的客体，水环境就是与人类经济社会活动和生物生存有关的水的空间存在。因此，广义的水环境是指围绕人群空间直接或者间接影响人类生活和社会发展的水体的全部，是与水体有反馈作用的各种自然要素和社会要素的总和，具有自然和社会双重属性的空间系统。水环境系统是一个复杂的巨系统，其中每一个动态变化都伴随着大量的物质、能量和信息的传递和交换。

水环境系统可划分为生态环境、社会经济和水资源三大子系统，是各子系统相互促进、相互制约而构成的具有特定结构和功能的开放、动态和循环复合系统。

1. 生态环境子系统

环境是人类赖以生存的场所，环境包括自然环境和社会环境。生态环境子系统的组成要素有土壤、植被、景观、各种生物等，按照环境要素的分类，可以分为水域生态环境和陆域生态环境。水环境的主要特征是其具有自我净化能力，即水环境在接纳了社会生产、生活排放的各种污染物后，能够通过自身的物理、化学和生物过程将污染物变成无害或低害物质，以减轻其对环境和人体健康的危害。但水环境的净化能力又是有限的，因此，水环境的承载能力也是有限的。水环境的承载能力是水环境功能的外在表现，即生态环境子系统依靠能流、物流和负熵流来维持自身的稳态，有限地抵抗经济子系统的干扰并重新调整自组织形式，但当超出其容量限制时，环境就会遭到破坏。生态环境子系统是该复合系统的重要组成部分，是社会经济子系统发展的重要支撑条件，水环境质量的好坏是衡量该复合系统协调与非协调的重要指标，生态环境子系统的健康与否直接影响社会经济是否可持续发展。

2. 社会经济子系统

社会经济子系统是人类利用水资源子系统和生态环境子系统提供的资源进行物质资料生产、流通、分配和消费活动的系统，主要是通过保证物质商品的生产来满足人类的物质生活需要。社会经济子系统是该复合系统的核心，社会经济发展是人类社会永恒的追求，只有经济得到发展才能使人类摆脱贫困，而且经济发展又是解决资源和环境问题的根本手段，可以为水环境保护和水资源开发提供资金和技术支持。社会经济子系统是该复合系统的最终发展目的，也是该系统的压力层；社会经济子系统的发展动力来源于水资源子系统和生态环境子系统，该系统的发展状况反过来又影响水资源子系统的承载能力和生态环境子系统的支撑能力。

3. 水资源子系统

资源是人类生存和发展的物质基础，具有客观实在性。水资源是众多资源中最不可或缺的重要资源。水是生命之源，是生物圈赖以生存的不可缺少的物质之一，是人类社会发展、生物进化的宝贵资源。水是自然界中最活跃的因子，又是与生态系统相联系的载体。地球上所发生的一切生态过程（物理、化学和生物的）都离不开水的参与。生态系统的平衡，营养物质的循环，土地利用的性质、方向以及各种资源的利用均与水有着密切关系。水资源子系统既是该复合系统的基本组成要素，又是社会经济子系统和生态环境子系统存在和发展的支持条件；水资源子系统的承载状况对区域的发展起着举足轻重的作用。

水环境系统的各子系统之间存在着相互作用，一是某子系统的发展对其他子系统的发展起促进的正作用关系，二是某子系统的发展对其他子系统的发展起阻碍的负作用关系，这两种正负作用关系决定着系统的发展。人类与资源环境之间的和谐水平在很大程度上取决于对地球表层系统中圈层间相互作用规律认识的深度和完整性，因而复合生态系统的可持续发展要求人类必须正确认识对自然界进行的改造，创造和协调与自然界的关系，调整人们的价值观念，从人类长远的发展来规范自己的行为，做到与自然协调发展，共同进化，见图2-1。

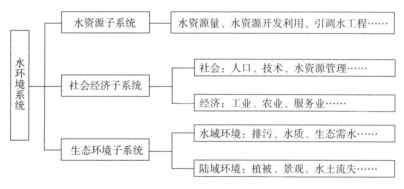

图2-1　水环境系统构成要素示意

（二）水环境系统的要素

在水环境系统的各种组成要素中存在着一种或几种关键要素，称为主体要素。在水环境系统中，水资源与人是主体要素。

1. 水资源

水是地球生物圈和生态圈的组成部分，并与各种有生命的生物体和无生命的光、热、气、土壤等，作为生物要素和环境要素共存于水环境系统之中。水以其不同的存在形态（气态、液态和固态）与系统内部的各要素之间发生着相互联系，构成生态系统的形态结构。水以其运动形式作为营养物质和能量传递的载体，在食物链网和营养级间，按能量递减规律逐级分配营养物质和能量，从而在系统的营养结构中担当着重要角色。水作为水环境系统的基本要素之一，无论在形态结构、营养结构，乃至整个结构中，都是其他任何要素无法比拟的。

2. 人

人虽然是整个生态系统众多因素中的一个，或说是大自然系统链条中的一环，但是却与其他因素有着本质的区别，人在整个生态系统中扮演着积极主动的角色。人不但可以能动地调控人类本身，而且可以能动地与环境、资源、物质、资金、科技等要素相连接，构成丰富多彩的生态经济关系。人不仅是消费者，也是生产者，能创造出比自己的消费多得多的财富。这种消费和生产的对立统一关系，一方面，表现为人口在环境、资源、能源、粮食等方面造成的压力，动摇甚至破坏系统的平衡；另一方面，人具有生产和创造才能，又可以使系统向更高一级的平衡演化。因此，人在水环境系统中，起着促进或延缓系统发展的作用。

随着社会发展和科技进步，社会生产力得到了极大的提高。人类已经成为干扰地球表层系统自然演化过程的重要因素，人类不再被动地适应环境，也不再简单地修饰环境，而是正在大幅度地改造环境，并试图控制环境，由此导致了人地关系正在发生着显著的变化；从过去的被动适应型，经过能动地修饰、改造型的过渡，逐步向主动控制型转变。

（三）水环境系统的结构和功能

1. 水环境系统结构

组成水环境系统的各部分、各要素在空间上的配置和联系，称为水环境系统的结构，它是描述系统有序性和基本格局的宏观概念。水环境系统中的水资源、生态环境、经济生产部门、人口、科技、制度等要素之间相互影响、相互作用，构成水资源子系统、社会经济子系统及生态环境子系统的结构。水资源子系统和生态环境子系统是水环境系统的基础，它为社会经济子系统提供可利用的资源和生态需求，同时，还要承担社会经济子系统产生的废气、废水、废渣、生活垃圾所造成的环境污染。社会经济子系统是整个水环境系统的核心，它不仅为人类提供经济收入和消费输出，还为保护和修复生态环境子系统提供一定的资金保障；水资源管理是水环境复合系统的依托，水资源管理是否科学完善强烈影响着区域水环境的变化。3个子系统密不可分，在一定的管理与监控下，形成一种有序而相对稳定的结构，见图2-2。作为一个开放系统，可通过输入资源、物资、技术等来增加其可持续性；同时，通过向系统排放污染物增加其不可持续性。系统的动力学机制是社会经济子系统的消费、需求和资源生产能力的供求关系，具体表现为三种再生产过程，即自然环境再生产、经济（物资资料）再生产和人口（劳动力）再生产。自然环境再生产为经济再生产和人口再生产提供食物、原料和基本的生产资料，是水环境系统生产的基础；经济再生产，一方面为其本身的再生产提供必需的生产资料和物质基础，另一方面为人口再生产提供所需的资料，以满足人的生存和物质文化生活的需要。

2. 水环境系统功能

（1）生产功能。水环境系统的生产功能是指区域的生产环节利用系统所提供的水资源和其他物质能量等资源，生产出产品的能力，包括生物生产和非生物生产，给区域人口提供高质量的生存空间和生存条件。生物生产包括植物通过光合作用过程的初级生产和人的次级生产；非生物生产包括物质生活和非物质生产，物质生产包括人们物质生活所需要的各种有形产品及服务，非物质生产包括人们精神生活所需要的各种文化艺术产品和相关的服务。

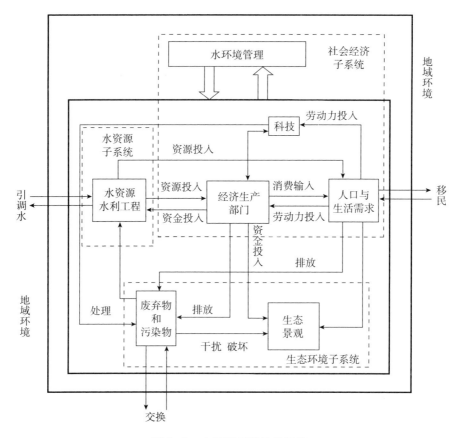

图2-2　水环境系统结构示意

（2）生态功能。生态功能是指水环境系统为区域的居民提供生活消费和为居民提供一定质量的生态环境功能的总称。生态功能通过满足和满意程度进行调节控制。水环境系统应具有资源再生功能和还原净化功能，它不仅能提供自然物质，而且能在一定程度内接纳、吸收和转化人类活动排放到生态环境中的污染物。

为达到自然净化环境中的有毒有害物质的效果，自然环境中以特定方式循环流动着物质和能量，如碳、氢、氧、磷、硫和太阳辐射能等的循环流动，维持自然生态系统的永续运动。水环境系统中的水、矿物、生物等其他物质，通过生产进入经济系统，参与高一级的物质循环过程。环境系统的生产功能和生态功能之间存在着对立统一的关系。一方面，生产功能的充分发挥会导致区域人口、物质、能量的大量集结，容易导致区域各类生态关系的失调，降低水环境的生态功能；强调良好的水环境生态功能必然会给经济的发展施加种种限制，从而削弱系统的生产功能，这是二者相对立的一面。另一方面，二者又具有相统一的特征，表现在水环境生产功能的良好发挥和经济的高效发展，能为改善其生态环境奠定物质基础，有利于生态功能的健全和改善，而生态功能的进一步改善又有利于区域居民的身心健康和自然资源的合理利用，同样对完善水环境系统的生产功能创造了有利条件，只有创造种种有利条件，实现水环境系统生态功能和生产功能的统一，才能使水环境系统的基本功能趋于完善。

（四）水环境系统承载原理

水环境承载能力作为协调社会、经济与水环境关系的中介，是一个横跨人类活动、资源、环境的概念。因此，其研究对象也是双方面的，不仅要对承载力对象——人类的社会经济活动进行研究，也要研究人类活动的载体——资源和环境。

1. 水环境系统承载关系分析

承载力可以理解为承载媒体对承载对象的支持能力，承载的可持续性可以理解为承载媒体能够接纳承载对象施加的荷载，并保持在系统自我调节的范围之内。一般地，承载媒体与承载对象具有如下关系。

（1）承载的直接性和间接性。在水环境系统中，人、生物、水资源、用水部门通过水资源的使用形成相互承载的共生关系，这种网络状的承载关系，使承载媒体对于承载对象而言，有的是直接的，即承载对象直接与承载媒体发生关系，如人类生活直接以河流中的水作为饮用水水源。有的是间接的，即承载对象通过某个中间环节与承载媒体系统建立联系，如粮食生产通过农业灌溉消耗水资源，而人类生活以粮食作为食物，此时人类生活对水资源的承载关系就是间接的，在水环境承载媒体与人类承载对象的关系中，间接承载是非常普遍的。

（2）承载的相对性。承载媒体与承载对象就像承载与被承载是相对而言的，不是固定不变的。比如粮食相对于人是承载媒体，而粮食相对于水资源又是被承载对象。

（3）承载的多向性。一个承载媒体一般具有多种功能，使其承载的作用也是多方面的，导致承载的对象也不止一个。在水环境系统中，一个水体往往具有多方面的概念，既是生活水源，又提供工业用水、农业灌溉，还兼有养殖、旅游、景观和文化功能等。

对于水环境承载系统而言，水资源子系统和生态环境子系统作为承载的媒体，而社会经济子系统作为被承载的对象，它们之间也具有以上3个方面的性质。

2. 水的环境承载机制

水的环境承载机制分为水的生态承载机制、水的技术承载机制和水的资源承载机制。

（1）水的技术承载机制。科学进步和技术革新，扩大了生产的规模，提高了生产力水平，可以降低单位产值的用水量，提高用水效率。同时，实行清洁生产，改粗犷的工农业生产模式为生态工农业，可以大幅度减少生产过程中污染物的排放，尽可能减轻其对环境的污染。未来的新材料、新技术、基因工程和信息工程等，对提高工农业生产水平，替代部分资源的使用和消耗，变废为宝，具有不可低估的作用。科学技术是生产力，也是提高承载力中最活跃的因子，对提高水环境承载能力具有较大的潜力。

（2）水的生态承载机制。水的生态承载机制包括生态效应约束机制和水环境污染自我净化机制。所谓生态效应约束机制是指当水环境中的污染物积累到一定量后便对水中的植物和动物产生不良效应。水和水中生物之间以及各生物之间相互依存和制约，构成一个整体。这一系统是生物生产、累积、分解和转化的场所，并贯穿物流与能流而形成一个开放的系统。正常情况下系统的结构完整、功能健全，结构与功能之间相互适应并具有一定的自我调节能力。一方面，当有外在人为活动的影响时，进入水环境的污染物，其性质和数量一旦超过水环境生态系统所能承纳的阈值时，系统受到干扰和破坏，生物生长受到抑制，甚至造成有毒物质向动物及人体转移。

（3）水的资源承载机制。水的资源承载机制主要是指水作为一种资源，为人类社会的发展提供支撑作用。水资源不仅是人类生存不可缺少的原料，也是社会经济发展的基本支撑条件。从农业发展来看，水资源是一切农作物生长所依赖的基础，如果供水量不能满足作物生长的需要，将会导致农作物减产甚至死亡；从工业发展来看，水是工业生产的命脉，几乎所有的工业生产过程都需要水的参与；随着工业化进程的加剧，水资源需求越来越大，这时水对工业发展速度影响越来越明显。同样城市也越来越依靠水资源。

二、水资源的水量、组成、分类

（一）水量

水在地球上总储量很大，约为 138.6 亿 m^3，但其中 97.47% 为含盐量较高的咸水，真正能够满足人类生理和生活需要的淡水资源仅占地球水总储量的 2.53%。即便在这些有限的淡水资源中，也有近 70% 以冰川、永久积雪、长年冻土和深层地下水的形式存在，分布在地表河湖、土壤和地下 600 m，能方便供人们利用的淡水量仅占全球淡水总量的 30.4% 和全球水资源总量的 0.77%。从这个意义上来说，可供人类利用的水资源并不充裕。

我国是一个水资源短缺、水旱灾害频繁的国家，降水总量约 6 亿 t，平均年径流量为 27 115 亿 m^3，扣除重复计算量，我国的多年平均水资源总量为 28 124 m^3。按水资源总量考虑，我国居世界第六位，但我国人口众多，人均水资源占有量不足世界人均水平的 1/4。2013 年人均水资源占有量在世界各国排名中仅列第 119 位，是 13 个贫水国家之一。国际上认为人均水资源量在 2 000 m^3，为严重缺水边缘；人均水资源量在 1 000 m^3，为人类生存起码条件。如果按照这个标准，我国有 16 个省（市、区）的人均水资源量低于严重缺水线，有 6 个省（市、区）的人均水资源量低于生存起码条件。到 21 世纪中叶，我国人均水资源占有量将降为 1 700 m^3，水资源紧缺的形势将更加严峻。而且我国水资源地区分布不均匀，东南水量占全国总水量的 82.2%，西北水量仅为 17.7%。据有关专家预测，我国缺水高峰将在 2020—2030 年出现，据估计我国将缺水 2 000 亿 m^3，预计我国最大的经济需水量约为 7 600 亿 m^3。此外，城市缺水也相当严重，按联合国人居署评价标准全国 657 个城市中有 300 多个属于"严重缺水"和"缺水"城市。

（二）天然水的组成

在自然界中，完全纯净的水是不存在的。天然水在循环过程中不断地与环境中的各种物质相接触，并且或多或少地对它们进行溶解，所以天然水实际上是一种成分极其复杂的溶液。通过分析，发现天然水中含有的物质几乎包括元素周期表中所有的化学元素。现仅将天然水中的溶质成分概略地分成以下几类：①主要离子组成。K^+、Na^+、Ca^{2+}、Mg^{2+}、HCO_3^-、NO_3^-、Cl^- 和 SO_4^{2-} 为天然水中常见的八大离子，占天然水中离子总量的 95% ~ 99%。水中这些主要离子的分类，常用来作为表征水体主要化学特性的指标。②溶解性气体。水中溶解的主要气体有 N_2、O_2、CO_2、H_2S；微量气体有 CH_4、H_2、He 等。③微量元素。如 I、Br、Fe、Cu、Ni、Ti、Pb、Zn、Mn 等。④生源物质。如 NH_4^+、NO_2^-、NO_3^-、

HPO_4^{2-}、PO_4^{3-}。⑤胶体。如 $SiO_2 \cdot nH_2O$、$Fe(OH)_2 \cdot nH_2O$、$Al_2O_3 \cdot nH_2O$ 以及腐殖质等。⑥悬浮物质。如铝硅酸盐颗粒、砂粒、黏土、细菌、藻类及原生动物等。受到人类活动影响的水体，其水中所含的物质种类、数量、结构均与天然水质有所不同。以天然水中所含的物质作为背景值，可以判断人类活动对水体的污染程度，以便及时采取措施，提高水体水质，使之朝着有益于人类的方向发展。

（三）水的分类

水的分类在不同的场合，有不同的种类区别，其水质亦有明显的差别。

1. 地下水与地表水

地下水中的有机物和微生物污染较少，而离子溶解较多，通常硬度较高，烧水时易结水垢；有时铁、锰、氟离子超标，不能满足生产生活用水需求。地表水较地下水有机物和微生物污染较多，如果该地属石灰岩地区，其地表水往往也有较大的硬度，如四川的德阳、绵阳、广元、阿坝等地区的地表水。

2. 硬水与软水

硬水中钙镁等金属离子的总浓度称为硬度，硬水对锅炉等生产用水影响很大，应对其进行软化、脱盐处理。硬度大于 200 mg/L 的水通常就称为硬水。软水即硬度较小的水。

3. 原水与净水

原水通常是指水处理设备的进水，如常用的城市自来水、城郊地下水、野外地表水等，常以 TDS 值（水中溶解性总固体含量）检测其水质，中国城市自来水 TDS 值通常为 100 ~ 400 mg/L。净水是指原水经过水处理设施处理后的水。

4. 纯净水与蒸馏水

纯净水是指原水经过反渗透和杀菌装置等成套水处理设施后，除去了原水中绝大部分的无机盐离子、微生物和有机物杂质，可以直接生饮的纯水。蒸馏水是指以蒸馏方式制备的纯水，通常不适宜饮用。

5. 纯水和超纯水

纯水是以反渗透、蒸馏、离子交换等方法制备的去离子水，其 TDS 值通常 < 5mg/L，电导率通常 < 10μS/cm（电阻率 > 0.1 MΩ·cm）。超纯水是以离子交换、蒸馏、电除盐等方法将纯水进一步提纯去离子得到，其 TDS 值不可测，电导率通常 < 0.1μS/cm（电阻值 > 10 MΩ·cm），其离子几乎完全去除，理论上最纯水的电阻值为 18.25 MΩ·cm。

6. 纯化水和注射用水

纯化水是指医药行业用的纯水，电导率要求 < 2μS/cm。注射用水是纯化水经多次蒸馏并用超滤法再次提纯去除杂质后用于配制注射剂的水。

7. 生活用水、生产用水与生态用水

水资源中用于生活、生产和生态的水是必不可缺的。生产用水最主要是生产、加工、制造产品所消耗的水。而生活用水，相对于生产用水来说，一般都是指人们为生活需要而消耗的水，如洗衣服、洗菜等。生态用水是指维持生态系统完整性所消耗的水分，它包括一部分水资源量和一部分常常不被水资源量计算在内的部分水分，如无效蒸发量、植物截留量。狭义上讲，生态用水是指维持生态系统完整性所需要的水资源总量。

8. 淡水和海水

淡水即含盐量小于 0.5 g/L 的水。地球上水的总量为 14 亿 km³，地球上的水量很多，淡水储量仅占全球总水量的 2.53%，而且其中的 68.7% 又属于固体冰川，分布在难以利用的高山和南、北两极地区，还有一部分淡水埋藏于地下很深的地方，很难进行开采。

海水是一种非常复杂的多组分水溶液。海水中各种元素都以一定的物理化学形态存在。在海水中铜的存在形式较为复杂，大部分是以有机络合物的形式存在。在自由离子中仅有一小部分以二价正离子形式存在，大部分都是以负离子络合物形式出现，因此自由铜离子仅占全部溶解铜的一小部分。海水中有含量极为丰富的钠，但其化学行为非常简单，它几乎全部以钠离子的形式存在。海水中溶解的有机物十分复杂，主要是一种叫做"海洋腐殖质"的物质，它的性质与土壤中植被分解生成的腐殖酸和胡敏酸类似。海洋腐殖质的分子结构还没有完全确定，但是它与金属能结合形成强络合物。

三、水质参数

水质参数是用来表示水环境（水体）质量优劣程度和变化趋势的各种物质的特征指标。环境质量参数很多，在评价水环境污染程度时，一般选取物理的、化学的、生物的水质参数。其中包括：水的混浊度、透明度、色度、嗅、味、水温、pH、BOD（COD）、DO、微量的有害化学元素的含量、农药及其他无机或有机化合物的含量、大肠杆菌数、细菌含量等。

（一）色度

色度是指水中的溶解性的物质或胶状物质所呈现的类黄色乃至黄褐色的程度。溶液状态的物质所产生的颜色称为"真色"；由悬浮物质产生的颜色称为"假色"。测定前必须将水样中的悬浮物除去。通常测定清洁的天然水是用铂钴比色法，此法操作简便，色度稳定，标准色列保存适宜，可长期使用，但其中氯铂酸钾太贵，大量使用不够经济。铬钴比色法，试剂便宜易得，方法精密度和准确度与铂钴比色法相同，只是标准色列保存时间较短。

（二）pH

氢离子浓度指数是指溶液中氢离子的总数和总物质的量之比。它的数值俗称"pH值"，是表示溶液酸性或碱性程度的数值，即所含氢离子浓度的常用对数的负值。pH 值越趋向于 0 表示溶液酸性越强，反之，越趋向于 14 表示溶液碱性越强。在常温下，pH = 7 的溶液为中性溶液。

（三）COD

化学需氧量又称化学耗氧量（Chemical Oxygen Demand，COD），是利用化学氧化剂（如重铬酸钾、高锰酸钾）将水中可氧化物质（如有机物、亚硝酸盐、亚铁盐、硫化物等）氧化分解，然后根据残留的氧化剂的量计算出氧的消耗量。它和生化需氧量（Biochemical Oxygen Demand，BOD）一样，是表示水质污染程度的重要指标。COD 的单位为 mg/L，其值越小，说明水质污染程度越轻。据环保专家介绍，水中的有机物在被氧化分解时，会消耗水中的溶解氧。如果水中的溶解氧被消耗殆尽，水里的厌氧菌就会迅速繁殖，从而导致水体发臭和环境恶化。因此 COD 值越大，表示水体受污染越严重。

（四）BOD

生化需氧量是一种用微生物代谢作用所消耗的溶解氧量来间接表示水体被有机物污染程度的一个重要指标。其定义是：在有氧条件下，好氧微生物氧化分解单位体积水中有机物所消耗的游离氧的数量，单位为 mg/L。一般有机物在微生物的新陈代谢作用下，其降解过程可分为两个阶段：第一阶段是有机物转化为 CO_2、NH_3 和 H_2O 的过程，第二阶段则是 NH_3 进一步在亚硝化菌和硝化菌的作用下，转化为亚硝酸盐和硝酸盐，即所谓的硝化过程。NH_3 已是无机物，污水的生化需氧量一般指有机物在第一阶段生化反应所消耗的氧量。微生物对有机物的降解与温度有关，一般最适宜的温度是 $15 \sim 30℃$，所以在测定生化需氧量时一般以 20℃ 作为测定的标准温度。20℃ 时在 BOD 的测定条件（氧充足、不搅动）下，一般有机物 20 天才能够基本完成在第一阶段的氧化分解过程（完成该过程的99%）。也就是说，测定第一阶段的生化需氧量，需要 20 天，这在实际工作中是难以做到的。为此又规定一个标准时间，一般以 5 日作为测定 BOD 的标准时间，因而称为五日生化需氧量，以 BOD_5 表示。BOD_5 约为 BOD_{20} 的 70%。

（五）TOC

总有机碳（Total Organic Carbon，TOC）是指水体中溶解性和悬浮性有机物所含碳的总量。水中有机物的种类很多，目前还不能全部进行分离鉴定，常以"TOC"表示。TOC 是一个快速鉴定的综合指标，它以碳的数量来表示水中含有机物的总量。但由于它不能反映水中有机物的种类和组成，因而不能反映总量相同的总有机碳所造成的不同污染后果。由于 TOC 的测定采用燃烧法，因此能将有机物全部氧化，它比 BOD_5 或 COD 更能直接地表示有机物的总量。通常作为评价水体有机物污染程度的重要指标。

某种工业废水的组分相对稳定时，可根据废水的总有机碳同生化需氧量和化学需氧量之间的对比关系来规定 TOC 的排放标准，这样能够在很大程度上提高监测工作的效率。测定时，先用催化燃烧法或湿法氧化法将样品中的有机碳全部转化为二氧化碳，生成的二氧化碳可直接用红外线检测器检测，亦可转化为甲烷，用氢火焰离子化检测器检测，然后将二氧化碳含量折算成含碳量，反映水中氧化的有机化合物的含量，单位为 mg/L 或 μg/L。

（六）DO

溶解氧（Dissolved Oxygen，DO）是指溶解于水中的分子态氧，用每升水中氧气的毫克数表示。水中溶解氧的含量与空气中氧的分压、水的温度都有密切关系。在自然条件下，空气中的含氧量变动不大，故水温是主要因素，水温越低，水中溶解氧的含量越高。水中溶解氧的多少是衡量水体自净能力的一个重要指标。

（七）ORP

氧化还原电位（Oxidation – Reduction Potential，ORP）用来反映水溶液中所有物质表现出来的宏观氧化 – 还原性。氧化还原电位越高，氧化性越强，电位越低，氧化性越弱。电位为正表示溶液显示出一定的氧化性，为负则说明溶液显示还原性。对于一个水体来说，往往存在多个氧化还原电对，构成复杂的氧化还原体系，而其氧化还原电位是多种氧化物质与还原物质发生氧化还原反应的综合结果。这一指标虽然不能作为某种氧化物质与还原物质浓度的指标，但有助于了解水体的电化学特性，分析水体的性质，因此其是一项综合性指标。

（八）TDS

溶解性总固体（Total Dissolved Solids，TDS）曾称总矿化度，指水中溶解组分的总量，包括溶解于地下水中的各种离子、分子、化合物的总量，但不包括悬浮物和溶解气体。矿化度以 g/L 表示。一般测定矿化度是将 1L 水加热到 $105 \sim 110\,℃$，使水全部蒸发，剩下的残渣质量即是地下水的矿化度。地下水按矿化度（M）的大小，一般分为：淡水，$M < 1$ g/L；微咸水，$M = 1 \sim 3$ g/L；咸水，$M = 3 \sim 10$ g/L；盐水，$M = 10 \sim 50$ g/L；卤水，$M > 50$ g/L。地下水中所含主要盐分的类型常随矿化度的增减而变化。

TDS 计是针对 TDS 设计的计量器，可看出水中无机物或有机物的含量。但这只是初步的检验，无法提供完全正确的资料确定内含物的成分，若需要正确的内含物成分，仍需以送检为准。检测水中总溶解固体值（TDS）即检验出在水中溶解的各类有机物或无机物的总量，使用单位为 mg/L。其导电仪器能检测出水中的可导电物质，如悬浮物、重金属和可导电离子。使用方法如下：①测量时的水温应维持在 $25\,℃$ 左右，温度过高会使 TDS 值增加，影响结果的正确性。②液晶屏幕所显示的数值即为 TDS 值，若 TDS 计显示的数字为 100，那代表溶于水中的正离子或负离子总数为 100 mg/L（公差为 $\pm 5 \times 10^{-6}$），数字愈高，表示水中的物质愈多。③北京地区自来水 TDS 平均在 250 mg/L 左右，RO 纯水能减至30 mg/L 以下，当数值超过 30 mg/L 时，就必须考虑更换 RO 滤膜或请技术人员验修。当然 TDS 计也非万能，它也有其自身的缺点：①TDS 仅能测出水中的可导电物质，但无法测出细菌、病毒等物质。②单独依赖 TDS 水质测试来判断水是否能生饮并不是最正确的做法；经高温无法灭绝的细菌或病毒，必须通过更精密的仪器才能测定出来。

（九）EC

电导率（Electrical Conductivity，EC）是指在介质中该量与电场强度之积等于传导电流密度。对于各向同性介质，电导率是标量；对于各向异性介质，电导率是张量。生态学中，电导率是以数字表示的溶液传导电流的能力。单位以毫西门子每米（mS/m）表示。电导率的测量通常是指溶液中的电导率测量。固体导体的电阻率可以通过欧姆定律和电阻定律测量。电解质溶液电导率的测量一般采用交流信号作用于电导池的两电极板，由测量到的电导池常数 K 和两电极板之间的电导 G 求得电导率 σ。

（十）浊度

浊度是指水中悬浮物对光线透过时所发生的阻碍程度。水中的悬浮物一般是泥土、沙砾、微细的有机物和无机物、浮游生物、微生物和胶体物质等。水的浊度不仅与水中悬浮物质的含量有关，而且与它们的大小、形状及折射系数等也存在一定的关系。浊度也可以用浊度计来测定。浊度计发出光线，使之穿过一段样品，并从与入射光呈 90°的方向上检测有多少光被水中的颗粒物所散射，这种散射光测量方法称作散射法。任何真正的浊度都必须按这种方式进行测量。浊度计既适用于野外和实验室内的测量，也适用于全天候的连续监测。可以通过设置浊度计，使之在所测浊度值超出安全标准时发出警报。

（十一）盐度

盐度是指水中含盐量的百分比。盐度计的测量值中盐度的定义为：在一个标准大气压[①]、15℃的温度下，海水样品与标准 KCl 溶液的电导比。地球上盐度最高的海域——红海的盐度在 3.6% ~ 3.8%；盐度最低的海域——波罗的海的盐度只有 0.7% ~ 0.8%。

（十二）POPs

持久性有机污染物（Persistent Organic Pollutants，POPs）指人类合成的能持久存在于环境中，通过食物链（网）累积，并对人类健康造成有害影响的化学物质。它具备四种特性：高毒、持久、累积性、亲脂憎水性。而位于生物链顶端的人类，则把这些毒性放大了7 万倍。持久性有机污染物分为有机氯杀虫剂［如艾氏剂（aldrin）、狄氏剂（dieldrin）、异狄氏剂（endrin）、氯丹（chlordane）、灭蚁灵（mirex）、毒杀酚（toxaphene）、滴滴涕（DDT）］、工业化学品［如多氯联苯（PCBs）］和非故意生产的副产物（如二噁英和呋喃）三类。

（十三）微污染物和微污染水

微污染物是指在淡水中存在的浓度低（ng/L ~ g/L）、种类多、性质复杂的一大类新型污染物。目前水体中很多被检测到的微污染有机物已被证明会对人体造成很大危害，其中一部分甚至被确定或怀疑为"三致"物质（致癌、致畸、致突变）。但是，它们在常规的传统水处理工艺中的去除效果往往不佳，如由药物及个人护理品产生的污染物（Pharmaceutical and Personal Care Products，PPCPs）、蓝藻毒素及内分泌干扰物等。

四、国内水环境现状

（一）河流水质

2013 年全国地表水总体为轻度污染，部分城市河段污染严重。对河流水质进行了监测

---

① 1 个标准大气压 = 101. 325kPa。

评价，Ⅰ~Ⅲ类水河长占71.7%，Ⅳ~Ⅴ类水河长占19.3%，劣Ⅴ类水河长占9.0%，与2012年基本持平。各水资源一级区中，西南诸河区、西北诸河区、长江区、珠江区和东南诸河区水质较好，符合和优于Ⅲ类水的河长占64%~98%；海河区、黄河区、淮河区、辽河区和松花江区水质较差，符合和优于Ⅲ类水的河长仅占35%~59%。

（二）湖泊（水库）

根据我国环境公报，2013年，水质为优良、轻度污染、中度污染和重度污染的国控重点湖泊（水库）比例分别为60.7%、26.2%、1.6%和11.5%。与上年相比，各级别水质的湖泊（水库）比例无明显变化。主要污染指标为总磷、化学需氧量和高锰酸盐指数。富营养、中营养和贫营养的湖泊（水库）比例分别为27.8%、57.4%和14.8%。其中重点湖泊（水库）环境状况如下：

（1）太湖。轻度污染，与上年相比，水质无明显变化。主要污染指标为总磷和化学需氧量。其中，西部沿岸区为中度污染，北部沿岸区、湖心区、东部沿岸区和南部沿岸区为轻度污染。全湖总体为轻度富营养。其中，西部沿岸区为中度富营养，北部沿岸区、湖心区、东部沿岸区和南部沿岸区为轻度富营养。太湖主要入湖河流中，乌溪河、陈东港、洪巷港、殷村港、百渎港、太㴲运河和梁溪河为轻度污染，其他主要入湖河流水质优良。主要出湖河流中，浒光河和苏东河水质良好，胥江和太浦河水质为优。

（2）巢湖。轻度污染，与上年相比，水质无明显变化。主要污染指标为总磷和化学需氧量。其中，西半湖为中度污染，东半湖为轻度污染。全湖总体为轻度富营养。其中，西半湖为中度富营养，东半湖为轻度富营养。巢湖主要入湖河流中，南淝河、十五里河和派河为重度污染，其他主要入湖河流水质良好。巢湖主要出湖河流裕溪河水质良好。

（3）滇池。重度污染，与上年相比，水质无明显变化。主要污染指标为化学需氧量、总磷和高锰酸盐指数。其中，草海和外海均为重度污染。全湖总体为中度富营养。其中，草海和外海均为中度富营养。滇池主要入湖河流中，盘龙江、新河、老运粮河、海河、乌龙河、金汁河、船房河、大观河、捞渔河和西坝河为重度污染，宝象河、柴河和中河为中度污染，马料河和东大河为轻度污染，洛龙河水质为优。

（4）重要湖泊。2013年，31个大型淡水湖泊中，淀山湖、达赉湖、白洋淀、贝尔湖、乌伦古湖和程海为重度污染，洪泽湖为中度污染，阳澄湖、小兴凯湖、兴凯湖、菜子湖、鄱阳湖、洞庭湖、龙感湖、阳宗海、镜泊湖和博斯腾湖为轻度污染，其他14个湖泊水质优良。与2012年相比，高邮湖、南四湖、升金湖和武昌湖水质有所好转，鄱阳湖和镜泊湖水质有所下降。淀山湖、洪泽湖、达赉湖、白洋淀、阳澄湖、小兴凯湖、贝尔湖、兴凯湖、南漪湖、高邮湖和瓦埠湖均为轻度富营养，其他湖泊均为中营养或贫营养。

（5）重要水库。27个重要水库中，尼尔基水库为轻度污染，主要污染指标为总磷和高锰酸盐指数；莲花水库、大伙房水库和松花湖均为轻度污染，主要污染指标均为总磷；其他23个水库水质均为优良。崂山水库、尼尔基水库和松花湖为轻度富营养，其他水库均为中营养或贫营养。

（三）省界水体水质

2013年对全国298个省界断面的水质进行了监测评价，水质符合和优于地表水Ⅲ类标准的断面数占总评价断面数的 62.3%，水污染严重的劣 V 类占 19.5%。各水资源一级区中，省界断面水质较好的是西南诸河区和东南诸河区，黄河、淮河区、海河区、辽河区省界断面水质较差。省界断面的主要超标项目是化学需氧量、高锰酸盐指数、氨氮、五日生化需氧量等。

（四）全国地级及以上城市集中式饮用水水源地水质

2013 年，全国有 309 个地级及以上城市的 835 个集中式饮用水水源地统计取水情况，全年取水总量为 306.7 亿 t，涉及服务人口 3.06 亿人。其中，达标取水量为 298.4 亿 t，达标率为 97.3%。地表水水源地主要超标指标为总磷、锰和氨氮，地下水水源地主要超标指标为铁、锰和氨氮。

（五）地下水水质

2013 年，地下水环境质量的监测点总数为 4 778 个，其中国家级监测点 800 个。水质优良的监测点比例为 10.4%，良好的监测点比例为 26.9%，较好的监测点比例为 3.1%，较差的监测点比例为 43.9%，极差的监测点比例为 15.7%。主要超标指标为总硬度、铁、锰、溶解性总固体、"三氮"（亚硝酸盐、硝酸盐和氨氮）、硫酸盐、氟化物、氯化物等。

与 2012 年相比，有连续监测数据的地下水水质监测点总数为 4 196 个，分布在 185 个城市，水质综合变化以稳定为主。其中，水质变好的监测点比例为 15.4%，稳定的监测点比例为 66.6%，变差的监测点比例为 18.0%。

第二节　水的利用

一、水的利用方式

水的利用方式主要为生活用水、生产用水和生态用水。为节约水资源，需做到按流域统一组织、上下联动、强化对江河污染的治理，保护好地表水。贫水地区要把拦蓄雨、洪水作为扩大城市水源的重大举措。城市建筑密集，地面硬化率高，短时间内汇集的雨水量较大，若排水不及时极易造成内涝。应把集雨设施作为城市的一项基础设施加大建设力度，变被动排水为主动集雨，变水患为水利。尽可能扩大城区绿化面积，增强地面的自然渗透能力，停车场、广场、便道的硬化设施要采用渗透性强的铺装材料。多建城市园林，少建草坪，绿地要建成下凹式，以便于渗水、积水。在广大农村地区，要综合运用"树、梯、窖、坑、池、坝、库、堤"等多种方式，尽可能多地把雨水、洪水拦蓄起来。

调整用水结构，将生产用水与生活用水分开，饮用水与清洁用水分开，提倡一水多用，推行中水工程，提高用水效率。

在生产用水与生活用水中，优先保证居民生活用水，特别是饮用水，把优质地下水用于日常生活以及饮食业和食品加工业。工业生产用水量在城市用水量中仍占有较大比例，一般占到城市用水量的70%左右。一般生产用水和建筑业用水要少用或不用自来水。可通过采用一些简单的处理方法，提高水的重复利用率。结合城市工业结构和布局进行调整，建立与城市供水系统分离的独立供水、用水、循环处理系统，做到一水多用、重复利用。在城市生产生活的各个领域中推行中水工程，建筑业用水（主要是混凝土搅拌）应把中水作为主要水源。

目前城市公共生活用水量大大增加，宾馆、娱乐、洗浴、学校、医院以及新兴的洗车业等用水量急剧增加。用自来水冲洗马路、浇花草等不合理用水现象也十分普遍。城市环卫、绿化、景观用水及新兴的洗车业要大力推广中水回用。

完善水价构成要素，适时调整水价结构，实行分类定价、超额加价、季节差价，使价格水平及其变动能更好地反映水资源的稀缺性和供需状况。

二、水利工程

我国人均水资源占有量仅有 2 300 m^3，约为世界人均水量的1/4，世界排名第110位，被联合国列为13个贫水国家之一。我国降水量时空变化大，水资源分布极不均衡，再加上水量时空上的巨大变化和差异，使水的供需矛盾更加尖锐。另外，我国地表水资源和地下水资源污染十分严重，进一步加剧了水资源的紧缺，使其所造成的影响愈显突出。节水具有非常重要的意义。

解决城市缺水问题的唯一办法是"开源节流"。"开源"即合理开发利用地下水，防治水污染，提高水资源的可利用程度，扩大可利用水资源的范围，如各种类型低质水和海水利用，以及水的再利用；跨流域或地区调水、提高供水系统的供水能力。"节流"即利用新技术、经济、行政、法制和宣传教育等多种手段，杜绝水的浪费，提高水的有效利用率，节省或减少用水，限制需水量增长甚至削减需水量。

（一）水利工程分类和特点

1. 分类

水利工程按目的或服务对象可分为：防止洪水灾害的防洪工程；防止旱、涝、渍灾并为农业生产服务的农田水利工程，也称灌溉和排水工程；将水能转化为电能的水力发电工程；改善并为航运创造条件的航道和港口工程；为工业和生活用水服务，并能有效处理污水和排污的城镇供水和排水工程；防止水土流失和水质污染，维护生态平衡的水土保持工程和环境水利工程；保护和提高渔业生产的渔业水利工程；围海造田，满足工农业生产或交通运输需要的海涂围垦工程等。一项水利工程若可同时为防洪、灌溉、发电、航运等多种目标服务，则称为综合利用水利工程，如长江三峡水利枢纽工程。

2. 特点

水利工程需要修建坝、堤、溢洪道、水闸、进水口、渠道、渡槽、筏道、鱼道等不同类型的水工建筑物，以实现其目标。水利工程与其他工程相比，具有工程量大、投资多、工期长、工作条件复杂、施工难度大等特点。

（1）有很强的系统性和综合性。单项水利工程是同一流域，同一地区内各项水利工程的有机组成部分，这些工程既相辅相成，又相互制约；单项水利工程自身往往是综合性的，各服务目标之间既紧密联系，又相互矛盾。水利工程和国民经济的其他部门也是紧密相关的。规划设计水利工程必须从全局出发，系统地、综合地进行分析研究，才能得到最为经济合理的优化方案。

（2）对环境有很大影响。水利工程不仅通过其建设任务对所在地区的经济和社会产生影响，而且对江河、湖泊以及附近地区的自然面貌、生态环境、自然景观，甚至对区域气候，都将产生不同程度的影响。这种影响有利有弊，规划设计时必须对这种影响进行有效的估计，充分发挥水利工程的积极作用，努力消除其消极影响。

（3）工作条件复杂。水利工程中各种水工建筑物都是在难以确切把握气象、水文、地质等自然条件下进行施工和运行的，它们多要承受水的推力、浮力、渗透力、冲刷力等作用，工作条件较其他建筑物更为复杂，难度系数也相应较大。

（4）水利工程的效益具有随机性，由于每年的水文状况存在差异，因此效益也存在不同，农田水利工程还与气象条件的变化有着密切联系，影响面也较广。

（5）水利工程一般规模较大，技术复杂，工期较长，投资多，兴建时必须严格按照基本建设程序和有关标准进行施工。

3. 可供水量

可供水量分为单项工程可供水量与区域可供水量。一般来说，区域内相互联系的工程之间，具有一定的补偿和调节作用，区域可供水量不是区域内各单项工程可供水量的简单相加之和。区域可供水量，即由新增工程与原有工程所组成的供水系统根据规划水平年的需水要求，经过调节计算后得出的数据。

区域可供水量是由若干个单项工程、通过计算单元的可供水量组成的。区域可供水量，一般通过建立区域可供水量预测模型进行推算。在每个计算区域内，将存在相互联系的各类水利工程组成一个供水系统，按一定的原则和运行方式联合调算，联合调算要注意避免重复计算供水量。对于区域内其他不存在相互联系的工程则按单项工程方法计算。可供水量计算主要采用典型年法，而来水系列资料比较完整的区域，也有采用长系列调算法进行可供水量计算的。

（二）不同类型水利工程介绍

1. 蓄水工程

蓄水工程是指水库和塘坝（不包括专为引水、提水工程修建的调节水库），按大、中、小型水库和塘坝分别统计。

2. 提水工程

提水工程是指利用扬水泵站从河道、湖泊等地表水体中提水的工程（不包括从蓄水、引水工程中提水的工程），按大、中、小型规模分别统计。

3. 调水工程

调水工程是指水资源一级区或独立流域之间的跨流域调水工程，蓄、引、提工程中均不包括调水工程的配套工程。

4. 地下水源工程

地下水源工程是指利用地下水的水井工程，按浅层地下水和深层承压水分别进行统计。农业上的地下水利用，就是合理开发与有效利用地下水进行灌溉或排灌相结合改良土壤以及农牧业给水。必须根据地区的水文地质条件、水文气象条件和用水条件，进行全面规划。

在对地下水资源进行评价和摸清可开采量的基础上，制订开发计划与工程措施。在对地下水利用规划中要遵循以下原则：①充分利用地面水，合理开发地下水，做到地下水和地面水统筹安排。②应根据各含水层的补水能力，确定各层水井数目和开采量，做到分层取水，浅、中、深相结合，合理布局。③必须与旱涝碱咸的治理相结合，统一规划，做到既保障灌溉，又能降低地下水位、防碱防渍；既开采了地下水，又腾空了地下库容；使汛期能存蓄降雨和地面径流，并为治涝治碱创造有利条件。在利用地下水的过程中，还必须加强管理，避免盲目开采而引起不良后果。

（三）其他水源工程

其他水源工程包括集雨工程、污水处理再利用工程和海水利用等供水工程。

无论是治理水害还是开发水利，都需要通过一定数量的水工建筑物来实现。按照功能，水工建筑物大致分为三类：①挡水建筑物；②泄水建筑物；③专门水工建筑物。由若干座水工建筑物组成的集合体称为水利枢纽。

1. 挡水建筑物

用于阻挡或拦束水流、抬高水位或调蓄水量的建筑物，该建筑物中一般横跨河道者称为坝，沿水流方向在河道两侧修筑者称为堤。坝是形成水库的关键性工程。近代修建的坝，大多采用当地土石料填筑成的土石坝或用混凝土灌筑成的重力坝，它依靠坝体自身的重量维持坝的稳定。当河谷狭窄时，可采用平面上呈弧线的拱坝。在缺乏足够筑坝材料时，可采用钢筋混凝土筑城的轻型坝（俗称支墩坝），但它抵抗地震的能力和耐久性都较差。砌石坝是一种较为古老的坝，不易机械化施工，主要用于中小型工程。大坝设计中要解决的主要问题是坝体抵抗滑动或倾覆的稳定性、防止坝体自身的破裂和渗漏。土石坝或砂、土地基，防止渗流引起的土颗粒移动导致的破坏（即所谓"管涌"和"流土"）占有更重要的地位。在地震区建坝时，还要注意坝体或地基中浸水饱和的无黏性砂料、在地震时发生较强反应导致突然消失而引起滑动的可能性，即所谓"液化现象"（见砂土液化）。

2. 泄水建筑物

泄水建筑物是指能从水库中安全可靠地放泄多余或需要水量的建筑物。历史上曾有不少土石坝，因洪水超过水库容量而漫顶造成溃坝。为保证土石坝的安全，必须在水利枢纽中设河岸溢洪道，一旦水库水位超过规定的水位，多余水量将经由溢洪道泄出。混凝土坝有较强的抗冲刷能力，可利用坝体过水泄洪，称为溢流坝。修建泄水建筑物，关键是要解决好消能、防蚀和抗磨的问题。泄出的水流一般具有较大的动能和冲刷力，为保证下游安全，常利用水流内部的撞击和摩擦来消除能量，如水跃或挑流消能等。当流速大于 10 ~ 15m/s 时，泄水建筑物中行水部分的某些不规则地段则可能出现所谓的空蚀破坏，即由高速水流在邻近边壁处出现真空穴而造成破坏。防止空蚀的主要方法是尽量采用流线形体形，提高压力或降低流速，采用高强材料以及向局部地区通气等。多泥沙河流或当水中夹带有石渣时，还必须解决抵抗磨损的问题。

3. 专门水工建筑物

除上述两类常见的一般性建筑物外，还有一类为某一专门目的或为完成某一特定任务所设的建筑物。渠道是输水建筑物，多数用于灌溉和引水工程。当遇高山挡路时，可盘山绕行或开凿输水隧洞穿过（见水工隧洞）；如与河、沟相交时，则需设渡槽或倒虹吸，此外还有同桥梁、涵洞等交叉的建筑物。水力发电站枢纽按其厂房位置和引水方式可分为河床式、坝后式、引水道式和地下式等。水电站建筑物主要有集中水位落差的引水系统，防止突然停车时产生过大水击压力的调压系统，水电站厂房以及尾水系统等。通过水电站建筑物的流速一般较小，但这些建筑物往往承受着较大的水压力，因此，许多部位要用钢结构。水库建成后大坝阻拦了船只、木筏、竹筏以及鱼类洄游等的原有通路，对航运和鱼类养殖业的影响较大。为此，应专门修建过船、过筏、过鱼的船闸、筏道和鱼道。这些建筑物具有较强的地方性，修建前要详细地做针对性的研究。

（四）水利工程规划

水利工程规划的目的是全面考虑、合理安排地面和地下水资源的控制、开发和使用方式，最大限度地做到安全、经济、高效。水利工程规划要解决的问题大体有以下几个方面：根据需要和可能确定各种治理和开发目标，按照当地的自然、经济和社会条件选择合理的工程规模，制订安全、经济、运用管理均方便的工程布置方案。因此，应首先做好被治理或开发河流流域的水文和水文地质方面的调查研究工作，掌握好水资源的分布状况。

工程地质资料是水利工程规划中必须先行研究的又一项重要内容，以判别修建工程的可能性和为水工建筑物选择有利的地基条件并研究必要的补偿措施。水库是治理河流和开发水资源中较为普遍应用的工程形式。在深山狭谷或丘陵地带，可利用天然地形构成的盆地储存多余的或暂且不用的水，供需要时引用。因此，水库的作用主要是调节径流分配，提高水位，集中水面落差，以便为防洪、发电、灌溉、供水、养殖和改善下游通航创造条件。为此，在规划阶段，须沿河道选择适当的位置或者是盆地的喉部，修建挡水的拦河大坝以及向下游宣泄河水的水工建筑物。在多泥沙河流，常因泥沙淤积使水库容积逐年减少，因此还要估计水库寿命或根据需要配备专门的冲沙、排沙设施。

现代大型水利工程，大多具有综合开发治理的特点，故常称"综合利用水利枢纽工程"。它往往兼顾了所在流域的防洪、灌溉、发电、通航、河道治理和跨流域引水或调水，有时甚至还包括养殖、给水或其他开发目标。然而，要制止水患并做到开发水利，除建设大型骨干工程外，还要依靠中小型水利工程，从面上控制水情并保证大型工程得以发挥骨干效用。防止对周围环境造成污染，保持生态平衡，也是水利工程规划中必须研究的重要课题。由此可见，水利工程不仅是一门综合性很强的科学技术，而且还受到社会、经济甚至政治因素的影响与制约。

第三节 水污染

一、水污染定义

水污染是指水体因某种物质的介入，而导致其化学、物理、生物或者放射性等方面特性的改变，从而影响水的有效利用，危害人体健康或者破坏生态环境，造成水质恶化的现象。水污染主要是由于人类排放的各种外源性物质（包括自然界中原先没有的）进入水体后，该物质在水中的含量超出了水体本身自净作用（就是江河湖海可以通过各种物理、化学、生物方法来消除外源性物质）所能承受的范围的一种现象。

二、水污染种类

影响水体的污染物种类繁多，大致可以从物理、化学、生物等方面将其进行划分。在物理方面，污染物主要是影响水体的颜色、浊度、温度、悬浮物含量和放射性水平等；在化学方面主要是排入水体的各种化学物质，包括有无机无毒物质（酸、碱、无机盐类等）、无机有毒物质（重金属、氰化物、氟化物等）、耗氧有机物及有机有毒物质（酚类化合物、有机农药、多环芳烃、多氯联苯、洗涤剂等）；在生物方面主要包括排放污水中的细菌、病毒、原生动物、寄生蠕虫及大量繁殖的藻类等。水污染物质也可以根据污染物性质分为：①持久性污染物（重金属、有毒有害易长期积累的有机物等）；②非持久性污染物（一般有机污染）；③酸碱污染（pH）；④热污染。按污染成因可以分为自然污染和人为污染。自然污染是指由于特殊的地质或自然条件，使一些化学元素大量富集，或天然植物腐烂过程中产生的某些有毒物质或生物病原体进入水体，从而污染了水体。人为污染则是指由于人类活动（包括生产性和生活性的）引起地表水水体污染。

水污染主要有：恶臭污染，地下水硬度升高所造成的污染，需氧有机物引起的污染，病原微生物的污染，有毒物质造成的污染，酸、碱、盐污染，富营养化污染等。

（一）恶臭污染

恶臭是一种普遍存在的污染危害，它也常发生于污染水体中。人能嗅到的恶臭多达4 000多种，危害大的也多达几十种。

（二）水硬度

高硬水尤其是永久硬度高的水的危害多表现在以下方面：难喝；可引起消化道功能紊乱、腹泻、孕畜流产；对人们日用生活造成不便；耗能多；影响水壶、锅炉的正常使用寿命；锅炉用水结垢，易造成爆炸；需进行软化、纯化处理，酸、碱、盐流失到环境中又会造成地下水硬度提高，形成恶性循环。

（三）需氧有机物污染

有机物的共同特点是这些物质进入水体后，通过微生物的生物化学作用而分解为简单的无机物、二氧化碳和水，在分解过程中需要消耗水中的溶解氧，若在缺氧条件下污染物就会发生腐败分解、导致水质恶化，常称这些有机物为需氧有机物。水体中需氧有机物越多，消耗水中溶解氧量也就越多，水质也越差，说明水体污染越严重。

（四）病原物污染

病原物主要来自城市生活污水、医院污水、垃圾及地面径流等方面。病原微生物的特点主要表现在以下几个方面：①数量大；②分布广；③存活时间较长；④繁殖速度快；⑤易产生抗性，很难消灭；⑥经过传统的二级生化污水处理及加氯消毒后，某些病原微生物、病毒仍能大量存活；此类污染物实际上可通过多种途径进入人体，并在体内存活，引起人体疾病。

（五）有毒物质污染

有毒物质污染是水污染中特别重要的一类，种类繁多，跟其他污染一样也会对生物有机体产生毒性危害。

（六）盐污染

酸与碱往往同时进入水体，中和之后可产生某些盐类，从 pH 测量值观察，酸、碱污染因中和作用而相互抵消，但由于产生各种盐类，又形成了新的污染物。

（七）富营养化污染

富营养化污染是一种氮、磷等植物营养物质含量过多所引起的水质恶化现象。水生生态系统的富营养化主要通过两种途径发生：一种是正常情况下限定植物的无机营养物质的量的增加；另一种是作为分解者的有机物的含量的增加。

（八）酸碱污染

酸碱污染是指酸性或碱性物质进入环境，使环境中 pH 值过高或过低，从而影响生物的生长与发展或腐蚀建筑物的现象。

（九）热污染

热污染（Thermal pollution）又称环境热污染，是指在能源消耗及能量转换过程中有大量化学物质及热蒸汽排放到环境中去，使局部环境或全球环境发生增温，并可能对人类和生态系统产生直接或间接危害的现象。

（十）悬浮物

悬浮物（Suspended solids）是指悬浮在水中的固体物质，包括不溶于水的无机物、有机物及泥沙、黏土、微生物等。有机部分大多是碎屑颗粒，它们是由碳水化合物、蛋白质、类脂物等组成。无机部分包括陆源矿物碎屑（如石英、长石、碳酸盐和黏土）、水生矿物（如沉淀的海绿石和钙十字石等硅酸盐类）、碳。水中悬浮物含量是衡量水污染程度的指标之一。悬浮物是造成水浑浊的主要原因。水体中的有机悬浮物沉积后易厌氧发酵，造成水质恶化。

（十一）放射性物质污染

某些物质的原子核能发生衰变，放射出肉眼看不见也感应不到，只能通过专门的仪器才能探测到的射线，物质的这种特性称为放射性。放射性物质是指那些能自然地向外辐射能量，发出射线的物质。放射性物质一般都是原子质量很高的金属，如钍、铀等。放射性物质放出的射线有三种，分别是 α 射线、β 射线和 γ 射线。①核武器试验的沉降物（在大气层进行核试验的情况下，核弹爆炸的瞬间，由炽热蒸汽和气体形成大球，即蘑菇云）携带着弹壳、碎片、地面物和放射性烟云，在与空气混合的过程中，辐射热逐渐损失，温度逐渐降低，于是气态物凝聚成微粒或附着在其他的尘粒上，随后沉降到地面。②核燃料循环过程中，排放原子能工业的中心问题是核燃料的产生、使用与回收，核燃料循环的各个阶段均会产生"三废"问题，该问题能对周围环境带来一定程度的污染。③医疗放射引起的放射性污染，由于辐射在医学上的广泛应用，使医用射线源成为主要的环境人工污染源。④其他各方面来源的放射性污染可归纳为两类：一是工业、医疗、军队、核舰艇，或研究用的放射源，因运输事故、遗失、偷窃、误用以及废物处理等失控而对居民造成的大剂量照射或环境污染；二是一般居民消费用品，包括含有天然或人工放射性核素的产品，如放射性发光表盘、夜光表以及彩色电视机产生的照射，虽对环境造成的污染很低，但仍有研究的必要。

三、水污染危害

（1）含色、臭、味的废水，会影响水体外观、工业产品质量，水生生物也深受其害，不仅使鱼贝类的质量下降，甚至会影响水产养殖业。

（2）有机物污染，导致微生物大量繁殖，使水中因缺氧导致大量有机物发酵，分解出恶臭气体，污染环境，毒害水生生物，是水体污染最主要的方面。

（3）无机物污染，使水体 pH 值发生变化，破坏其自然缓冲作用、消灭或抑制细菌及微生物的生长，阻碍水体的自净作用。同时，增加水中无机盐类和水的硬度，给工业和生活用水带来诸多不利，同样也会引起土壤盐渍化。

（4）有毒物质的污染，毒害生物，影响人体健康，造成水俣病、骨痛病等公害事件。

（5）富营养化污染，造成藻类大量繁殖，水中缺氧，鱼类大量死亡。水中含氮化合物增加，对人畜健康带来很大的影响，轻则中毒，重则致癌。

（6）油类污染，不仅不利于水的有效利用，还会造成鱼类大量死亡、海滩变坏，休养地、风景区遭受破坏，鸟类也遭到危害。

（7）热污染，热电厂等的冷却水是热污染的主要来源，其直接排入水体，可导致水温升高，溶解氧含量减少，某些毒物的毒性升高，导致鱼类死亡或改变水生生物种群。

（8）病原微生物污水，使受污染地区疾病流行。

（9）放射性污染物在大剂量的照射下，对人体和动植物存在着某种损害作用。如在400 rad 的照射下，受照射的人有5%死亡；若照射650 rad，死亡率则高达100%。照射剂量在150 rad 以下，死亡率为零，但并非无损害作用，往往需在20年以后，一些症状才会逐渐表现出来。放射性也能损伤遗传物质，主要由于引起基因突变和染色体畸变，使一代甚至几代受害。

四、水污染源

水污染源是指造成水域环境污染的污染物发生源。通常是指向水域排放污染物或对水环境产生有害影响的场所、设备和设置。按污染物的来源可分为天然污染源和人为污染源两大类。人为污染源按人类活动的方式可分为工业、农业、生活、交通等污染源；按排放污染物种类的不同，可分为有机、无机、热、放射性、重金属、病原体等污染源以及同时排放多种污染物的混合污染源；按排放污染物空间分布方式的不同，可分为点、线和面污染源，下面做详细介绍。

（1）点污染源是指由排污口排入水体的污染源。又可分为固定的点污染源（如工厂、矿山、医院、居民点、废渣堆等）和移动的点污染源（如轮船、汽车、飞机、火车等）。造成水体点污染源的工业主要有以下几种：食品工业、造纸工业、化学工业、金属制品工业、钢铁工业、皮革工业、染色工业等。点污染源排放污水的方式主要有4种：直接排污进入水体；经下水道与城市生活污水混合后排入水体；用排污渠将污水送至附近水体；渗井排入。

（2）线污染源是指呈线状分布的污染源，如输油管道、污水沟道以及公路、铁路、航线等线状污染源。线污染源所形成的危害大大低于点污染源，但一旦形成线污染源，其后果也是极其可怕的。

（3）面污染源指在一个大面积范围排放污染物的污染源，如喷洒在农田里的农药、化肥等污染物，经雨水冲刷随地表径流进入水体，从而形成水体污染。

造成水体污染的原因是多方面的，其主要来源有以下个几方面：①工业废水。在世界范围内工业废水是造成污染的主要原因。工业生产过程的各个环节都可能产生废水。影响较大的工业废水主要来自冶金、电镀、造纸、印染、制革等企业。②生活污水。其定义是指人们日常生活的洗涤废水和粪尿污水等。来自医疗单位的污水是一类特殊的生活污水，主要危害是引起肠道传染病。③农业污水。主要含氮、磷、钾等化肥、农药、粪尿等有机物及人畜肠道病原体等。④其他。工业生产过程中产生的固体废弃物中含有大量的易溶于水的无机和有机物，受雨水冲淋后易造成水体污染。

事实上，水体不只受到一种污染物的污染，同时也会受到多种污染物的污染，并且各种污染物之间互相影响，不断地发生着分解、化合或生物沉淀作用。

第四节　水环境管理

为了解决水环境问题，建立与完善最严格的环境管理制度、环境法规建设、环境政策创新和环境污染损害鉴定评估。管理问题是由污染物总量控制缺乏系统设计、污水排放标准不适合中国国情、违法排放成本低、缺乏激励机制、污水处理效率较低等问题引起的，还需多种途径解决。我国已进入水环境调控的敏感时期，亟待实现传统模式的全方位转型，包括外延式方向向内涵式方向的转变，水量管理向水量水质联合管理模式的转变，陆域管理向陆海一体化管理的转变，常规管理向常规与应急综合管理方向的转变，借助现代监测分析技术，实现多维、临界、动态的深层次、精细化的智能调控，从而确保水环境安全，逐步形成具有中国特色的流域水污染防治体系与策略。

一、水环境管理制度

（一）管理体制

2010 年修订的《中华人民共和国水法》第十二条规定："国家对水资源实行流域管理与行政区域管理相结合的管理体制。国务院水行政主管部门负责全国水资源的统一管理和监督工作。国务院水行政主管部门在国家确定的重要江河、湖泊设立的流域管理机构（以下简称流域管理机构），在所管辖的范围内行使法律、行政法规规定的和国务院水行政主管部门授予的水资源管理和监督职责。县级以上地方人民政府水行政主管部门按照规定的权限，负责本行政区域内水资源的统一管理和监督工作。"2008 年全国人大常务委员会通过的《中华人民共和国水污染防治法》（以下简称《水污染防治法》）规定："县级以上人民政府环境保护主管部门对水污染防治实施统一监督管理。交通主管部门的海事管理机构对船舶污染水域的防治实施监督管理。县级以上人民政府水行政、国土资源、卫生、建设、农业、渔业等部门以及重要江河、湖泊的流域水资源保护机构，在各自的职责范围内，对有关水污染防治实施监督管理。"我国现行的水环境管理体制见表 2-1。

表 2-1　我国水环境管理体制

部门	管理内容	主要职能
水利部	地表水、地下水及流域管理、防洪、水土保持	水资源利用与保护规划（流域及区域、综合与专项）、防洪、水土保持、水功能区规划、统一管理水资源
环保部	水污染防治	水环境保护、水环境功能区规划、制定水污染排污总量控制标准和水环境保护标准
建设部	城市和工业用水、城市给排水	有关城市供水、排水与污水处理等工程规划、建设与管理

部门	管理内容	主要职能
农业部	农业用水、渔业水环境	面源污染控制、为保护渔业资源负责保护渔业水域环境与水生野生动物栖息环境
林业部	涵养水源	流域生态、水源涵养林保护管理
国家电力公司	水力发电	大中型水电工程建设与管理
国家计委	水资源建设项目	批准立项水资源工程项目
交通部	河流航运、船舶排污控制	内陆航运与污染控制管理
卫生部	饮用水和医院污水排水	监督与保护饮用水水域，医用污水处理管理
国家科委	水资源研究	水资源科学、管理研究

我国现行的水行政管理体制有以下几个特点：

（1）水行政主管部门是国家及地方各级环境保护部门和水利部门，在法律规定的范围内分别对水环境和水资源进行管理。

（2）水行政实行的是统管部门与分管部门相结合的管理体制，职权范围涉及水行政管理的部门除了水利部门与环境保护部门之外，尚有国土资源、卫生、建设、农业、渔业等多个部门，这被许多学者形象地称为"多龙治水"。

（3）我国按行政区划管理与流域管理相结合的制度，除了地方各级政府的水利部门与环境部门对其进行管理之外，水利部在全国设立了 7 个流域管理机构：长江、黄河、珠江、海河、淮河、松辽水利委员会及太湖流域管理局，在这 7 个流域管理机构之下设置了由水利部和环境保护部双重管理的流域水资源保护局。目前，环境保护部对流域水资源保护局已经几乎不存在领导作用，见表 2－1。

（4）部分地方政府在实际工作中鉴于多部门管理的弊端，在水利部门的推动下，将原有的水利局改组为水务局，试图使其统一行使涉水行政部门的职权。

（二）水环境保护标准体系

1. 我国的水环境质量标准体系

根据不同水域及其使用功能分别制定不同的水环境质量标准，主要的水质标准有地表水环境质量标准、地下水质量标准、海水水质标准、农田灌溉水质标准、渔业水质标准、生活饮用水水质标准、各种工业用水水质标准等。标准也分成强制性标准和指导性标准两种、国家标准和行业标准两类，共计42项。

我国的水环境质量是按水域功能分区管理的。因此，水环境质量标准都是按照不同功能区的不同要求制定的。高功能区高要求，低功能区低要求。

我国《地表水环境质量标准》依据地面水域使用功能和保护目标将其划分为 5 类功能区。我国发布的《海水水质标准》按照海域的不同使用功能和保护目标，将海水水质分为

4 类。各类功能区有与其相应的水质基准和各种用水水质标准，如生活饮用水卫生标准、国家自然保护区水质标准、风景游览区水质标准、各种工业用水水质标准、农田灌溉水质标准等。

水环境质量标准是大环境的水质标准，其作用是保障实现各种使用功能的水质标准和保护水生生态系统的要求。各种专用水质标准仅限于各类取水点和专门规划确定的保护区水域。

2. 水环境质量标准分类

水环境质量标准按水体类型划分为地表水环境质量标准、海水水质标准、地下水质量标准；按水资源用途划分为生活饮用水卫生标准、城市供水水质标准、渔业水质标准、农田灌溉水质标准、生活杂用水水质标准、景观娱乐用水水质标准、瓶装饮用纯净水、无公害食品畜禽饮用水质、各种工业用水水质标准等；按标准主管单位或行业划分为环境保护部（及其前身）制定的国家和行业标准，水利部、建设部、卫生部制定的国家或行业标准，其他部委或行业制定的行业标准等。

由环境保护部（及其前身）主管颁布的水环境质量国家标准共 4 项，即地表水环境质量标准、农田灌溉水质标准、海水水质标准、渔业水质标准。

由原地质矿产部主管颁布的水环境质量国家标准 1 项，即地下水质量标准。

由卫生部主管颁布的水环境卫生标准也包括水质部分，如生活饮用水卫生标准、饮用天然矿泉水标准、瓶装饮用纯净水卫生标准、游泳场所卫生标准等。中国轻工业总会也编制了瓶装饮用纯净水标准。

由水利部主管颁布的水环境质量行业标准 1 项，即地表水资源质量标准，水源地水质标准正在组织起草。

由建设部主管颁布的水环境质量国家标准 2 项、行业标准 4 项，即城市杂用水水质、城市污水再生利用标准、景观环境用水水质国家标准、城市供水水质标准、生活饮用水水源水质标准、污水排入城市下水道水质标准、饮用净水水质标准。在建设部制定的一些工程建设标准（标准编号为 5 字头）中也含有水质的相关部分，如《城市给水工程规划规范》（GB 50282—1998）；《建筑给水排水设计规范》（2014 年版）（GB 50015—2010）；《建筑中水设计规范》（GB 50336—2002）；《污水再生利用工程设计规范》（GB 50335—2002）；《工业循环冷却水处理设计规范》（GB 50050—2007）等。

此外，建设部正在起草制定城市污水再生利用补充水源水质、城市污水再生利用工业用水水质、城市污水再生利用农林灌溉用水水质、城市污水再生利用地下水回灌用水水质 4 项国家标准。

农业行业标准中，有水环境质量标准 4 项，即无公害食品畜禽饮用水水质、无公害食品畜禽产品加工用水水质；无公害食品淡水养殖用水水质、无公害食品海水养殖用水水质。

工业行业中既有国家标准，又有行业标准。国家标准如工业锅炉水质、火力发电机组及蒸汽动力设备水汽质量等。行业标准主要涉及石油化工、交通、铁路、电力等行业。石油化工行业标准有水环境质量标准 2 项，即石油化工给排水水质标准、炼油厂给排水水质标准；交通行业有 2 项，即港口煤炭作业除尘用水水质标准、内河船舶生活饮用水卫生标准；铁道行业有 1 项，即铁路回用水水质标准；电力行业标准中，有相关水环境质量标准 6 项，即火力发电厂水汽质量标准、大型发电机内冷却水质及系统技术要求、火力发电厂汽水化学导则第1部分：直流锅炉给水加氧处理、火力发电厂汽水化学导则第2部分：锅炉水磷酸盐处理、火力发电厂汽水化学导则第3部分：锅炉炉水氢氧化钠处理、火力发电厂汽水化学导则第4部分：锅炉给水处理标准（表2-2）。此外，中国工程建设标准化协会也颁布了人工游泳池池水水质卫生标准。各地也制定了一些水环境质量地方标准，共12个（表2-3），如北京、辽宁、江苏、山东、甘肃等省市，主要制定的是纯净水方面的标准。

表2-2　我国水环境质量标准体系

编号	名称	主管部门或行业	备注
GB 3838—2002	地表水环境质量标准	国家	代替 GB 3838—1988 与 GHZB 1—1999
SL 63—1994	地表水资源质量标准	水利	目前重新修订，拟修订为：水资源质量标准（含地下水）
GB/T 14848—1993	地下水质量标准	国家	指导性标准
GB 5084—2005	农田灌溉水质标准	国家	代替 GB 5084—1992
GB 11607—1989	渔业水质标准	国家	正在修订
GB 3097—1997	海水水质标准	国家	
GB 5749—2006	生活饮用水卫生标准	国家	代替 GB 5749—1985
以文件发布	生活饮用水水质卫生规范	卫生部	2001 年发布
无标准编号	农村实施《生活饮用水卫生标准（GB 5749—1985）》细则	爱委会	
GB 8537—2008	饮用天然矿泉水	国家	代替 GB 8537—1995
GB 16330—1996	饮用天然矿泉水厂卫生规范	国家	
GB 17323—1998	瓶装饮用纯净水	国家	
GB 17324—2003	瓶（桶）装饮用纯净水厂卫生标准	国家	
GB 9665—1996	公共浴室卫生标准	国家	
GB 9667—1996	游泳场所卫生标准	国家	
CECS14：2002	游泳池和水上游乐池给水排水设计规程	协会	中国工程建设标准化协会标准
GB/T 18920—2002	城市污水再生利用　城市杂用水水质	国家	代替 CJ/T 48—1999
GB/T 18921—2002	城市污水再生利用　景观环境用水水质	国家	代替 CJ/T 95—2000
CJ/T 206—2005	城市供水水质标准	城建	代替建设部水质规划
CJ 94—2005	饮用净水水质标准	城建	代替 GJ 94—1999

编号	名称	主管部门或行业	备注
CJ 3020—1993	生活饮用水水源水质标准	城建	
CJ 343—2010	污水排入城镇下水道水质标准	城建	代替 CJ 3082—1999
NY 5027—2008	无公害食品　畜禽饮用水水质	农业	代替 NY 5027—2001
NY 5028—2008	无公害食品　畜禽产品加工用水水质	农业	
NY 5051—2001	无公害食品　淡水养殖用水水质	农业	
NY 5052—2001	无公害食品　海水养殖用水水质	农业	
GB 1576—2008	工业锅炉水质	国家	代替 GB 1576—2001
GB/T 12145—2008	火力发电机组及蒸汽动力设备水汽质量	国家	代替 GB/T 12145—2008
GB/T 11446.1—2013	电子级水	国家	代替 GB/T 11446.1—1997
GB/T 6682—2008	分析实验室用水规格和试验方法	国家	代替 GB/T 6682—1992
SH 3099—2000	石油化工给排水水质标准	石化	代替 SHJ 1080—1991
GB/T 24947—2010	船用辅锅炉水质要求		代替 JT/T 424—2000
TB/T 3007—2000	铁路回用水水质标准	铁路	
JGJ 63—2006	混凝土用水标准	建工	建设部
JB/T 10053—2010	铅酸蓄电池用水	机械	工业和信息化部
GB/T 12145—2008	火力发电机组及蒸汽动力设备水汽质量	电力	代替 GB/T 12145—1999
DL/T 801—2010	大型发电机内冷却水质及系统技术要求	电力	
DL/T 805.1—2011	火电厂汽水化学导则　第1部分：锅炉给水加氧处理	电力	
DL/T 805.2—2004	火电厂汽水化学导则　第2部分：锅炉炉水磷酸盐处理	电力	
DL/T 805.3—2013	火电厂汽水化学导则　第3部分：汽包锅炉炉水氢氧化钠处理	电力	
DL/T 805.4—2004	火电厂汽水化学导则　第4部分：锅炉给水处理	电力	
DL/T 805.5—2013	火电厂汽水化学导则　第5部分：汽包锅炉炉水全挥发处理	电力	

表 2-3 地方水环境标准

省份与编号	名称
北京市 DBJ 01—619—2004	供热采暖系统水质及防腐技术规程
辽宁市 DB 21/1169—2000	饮用矿物质水
江苏省 DB 32/118—1998	饮用纯净水
江苏省 DB 32/383—2000	饮用净水水质标准
浙江省 DB 33/339—2001	饮用矿物质水
河南省 DB 41/279—2001	瓶装饮用净水
广东省 DB 44/90—1997	瓶装饮用纯净水
广东省 DB 44/116—2000	瓶装饮用天然净水
广东省 DB 44/T115—2000	中央空调循环水及循环冷却水水质标准
贵州省 DB 52/434—2001	饮用天然泉水
甘肃省 DB 62/T 899—2002	兰州市无公害农产品畜禽饮用水水质
甘肃省 DB 62/T 900—2002	兰州市无公害农产品畜产品加工用水水质

3. 中美水环境标准的比较

（1）水环境标准的构成。水环境标准是国家水环境法规的重要组成部分，它直接体现了一个国家的环境管理水平、科学技术发展水平和人民生活的健康水平。它包括水环境质量标准、污染物排放标准以及基础和方法标准。由于"基础和方法标准"是对标准的原则、指南和导则、计算公式、名词、术语、符号等所做出的规定，是纯科学技术性基准。参照环境质量标准的定义可知，水环境质量标准是指在一定时间和空间范围内，对水环境中有害物质或因素的容许浓度所作的规定，是制定污染物排放标准的依据。另外，《水污染防治法》第二章第七条第一款规定：国务院环境保护部门根据国家水环境质量标准和国家经济、技术条件，制定国家污染物排放标准。在美国有关标准的法律法规中同样有类似于上述标准的水质标准以及出水限度的规定，且其水污染控制法律的内在逻辑严密、具体管理制度的可操作性强，因此在完善我国现行水污染法律法规这个意义上，美国的有关规定是值得参考的。

从对水环境标准制定的原理进行分析，看到水环境标准化法律除了为纯科学数据的质量标准提供科学依据外，其他权衡因素主要有：①国内的水环境质量现状；②水污染物负荷情况；③社会经济和技术力量对水环境的改善能力；④区域功能类别；⑤环境资源的自身价值。不难得出这些所必须考虑的内容基本上都是物质层面上的因素，与一个国家特有的历史背景、文化习惯、国民性格等意识形态的关系甚微。其法律智慧着重于"治事"而非"治人"，作为法律一贯的劲敌——思维定式和传统观念的阻力相对薄弱。类似于科学是没有国界的，这意味着该领域的法律成果具有较强的普适性，易于学习、吸收和消化和本土化。

（2）美国水环境标准。美国水环境标准沿革反映出了美国《水污染法》修改多这一特点，但又绝不仅仅拘泥于对原法的修改，而是进行了创造性的修订。1948 年，美国国会制定的《联邦水污染控制法》构成美国水环境标准的制定与实施的最初法律渊源。1965 年，国会通过一项名为《水质法》的《联邦水污染控制法》修正案。该修正案首次采用直接以水质标准为依据进行水污染管理的方法，但是在水污染控制方面收效甚微。1972 年，国会又以《清洁水法》的修正案对《联邦水污染控制法》作了大幅度修订，该法采用了以污染控制技术为基础的排放限值和水质标准相结合的管理方法，改变了过去纯粹以水质标准为依据的管理方法。在此基础上，《清洁水法》通过了"国家消除污染排放制度"（NPDES）中的许可规定，建立了一个由联邦政府制定的基本政策和排放限值，并由州政府实施管理体制，加强了联邦政府在控制水污染方面的权力。这就意味着当一个点源的排放污染物到达水体之前，必须获得 NPDES 许可证，而致力于减少排放的许可其本身是建立在对该点源的技术能力评估基础上的。事实证明，这种一切从现实出发的改变不但使执法更有针对性、可行性和科学性，而且大大提高了该法在水污染控制方面的作用，而且也为与其相关的环境诉讼提供了良好的基础。

通过对历史的考察可知，美国国会将点源污染控制的重心转移到以技术为基础的限制方法上。然而值得注意的是，并不像有些学者所分析的那样，水质标准在美国已经过时，没有学习和借鉴的意义；事实上，美国国会从未放弃水质标准在水污染控制中所扮演的角色。美国国会在 1987 年对《清洁水法》的修订中，直接采用水质标准来防止有毒污染物对水体的污染，以实现当前各种水体用途所要求达到的水质保证。同时还规定（第 399 条）对于不能就这些水质标准达标的点源实施"个案控制策略"。由此说明水质标准对于美国各种水体水质的保护和提高，仍起到重要的补充作用。

美国国家环境保护局（EPA）在《清洁水法》相关法规中确定的水质标准包括 4 个部分：①水体用途指定。相关法规在水体用途的控制上对州赋予了一些权力，从而保障其有利于保护水质的水体用途。②按水体用途建立水质基准。这一项也是由州实施并接受 EPA 审查，旨在使水质保持在特定水体用途需要的水平。它关于水质目标的陈述是整个水质基准的核心。比如，根据 NPDES 操作手册，水质目标被认为无论其时间和地点如何，杜绝一切有害于人类以及水生生物的物质排入美国境内的一切水体。近些年来，对州环境质量基准的关注，越来越倾向于以促进对水源以及与此相关的水生生物资源为重点进行更加全面有效的保护。这种目标意义上的延伸，其重要性和由此引发的法律上的意义在后文中将做具体分析。③为达到水质标准而制订的计划。其内容包括预防措施、建设计划、执行行为、监督和监测等。美国出水限值和标准的形式多样，但它主要是以技术为基础，根据不同工业行业的工艺技术、污染物产生量水平、处理技术等因素确定各种污染物的出水限度。美国出水限值可分为三大类：直接排放源执行的出水限值；公共处理设施执行的出水限值；间接排放源（排入城市污水处理厂）执行的预处理出水限值。按照不同控制技术及污染物的特性对现有污染源、新污染源分别规定了排放限值，包括以当前可行的最佳控制技术（BPT）为基础的出水限值、以"最佳常规污染物控制技术"（BCT）为基础的出水限值以及新污染源执行标准 NSPS。直接排放是指处理后能达到直接向环境排放的标准。④公共处理设施必须在 1977 年 7 月 1 日前达到二级处理水平的出水限值；间接排放是指企业的污染物排入污水处理厂而非直接排入环境的行为，间接排放源预处理标准分为现有污染源的预处理标准（PSES）和新污染源的预处理标准（PSNS）两类。其目的是保护公共污水处理厂的正常运行并达到排污许可标准规定的排放行为。

从以上有关美国水环境标准的介绍中可以看出，美国有关环境标准的法律规定十分详尽具体，使得美国环境标准极具可操作性。与此同时美国水环境标准也表现出了极强的时效性，以上各项技术强制性规范都以法律规定的限期为保障，且总是随着时代的变化而翻新。

（3）美国水环境标准制度对我国的启示。美国水环境标准制度对我国相关法律修改的启示：

1）目标原则细化之法律逻辑思考，美国的水质为标准以其十分具体的水质为基准，不但有技术性标准还包括陈述性的目标标准。美国《联邦水污染控制法》第1312条（a）款规定"水质标准"指的是能够保障公众健康、公共供水、农业和工业用水、保护水生生物的平衡繁殖和保障人的水上娱乐活动的水体质量标准。明确界定了制定环境标准的目标原则，即以保护人体健康为首要原则，同时兼顾对经济、水生生物、娱乐需求三种影响的考虑。此规定使得专业人士能够在制定环境标准的过程中受到民众呼吁的指导以及环境伦理道德的监督，提炼出符合上述具体原则的、合理的环境标准。反观我国，则没有一部与水相关的法律对标准的制定做出详细具体的目标要求。仅仅在国家环境保护总局于1999年发布的《环境标准管理办法》中提到"为保护自然环境、人体健康和社会物质财富，限制环境中的有害物质和因素，制定环境质量标准"。泛泛的话语以及法律上的明确性的缺乏看似不足为患，却反映了环境标准在法律体系建构中的缺失。若不通过立法确立有关的水环境标准，只在技术层面上凭专业人士的研究成果或学术传统难免有延续"科技决定论"的范式之嫌。把决策交给科学技术专家，并不意味着做出的决策是中立的，只是体现了专家的观念而已。因此无论是国家还是地方标准制定者，都无法得知法律授权制定的标准的最低限度应不至于侵害哪些权益或者对于主体利益在何种范围和程度上予以实施和保护。对于环境标准进行法律上的修订的首要问题在于立法中要明确水环境标准的具体利益主体或者目标原则。这一目标内容的进步，在法律逻辑上不是随着科学技术的物质对象进行认识的发展，而是跟随着人们对于环境问题的重视与关注，环境伦理在民众中的道德指导引起的对目标的延伸与变革。

2）水质标准与排放标准之间的关系，对美国的出水限值即常提到的点源水污染物的排放标准进行反思，通过美国《水污染法》中BPT、BAT、BCT和NSPS的强制性规范可知，它是以控制技术为基础、按行业标准分类的出水限值，只有在实施该技术无法保证被排放水质达标的情况下，才涉及关乎水质标准排放的个别限制，按照《清洁水法》第301章所示，如果流域所有的企业采用BAT控制方法，仍不能达到该流域水体的水质标准，那么就需要通过水质基础的限制来弥补先前所采取的技术基础限制的失灵。我国《水污染防治法》规定：国务院环境保护部门根据国家水环境质量标准和国家经济、技术条件，制定国家污染物排放标准。但实际上由于地区差异，且我国的地方标准较少，将国家水污染物排放标准与水环境质量标准直接挂钩是困难的。所以尽管我国水污染物排放标准一般按地区功能目标规定三级标准，但仍不能保证其达到环境质量标准。也就是说环境质量标准只是水污染排放标准的一个参考系数，污染排放标准的达标与环境质量标准的实现并非必然呈一致性。在立法中是建立二者的紧密联系还是保持二者的相对独立性，必须正视其在中国当下的可行性。正如美国以州为单位建立环境标准的策略相似，若选择前者，在保持现有功能区划分的前提下实现环境质量标准的达标，则必须尽快地加强地方排放标准的制定，国家标准按一般水平提出，而地方标准必须对有地方特点的污染物制定相应地排放标准，改变地方标准制定滞后性的现状。另外，环境质量受到诸如污染源数量、种类、分布、人口密度、经济水平、环境背景及环境容量等众多因素的制约，排放标准不仅要规定排放数量、速率和浓度限值，还应该包括达标计划及措施。不过，该可行性显然受制于地方经济、技术水平等客观条件。选择后一种方案，即强调排放标准以经济可行的处理技术为依据，依靠最佳实用技术使环境标准与技术相联系，从而使经济发展、环境保护法规、环境标准和科学技术形成一个有机整体。在现阶段要求国家设置专门的机构负责编制各个行业不同污染物的排放标准，然后由国家环境保护总局以法规或强制性标准的法定形式颁布，具有法律效力，各行业都应遵照执行。国家规定中暂未规定标准的行业，可由专家们根据污染源的实际情况综合评价后确定（最佳专业判断），但这种判断必须有充分的依据和科学资料做支撑，并且在技术上可行、经济上合理。这也是美国污染物排放标准的制定中最佳实用技术的实施给予的启示。

3）水环境标准可操作性的探讨，较强的可操作性是美国环境标准的特点之一，也是使其得以顺利实施的重要保障，而任何法律规范的特性首先是得益于其法律规定的严密详尽，在前文中通过对美国出水限值框架的介绍中可窥见一斑。除此之外，"国家消除污染排放制度"（NPDES）中的许可证制度也对其做出了贡献。美国曾有法官对该许可证制度的重要意义给予很高评价，认为"水质标准本身对污染防治并没有多大效果，只有它作为NPDES许可所规定其特定的排污限制的基础和依据的时候才真正有所作为"。美国的排放许可标准为以排放技术为基础的出水限度服务，首先表现为，当一个点源排放污染物到达水体之前，必须获得NPDES许可，而致力于减少排放的许可本身是建立对该点源的技术能力评估的基础上的。其次，根据《清洁水法》第301章的"更加严格限制"（More stringent limitations）的要求，如果流域所有的企业采用BAT控制方法，仍不能达到该流域水体的水质标准，那么就需要通过水质基础的限制来补充先前所采取的技术基础限制，而此时NPDES许可证制度亦发挥其重要作用。它包括"一些更加严格的限制，包括实现水质标准的强制限制，治理标准，或者依照州法律法规制定的执行方案"第301条，该法律还规定"一旦水质标准确定，无论技术手段的可行性和实效性如何，都要建立保证其得以遵守的NPDES许可的相关限制"。我国也存在关于水污染物的排放许可证制度，与美国不同的是，我国的许可排放制度旨在实行总量控制，保证排放源在期限内达到污染物总量指标。我国的《水污染物排放许可证管理暂行办法》并未涉及对于水环境标准的执行情况，而是对实现水污染物达标排放仍不能达到国家规定的水环境质量标准的水体实行许可证制度，从而在水污染物排放许可的范围、管辖、条件、程序和保证措施上都存在差异。所以二者在实体上缺乏可比性。然而在相关程序法中美国的NPDES许可证制度却更显进步意义。按照美国《国家环境政策法》和《水污染法》的NPDES许可证的决定要求遵守法律关于环境影响评价制度的规定。另外NPDES许可证的申请、编制许可证草案，到审查和批准都是公开透明的，即建立在公开和公众参与的基础上。这一点在目前我国的水污染物排放许可制度中应该得以体现。总之，关于水环境标准的分析和借鉴仅是中美水污染控制法律领域的多视角比较研究中相对简明的一个，其根本目的在于通过法律的完善和实效的收获来实现人们对于水环境保护的良好夙愿，同时也是加强环境法交流的一项重要内容。

（三）我国水环境管理存在的问题及其改进

1. 存在的问题

（1）我国涉及水的管理部门较多，但存在着职责分工不明，管理效果差，信息资源不能共享，资源浪费严重等现象。涉及水的法律有多个部门和多个法律，即《水法》《水土保持法》《水污染防治法》和《防洪法》，国务院和有关部委还颁布了一系列的行政法规和规章，涉及水资源的保护、管理、利用和污染防治等各个方面，有力地促进了水资源的开发利用。但还存在着一些不完善、不一致、不适用的地方，在水的管理上还存在着"真空"或重叠交叉的情况，影响了水环境保护的有效性。

（2）水体功能区划是水环境保护的重要依据，但在实际应用中存在以下几个问题：①环保部门起草的地表水体功能区划与水务部门制定的水资源功能区划的相互关系问题，二者都是由政府颁布的，但各有侧重。②水体多重功能的相互冲突问题。基本上每一个水体的使用功能都不止一个，但在实际应用中不乏多重功能的矛盾。③水体功能区的管理往往滞后，致使违法污染事件频频发生。总之，水体功能的划分缺乏明确的细则和协同管理，落实起来存在困难。

我国水环境管理体制的主要机构性问题是水资源管理与水污染控制的分离以及有关国家与地方部门的条块分割。环境保护部虽然全面负责水环境保护与管理，但与其他很多部门机构分享权力，责权交叉多，往往导致"谁都该管"和"谁也管不了"的现象。如我国的水管理分属水利、电力业、城建等部门，"多龙治水"难以实现"统一规划、合理布局"。在水环境政策上，我国水资源的无偿使用和低水价政策，不利于节约用水和污水资源化。国外的经验表明，适当提高水价、污水回用及资源化利用等措施对缓解水资源的紧张和对水环境的保护能起到十分重要的作用。

基于对水资源的保护，我国分别制定了《水污染防治法》和《水法》，建立各自的管理体制，其实际上都是统一监督管理与分级、分部门管理相结合，并建立以地方行政区域管理为主的监督管理体制。以前几年暴发的太湖蓝藻事件为例。太湖流域处于长三角地区的黄金中心点，涉及许多省份的多个城市。这种天然的行政区隔，为太湖周边各城市环保部门的监管工作带来了难度，也为他们推卸责任提供了借口。已建立的流域管理机构——太湖流域水资源保护局，名义上由水利部和环保部共同管理，但由于级别低，权威性差，难以承担起跨省、跨部门协调水污染防治工作的重任，很难发挥其相应的职能。因此污染源一旦进入河道、湖泊，就会造成"谁都该管"，但"谁也不管""谁也管不了"的局面。

2. 管理制度改进

水环境管理是一个内容广泛的系统工程，它包括法律、经济、社会、政治等一系列活动。具体来说，我国现阶段以及未来的水环境政策和措施应从以下几个方面进行改进。

（1）设立专门的水体管理或咨询机构，实行水资源和水环境的综合管理。如前所述，我国水环境管理中的条块分割、城乡分割、部门分割较为严重，特别是行政上的划分将一个完整的流域人为分开，不利于我国水资源和水环境的综合利用和治理。在经济利益的驱使下，甚至会发生不顾环境承载力，破坏生态环境的严重后果。这实际上是对环境资源的一种掠夺。在地方政府环保责任制和"绿色GDP"推行的大环境下，境内水环境质量成为考核地方政府干部绩效的指标之一，外源污染问题日益引起各级领导的重视。从水体保护的角度出发，把水体作为一个整体，系统地进行保护和合理地进行开发利用是必需的。因此，设立一个专门的水管理机构显得很有必要，可以有效避免分散管理的弊端。如果鉴定机构设置方面出现困难，可设立流域性的技术咨询机构，赋予一定的监督和协助管理的职能也可以起到相同的作用。

（2）完善流域管理法律法规。①立法时应将某一条河或某一个湖泊作为一个独立完整的客体。防止流域水污染或改善流域水环境状况，必须进行全流域控制，否则就难以达到立法目的。以所有流域为对象，制定《流域法》，然后再由国务院或流域内政府根据这部法律制定流域管理条例。法律上对流域管理应予以明确规定，将流域管理概念明确列入《环境保护法》和《水污染防治法》，可为流域管理提供明确而具体的法律依据。②要进行不同位阶的立法。根据我国现行立法体制，跨界河湖根据其流域面积及其在国民经济和社会发展中所起作用的大小，作不同位阶的立法。对长江、黄河、淮河、珠江、辽河、海河、松花江等全国几大主要流域进行高位阶立法，由全国人民代表大会常务委员会制定法律。对其他跨省的河湖，由国务院制定行政法规或由国务院环境保护行政主管部门制定行政规章。对省内跨市区的河湖，由所在省的人大常委会或省政府制定地方性法规或地方人民政府规章。对省内跨县区的河湖、支流，由有关部门制定规范性文件。根据流域水污染防治区别对待的原则，在进行流域立法时要突出流域特色，提高立法质量，真正起到补充国家水污染防治法的作用。

（3）以市场机制为导向，实行水环境管理。我国水资源和水环境存在的问题更多的是由于浪费和不合理的价格引起的，若能适当提高用水的价格和排污收费水平，将对缓解我国水资源紧张和对水环境的保护起到重要作用。因此，应借鉴国外成熟的水环境管理手段和经济手段，引入旨在刺激污染削减和筹集资金的各种经济手段，运用市场机制，实行水的有偿使用，包括制定合理的水资源价格政策、排污交易政策，完善环境影响评价制度，如对政策、政府行为的评价等，制定适合我国国情的环境税收政策等，使之成为能反映使用环境的真正成本的经济和制度。

（4）借鉴国外水环境管理的经验，以流域为单位进行水资源管理。大江大河流域本身形成了一个完整的生态系统。同时，它又存在着众多的利益相关者，这些利益相关者围绕水资源的利用和保护在很多方面都需要进行利益的协调。因此，无论是从自然的角度还是从社会的角度出发，把大江大河流域作为一个完整的单元进行水资源管理都是非常必要的。从目前的实际情况看，各国纷纷建立了以流域为单位的水资源管理机构，一个明显的例子是法国。法国共有六大流域，流域主要管理机构有流域委员会、水议会及其执行机构——流域水管理局。流域委员会是流域水资源管理的最高决策机构，它由代表国家利益的政府官员和专家代表、地方行政当局的代表、企业与农民利益的用户代表组成，三方代表各占50%。流域委员会的重要任务是审议和批准流域水管理局董事会提交的年计划、各年度工作计划及其他计划。经流域委员会通过的行动计划和政策纲要必须得到执行。流域水管理局是一个独立于地区和其他行政辖区的流域性公共管理机构，它接受环境部的监督，负责流域水资源的统一管理，而且在管理权限和财务方面完全独立，同时在流域内还必须执行流域委员会的指令。

二、水环境管理模式

（一）国家级水环境管理模式分析

各国国家级水环境管理模式有很大差异，归纳起来有以下 5 种模式。

1. 环保部门管理下的集成管理模式

在国家级中没有水资源与水环境管理的专职机构，主要由环保部门负责集中管理，具有代表性的包括法国与德国，属于环保部门管理下的集成管理模式。

在法国，环境部负责水务管理（不包括公共航运水域的管理），设有专门的水务管理司，主要职责是管理和保护水资源，包括了解、保护和管理水生环境和流域系统环境；河流与湖泊的保护和管理；在水务、淡水渔业方面起着国家警察的作用，特别是在防止水污染和预防洪水方面也与国家有关机构、社会团体、企业相互协同采取干预行动。

在德国，除饮用水归联邦健康部负责以外，联邦环保部负责其他的水资源管理，包括防洪（如修建堤坝等）、水资源利用和水污染控制（包括污水处理、水质监测、发布水质标准）等工作。

2. 分散管理模式

在国家级中没有水资源与水环境管理的专职机构，而由有关部门分别承担，具有代表性的包括英国、加拿大与日本，属于完全分散管理模式。

在英国，水环境管理由政府有关部门分别承担，起宏观控制和协调作用，负责制定和颁布有关水的法规政策及管理办法，监督法律的实施。

在加拿大，联邦政府水环境管理机构强化对水资源综合管理的改革，主要体现在，加拿大环境、渔业、海洋农业部等联邦政府部门在机构重组中，加强了涉及水管理的机构设置，成立专门的水管理机构，将原来分布于政府诸多机构的水管理权集中于一个或少数几个机构。

在日本，环境省负责环境用水与水环境保护工作。其他管水资源开发利用工作分别由农林水产省主管农田水利，厚生省主管生活用水，通商省主管工业用水和水力发电，建设省主管防洪和水土保持。

3. 水利部门管理下的集成管理模式

在国家级专门设置负责水资源与水环境管理的部门：水利部门。水利部门全面负责水管理工作，前苏联与荷兰均采用此种模式，属水利部门管理下的集成管理模式。

苏联的土壤改良与水利部，下设科研管理总局、水资源综合利用总局、水资源保护总局、技术管理总局、工程管理总局。其职能是远期规划与年度计划，领导土壤改良工作、负责大型水利工程与排水系统、统一调度用水、主管水资源保护等。

在荷兰，水利部负责制定一些对国家水战略问题有指导性的方针，以及一些国家级水域及防洪工程的管理。省级水利部门负责制定非国管的区域水与防洪的战略政策，以及地下水的开采及部分渠道航运的具体管理政策。

4. 低级别的集成分散式管理模式

在以色列，由农业部长负责对全国水资源的管理工作，同时还成立了由农业部长直接领导的"国家水委会",其作为政府对全国水资源的保护与开发利用进行统一管理的行政机构,其主要职能包括制定国家有关水资源保护与开发利用的政策法规与国家水资源开发利用规划;对国家水利工程进行评估、审批和管理;制定国家的年度生产和分配计划;负责全国水资源开发、生产审批和许可证的发放;水资源的水质监测和污染防治。这种水环境管理模式属低级别下的集成分散式管理模式。

5. 高级别的集成分散式管理模式

在国家一级由总理牵头,各相关部门负责人参与,组成国家水资源管理委员会全面负责水资源与水环境的管理工作,澳大利亚与印度采用的是这一模式,属高级别的集成分散式管理模式。

在澳大利亚,国家水资源理事会是该国水资源方面的最高组织,由联邦、州和北部地方的部长组成。理事会负责制定全国水资源评价规划,研究全国关于水的重大课题计划,制定全国水资源管理办法、协议,制定全国饮用水标准,安排和组织有关的各种会议和学术研究。

在印度,国家水资源委员会以印度总理为首,由各相关部和邦的负责官员组成。职责是制定和监督国家水政策,审查水资源开发计划,协调各邦间的水资源利用的冲突等。水资源部负责灌溉工程的建设与管理。农业部负责水土保持,中央水污染防治与控制局负责水污染控制。另外还设有中央地下水管理局与联邦防洪局。

(二) 流域水环境管理模式分析

国外流域水环境管理正在逐步向多目标、多主体的"集成化"管理体制过渡。20世纪90年代以后,美国所采用的水环境管理模型与"集成管理模型"有很多共同点。从某种意义上讲,美国流域水环境管理是一种"集成—分散"式的管理模式。"集成"体现在由统一的流域水环境管理部门进行政策、法规与标准的制定,以及流域水资源开发利用与水环境保护部门所涉及的各部门与地区间的协调。分散则表现为各部门、地区按分工职责与区域水资源、水环境分别进行管理。如此,既发挥各部门与地区的自主性,又不失全流域的统筹与综合管理。美国的流域委员会是由流域内各州州长、内务部成员及其代理人组成。尽管人数不多,但权力很大,包括计划的制订与实施、水利项目的管理与经营和水环境监督管理等。所有这些职能是委员会内部人员无法完成的,它以一种合作的方式行使签约各方(水环境管理各个部门)的职能,例如水环境的监督管理是环保部门(委员会的组成成员)以合作的方式行使其水环境管理,其职能是水环境监督管理。英国在流域层面实施的是以流域为单元的综合性集中管理,在较大的河流上都设有流域委员会、水务局或水公司,统一流域水资源的规划和水利工程的建设与管理,直至供水到用户,然后进行污水回收与利用,形成一条龙式的水管理服务体系。

法国的流域水环境管理实行的是"综合—分权"管理,如各流域都有一个流域委员会和水理事会,前者代表地方政府而不是中央政府,旨在促进流域内各机构履行其作用和职责。而后者在执行流域委员会决定的同时,还对中央政府负责,从事各项具体技术工作;让公营和私营公司通过投标参与供水和污水处理工作;进行费用回收并采取鼓励政策,要求供水公司向流域机构上交部分水费,流域机构征收污染罚款。"综合—分权"也是一种集成思路。这种集成思路即集成水环境管理模式是值得我国水环境管理体制改革借鉴的。

（三）　区域水环境管理模式分析

从管理机制来看，区域水环境包括以下 3 种模式：①纯政府行为管理区域水环境，即区域政府部门具有独立的立法与管理职能，美国、澳大利亚、英国的苏格兰与北爱尔兰、加拿大的阿尔伯塔省均采用这一模式；②公共事业部门负责管理区域水环境，公共事业部门负责水环境管理方案的选择与实施，典型的是荷兰模式；③区域水环境管理企业的运作，典型的包括英国英格兰及威尔士地区的国家控股的纯企业性的水务公司与加拿大萨斯喀彻温省成立的萨斯喀彻温水公司。

在美国，20 世纪 80 年代初削弱了流域水资源管理委员会的作用，加强了各州政府对水资源的管理权限。各州政府采取机构精简的政策，以流域为单位划分自然资源区，由州政府的自然资源委员会统一管理，负责管理自然资源区的水土保持、防洪、灌溉、供水、地下水保护、固体废弃物处理、污水排放，以及森林、草地、娱乐和生态资源。而地表水与地下水的分配与质量的管理分别由州水资源厅和环境保护厅负责。

在英国，水资源管理体制发生了两次较大的变革。第一次是根据 1973 年的《水法》，按流域分区管理，合并、整顿，成立了 10 个水务局，每个水务局对本流域与水有关的事务全面负责，统一管理，水务局不是政府机构，而是法律授权的具有很大自主权、自负盈亏的公用事业单位。第二次是在 1986 年，政府宣布通过立法使水务局转变为股份有限公司，其目的是使水务局可不受对公共部门的财政限制和政府的干预，全面负责提供整个英格兰和威尔士地区的供水及排污服务。在苏格兰地区，水管理由根据苏格兰地方法律建立的 9 个地区委员会和 3 个岛屿委员会负责。北爱尔兰地区则由北爱尔兰环境局负责。

在荷兰，水管理是由公共事业部门负责，而不是由私人或机构来负责。这些公共事业部门必须使水体满足社会经济体系的需求，现在的 66 个水委会负责地方与地区的防洪、水质与水量的水资源管理。由水委会及市政部门负责具体的管理。市政部门的任务是污水的收集与排放，水委会负责城市与农村的整个排水过程，包括水质、水量、废水处理与防洪的权力机构。

在加拿大，萨斯喀彻温省专门成立了一个萨斯喀彻温水公司，将省政府拥有所有权的各供水厂和污水处理厂划归该公司经营管理，同时把水资源与水环境的各项行政管理任务也交由该公司负责。而阿尔伯塔省在 1993 年将省政府的厅级部门由 24 个减为 16 个的过程中，将原来的环境厅、公园与森林厅、土地与野生生物厅合并为环境保护厅，使原来分散于省政府的 3 个部门的水管理权被集中到 1 个部门。区域水环境管理是水环境管理政策法规的具体实施，以及水环境管理方案、措施选择与执行机构。

（四）　水环境调控体制

1. 水环境承载能力调控基础数据库建设

以水环境承载能力调控研究为契机，建设基于 3S 及网络技术的水文、水质共享数据库意义重大。由于水量、水质往往没有同时考虑的要求，长期以来大量水文、水质数据分散在不同结构。水环境承载能力的计算既依赖于水质数据也离不开水文数据，因此对这两类数据的结合有了直接的动力。

2. 水环境承载能力调控

在整个国家水环境承载能力评价基础上，利用水环境信息系统平台，按生态分区特点，对不同水域规划科学的水环境承载能力实行调控措施。并利用水环境信息系统对实施水环境承载能力调控措施的水环境响应机制进行监管，结合社会与经济模型，建立反馈机制。

3. 水环境承载能力调控与可持续发展

水环境承载能力的调控目标是水环境与社会环境及经济的和谐发展。其内涵包括水环境的可持续利用、水环境质量的改善、区域经济的可持续发展。基于水环境信息系统的水环境承载能力调控模式理论除包括水文模型、水力学模型、水质模型、社会经济模型外，还将建立水环境可持续利用的指标体系，以可持续发展的理论来指导水环境承载能力的调控。

三、水污染控制模式

（一）我国传统的污染控制模式

按水污染控制的工作程序、污水处理的实际程度，水污染控制可概括为系统整合、全过程的"三级控制"模式，见图2-3。

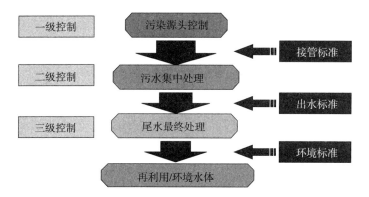

图2-3　水污染控制三级模式

第一级，污染源头控制（上游段）。源头控制主要是利用法律、管理、经济、技术、宣传教育等手段，对生活污水、工业废水、农村面源和城市径流等进行综合控制，防止污染发生，削减污染排放。控源的重点是工业污染源和农村面源，进入城市污水截流管网的工业废水水质应满足规定的接管标准。

第二级，污水集中处理（中游段）。对于人类活动高度密集的城市区域，除了必要的分散控源外，应有计划、有步骤地重点建设城市污水处理厂，进行污水的大规模集中处理。污水处理厂的建设较为普遍，其特点是技术成熟，占地少，净化效果好，但工程投资甚大。同时应重视城市污水截流管网的规划及配套建设，适当改造已有的雨水/污水合流系统，努力实现雨污分流。

第三级，尾水最终处理（下游段）。城市尾水是指虽经处理但尚未达到环境标准的混合污水。一般而言，城市污水处理厂对去除常规有机物具有优势，但对引起水体富营养化的氮、磷和其他微量有毒难降解化学品的去除效果不佳。因此，在排入清水环境前，加强对污水处理厂出水为主的城市尾水的处置，无论是对削减常规有机污染还是微量有毒污染而言，都极为重要。三级深度处理可进一步解决城市尾水的处置问题，但因费用高昂，一般难以推广。国内外的研究及实践表明，以土壤或水生植物为基础的污水生态工程是较理想的尾水处理技术，甚至可作为一般城市污水集中处理重要的技术选择。此外，利用水体自净能力的尾水江河湖海处置工程也较为普遍，而污水的重复利用也是一个重要的发展方向。

"三级控制"是一个从污染发生源头到污染最终消除的完整的水污染控制链，在控制过程中，实行清污分流，污水禁排清水水域，以保障区域水环境的长治久安。

（二）污染控制模式

结合国内外研究现状，环境保护部推荐了三种符合中国国情的污染控制模式。

1. 浓度控制模式

浓度控制模式就是以污染物排放标准为依据来控制污染物排放，它要求污染物达标排放，若超过排放标准，则需缴纳排污费，并且还得加强治理削减污染物。浓度控制对我国水污染控制曾起到过重要作用，但随着我国国民经济的发展和环境问题的日趋严峻，已不能满足水污染控制的需要。在实际工作中已出现两大问题：一是不少地区污染源达标排放，但由于水体持续恶化，水环境质量目标难以实现；二是不少地区按排放标准进行污染物削减，所需投资巨大，经济上无法承受，并且不能充分利用环境承载能力，导致环境资源的浪费。造成这两类问题的根本原因是实行浓度控制时，既没有将污染物削减与环境质量目标联系起来，也没有结合污染源实际进行污染治理，使浓度控制模式已不能满足于我国环境管理的现状，尤其是不能适用于环境污染严重的地区和主要城市。

2. 总量控制模式

水污染物排放总量控制，就是根据某一特定区域环境目标的要求，预先推算出达到该环境目标所允许的污染物的最大排放量或最小污染物削减量，然后通过优化计算将污染指标分配到各个控制单元，并根据控制单元内各污染源的地理位置、技术水平和经济承受能力协调分配污染指标到排污单位。

（1）总量控制的现实意义。实施总量控制，综合考虑了环境保护目标、污染源特点、排污单位技术经济水平以及环境承载力，对污染源从整体上有计划、有目标地削减污染物排放量，使环境质量逐步得到改善起到了重要作用。它是我国环境管理由定性管理向定量管理的转变，是控制目前水污染状况的有效途径。简单地说，实施总量控制具有以下现实意义：①将环境目标与污染源控制直接联系，从而有利于环境目标的实现；②通过充分利用污染物治理边际费用的差异、水体环境容量以及通过污染源内部的优化管理，可以使区域污染治理的总费用趋于最低；③总量控制对于调整区域产业布局，优化产业结构具有重要意义，从而有助于实现区域的可持续发展；④总量控制把我国环境管理提高到一个新的管理层次，要实施这一整套新的政策和管理方法，必然要求有较高水平的管理人员，从而有助于提高环境管理人员的素质和环境管理水平。

（2）总量控制的三种类型。经过我国环境学者十几年的探索和实践，目前形成了三种具有中国特色的总量控制类型。①容量总量控制。从受纳水体允许纳污量出发，制定排放口总量控制负荷指标的总量控制类型。它是以水质标准为控制基点，从污染源可控性、环境目标可达性两方面进行总量控制负荷地分配。②目标总量控制。从控制区域排污控制目标出发，制定排放口总量控制负荷指标的总量控制类型。它是以排污限制为控制基点，从污染源可控性研究入手，进行总量控制负荷分配。③行业总量控制。从总量控制方案技术、经济评价出发，制定排放口总量控制负荷指标的总量控制类型。它是以能源、资源合理利用为控制基点，从最佳生产工艺和实用处理技术两方面进行总量控制负荷分配。上述三种总量控制类型的步骤见图 2-4。

图 2-4　总量控制的步骤

3. 双轨制控制模式

双轨制控制模式是针对不同控制单元，或同一控制单元中不同的污染物和污染源，分别实行浓度控制和总量控制；也可根据水文特征，在不同水文期分别实行浓度控制和总量控制。双轨制控制模式是目前我国水环境管理体制过渡阶段的产物，其主要内容如下：①就控制单元来讲，易降解超容量排放的污染物实行总量控制，其他仍实行浓度控制；②控制单元内主要可控污染源（通常是污染负荷占可控污染源总负荷的 85% 以上）实施总量控制，其他规模小、分布散且不容易控制的污染源实施浓度控制；③实施总量控制的排污单位，对纳入总量控制的污染物实施总量控制，其他污染物应控制在车间或处理装置出口的应符合国家综合污水排放标准规定的第一类污染物的浓度控制。

（三）水污染控制模式选择的依据

控制模式的选择决定着环境规划工作的方向、范围和深度，而如何选择控制模式主要依据以下 6 个方面：

（1）控制单元所处的环境功能区。如果控制单元所处的环境功能区为优先保护的自然保护区、水源地保护区或集中式饮用水水源地保护区，一律实行总量控制，以切实保护其水质，保护人们身体健康为宗旨。

（2）控制单元内水环境质量现状。根据控制单元内水环境质量的现状分析，找出本控制单元内主要水环境问题，针对主要污染物和对生物及人体有显著影响的特征污染物实施总量控制，其他污染物实施浓度控制。

（3）控制单元内的污染源分析。根据污染源与环境质量目标的输入响应关系，确定各污染源的影响系数，按影响系数的大小确定重点污染源，对重点污染源实施总量控制，非重点污染源实施浓度控制，重点污染源按行业特点、生产工艺及其经济技术水平分别采用目标总量控制或行业总量控制。

（4）控制单元水环境容量。根据水环境容量确定可供分配的环境容量，即从环境容量中扣除不可控排污量（面源排污量）。如果这一部分的环境容量不小于控制单元内可控污染源的排污总量，或二者差距不大且通过可控污染源的治理削减即可小于或等于这部分可接纳的环境容量，则可实行容量总量控制。而有些水资源短缺地区，多数河道干枯或变成纳污河道，这样的水体没有环境容量可言，水体也不具备使用功能，这样的水体应实施目标总量控制。

（5）控制单元的水文特征。由于受气候因素影响，我国大多数河流水文特征季节性变化明显，丰水期环境容量大，枯水期环境容量小，因而有必要对水环境容量进行分季节研究，丰水期实施容量总量控制，枯水期实施目标总量控制，既充分利用了丰水期环境容量资源，又不致使枯水期环境质量恶化。

（6）国家及地方环保政策。国家环保部决定对三类十二项污染物实行总量控制，其中废水类八项：化学需氧量、石油类、氰化物、砷、汞、铅、镉和六价铬。有些地方根据当地环境质量状况对其他污染实行地方性的污染物总量控制。采用如图 2-5 所示的污染控制模式所选择的技术路线，可充分体现以上六项依据。

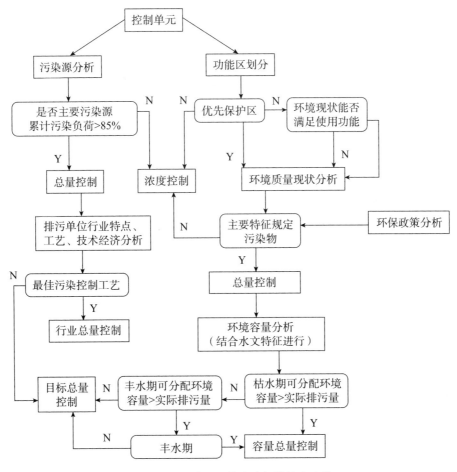

图 2-5　污染控制模式选择的技术路线

四、我国现行区域水环境管理的几种表现形式

（一）层级治理模式

层级治理模式是指按照组织的分级体制，将事权交由层层节制的单位行使和管理，使其管辖的事权在性质上是完整的，而在领域上又是层级制，通过一层一层的行政隶属关系，按照内部的组织制度和指令来完成组织内部的管理层级制意味着一个强大的、单一的按照纵向层级排列的权力系统主导着社会治理，处于不同层级制的权力掌握者拥有着所辖区域内的决定性权力。对于区域环境管理而言，层级治理是指由跨界的各行政区分别处理所在辖区内的环境污染问题或者由跨界各行政区之上的政府负责全权解决的管理方式。如跨省域水污染治理，按照层级治理模式，跨界环境污染和生态破坏问题由跨界各省级行政区自行解决或由中央一级政府全权负责。环境保护部作为我国的环境行政主管部门，负责国家层面上对我国的环境管理工作进行统筹安排，协调不同地区和重要流域层面上的合作，区域环境管理的重点在于跨区域环境协调机制的建立。《环境保护法》第15条规定：跨行政区的环境污染和环境破坏的防治工作，由有关地方人民政府协商解决，或者由上级人民政府协商解决，做出决定。

（二）区域整合模式

区域整合是指跨界各行政区基于其内在或是外在的环境需求，或其本身的意愿，或是根据中央政府的主导，采用组织合并或事物归并的方式，相互协调意见，并整合各方行动，以共同处理地方事物。区域整合模式可以分为两种，一种是传统的区域整合模式，成立一个单一、全功能的政府组织机构来进行区域整合。例如，从2006年7月开始，国家环保总局成立了华东、华南、西北、西南、东北、华北6个区域环保督查中心。另一种是新的区域整合模式，此种整合只局限在特定的一项或几项任务中，并将这种跨区环境管理机构作为环境管理主管部门的派出机构或直属机构，人员编制属于派出机构的上级环境管理主管部门。例如，针对我国的水资源管理，水利部在七大流域设立了流域管理机构作为其派出机构，代表水利部在相应流域行使部分水行政管理职能，发挥规划、管理、监督、协调、服务作用。

（三）府际合作模式

府际合作模式是指在跨界污染所在的各行政区政府之间，建立正式的或非正式的合作关系，以合力解决跨界的公共问题。府际合作模式以问题的解决为焦点，被视为一种行动导向的过程，通常允许政府官员采取必要的手段去推动各项具有建设性的工作。政府间的合作关系分为正式和非正式两种。正式的合作往往基于协议和组织而形成，非正式的合作主要是指各地官员和公务员之间因公务所形成的对政府间合作有影响的个人或团体关系，此类合作多由政府主导，在政府协商的基础上达成协议或共识，从而对各个行政区进行约束如泛珠三角区域合作各方签订的泛珠三角区域环境保护合作协议明确了自愿参与、平等

开放、优势互补、互利共赢的原则，在生态保护、污染防治、环境治理、环境科技与环保产业等领域开展全面的合作。自启动以来，已在珠江流域水污染防治、"十一五"规划、区域环境监测与数据共享、区域环保产业技术交流等方面获得了许多突破，并且通过了泛珠三角区域跨界环境污染纠纷行政处理办法。区域内环境保护行政主管部门建立环境污染纠纷处理联席会议制度，主要任务是总结、交流、研讨环境污染纠纷处理工作。此外，各省之间建立环境信息通报制度以及建立审批提前介入机制与环境污染联合督察和边界水质联合监测机制。

第五节　水污染控制

一、污水处理方法

（一）污水的物理处理方法

（1）格栅法。可分为人工清理的格栅（适用于中小型城市生活污水处理厂或所需截留的污染物较少时）和机械格栅（适用于大型城市生活污水处理厂或所需截留的污染物较多时）。

（2）筛网法。筛网的去除效果，可相当于初次沉淀池的效果。

（3）过滤。是以具有孔隙的粒状滤料层，如石英砂等，截留水中的杂质从而使水获得澄清的工艺过程。

（4）离心分离法。它的作用机理是基于存在于水中的悬浮物和水的密度不同而产生的。主要设备有离心机、水力旋流器及旋流池等。

（5）沉淀池法。用于废水进入生物处理设备前的初次沉淀、生理处理后的二次沉淀以及污泥处理阶段的污泥浓缩池。

（6）浮上法。适用于颗粒直径很小，很难用沉淀法加以去除的情况，主要有电解浮上法、分散空气浮上法和溶解空气浮上法。

（7）吸附法。在废水处理中，吸附法主要用来脱除废水中的微量污染物，以达到深度净化的目的。应用范围应包括脱色、脱臭、脱除重金属离子、脱除溶解性有机物、脱除放射性物质等。由于这种方法对进水的预处理要求较高，吸附剂较为昂贵，过去曾限制了它的应用范围。近几年随着废水处理程度和废水回收率的要求越来越高，吸附剂的产量和品种日益增加，所以这种高效处理方法受到普遍重视，预计可能将会发展成为一种十分重要的废水处理方法。

（二）污水的生物处理方法

污水生物处理方法具体来说是通过微生物所产生的酶，氧化分解有机物，从而使水得到净化。其中起主要作用的是细菌，污水中可溶性的有机物直接被菌体吸收，固体和胶体等不溶性有机物先附着在菌体外，由菌细胞分泌的胞外酶分解成可溶性物质，再被菌体吸收，通过微生物体内的氧化、还原、分解、合成等生化作用，把一部分有机物转化成微生物自身的物质，另一部分有机物被氧化分解为 CO_2、H_2O 等简单的无机物，从而使污染物质得到降解。水的生物处理方法主要有以下几种方法。

1. 氧化塘法

氧化塘是一个大而浅的池塘，污水从一端流入，从另一端溢流出水。在氧化塘中，同时存在着三种生化作用：①有机物的好氧分解，主要由好氧细菌进行；②有机物的厌氧分解，主要由厌氧细菌进行；③光合作用，由藻类和水生植物共同进行。好氧细菌所需的氧气，除了来自大气以外，还有相当一部分是由藻类光合作用所提供的。细菌代谢过程中除合成自身所需的物质以外，还产生 CO_2、H_2O 和无机盐类，这些产物被藻类所利用。藻类细胞既能被细菌所分解，又能被原生动物吞食，使藻类不至于过多积累。氧化塘的底部属于厌氧环境，过多的无机氮通过细菌的反硝化作用以氮气的形式逸去，避免了水体的富营养化。由此，氧化塘实际上是一个藻菌共生的生态系统，它常利用天然水域来处理污水，氧化塘具有设备简单、投资少、容易操作等优点，同时也存在占地面积大的缺点。

2. 活性污泥法

污水进入曝气池后，用机械或人工的方法连续鼓吹入空气，经过一段时间，水中形成一些褐色絮状泥粒，即所谓的活性污泥。其主体部分是一些好氧性微生物，对污水中的有机物具有很强的吸附和氧化分解能力，并以有机物为养料不断进行增殖。活性污泥和污水的混合液离开曝气池以后，在沉淀池中沉淀，分离出来的水即为净化的水，净化后的水可直接排放。活性污泥除因增殖需排放出一部分以外，其余的回流到曝气池，如此循环运行。活性污泥法的净化效率很高，它对生活污水中有机物和悬浮物的去除率可高达 95% 左右。但所产生的污泥量较大，需要进一步的净化处理，运行中还容易出现污泥膨胀现象。

3. 生物滤池法

生物滤池包括洒滴池、塔式生物滤池、生物转盘、接触氧化、浸没法滤池等多种形式。它们处理污水的基本原理相同，池中装有碎石、炉渣、圆盘或塑料蜂窝等固体填料，当污水连续通过时，由于微生物的大量繁殖，在填料的表面形成一层滑腻的暗色薄膜，叫做生物膜。在生物膜这个小环境中，表层是好氧型性微生物，内层是厌氧型微生物，中层则生长着大量的兼性厌氧型气菌。生物膜中除细菌外，还以原生动物为主的动物群落，各种生物间形成食物链，污水中的有机物通过食物链的每个环节，都有一部分通过呼吸作用而转变成 CO_2，最终将有机物除去。

4. 厌氧处理法

厌氧处理法是在缺氧的条件下，利用厌氧型微生物分解污水中有机物的方法，又称厌氧消化。有机物质的厌氧分解，可分为两个阶段。在分解初期，一些微生物将有机物分解成有机酸、醇、CO_2、NH_3、H_2S 等，此阶段有机酸大量积累，pH 值下降，故称为酸性发酵阶段。在分解后期，由于所产生的 NH_3 与酸发生中和作用，pH 值逐渐上升，甲烷细菌开始分解有机酸和醇，产物主要是甲烷和 CO_2。甲烷细菌的大量繁殖，加速了有机酸的分解，pH 值迅速上升，此阶段称为碱性发酵阶段。污水生物处理的前三种方法各有优点，但仍存在以下问题：①大量的活性污泥和脱落的生物膜形成废渣，如果不进行进一步处理则会形成二次污染；②对一些 BOD_5 超过 10 000 mg/L 的污水，如屠宰厂污水等处理效果较差；③消耗大量的动力。用厌氧处理法能有效地解决上述 3 个问题，同时还能产生生物能源——沼气，因此受到各方重视。

污水的生物学处理方法是目前世界各国在污水处理中应用最为广泛的一种方法，从发展趋势上看，正由单纯的防治转向综合利用。例如，利用污泥的厌氧消化获得沼气和肥料，利用光合细菌处理高浓度有机污水回收利用单细胞蛋白等，并进一步探索回收能源和解决含无机盐废水的处理方法，防止有机物经微生物分解成无机盐类而导致水体富营养化，尽可能实现物质和能量的再循环利用。

（三）污水的化学处理方法

利用化学反应来处理或回收污水中的溶解物质或胶体物质的方法，多用于工业废水。常用的处理方法有混凝法、中和法、氧化还原法、离子交换法等。化学处理法处理效果好、费用高，多用作对生化处理后的出水作进一步的处理，以提高出水水质。

1. 中和法

废水中和处理法是废水的化学处理法之一。利用中和作用处理废水，使之得到净化的方法。其基本原理是：使酸性废水中的 H^+ 与外加 OH^-，或使碱性废水中的 OH^- 与外加的 H^+ 相互作用，生成弱解离的水分子，同时生成可溶性或难溶性的其他盐类，从而消除它们的有害作用，反应服从当量定律。采用此法可以有效处理并回收利用酸性废水和碱性废水，并可以调节酸性或碱性废水中的 pH 值。

含酸废水和含碱废水是两种重要的工业废液。一般而言，酸含量大于 3% ~5% 和碱含量大于 1% ~3% 的高浓度废水分别称为废酸液和废碱液，这类废液首先要考虑采用特殊的方法回收其中的酸和碱。酸含量小于 3% ~5% 的酸性废水或碱含量小于 1% ~3% 的碱性废水，回收利用价值不大，常采用中和处理方法，使其 pH 值达到排放废水的标准。

选择中和方法时应考虑以下因素：①含酸或含碱废水中所含的酸类或碱类物质的性质、浓度、水量及其变化规律；②寻找能就地取材的酸性或碱性废料，并尽可能地加以回收利用；③本地区中和药剂或材料（如石灰、石灰石等）的供应情况；④接纳废水的水体性质和城市下水管道能容纳废水的条件；⑤酸性污水还可根据排出情况及含酸浓度，对中和方法进行选择。

常用的中和方法有：酸、碱废水相互中和，投药中和和过滤中和等。

（1）酸、碱废水（或废渣）中和法。

酸碱废水的相互中和可根据当量定律进行定量计算：

$$N_a V_a = N_b V_b$$

式中：N_a、N_b——酸、碱的当量浓度；

　　　V_a、V_b——酸、碱溶液的体积。

中和过程中，酸碱双方的当量数恰好相等时称为中和反应的等当点。

强酸、强碱的中和达到等当点时，由于所生成的强酸强碱盐不发生水解，因此等当点即为中性点，溶液的 pH 值等于 7.0。但中和的一方若为弱酸或弱碱，由于中和过程中所生成的盐，在水中进行水解，因此，尽管达到等当点，但溶液并非中性，而根据生成盐的水解可能呈现酸性或碱性，pH 值的大小由所生成盐的水解度来决定。

（2）投药中和法。

投药中和法是应用较为广泛的一种中和方法。最常用的碱性药剂是石灰，有时也选用苛性钠、碳酸钠、石灰石或白云石等。选择碱性药剂时，不仅要考虑它本身的溶解性、反应速度、成本、二次污染、使用方便等因素，而且还要考虑中和产物的性状、数量及处理费用等因素。

（3）过滤中和法。

一般适用于处理量少且含酸质量浓度较低（硫酸 < 20 g/L，盐酸、硝酸 < 20 g/L）的酸性废水，对含有大量悬浮物、油、重金属盐类和其他有毒物质的酸性废水不适用。

滤料可用石灰石或白云石，石灰石滤料反应速度比白云石快，但进水中硫酸允许浓度则较白云石滤料低。中和盐酸、硝酸废水，两者均可采用。中和含硫酸的废水，采用白云石为宜。

2. 化学混凝法

（1）原理。化学混凝法通常用来除去废水中的胶体污染物和细微悬浮物。所谓化学混凝，是指在废水中投加化学物质使其破坏胶体及细微悬浮物颗粒在水中形成的稳定分散体系，使其聚集为具有明显沉降性能的絮凝体，然后再用重力沉降、过滤、气浮等方法予以分离的过程。这一过程包括凝聚和絮凝两个步骤，二者统称为混凝。具体地说，凝聚是指在化学药剂作用下使胶体和细微悬浮物脱稳，并在布朗运动作用下，聚集为微絮粒的过程，而絮凝则是指絮粒在水流紊动作用下，成为絮凝体的过程。

（2）絮凝剂。无机盐类絮凝剂主要分为铝盐和铁盐，无机盐聚合物类絮凝剂效果较好，残留在水中的铝、铁离子少，而且易生产、价廉、使用范围较广，在我国实际用量中占絮凝剂总量的 80% 以上。有机合成高分子絮凝剂投加量少，一般在 2% 以下，效果好，形成的絮体大，而且强度大，不易破碎，不增加泥量，并能降低热值，无腐蚀性。它分为非离子型、阳离子型、阴离子型和两性四种。常用的有机絮凝剂有：聚丙烯酰胺（PAM）、聚丙烯酸钠、聚氧乙烯、聚乙烯胺、聚乙烯磺酸盐等，其中聚丙烯酰胺的应用最多，占合成高分子絮凝剂的 80% 左右。然而这一类絮凝剂由于存在着一定量的残余单体丙烯酰胺，不可避免地带来毒性，所以限制了它的应用。天然高分子絮凝剂易生物降解，本身或中间降解产物对人体无毒，具有选择性大、价廉、产泥量少等优点。另外，淀粉磷酸酯和淀粉黄原酸酯也是良好的絮凝剂。壳聚糖、甲壳素类絮凝剂作为水处理剂在工业上已大量应用。微生物絮凝剂是一类由微生物或其分泌物产生的代谢产物，它是利用微生物技术，通过细菌、真菌等微生物发酵、提取、精制而成，是具有生物分解性和安全性的高效、无毒、无二次污染的水处理剂。它主要由微生物代谢产生的各种多聚糖类、蛋白质，或是蛋白质和糖类参与形成的高分子化合物。复合絮凝剂是近年才开始研制的新型絮凝剂，能克服使用单一絮凝剂的许多不足，应用范围广，对低浓度或高浓度水质、有色废水、多种工业废水都有良好的净化效果，脱污泥性好，pH 使用范围大。

3. 化学沉淀法

化学沉淀法是向废水中投加可溶性化学药剂（即沉淀剂），与水中呈离子状态的无机污染物起化学反应，生成不溶于水或难溶于水的化合物，析出沉淀，使废水得到净化。化学沉淀法多用于去除废水中的重金属离子，如汞、铬、铅、锌等。化学沉淀法有氢氧化物沉淀法、硫化物沉淀法、钡盐沉淀法、铁氧体沉淀法。

4. 氧化还原法

通过化学药剂与废水中的污染物进行氧化还原反应，从而将废水中的有毒有害污染物转化为无毒或者低毒物质的方法称为氧化还原法。

在氧化还原反应中，参加化学反应的原子或离子有电子得失，因而引起化合价的升高或降低。失去电子的过程叫做氧化，得到电子的过程叫做还原。

根据有毒有害物质在氧化还原反应中被氧化或还原的不同，废水中的氧化还原法又可分为药剂氧化法和药剂还原法两大类。在废水处理中常采用的氧化剂有：空气中的氧、纯氧、臭氧、氯气、漂白粉、次氯酸钠、三氯化铁等。常用的还原剂有：硫酸亚铁、氯化亚铁、铁屑、锌粉、二氧化硫等。

药剂氧化法中常用的方法有臭氧氧化法、氯氧化法、高锰酸钾氧化法等。

二、城市污水处理的新技术

（一）生物膜技术

通过选育和培养高效的微生物菌种，制成制剂，高密度直接投放到待处理污水中，形成生物膜，对污水进行降解和净化。与传统的活性淤泥法相比，生物膜技术应用于城市污水处理具有五大技术优势：①投资省。目前国内的城市污水处理厂基础设施建设投资大，需要大量的机械设备、管网和其他工程设施，处理每吨污水的投资成本在 1 000 元左右；而应用生物膜技术投资设备少，占地小，处理每吨污水不到 500 元，相比节约成本 50% 以上。②运行费用低。据测算，目前国内城市污水处理厂的直接运行成本，一般每天处理每吨污水在 0.5 ~ 0.8 元；而应用生物膜技术处理污水每天每吨只需 0.2 元左右。③淤泥少，没有"二次污染"。采用传统的活性淤泥法处理城市污水，常由于大量淤泥的堆放造成对环境的"二次污染"；而相同条件下制成生物膜的微生物菌一旦把污水净化后，便会由于缺乏"营养"而自动消亡，不会造成"二次污染"。④效率高。生物膜表面积大，微生物菌密度高，每克制剂的微生物菌含量达 50 亿 ~ 200 亿个，大大高于淤泥中的自然微生物活性成分，同时还可以多次投放，方便快捷，处理效果明显优于传统的活性淤泥法。采用生物膜技术，不仅能够有效治理湖泊的富营养化，而且有助于修复和强化湖泊的生态功能，提高水体自净能力。⑤适合城市生活小区等小规模、有机负荷量不高的污水处理。应用生物膜技术投资省，运行费用低，并可节省管网的建设成本，在处理城市生活小区等的城市污水方面具有活性淤泥法不可比拟的优势。

（二）粉末活性炭吸附技术

粉末活性炭吸附技术在污水处理中的使用已有 70 年左右的历史。自从美国首次使用粉末活性炭去除氯酚产生的臭味以后，活性炭成为给水处理中去除色、嗅味和有机物的有效方法之一。国外对粉末活性炭吸附性能作了大量的研究，结果表明：粉末活性炭对三氯苯酚、二氯苯酚、农药中所含的有机物，三氯甲烷及其前体物以及消毒副产物三氯醋酸、二氯醋酸和二氯乙腈等均有较好的吸附效果，对色、嗅、味的去除效果已得到公认，可用于提高污水处理厂的出水水质。

（三）曝气生物滤池法

该工艺是一种淹没式上流生物滤池，其滤料为比重小于1的球形颗粒并且漂浮在水中。通过硝化和反硝化作用净化水质，其处理能力大大高于活性污泥法，并能达到很高的污水排放水质标准。目前，在城市污水处理过程中，活性污泥法是最广泛使用的方法之一，但其所产生的腥臭污泥问题仍然令人头痛。可尝试用污泥进行垃圾场填埋、用作有机肥料等。

（四）高级氧化法

高级氧化技术（Advanced Oxidation Processes，AOPs）是近20年来水处理领域兴起的新技术，通常指在环境温度和压力下通过产生具有高反应活性的羟基自由基来氧化降解有机污染物的处理方法。高级氧化技术的关键是产生高活性的羟基自由基，一般通过加入氧化剂、催化剂或借助紫外线、超声波等多种途径起作用。

（1）湿式（催化）氧化法。湿式氧化法（Wet Air Oxidation，WAO）是在高温（$150 \sim 350℃$）、高压（$0.5 \sim 20$ MPa）的条件下，利用空气或氧气作为氧化剂，氧化水中呈溶解态或悬浮态的有机物或还原态的无机物，达到去除污染物的目的。湿式催化氧化工艺（Catalytic Wet Air Oxidation，CWAO）是在WAO工艺的基础上添加适宜的催化剂，降低反应温度和压力，提高反应速度，缩短反应时间，提高氧化效率。国内近年来出现的采用微波催化湿式氧化法新工艺的研究，即采用间歇微波催化湿式氧化工艺，使废水经 Fe－C 预处理、曝气氧化后，再考察 30% H_2O_2、$FeSO_4 \cdot 7H_2O$、自制 TiO_2 催化剂的加入量和微波辐照时间等因素对 COD 去除效果的影响，实验结果表明，在最佳条件下，经处理后 COD 脱除率大于90%。

（2）超临界水（催化）氧化法。超临界水氧化技术是把温度和压力升高到水的临界点（$T_c = 374.15℃$，$P_c = 22.129$ MPa）以上时，使水成为一种具有高扩散性和优良传递特性的非极性介质，在此条件下，非极性的有机物和气体能和水以任意比例互溶，实现对污染物的分解。蔡毅等使用 2.0 L 的超临界水氧化反应器对丙烯腈生产过程中排放的高浓度剧毒有机废水进行处理，实验结果表明，当反应温度为650℃，压力为 28 MPa，氧气过量为理论量值的200%，反应时间为180s时，COD 的最高去除率可达99.9%。

（3）化学（催化）氧化法和光（催化）氧化法。化学氧化法是指通过 O_3、H_2O_2、ClO_2 及 $KMnO_4$ 等氧化剂，将废水中呈溶解状态的污染物氧化为微毒或无毒的物质，或者转化为容易与水分离的形态，从而达到处理的目的。化学催化氧化是在催化剂和氧化剂共同作用下氧化有机物。光化学氧化是通过氧化剂在光的辐射条件下产生的氧化能力较强的自由基而进行的。根据氧化剂的种类不同，分为 UV/H_2O_2、UV/O_2 及 $UV/H_2O_2/O_3$ 等系统。Esplugas 等比较了化学氧化和光化学氧化中几种工艺对含酚废水的处理结果，实验表明，Fenton 试剂的降解速率最快，O_3 氧化处理费用最低。

使用高级氧化技术处理有机废水，具有效率高，反应快，占地面积小，能够解决难降解废水的处理问题等优点，但是它也存在着处理费用高，反应条件要求严格，反应器制造复杂等缺点。

三、污水处理工艺和方案

污水处理按照处理程度可分为一级处理、二级处理和三级处理，见图2-6。

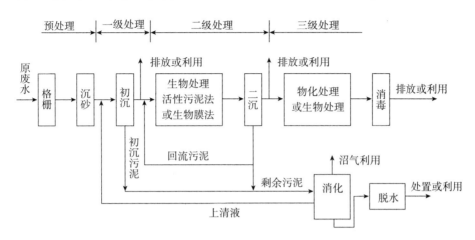

图2-6　污水处理三级处理工艺流程

一级处理主要是去除污水中呈悬浮状态的固体物质，常用物理法来去除。一级处理后的废水其BOD去除率只有20%，仍达不到排放标准，还须进行二级处理。二级处理的主要任务是大幅度去除污水中呈胶体和溶解状态的有机物，BOD去除率为80%～90%。一般经过二级处理的污水就可以达到排放标准，常用的方法为生物膜处理法。三级处理的目的是进一步去除某种特殊的污染物质，如除氟、除磷等，属于深度处理，常用化学法去除。现以医院的污水处理工业选择举例说明。

（一）一级强化处理

1. 工艺流程说明

对于综合医院（不带传染病房）的污水处理可采用"预处理→一级强化处理→消毒"的工艺。通过混凝沉淀（过滤）去除携带病毒、病菌的颗粒物，提高消毒效果并降低消毒剂的用量，从而避免消毒剂用量过大而对环境产生不良影响。医院污水经化粪池进入调节池，调节池前部设置自动格栅，调节池内设提升水泵。污水经提升后进入混凝沉淀池进行混凝沉淀，沉淀池出水后进入接触池进行消毒，接触池出水达标后排入二级处理城市污水处理厂。

调节池、混凝沉淀池、接触池的污泥及栅渣等污水处理站内产生的垃圾集中消毒后运出。消毒可采用巴氏蒸汽消毒或投加石灰等方式。

2. 工艺特点

加强处理效果的一级强化处理可以提高处理效果，可将携带病毒、病菌的颗粒物去除，提高后续深化消毒的效果并降低消毒剂的用量。其中对现有的一级处理工艺进行改造后可充分利用现有设施，减少投资费用。

3. 适用范围

加强处理效果的一级强化处理适用于处理出水并最终进入二级处理城市污水处理厂的综合医院。

（二）二级处理

对于带传染病的综合医院废水处理必须采用二级处理。

1. 工艺流程说明

二级处理工艺流程为"调节池→生物氧化→接触消毒"。医院污水通过化粪池进入调节池。调节池前部设置自动格栅。调节池内设置提升水泵，污水经提升后进入好氧池进行生物处理，好氧池出水后进入接触池消毒，出水达标排放。

调节池、生化处理池、接触池的污泥及栅渣等污水处理站内产生的垃圾集中消毒外运焚烧。消毒可采用巴氏蒸汽消毒或投加石灰等方式。

传染病医院的污水和粪便宜采用分别收集。生活污水直接进入预消毒池进行消毒处理后进入调节池，病人的粪便应先进行独立消毒，然后通过下水道进入化粪池或进行单独处理。各构筑物须在密闭的环境中运行，通过统一的通风系统进行换气，废气通过消毒后排放，消毒可采用紫外线消毒系统。

2. 工艺特点

好氧生化处理单元去除 COD_{Cr}、BOD_5 等有机污染物，好氧生化处理可选择接触氧化、活性污泥和高效好氧处理工艺，如膜生物反应器、曝气生物滤池等工艺。采用具有过滤功能的高效好氧处理工艺，可以降低悬浮物浓度，有利于后续消毒处理。

3. 适用范围

适用于传染病医院（包括带传染病房的综合医院）和排入自然水体的综合性医院的污水处理。

（三）三级处理

对于含有难降解的有机物、氮和磷等能导致水体富营养化的可溶性无机物等的废水需要采用三级处理。主要方法有生物脱氮除磷法、混凝沉淀法、砂滤法、活性炭吸附法、离子交换法和电渗析法等。

通过粗格栅的原污水经过污水提升泵提升后，经过细格栅或者筛滤器，之后进入沉砂池，经过砂水分离的污水进入初次沉淀池，以上为一级处理（即物理处理），初沉池的出水进入生物处理设备，有活性污泥法和生物膜法，（其中活性污泥法的反应器有曝气池、氧化沟等，生物膜法包括生物滤池、生物转盘、生物接触氧化法和生物流化床），生物处理设备的出水进入二次沉淀池，二沉池的出水经过消毒排放或者进入三级处理，一级处理结束后为二级处理，三级处理包括生物脱氮除磷法，混凝沉淀法，砂滤法，活性炭吸附法，离子交换法和电渗析法。二沉池的污泥一部分回流至初次沉淀池或者生物处理设备，另一部分进入污泥浓缩池，之后再进入污泥消化池，经过脱水和干燥设备处理后，污泥被最后利用。

四、污水治理企业存在的问题及对策

（一）问题

如何做好运营服务和高效监管，成为污水处理企业的突出问题。运营管理越来越重要，越来越突出。由于下属企业数量多，分布广，对监管过程也提出了更高的要求；污水处理企业在运营阶段，对管理水平的要求、对成本控制的要求也在不断提升；污水处理企业如何将行业中优秀污水处理厂的管理经验，推广到所有厂站，以提升公司整体的管理水平，需要各方关注。

（二）对策

①建立企业门户，解决企业信息传递脱节、"信息孤岛"问题。②实现污水处理企业的专业化、规范化、标准化的信息化管理模式，提高企业市场竞争力。③建立企业动态决策支持系统，实现专业化、科学化管理决策。④建立企业工作交流平台，规范化、标准化工作流程，提高管理水平，实现有效监管。⑤健全企业预案库、知识库，提高人员知识水平和素质，保障安全高效生产。⑥建立智能化污水处理工艺模型，实现生产优化调度，节约能耗，降低成本。

通过采用先进的信息化技术，为水务集团建立一个生产运行管理的综合化信息平台，使营运管理向专业化、实时化和智能化方向发展，消除决策者、管理者和执行者之间的信息脱节，构筑起以信息资源数字化、信息传输网络化、信息技术应用普及化为标志的"数字水务运营管理"基本框架、实现生产控制精细化和节约化、工艺调度实时化和最优化、日常管理系统化和制度化、服务规范化和人性化，为其向集约化创新营运管理模式迈进提供信息化基础保证，这就是水务综合运营管理系统。

1. 水务综合运营管理系统的特性

（1）先进性。本系统采用 Spring、Hibernate 框架技术开发，基于 J2EE 的软件平台。采用了 B/S 架构，运用 JSP/Servlet、Ext、Flex 等技术，是国际主流的企业级软件开发技术。在开发效率、运行稳定性、数据安全、应用功能扩展等方面具备得天独厚的优势。

（2）专业性。本系统结合全国十佳污水运营企业的优秀运营管理方式，由全国十佳污水处理运营单位的多位资深行业内专家、大学环境工程及相关学科的多位教授专家共同设计管理模型，采用先进的计算机技术历时两年开发而成。已在数家大型排水集团试运行，取得用户一致高度评价。

（3）实用性。本系统基本涵盖了污水处理厂生产运营活动中的各个层面，全面而系统地提升了企业的信息化水平。系统采用友好直观的显示界面，实现生产工艺图形化实时监视，各种能耗实时显示；同时系统对污水处理厂最为关注的节能降耗问题进行了针对性设计，采用多种科学手段进行最优化控制，如进行泵站机组联编控制、优化调度，降低能耗，延长机组使用寿命；自动分析水质数据情况，计算合适的用药比例，节约用药成本；曝气池溶解氧浓度的稳定控制，降低曝气系统的能耗等。

（4）扩展性。本系统分为厂站数据采集系统和运营管理平台两部分，可最大限度地满足不同污水处理厂的应用环境；采用模块化设计，不但满足了作为污水处理厂基础信息平台的需求，其系统功能更可根据用户的个性需求而定制功能，同时随着企业信息化程度和管理水平的不断提升而进行应用方面的拓展，从而满足更高层面的需求。

2. 水务综合运营管理系统的优势

（1）集中式优化管理。本系统采用了集中式的数据采集系统将原来分散的各分布厂站的生产运行数据进行实时采集，进行集中管理，并实时存储，同时支持远程网络访问。其优点在于：突破了传统自控系统和组态软件的狭窄视野，把生产控制层和企业决策管理层有力的结合起来，实时系统与管理信息系统相互渗透，彼此结合，形成一个多层次、网络化的自动化信息处理系统，最大限度地提升了整体运营水平。

（2）在线实时监控。本系统根据生产工艺流程将各种设备的实时运行状况、实时能耗状况等运行状态进行图形化实时监视，对生产过程中出现的异常过程实时报警并发出应急预案提示。报警后的处理情况及结果还可作为知识库保存，也可以自己编写报警预案，不断提高处理故障的效率。随着时间推移，积累经验，系统得到了不同程度的提升，以做到不断加强系统自动处理各类问题的能力，大大降低了以往此类问题全部由技术人员提供预案所带来的不确定性风险，从而极大增强了生产运营的稳定性。

（3）优化调度，节能降耗。针对生产运行中能耗重点单元（泵房、曝气池、加药系统等），提供专家性优化调度方案，提高处理效率，系统实现节能降耗。

（4）设备（备件）管理。对设备和备件等资产实现全面的维修、养护、库存管理，对资产变动过程进行跟踪和记录，提供完善的各类报表。设备（仪表）养护流程、设备（仪表）维修计划、设备润滑计划等完全采用自动化管理，到时提醒，实现了对生产设备的科学化、规范化、信息化管理，延长了设备的使用寿命和提高了设备的使用效率。

（5）统计分析功能。本系统提供多种智能分析工具，能对各阶段、各时期、各类生产运行数据进行统计、比较、分析，并以直观的图表形式呈现，如历史生产数据综合分析，重要指标参数对比分析等，对辅助管理者的决策提供强大支持。

（6）灵活高效的报表系统。系统可自动采集，统计分析报表自动生成，预置流程数据报送，同时可根据使用者要求进行生产报表报送流程自定义，可根据用户权限随时进行任意格式数据的报表导出，为管理决策随时提供第一手资料，同时极大缓解人力劳动，减少企业人力成本。

（7）辅助分析。能通过内嵌的能源计量管理模块和生产计划模块自动对生产运营的直接成本和综合成本进行分析比较，协助管理人员找出能够实现效益优化的生产管理方案。并可根据使用方提供的算法模型随时自定义生成多种智能辅助分析工具。

六、污水处理行业未来发展趋势

过去几年，污水处理行业的产业能力发生了质的变化，这个质的变化主要体现在两方面，一是污水处理厂的数目在快速增加，二是整体的处理能力在快速增加。建成约有3 000座污水处理厂，工业废水排放达标量由2011年的540亿t突破到2012年的760亿t。量的变化在一定程度上通过积累也引起了质的变化。

从空间分布上看，由点状分布向空间网络布局转变。这样的转变在区域层面上体现在，产业具体的能力在增强，污水处理厂表现明显，称为规模效益的产业，规模越大，效益越好。过去是由单个厂组成，如果在区域上能做到整合的话，就由单厂的规模优势转变成多厂的集合优势，这是非常大的一个变化。

对此，污水处理专业人士根据污水处理行业设施由量变带来的质变，总结出未来的三种发展趋势。

（1）行业整体的绩效提高。内部行业的绩效成为当务之急，所以国家"十二五"重大专项里面，专门有项目要求建立国家范围的行业管理绩效体系。

（2）服务成为行业的核心任务，成为行业的核心环节。这跟发达国家是一致的，发达国家服务业基本上占整个环保产业，设备、投资、建设业50%左右，我国估计占10%，存在较大的发展空间，内部的结构调整面临从建设到发展的需求。没有哪一个运营主体在一个国家层面上能够占绝对的主导地位，不论是国有企业、外资企业、事业单位，还是股份制公司，都呈现了多样化形式。以资产为基础的整合是个来之不易的机会，同样也是一个挑战。通过了解资产整合在国际上的发展历程，发现早期英国做得比较成功，它首先解决整合的问题，然后再解决市场化的问题。

（3）从技术层面上看，水资源问题，本身开始出现流域化的趋势，过去叫"多龙治水"，越来越强调从流域的层面协调，从流域的尺度上，不仅仅是协调水资源，而且协调再生水。只有从流域角度上考虑这个问题，才能取得最大的效益。

思考题

1. 水环境有哪些要素？水环境系统是如何构成的？如何保证环境系统稳定性？污染物进入水体的界面有哪些？画出污染物进入水体的示意图。

2. 水的组成成分有哪些？水质参数有哪些？水中污染物有哪些？水污染指标有哪些？

3. 水污染源有哪些？举例说明。

4. 水污染管理模式有哪些？水污染控制模式有哪些？

5. 水环境标准与水排放标准区别和联系有哪些？什么叫纳管排放？

6. 水污染控制技术有哪些？给出不同来源污水处理工艺和方案。

7. 在一个区域，所有排放废水都达标，但该区域水体还是被污染了。导致此类情况发生的原因是什么？如何避免此类情况发生？

8. 请画一张联系表，表明你在高中学习的物理、化学、生物等知识或原理与我们讲的污水处理技术关联，或几类知识融合进行水污染控制？请利用你学过或查到的资料设计一套水处理技术，该技术可以处理一种污水，这种污水中含有重金属离子铅、镉、锌和有机物。

9. 根据我国水环境质量标准、污水排放标准现状和国外水的有关标准，撰写一篇我国水环境质量标准和饮用水标准现状与发展趋势，要求2 000字。

参考文献

［1］ 唐孝炎，钱易．环境与可持续发展［M］．北京：高等教育出版社，2010．

［2］ 何强．环境学导论［M］．北京：清华大学出版社，2008．

［3］ Eldon D. Enger，Bradley F. Smith，Environmental Science［M］．影印本．9th edition．北京：清华大学出版社，2004．

［4］ 历年中国环境状况公报．http：//jcs. mep. gov. cn/hjzl/zkgb/．

［5］ 贺瑞敏．区域水环境承载能力理论及评价方法研究［D］．南京：河海大学，2007．

［6］ 铁燕．中国环境管理体制改革研究［D］．武汉：武汉大学，2010．

第三章 大气环境管理与污染控制

本章介绍了大气环境系统、大气污染、大气环境管理和污染控制基本知识和原理。通过学习，要求掌握大气环境系统构成、大气污染物质类型和特点、大气环境管理模式及标准体系和污染控制基本方法，了解国外有关大气环境管理模式、大气污染控制的发展趋势，学会判断不同管理模式、污染控制技术的优缺点，熟悉实际大气环境和大气污染管理与治理模式选择的方法。

第一节 大气环境系统

大气环境特性是指生物赖以生存的空气的物理、化学和生物学特性。物理特性主要包括：空气的温度、湿度、风速、气压和降水，这一切均是由太阳辐射这一原动力引起的。化学特性则主要是指空气的化学组成：大气对流层中氮、氧、氩 3 种气体约占 99.96%，二氧化碳约占 0.03%，还有一些微量杂质及含量变化较大的水汽。人类生活或工农业生产排出的氨、二氧化硫、一氧化碳、氮化物与氟化物等有害气体可改变原有空气的组成，并引起污染，造成全球气候变化，破坏生态平衡。大气环境和人类生存密切相关，大气环境的每一个因素都可能会影响到人类，因此我们需要爱护自然，为子孙后代留下一个美好的环境。

一、大气污染物

随着人类经济活动和生产的迅速发展，在大量消耗能源的同时，也将大量的废气、烟尘等物质排入大气，严重影响了大气环境质量，特别是在人口稠密的城市和工业生产区域。所谓干洁空气是指在自然状态下（由混合气体、水汽和杂质组成）除去水汽和杂质的空气，其主要成分为氮气，占 78.09%；氧气，占 20.94%；氩，占 0.93%，还有其他含量不到 0.1% 的微量气体（如氖、氦、二氧化碳、氪等）。

（一）定义

引起大气污染，导致大气环境质量恶化的物质叫大气污染物，大气污染物可分为一次污染物和二次污染物。

大气污染的定义起源于对有害影响的观察，即若大气污染物达到一定浓度，并持续足够的时间，达到对公众健康、动植物、材料、大气特性或环境美学产生影响的程度，就是大气污染。这种定义方法在很大程度上是基于传统的公害概念，现在又有新的延伸。例如，大量能量（如热能）释放进入大气引起不良影响，人类活动导致大气中某些组分发生变化，其产生的危害等也归入大气污染的范畴。

（二）分类

大气污染物是指由于人类活动或自然过程排入大气并对环境产生有害影响的那些物质或由它们转化而成的二次污染物。按照其成因，污染物可以分为一次污染物和二次污染物。一次污染物是指直接从污染源排到大气中的原始污染物质；二次污染物是指由一次污染物与大气中已有组分或几种一次污染物之间经过一系列化学或光化学反应而生成的与一次污染物性质不同的新污染物质。

按其存在状态，大气污染物可概括为两大类：颗粒污染物和气态污染物。

1. 颗粒污染物

在大气污染中，颗粒污染物是指沉降速度可以忽略的固体粒子、液体粒子或它们在气体介质中的悬浮体。从大气污染控制的角度，按照其来源和物理性质，可分为如下几种：

（1）粉尘（Dust）。粉尘是指悬浮于气体介质中的小固体颗粒，受重力作用能发生沉降，但在一段时间内能保持悬浮状态。它通常是由于固体物质的破碎、研磨、分级、输送等机械过程，或土壤、岩石的风化等自然过程形成的。颗粒的尺寸范围小，一般为 $1 \sim 200 \ \mu m$。属于粉尘类的大气污染物的种类很多，如黏土粉尘、石英粉尘、煤粉、水泥粉尘、各种金属粉尘等。

（2）烟（Fume）。烟一般是指由冶金过程形成的固体颗粒的气溶胶。它是熔融物质挥发后生成的气态物质的冷凝物，在生成过程中总是伴有诸如氧化之类的化学反应。烟颗粒的尺寸很小，一般为 $0.01 \sim 1 \ \mu m$。产生烟是一种较为普遍的现象，如有色金属冶炼过程中产生的氧化铅烟、氧化锌烟等。

（3）飞灰（Flyash）。飞灰是指随燃料燃烧产生的烟气排出的分散得较细的灰分。

（4）黑烟（Smoke）。黑烟一般是指由燃料燃烧产生的能见气溶胶。

（5）雾（Fog）。雾是气体中液滴悬浮体的总称。在气象中是指造成能见度小于1km的小水滴悬浮体。在工程中，雾一般泛指小液体粒子悬浮体，它可能是由于液体蒸汽的凝结、液体的雾化及化学反应等过程形成的，如水雾、酸雾、碱雾、油雾等。

中国的环境空气质量标准中，根据颗粒物直径的大小，将其分为总悬浮颗粒物（Total suspended partidcles）和可吸入颗粒物（Inhalable particles）。前者指悬浮在空气中，空气动力学当量直径 $\leqslant 100 \ \mu m$ 的颗粒物。后者指悬浮在空气中，空气动力学当量直径 $\leqslant 10 \ \mu m$ 的颗粒物。

2. 气态污染物

气态污染物是以分子状态存在的污染物。气态污染物的种类很多，总体上可按表 3-1 来分类。

表 3-1　气态污染物的分类

污染物	一次污染物	二次污染物
含硫化学物	SO_2、H_2S	SO_3、H_2SO_4、MSO_4
含氮化合物	NO、NH_3	NO_3、HNO_3、MNO_3

污染物	一次污染物	二次污染物
碳的氧化物	CO、CO_2	无
有机化合物	$C_1 \sim C_{10}$ 化合物	醛、酮、过氧乙酰硝酸酯、O_3
卤素化合物	HF、HCl	无

注：MSO_4、MNO_3 分别为硫酸盐和硝酸盐。

（1）硫氧化物。硫氧化物主要指 SO_2，它主要来自化石燃料的燃烧过程，以及硫化物矿石的焙烧、冶炼等过程。火力发电厂、有色金属冶炼厂、硫酸厂、炼油厂以及所有烧煤或油的工业炉窑等都排放 SO_2 烟气。

（2）氮氧化物。氮和氧的化合物有 N_2O、NO、NO_2、N_2O_3、N_2O_4 和 N_2O_5，用氮氧化物（NO_x）表示。其中污染大气的主要是 NO 和 NO_2。NO 毒性不太大，但进入大气后可被缓慢地氧化成 NO_2，当大气中有 O_3 等强氧化剂存在时，或在催化剂作用下，氧化速度会加快。NO_2 的毒性约为 NO 的 5 倍。当 NO_2 参与大气的光化学反应，形成光化学烟雾后，其毒性更强。人类活动产生的 NO_x，主要来自各种工业炉窑、机动车和柴油机的排气，其次是硝酸生产、硝化过程、炸药生产及金属表面处理等过程。其中由燃料燃烧产生的 NO_x 约占 90%。

（3）碳氧化物。CO 和 CO_2 是各种大气污染物中发生量最大的一类污染物，主要来自燃料燃烧和机动车排气。CO 是一种窒息性气体，进入大气后，由于大气的扩散稀释作用和氧化作用，一般不会造成危害。但在城市冬季采暖季节或在交通繁忙的十字路口，当气象条件不利于排气扩散稀释时，CO 的浓度有可能达到危害人体健康的水平。CO_2 是无毒气体，但当其在大气中的浓度过高时，使氧气含量相对减小，便会对人产生不良影响。地球上 CO_2 浓度的增加，能产生"温室效应"，迫使各国政府开始实施控制。

（4）有机化合物。有机化合物种类很多，从甲烷到长链聚合物的烃类。大气中的挥发性有机化合物（VOCs），一般是 $C_1 \sim C_{10}$ 化合物，它不完全相同于严格意义上的碳氢化合物，因为它除含有碳和氢原子外，还常含有氧、氮和硫的原子。甲烷被认为是一种非活性烃，人们常以非甲烷总烃类（NMHC）的形式报道环境中烃的浓度。多环芳烃类（PAHs）中的苯并[a]芘（B[a]P），是强致癌物质。VOCs 是光化学氧化剂臭氧和过氧乙酰硝酸酯（PAN）的前体物，也是温室效应的贡献者之一。VOCs 主要来自机动车和燃料燃烧，以及石油炼制和有机化工生产等。

（5）硫酸烟雾。硫酸烟雾是大气中的 SO_2 等硫氧化物，在水雾、含有重金属的悬浮颗粒物或氮氧化物存在时，发生一系列化学或光化学反应而生产的硫酸雾或硫酸盐气溶胶。硫酸雾引起的刺激作用和生理反应等危害，要比 SO_2 气体大得多。

（6）光化学烟雾。光化学烟雾是在阳光照射下，大气中的氮氧化物、碳氢化合物和氧化剂之间发生一系列光化学反应产生的蓝色烟雾（有时带些紫色和黄褐色）。其主要成分有臭氧、过氧乙酰硝酸酯、酮类和醛类等。光化学烟雾的刺激性和危害要比一次污染物强烈得多。

（三）分布特点

与其他环境要素中的污染物质相比较，大气中的污染物质具有随时间、空间变化大的特点，了解该特点，对于正确获得反映大气污染实况的监测结果具有重要意义。大气污染物的时空分布特点及其浓度与污染物排放源的分布、排放量及地形、地貌、气象等条件密切相关。气象条件如风向、风速、大气湍流、大气稳定度总在不断发生变化，故污染物的稀释与扩散情况也在不断变化。同一污染源对同一地点在不同时间所造成的地面空气污染浓度往往相差数十倍；同一时间不同地点也相差甚大。一次污染物浓度和二次污染物浓度在一天之内也不断地变化。一次污染物因受逆温层及气温、气压等限制，清晨和黄昏浓度较高，中午较低；二次污染物如光化学烟雾，因在阳光照射下才能形成，故中午浓度较高，清晨和夜晚浓度较低。风速大，大气不稳定，则污染物稀释扩散速度快；反之，则稀释扩散速度慢，浓度变化也较慢。污染源的类型、排放规律及污染物的性质不同，其空间分布特点也不同。一个点污染源（如烟囱）或线污染源（如交通道路）排放的污染物可形成一个较小的污染气团或污染线。局部地方污染浓度变化较大，涉及范围较小的污染，称为小尺度空间污染或局地污染。大量地面小污染源，如工业区窑炉、分散供热锅炉及千家万户的饮炉，则会给一个城市或一个地区形成面污染源，使地面空气中污染物浓度比较均匀，并随着气象条件的变化有较强的规律性。这种面源所造成的污染称中尺度空间污染或区域污染。就污染物自身性质而言，质量轻的分子态或气溶胶态污染物高度分散在大气中，易于扩散或稀释，随时空变化快；质量较重的尘、汞蒸气等，扩散能力差，影响范围较小。

二、大气污染类型

（一）根据污染物性质分类

根据污染物的化学性质及其存在的大气状况，可将大气污染分为还原型大气污染和氧化型大气污染。

1. 还原型大气污染

多发生于以煤炭为主要燃料且兼用石油的地区，故又称为煤烟型大气污染。主要污染物是 SO_2、CO 和颗粒物。在低温、高湿、弱风的阴天，特别是伴有逆温存在时，部分一次污染物容易在低空聚集，形成还原性烟雾，引发污染事故。如早期发生在英国的"伦敦烟雾"就属于还原型大气污染，所以这种大气污染类型也称作伦敦烟雾型。

2. 氧化型大气污染

多发生在以石油为主要燃料的地区，污染物主要来自汽车尾气，所以又称为汽车尾气型大气污染。其主要的一次污染物是 CO、NO_x、CH（碳氢化合物）等。它们在太阳短波光作用下发生光化学反应生成醛类、O_3、PAN 等二次污染物，这些污染物具有极强的氧化性，对眼睛黏膜组织有强烈刺激性，容易使人流泪。洛杉矶烟雾就是典型的氧化型大气污染。

（二）根据大气污染排放源和污染物的组成分类

根据大气污染的排放源、污染物的组成进行分类可将大气污染分为煤烟型、石油型、混合型和特殊型四类。

1. 煤烟型大气污染

主要污染物是由煤炭燃烧时放出的烟气、粉尘、NO_x、SO_2 等构成的一次污染物，以及由这些污染物发生化学反应而生成的硫酸、硫酸盐类气溶胶等二次污染物。造成这类污染的污染源主要是工业企业的烟气排放物，其次是家庭炉灶等取暖设备的烟气排放。

2. 石油型大气污染

主要污染物来自汽车尾气、石油冶炼及石油化工厂的废气排放。主要污染物是 NO_x、烯烃、链状烷烃、醇、羰基化合物等，以及它们在大气中形成的臭氧、大气自由基及生成的一系列中间产物与最终产物。

3. 混合型大气污染

主要污染物来自以煤炭为燃料的污染源排放，以石油为燃料的污染源排放，以及从工厂企业排出的各种化学物质等。例如，日本横滨、川崎等地区发生的污染事件就属于此种污染类型。

4. 特殊型大气污染

特殊型污染是指有关企业排放的特殊气体所造成的污染。这类污染常限于局部范围之内。例如，生产磷肥企业排放的特殊气体引起的氟污染、铝碱工业周围形成的氯气污染等。

（三）根据大气污染影响的范围分类

按大气污染影响的范围分为四类：局部性污染、地区性污染、广域性污染、全球性污染。上述分类方法中所涉及的范围只是相对的，没有具体的标准。例如，广域性污染是大工业城市及其附近地区的污染，但对某些面积有限的国家来说，可能产生国与国之间的广域性污染。

三、空气污染指数

空气污染指数（Air Pollution Index，API）是根据空气环境质量标准和各项污染物的生态环境效应及其对人体健康的影响来确定污染指数得分级数值及相应的污染物浓度限值。空气污染指数是衡量空气质量的指标，反映大气中的污染物质，如二氧化硫、二氧化氮、悬浮粒子（PM_{10}、$PM_{2.5}$）、一氧化碳和臭氧等含量的多少。这些数据结合污染物质的观测资料及特定的公式计算得出。空气污染指数用来向公众发布"空气质量报告"，让人们知道当前的空气质量，从而更妥善地规划行程和工作。

（一）空气污染指数划分

在中国东部 $PM_{2.5}$ 密度高，更有可能是发电厂、工厂以及汽车排放的烟尘颗粒所造成的。空气污染指数划分为 0～50、51～100、101～150、151～200、201～250、251～300 和大于 300 七档，对应于空气质量的 7 个级别，指数越大，级别越高，说明污染越严重，对人体健康的影响也越明显。

空气污染指数为 0～50，空气质量级别为 Ⅰ 级，空气质量状况优。此时不存在空气污染问题，对公众的健康没有造成危害。空气污染指数为 51 ~ 100，空气质量级别为 II 级，空气质量状况良。此时空气质量被认为是可以接受的，除极少数对某种污染物特别敏感的人以外，对公众健康没有造成危害。空气污染指数为 101 ~ 150，空气质量级别为 III（1）级，空气质量状况轻微污染。此时，对污染物比较敏感的人群，例如儿童和老年人、呼吸道疾病或心脏病患者以及喜爱户外活动的人，他们的健康状况会相应受到影响，但对健康人群基本没有影响。空气污染指数为 151 ~ 200，空气质量级别为 III（2）级，空气质量状况轻度污染。此时，几乎每个人的健康都会受到影响，对敏感人群的不利影响尤为明显。空气污染指数为 201 ~ 300，空气质量级别为 IV（1）级和 IV（2）级，空气质量状况属于中度和中度重污染。此时，每个人的健康都会受到比较严重的影响。空气污染指数大于 300，空气质量级别为 V 级，空气质量状况重度污染。此时，所有人的健康都会受到严重影响。

（二）空气污染指数计算公式

空气污染指数是一种反映和评价空气质量的数量尺度方法，就是将常规监测的几种空气污染物浓度简化成为单一的概念性指数数值形式，并分级表征空气污染程度和空气质量状况。中国计入空气污染指数的项目暂定为：二氧化硫、氮氧化物和总悬浮颗粒物。

当某种污染物浓度 $C_{i,j} \leqslant C_i \leqslant C_{i,j+1}$ 时，其污染分指数：

$$I_i = \frac{(C_i - C_{i,j})(I_{i,j+1} - I_{i,j})}{C_{i,j+1} - C_{i,j}} + I_{i,j}$$

式中：I_i——第 i 种污染物的污染分指数；

C_i——第 i 种污染物的浓度值；

$I_{i,j}$——第 i 种污染物 $j+1$ 转折点的污染分项指数值；

$C_{i,j}$——第 j 转折点上 i 种污染物的浓度值（对应于 $I_{i,j}$）；

$C_{i,j+1}$——第 $j+1$ 转折点上 i 种污染物的浓度值（对应于 $I_{i,j+1}$）。

各种污染参数的污染分指数都计算出来以后，取最大者为该区域或城市的空气污染指数，即 $API = \max(I_1, I_2, \cdots, I_i, \cdots, I_n)$。

四、不同国家空气质量标准

环境空气质量标准是为了贯彻国家大气环境保护等相关法律，保护人群健康和生态环境安全，促进人与自然和谐可持续发展而制定的。我国使用多年的《环境空气质量标准》（GB 3095—1996）是 1982 年颁布实施的并于 1996 年和 2000 年进行了修订。随着中国社会经济迅猛发展，人民生活水平不断提高，人民对环境空气质量的要求也显著提高，该标准对于改善环境空气质量的作用逐渐减小，因此环境保护部于 2012 年 2 月 29 日批准了新的《环境空气质量标准》（GB 3095—2012），并于 2012 年起在京津冀、长三角、珠三角等重点区域以及直辖市和省会城市分期实施，最终将于 2016 年 1 月 1 日起在全国范围内实施，在此次修订中首次将 $PM_{2.5}$ 作为主要控制项目列入。发达国家和地区在环境空气质量标准的制定、修订等方面起步早、发展快，从中积累了丰富的经验。因此对比研究国内外环境质量标准，分析最新标准修订情况、标准限值等方面与国外主要国家、地区的异同，寻找中国与发达国家之间的差距，对于中国进一步修订环境质量标准具有重要意义。

（一）主要控制污染物对比

研究表明当前国际上环境空气质量标准控制的主要污染物为 SO_2、CO、NO_2、O_3、PM_{10} 和 Pb，但是由于各国技术发展水平以及具体情况不同，在主要控制项目上存在一定差异，各国环境空气质量标准中规定的主要控制项目如表 3-2 所示。

表 3-2　各国环境空气质量标准中规定的主要控制项目

国家/地区	污染物
中国	SO_2，CO，NO_2，O_3，PM_{10}，TSP，Pb，BaP，总氟化物
美国	SO_2，CO，NO_2，O_3，$PM_{2.5}$，PM_{10}，Pb
欧盟	SO_2，CO，NO_2，O_3，PM_{10}，$PM_{2.5}$，Pb，苯，BaP，As，Cd，Ni
日本	SO_2，CO，NO_2，PM_{10}，苯，光化学氧化剂，三氯乙烯，四氯乙烯，二氯甲烷，二噁英
英国	SO_2，CO，NO_2，O_3，PM_{10}，$PM_{2.5}$，苯，Pb，1,3-丁二烯
加拿大	SO_2，CO，NO_2，O_3，PM_{10}，$PM_{2.5}$，Pb，As，Cd，Ni，V，Hg，氰化物（气态），总氟化物，硫化氢，硫酸盐，氧化物，总悬浮颗粒物，降尘
澳大利亚	SO_2，CO，NO_2，O_3，PM_{10}，$PM_{2.5}$，Pb
中国台湾	SO_2，CO，NO_2，O_3，PM_{10}，TSP，Pb
墨西哥	SO_2，CO，NO_2，O_3，PM_{10}，$PM_{2.5}$
中国香港	SO_2，CO，NO_2，O_3，PM_{10}，TSP，Pb
印度	SO_2，CO，NO_2，O_3，PM_{10}，TSP，Pb
印度尼西亚	SO_2，CO，NO_2，O_3，PM_{10}，TSP，Pb
尼泊尔	SO_2，CO，NO_2，PM_{10}，TSP，Pb
菲律宾	SO_2，CO，NO_2，O_3，PM_{10}，TSP，Pb
新加坡	SO_2，CO，NO_2，O_3，PM_{10}
斯里兰卡	SO_2，CO，NO_2，O_3，TSP，Pb
泰国	SO_2，CO，NO_2，O_3，PM_{10}，TSP，Pb
越南	SO_2，CO，NO_2，O_3，TSP，Pb

日本和泰国加强对挥发性有机物的控制，英国也对部分有机物进行了控制；日本、澳大利亚和中国香港没有把 O_3 单独作为控制项目，而是将光化学氧化剂作为控制项目，相对于将 O_3 浓度作为总氧化剂含量更加科学准确；发达国家均已经将 $PM_{2.5}$ 列为重点控制项目并且取消了 TSP 的浓度限值，而部分亚洲国家和地区仍未将其列为控制项目，中国在 2012 年才首次将其列入控制项目。不难看出，发展中国家与发达国家的污染物控制技术之间存在一定差距，这为中国今后的标准修订指明了方向，同时也要求我国根据自身实际情况进行科学化修订。

（二）标准分级比较

所列国家和地区当中只有中国和美国实行空气质量标准的不同功能区分级。美国分初级和次级：初级标准保护公众健康，包括"敏感"人群：如哮喘病人、儿童和老人；次级标准提供公共福利保障，包括防止能见度下降和动物、农作物、植被、建筑物的损坏等。中国分一级和二级标准：自然保护区、风景名胜区和其他需要特殊保护的区域，执行一级标准；居住区、商业交通居民混合区、文化区、工业区和农村地区，执行二级标准。

（三）主要控制项目浓度限值比较

1. PM$_{10}$

大部分国家和地区均将 PM$_{10}$ 列为控制项目，而美国、澳大利亚及日本等部分发达国家目前已取消 PM$_{10}$ 年均浓度限值。英国与欧盟标准相同。大多数国家和地区设置了年均质量浓度限值，中国一级标准年均质量浓度限值（0.04 mg/m^3）与欧盟持平，较其他国家严格；中国二级标准（0.10 mg/m^3）高出欧盟标准值的 0.01 mg/m^3，与韩国、泰国持平，较中国香港严格 0.005 mg/m^3。从日均质量浓度的限值比较可以看出，最低为欧盟和澳大利亚（0.05 mg/m^3），最高为中国香港（0.18 mg/m^3）。中国一级标准日均质量浓度限值（0.05 mg/m^3）略高于欧盟、澳大利亚，但严于美国、日本、韩国、泰国和中国香港；中国二级标准（0.15 mg/m^3）与美国持平，严于中国香港，但高于其他国家。中国 2012 年新修订的一级标准已经接近或超过部分国家和地区，与主要发达国家相比差别不大，但是二级标准目前而言还相对宽松，有很大的空间加以严格修订。

2. PM$_{2.5}$

PM$_{2.5}$ 的标准是由美国在 1997 年提出的，目前为止包括美国、欧盟、日本等一些发达国家已将其纳入国家标准并强制限制。2012 年 2 月中国新修订发布的《环境空气质量标准》增加了 PM$_{2.5}$ 监测指标。多数亚洲国家和地区还没有强制控制 PM$_{2.5}$，包括韩国、中国香港等。中国香港虽然提出了在其空气质量指标中增加 PM$_{2.5}$ 及其浓度限值的建议，但是目前还没有列入空气质量标准进行强制实施。澳大利亚标准限值最为严格（年平均 0.008 mg/m^3，24 小时平均 0.025 mg/m^3），美国初级（年平均 0.012 mg/m^3，24 小时平均 0.035 mg/m^3）与次级（年平均 0.015 mg/m^3，24 小时平均 0.035 mg/m^3）标准差别不大，美国次级标准和日本与中国一级标准持平；中国二级标准（年平均 0.035 mg/m^3，24 小时平均 0.075 mg/m^3）较其他国家显得过于宽松。应该逐步缩小与一级标准的差距，在技术和管理掌控力度达到时可以考虑取消标准分级。

3. NO$_2$

NO$_2$ 是酸雨的成因之一，所带来的环境效应多种多样，是各国均进行严格控制的大气污染物之一。我国新修订的标准中一级标准与二级标准限值相同，其消除了原有的分级差异，小时浓度限值由一级标准的 0.12 mg/m^3 和二级标准的 0.24 mg/m^3 修订为 0.2 mg/m^3。NO$_2$ 的年均浓度限值除中国香港（0.08 mg/m^3）外，其余国家和地区从 0.03 mg/m^3 到 0.057 mg/m^3 差别不大，以韩国和澳大利亚最为严格（0.03 mg/m^3）。大多数国家没有设置日均浓度限值，部分亚洲国家和地区设置了日均浓度限值。小时浓度限值各国差别较年均浓度限值明显（0.1 ~ 0.32 mg/m^3）。美国、韩国最低（0.1 mg/m^3），泰国最高（0.32 mg/m^3），中国处于中间位置与欧盟、英国（0.2 mg/m^3）持平。

4. SO$_2$

二氧化硫主要来源于煤和石油的燃烧，浓度高时使人呼吸困难，甚至导致死亡，二氧化硫还是产生酸雨的重要原因，控制二氧化硫对防治酸雨等二次污染具有重要作用。美国、英国以及日本等发达国家已取消了 SO_2 年均浓度限值的设置，美国的初级标准只设置了小时浓度限值，而次级标准则是设置 3 h 浓度限值（0.5 mg/m³）。小时浓度限值中国一级标准（0.15 mg/m³）处于中等控制水平，略高于美国（0.075 mg/m³）、日本（0.1 mg/m³），与韩国（0.15 mg/m³）持平，而低于欧盟、澳大利亚等国，其中最高标准为泰国（0.78 mg/m³）；中国二级标准（0.5 mg/m³）偏高，只低于泰国。从日均浓度限值来看，中国一级标准（0.05 mg/m³）是比较严格的，领先于欧盟、英国、澳大利亚等，与韩国持平，高于日本（0.04 mg/m³），但差距并不明显，最高标准为中国香港（0.8 mg/m³）；中国二级标准只领先于泰国和中国香港，还有进一步进行严格控制的空间。

5. O_3

众所周知大气中臭氧层对地球生物的保护作用——它吸收太阳释放出来的绝大部分紫外线，使动植物免遭这种射线的危害。为了弥补日渐稀薄的臭氧层乃至臭氧层空洞，人们采取了一些办法，比如推广使用无氟制冷剂，以减少氟利昂等物质对臭氧的破坏。但超标的臭氧则是个无形杀手：强烈刺激呼吸道，引起咽喉肿痛、胸闷咳嗽，引发支气管炎和肺气肿；使人的神经中毒，头晕头痛、视力下降、记忆力衰退；对人体皮肤中的维生素 E 起到破坏作用，致使人的皮肤起皱、出现黑斑；破坏人体免疫机能，诱发淋巴细胞染色体病变，加速衰老，致畸。各国设置 O_3 质量标准的取值时间不同，大致有 8h、4h 和 1h 之分，1h 的取值因为不能完全反映全天的 O_3 污染而遭到质疑，所以只对 8h 取值进行比较。日本、中国香港是以 1h 为取值时间，澳大利亚则采用了 1h 和 4h 两种取值时间，这几个国家和地区是通过光化学氧化剂来进行控制，因此这些国家和地区将不做比较。英国的臭氧8h 浓度限值（0.1 mg/m³）严于欧盟（0.12 mg/m³），韩国（0.06 mg/m³）最低，中国二级标准（0.16 mg/m³）较各国均宽松；中国一级标准（0.1 mg/m³）虽比二级标准严格，但与其他各国的标准相比还是较为宽松的。

第二节　大气环境问题

全球性大气环境问题包括全球气候变暖、臭氧层破坏、酸雨和区域性大气环境问题（如北京大气环境的主要问题是臭氧浓度增加导致空气氧化性增强和复合污染的形成，即在一次污染的情况下各种物质在空气中发生反应生产二次污染物）等问题，最为引人关注。

一、全球气候变暖

（一）温室效应

全球气候变暖是一种"自然现象"。人们焚烧化石矿物或砍伐森林并将其焚烧时产生的二氧化碳等多种温室气体（温室气体指的是大气中能吸收地面反射的太阳辐射，并重新发射辐射的一些气体，如水蒸气、二氧化碳、大部分制冷剂等。它们的作用是使地球表面升温，类似于温室截留太阳辐射，并加热温室内空气的作用。这种温室气体使地球变得更为温暖的影响称为"温室效应"。水汽（H_2O）、二氧化碳（CO_2）、氧化亚氮（N_2O）、甲烷（CH_4）、臭氧（O_3）等是地球大气中主要的温室气体。由于这些温室气体对来自太阳辐射的可见光具有高度的透过性，而对地球反射出来的长波辐射具有高度的吸收性，能强烈吸收地面辐射中的红外线，也就是常说的"温室效应"，导致全球气候变暖。全球变暖的后果，会使全球降水量重新分配、冰川和冻土消融、海平面上升等，既危害自然生态系统的平衡，更威胁人类的食物供应和居住环境。全球气候变暖一直是科学家关注的热点，2012 年 10 月 14 日，英国气象局称全球已停止变暖 16 年，再次引发热议。全球变暖是指全球气温升高。近 100 多年来，全球平均气温经历了冷—暖—冷—暖两次波动，总体来看为上升趋势。进入 20 世纪 80 年代后，全球气温明显呈上升趋势。

1981—1990 年全球平均气温比 100 年前上升了 0.48℃。导致全球变暖的主要原因是人类在近一个世纪以来大量使用矿物燃料（如煤、石油等），排放出大量的 CO_2 等多种温室气体。由于这些温室气体对来自太阳辐射的可见光（3.8 ~ 7.6 nm，波长较短）具有高度的穿透性，而对地球反射出来的长波辐射（如红外线）具有高度的吸收性，也就是常说的"温室效应"，导致全球气候变暖。

地球正在升温，在 20 世纪全世界的平均温度大约攀升了 0.6℃。北半球春天的冰雪解冻期比 150 年前提前了 9 天，而秋天的霜冻开始时间却晚了 10 天左右。20 世纪 90 年代是自 19 世纪中期开始温度记录工作以来最温暖的 10 年，在记录上最热的几年依次是：1998 年、2002 年、2003 年、2001 年和 1997 年。

（二）关于变暖争议

MIT 工学院的地球、大气科学专家 Richard Lindzen 对此观点持怀疑态度。早在 1991 年，Lindzen 就曾和美国前副总统、诺贝尔和平奖获得者戈尔在美国国宝质询会上爆发过一次激烈的争论。当时的戈尔还是个年轻气盛的参议员，列席了国会关于气候环境问题听证会，Lindzen 则是接受听证的学术专家。会上，Lindzen 猛烈批评戈尔关于全球环境的问题认识，极为片面且缺乏某些必要的研究常识。他认为地球气候长久以来一直处于不断变化的过程中，期间存在各种复杂的原因，而不是如"全球变暖"支持者所说的那样仅仅是由于二氧化碳排放的原因。2007 年他曾在 *News Week* 杂志撰文中指出 20 世纪全球温度上升最快的阶段是 1910—1940 年，此后则迎来长达 30 年的全球降温阶段，直到 1978 年全球温度重新开始升高。如果工业二氧化碳的排放是导致全球变化的主要原因，那么如何解释 1940—1978 年的降温阶段。众所周知，这 30 年是全球绝大部分地区开始大规模工业化大跃进的时代即所谓的战后景气时代。

加拿大首位气候学博士蒂莫西写的《全球暖化：有硬数据支持吗》一文，他说："有人提到地球平均气温上升会'超出地球恒温的安全警戒线'，有地球恒温这样的东西？难道他没有听说过冰期吗？在 20 世纪 70 年代，热门话题是全球冷化，在 21 世纪是全球暖化，低几度和高几度都会有灾难，难道地球的温度就是最理想的？"

2007 年 3 月 8 日英国广播公司播出了纪录片《全球暖化大骗局》，以全然迥异于当前主流观点的态度，讨论全球暖化的议题。这部影片不断提出"暖化现象并非人类活动所致"的说法，并访问多名气候学家，最后结论认为太阳活动才可能是暖化的主因，人类对气候的影响微不足道。

《全球变暖》作者 S. 弗雷德·辛格和丹尼斯·尼斯艾沃利在书中同样阐述了这种观点，本书最后以"《京都议定书》将以失败告终"结尾。

东英吉利大学的邮件系统有 1 000 多封邮件被曝光。有封邮件包括一张过去一千年间全球气候变化的曲线图。琼斯在正文中写道，在汇总气温数据时，他"使用了迈克的窍门，使每 20 年的平均气温（变化趋势）符合基思掩饰（气温）下降趋势（的立场）"。琼斯提及的"迈克"是美国宾夕法尼亚州立大学气象学教授迈克尔·曼。

（三）原因分析

1. 人为因素

（1）人口因素。人口的急剧增加是导致全球变暖的主要因素之一。同时，这也严重威胁着自然生态环境间的平衡。众多的人口，每年仅自身排放的二氧化碳量就将是一个惊人的数字，其结果将会直接导致大气中二氧化碳的含量不断地增加，这样形成的二氧化碳"温室效应"将直接影响着地球表面的气候变化。

（2）大气环境污染因素。环境污染的日趋严重已构成一个全球性的重大问题，同时也是导致全球变暖的主要因素之一。21 世纪，关于全球气候变化的研究已经明确指出自 20 世纪末以来地球表面的温度就已经开始上升。

（3）水污染因素。全球环境监测系统的水质监测项目表明，全球大约有 10% 的监测河水受到污染，21 世纪以来，人类用水量正在急剧地增加，同时水污染规模也正在迅速扩大，这就形成了鲜明的供需矛盾。由此可见，水污染的处理将是非常迫切的。

（4）海洋生态环境恶化因素。海平面的变化是呈不断上升趋势，根据有关专家的预测到 22 世纪中叶，海平面可能将会升高 50 cm。如果不积极采取应对措施，将直接导致淡水资源的污染和破坏等不良后果。另外，陆地活动场所产生的大量有毒性化学废料和固体废物等不断地排入海洋，发生在海水中的重大泄（漏）油事件以及由人类活动而引发的沿海地区生态环境的破坏等都是导致海水生态环境遭到破坏的主要因素。

（5）土地遭破坏因素。造成土壤侵蚀和沙漠化的主要原因是不适当的农业生产。众所周知，良好的植被能保护水土不致流失。但到目前为止，人类活动如为获取木材而过度砍伐森林、开垦土地用于农业生产以及过度放牧等原因，仍在对植被进行着严重的破坏。土地沙化，4.7 万 t 土壤被侵蚀。土壤侵蚀导致土壤肥力和保水性下降，从而降低土壤的生物生产力及其保持生产力的能力，并可能造成大范围洪涝灾害和沙尘暴，给社会造成重大经济损失，导致生态环境的恶化。

（6）森林资源锐减因素。在世界范围内，由于受自然或人为因素而造成森林面积正在大幅度地锐减。

（7）酸雨危害因素。酸雨给生态环境所带来的影响已经越来越受到世界各国的关注。酸雨能毁坏森林、酸化湖泊、危害生物等。20 世纪，世界上酸雨多集中在欧洲和北美洲，多数酸雨发生在发达国家，在一些发展中国家酸雨也在迅速发生、发展。

（8）物种加速灭绝因素。地球上的生物是一项宝贵资源，生物多样性同样是人类赖以生存和发展的基础，但是地球上的生物物种正在以前所未有的速度迅速消失。

（9）有毒废料污染因素。不断增长的有毒化学品不仅对人类的生存构成严重的威胁，而且对地球表面的生态环境也将带来不可估量的危害。

2. 自然因素

自然因素主要有：①火山活动。②地球周期性公转轨迹变动。地球周期性公转轨迹由椭圆形变为圆形轨迹，距离太阳更近。根据某科学家的研究发现，地球的温度曾经出现过高温和低温的交替，这种交替是有一定规律性的。

（四）大气变暖危害

（1）气候变得更暖和。冰川消融，海平面升高，引起海岸滩涂湿地、红树林和珊瑚礁等生态群丧失，海岸侵蚀，海水入侵沿海地下淡水层，沿海土地盐渍化等，从而造成海岸、河口、海湾自然生态环境失衡，给海岸带生态环境带来了严重的灾难。

（2）水域面积增大。水分蒸发变多，雨季延长，水灾正变得越来越频繁。遭受洪水泛滥的机会增大、遭受风暴影响的程度和严重性加大，将会导致水库大坝的寿命缩短。

（3）气温升高可能会使南极半岛和北冰洋的冰雪融化，北极熊和海象会逐渐灭绝。

（4）许多小岛将会消失得无影无踪。

（5）存在热力惯性的作用，现有的温室气体将会继续影响生活。

（6）由于精子的活性随温度升高而降低，因此温度的升高将会影响人类的繁育能力。

（7）原有生态系统遭受改变。由于全球变暖导致南极的两大冰架先后坍塌，一个面积达 1 万 km^2 的海床显露出来，来自 14 个国家的科学家通过对当地的情况进行考察，发现了很多未知的新物种，通过观看科学家带回来的关于新物种的照片，我们可以深切地感受到大自然的神奇。

（8）对生产领域的影响。全球气候变暖对农作物生长的影响有利有弊。①全球气温变化直接影响全球的水循环过程，使某些地区出现旱灾或洪灾，导致农作物减产，且温度过高也不利于种子发芽。②降水量增加尤其在干旱地区会促进农作物生长。全球气候变暖伴随的二氧化碳含量升高也会促进农作物的光合作用，从而提高产量。③温度的升高有利于高纬地区喜湿热的农作物提高产量。

（9）易诱发疾病。病菌通过极端的天气和气候事件（厄尔尼诺现象、干旱、洪涝、热浪等），扩大疫情的流行，对人体健康产生危害。①全球气候变暖直接导致部分地区夏天出现超高温，心脏病及引发各种呼吸系统疾病，每年都会夺去很多人的生命，其中又以新生儿和老人的危险性最大。②全球气候变暖导致臭氧浓度增加，低空中的臭氧是非常危险的污染物，会破坏人的肺部组织，引发哮喘或其他肺病疫病。③全球气候变暖还会造成某些传染性疾病传播。

（五）减缓变暖的措施

为了阻止全球变暖趋势，唯一方法就是联合国各成员国一起承诺降低碳排放量。

1992 年联合国专门制订了《联合国气候变化框架公约》，该公约于同年在巴西城市里约热内卢签署生效。依据该公约，发达国家同意在 2000 年之前将它们释放到大气层的二氧化碳及其他"温室气体"的排放量降至 1990 年时的水平。另外，这些每年的二氧化碳合计排放量占到全球二氧化碳总排放量 60% 的国家还同意将相关技术和信息转让给发展中国家。发达国家转让给发展中国家的这些技术和信息有助于后者积极应对气候变化带来的各种挑战。截至 2004 年 5 月，已有 189 个国家正式签署了上述公约。

为了人类免受气候变暖的威胁，1997 年 12 月，在日本京都召开的《联合国气候变化框架公约》缔约方第三次会议通过了旨在限制发达国家温室气体排放量以抑制全球变暖的《京都议定书》。《京都议定书》规定，到 2010 年，所有发达国家的二氧化碳等 6 种温室气体的排放量，要比 1990 年减少 5.2%。具体来说，各发达国家从 2008 年到 2012 年必须完成的削减目标是：与 1990 年相比，欧盟削减 8%、美国削减 7%、日本削减 6%、加拿大削减 6%、东欧各国削减 5%～8%，新西兰、俄罗斯和乌克兰可将排放量稳定在 1990 年水平上。议定书同时允许爱尔兰、澳大利亚和挪威的排放量比 1990 年分别增加 10%、8% 和 1%。

2009 年，经过马拉松式的艰难谈判，联合国气候变化大会在达成不具法律约束力的《哥本哈根协议》后闭幕。《哥本哈根协议》维护了《联合国气候变化框架公约》及其《京都议定书》确立的"共同但有区别的责任"原则，就发达国家实行强制减排和发展中国家采取自主减缓行动做出了安排，并就全球长期目标、资金和技术支持、透明度等焦点问题达成广泛共识。

在以后几届峰会及其期间，各国纷纷承诺减排目标。美国将在 2020 年前实现所承诺的将碳排放水平在 2005 年的基础上减少 17% 的目标；国务院总理李克强 2015 年 7 月向气候大会东道国发布减排计划，向国内外宣示了中国走绿色、低碳、可持续发展道路的决心和态度。中国政府根据中国国情、发展阶段、可持续发展战略和国际责任，确定了到 2030 年的自主行动目标，即二氧化碳排放 2030 年左右达到峰值并争取尽早达峰；单位国内生产总值二氧化碳排放比 2005 年下降 60%～65%，非化石能源占一次能源消费比重达到 20% 左右，森林蓄积量比 2005 年增加 45 亿 m^3 左右。中国还将继续主动适应气候变化，在抵御风险、预测预警、防灾减灾等领域向更高水平迈进。

联合国秘书长潘基文表示，气候变化已对世界数十亿人的和平、繁荣和机会构成威胁，成为本时代决定性的问题。他呼吁，各国政府致力于在 2015 年巴黎气候变化大会上达成有意义的全球气候协议，并承担各自的责任将全球气温上升控制在 2℃ 之内。

二、臭氧层破坏

（一）臭氧层

臭氧层是指大气层的平流层中臭氧浓度相对较高的部分，其主要作用是吸收短波紫外线。臭氧主要以紫外线打击双原子氧气，将它分为两个原子，然后每个原子和没有分裂的原子合并成臭氧。臭氧分子不稳定，紫外线照射之后又分为氧气分子和氧原子，形成一个持续的过臭氧氧气循环，如此产生臭氧层。自然界中的臭氧层大多分布在离地 20～50 km 的高空。臭氧层中的臭氧主要是紫外线制造。2011 年 11 月 1 日，日本气象厅发布的消息称，通过得到的数据可知，南极上空臭氧层空洞面积的最大值相当于过去 10 年的平均水平。臭氧层位于距地面 20～50 km 的上空，假设将其拿到离地面只有 3 mm（一个气压）的厚度。进一步说明，像蕾丝窗帘一样的东西正在保护着地球不受紫外线的照射，这便是臭氧层的破坏。

（二）臭氧层作用

大气臭氧层主要有 3 个作用：①保护作用，阻挡紫外线。②加热作用。臭氧吸收太阳光中的紫外线并将其转换为热能加热大气，由于这种作用大气温度结构在 50 km 高度左右有一个峰，地球上空 15～50 km 存在着升温层。正是由于存在着臭氧才有平流层的存在。而地球以外的星球因不存在臭氧和氧气，所以也就不存在平流层。大气的温度结构对于大气的循环过程产生重要影响，这一现象的起因也来自高度分布的臭氧。③温室气体的作用，在对流层上部和平流层底部，即在气温较低的这一高度，臭氧的作用同样非常重要。如果这一高度的臭氧减少，则会产生使地面气温下降的动力。因此，臭氧的高度分布及变化是极其重要的。

（三）破坏机理

在平流层中，一部分氧气分子可以吸收小于 240 μm 波长的太阳光中的紫外线，并分解形成氧原子。这些氧原子与氧分子相结合生成臭氧，生成的臭氧可以吸收太阳光而被分解掉，也可与氧原子相结合，再度变成氧分子。在平流层中，臭氧的生成和消亡处于动态平衡过程中，正常情况下维持一定的浓度。

氟氯碳化物破坏臭氧的过程：①当氟氯碳化物飘浮在空气中时，由于受到阳光中紫外线的影响，开始分解释放出氯原子。②这些氯原子的活性极大，常与其他物质相结合。因此当它遇到臭氧的时候，便开始产生化学反应。③臭氧被迫分解成一个氧原子（O）及一个氧分子（O_2），而氯原子就与其中的氧原子相结合。④可是当其他的氧原子遇到这个氯氧化的分子时，又会把氧原子抢回来，组成一个氧分子（O_2），而恢复成单身的氯原子又可以去破坏其他的臭氧了。因此，由人类活动产生的氟氯碳化合物排放到空气中将极大破坏臭氧层。

（四）破坏影响

臭氧被大量损耗后，吸收紫外辐射的能力大大减弱，导致到达地球表面的紫外线明显增加，给人类健康和生态环境带来多方面的危害，已受到人们普遍关注的主要有对人体健康、陆生植物、水生生态系统、生物化学循环、材料以及对流层大气组成和空气质量等方面的影响。

（五）控制措施

面对臭氧层被破坏的严峻形势，在联合国环境署的组织协调下，国际社会于 1985 年制定了《保护臭氧层维也纳公约》，确定了国际合作保护臭氧层的原则；1987 年又制定了《关于消耗臭氧层物质的蒙特利尔议定书》，确定了全球保护臭氧层国际合作的框架。根据《蒙特利尔议定书》的规定，各签约国分阶段停止生产和使用氟氯烃物质（CFCs）制冷剂，发达国家要在 1996 年 1 月 1 日前停止生产和使用 CFCs 制冷剂，而其他所有国家都要在 2010 年 1 月 1 日前停止生产和使用 CFCs 制冷剂，现有设备和新设备都要改用无 CFC 制冷剂。中国政府也于 1989 年和 1991 年分别签订了《保护臭氧层维也纳公约》和《关于消耗臭氧层物质的蒙特利尔议定书》，成为缔约国。1993 年元月国务院批准出台了《中国逐步淘汰消耗臭氧层物质国家方案》（以下简称《国家方案》）。按照有关条款，中国已从 1999 年 7 月 1 日起冻结了 CFCs 制冷剂的生产和消费，在此基础上逐步削减，并将在 2010 年 1 月 1 日前完全淘汰 CFCs 制冷剂。禁止使用 CFCs，为中国进一步的履约工作奠定了基础。

中国是 CFC 类制冷剂生产和消费大国，氟利昂保有量达 50 多万 t，其消费量占全世界总量的一半以上。作为缔约国之一，中国政府向国际承诺：将与世界各国联手拯救臭氧层。为此，中国政府计划用 10 年时间，在生产和消费领域淘汰 CFC 类物质，直至 2010 年在中国完全禁止使用 CFCs。

截至 2008 年，签署《维也纳公约》的国家共有 176 个；签署《蒙特利尔议定书》的国家共有 175 个。保护臭氧层，是迄今人类最为成功的全球性合作。

（1）采用分步走的方式：考虑到有关经济和技术因素，对破坏臭氧层物质（ODS）的淘汰，规定了不同国家有不同的淘汰速度和淘汰的最后期限。

（2）建立多边基金：考虑到发展中国家的特殊要求，在《蒙特利尔议定书》伦敦修正案中加入了建立多边基金这一条款。中国代表团对该资金的建立作出不可磨灭的贡献。多边基金每三年进行增资，由多边基金执委会决定各国项目资助额。

（3）开发和使用 CFCs 的替代品——绿色环保制冷剂：臭氧层已遭到前所未有的破坏，为了人类的共同家园，为了我们的子孙后代，我们的出路只有一条：停止生产和使用 CFCs 制冷剂，开发和使用绿色环保型制冷剂。

三、酸雨

（一）特点与类型

酸雨是指 pH 小于 5.6 的雨雪或以其他形式出现的降水。雨、雪等在形成和降落过程中，吸收并溶解了空气中的二氧化硫、氮氧化合物等物质，形成了 pH 小于 5.6 的酸性降水。酸雨主要是人为的向大气中排放大量酸性物质所造成的。我国一些地区已经形成酸雨多发区，酸雨污染的范围和程度已经引起人们的密切关注。

目前我国定义酸雨区的科学标准尚在讨论之中，但一般认为：年均降水 pH 高于 5.65，酸雨率是 0%～20%，为非酸雨区；pH 在 5.30～5.60，酸雨率是 10%～40%，为轻酸雨区；pH 在 5.00～5.30，酸雨率是 30%～60%，为中度酸雨区；pH 在 4.70～5.00，酸雨率是 50%～80%，为较重酸雨区；pH 小于 4.70，酸雨率是 70%～100%，为重酸雨区。这就是所谓的五级标准。其实，北京、拉萨、西宁、兰州和乌鲁木齐等市也收集到几场酸雨，但年均 pH 和酸雨率都在非酸雨区标准内，故为非酸雨区。

我国酸雨主要是硫酸型酸雨，有三大酸雨区，分别为：①西南酸雨区。它是仅次于华中酸雨区的降水污染严重区域。②华中酸雨区。目前它已成为全国酸雨污染范围最大，中心强度最高的酸雨污染区。③华东沿海酸雨区。它的污染强度低于华中、西南酸雨区。

（二） 形成原因

酸雨的成因是一种复杂的大气化学和大气物理现象。酸雨中含有多种无机酸和有机酸，绝大部分是硫酸和硝酸，还有少量灰尘。

酸雨是工业高度发展而出现的副产物，由于人类大量使用煤、石油、天然气等化石燃料，燃烧后产生的硫氧化物或氮氧化物，在大气中经过复杂的化学反应，形成硫酸或硝酸气溶胶，或被云、雨、雪、雾捕捉吸收，降到地面形成酸雨。如果形成酸性物质时没有云雨，则酸性物质会以重力沉降等形式逐渐降落到地面上，叫做干性沉降，以区别于酸雨、酸雪等湿性沉降，干性沉降物在地面遇水时复合成酸。酸云和酸雾中的酸性由于没有得到直径大得多的雨滴的稀释，因此它们的酸性要比酸雨强得多。由于高山区经常有云雾缭绕，因此在高山上酸雨区中森林受害最重，常成片死亡。硫酸和硝酸是酸雨的主要成分，约占总酸量的90%，我国酸雨中硫酸和硝酸的比例约为10∶1。

1. 天然排放源

（1）海洋。海洋雾沫，它们会夹带一些硫酸到空气中。

（2）生物。土壤中某些有机体，如动物死尸和植物败叶在细菌作用下可分解成某些硫化物，继而转化为二氧化硫。

（3）火山爆发。喷出数量可观的二氧化硫气体。

（4）森林火灾。雷电和干热引起的森林火灾也是一种天然硫氧化物排放源，因为树木也含有微量硫。

（5）闪电。高空雨云闪电，其中含有很强的能量，能使空气中的氮气和氧气部分化合生成一氧化氮，继而在对流层中被氧化为二氧化氮。氮氧化物主要为一氧化氮和二氧化氮，能与空气中的水蒸气反应生成硝酸。

（6）细菌分解。即使是未施过肥的土壤也含有微量的硝酸盐，土壤硝酸盐在土壤细菌的作用下可分解出一氧化氮、二氧化氮和氮气等气体。

2. 人工排放源

煤、石油和天然气等化石燃料燃烧。无论是煤，或石油，或天然气都是在地下埋藏很多亿年的，由古代的动植物化石转化而来，故称作化石燃料。科学家粗略估计，1990年我国化石燃料约消耗700Mt，仅占世界消耗总量的12%，人均相比并不惊人。但是近几十年来我国化石燃料消耗的速度增加得实在太快，1950—1990年的40年，增加了30倍，不能不引起足够重视。工业生产、日常生活过程中燃烧煤炭排放出来的二氧化硫，燃烧石油，经过"云内成雨过程"，即水汽凝结在硫酸根、硝酸根等凝结核上，发生液相氧化反应，形成硫酸雨滴和硝酸雨滴；又经过"云下冲刷过程"，即含酸雨滴在下降过程中不断合并吸附、冲刷其他含酸雨滴和含酸气体，形成较大雨滴，最后降落在地面上，形成了酸雨。由于我国多燃煤，所以我国的酸雨主要是硫酸型酸雨。而多燃石油的国家则是硝酸型酸雨。

工业过程，如金属冶炼。某些有色金属的矿石是硫化物，铜、铅、锌便是如此，将铜、铅、锌硫化物矿石还原为金属过程中将会逸出大量二氧化硫气体，部分回收为硫酸，部分进入大气。再如化工生产，特别是硫酸生产和硝酸生产可分别产生数量可观的二氧化硫和二氧化氮，由于二氧化氮呈现淡棕的黄色，因此，工厂尾气所排出的带有二氧化氮的废气像一条"黄龙"，在空中飘荡，控制和消除"黄龙"被称作"灭黄龙工程"。再如石油炼制等，也能产生一定量的二氧化硫和二氧化氮。它们集中在某些工业城市中，还是比较容易得到控制的。

交通运输，如汽车尾气。在发动机内，活塞频繁打出火花，像天空中的闪电，氮气转变成二氧化氮。不同的车型，尾气中氮氧化物的浓度含量不同，机械性能较差的或使用时间较长的发动机尾气中的氮氧化物浓度较高。汽车停在十字路口，不熄火等待通过时，要比正常行车过程中尾气的氮氧化物浓度要高。随着我国汽车数量猛增，汽车尾气对酸雨的贡献正在逐年上升，必须得到足够的重视。

（三）危害

（1）酸雨可导致土壤酸化。我国南方土壤多呈酸性，再经酸雨冲刷，加速了酸化过程；我国北方土壤呈碱性，对酸雨有较强的缓冲能力与稀释能力，酸化程度较慢。土壤中含有大量铝的氢氧化物，经土壤酸化后，可加速土壤中含铝的原生和次生矿物风化而释放大量铝离子，形成植物可吸收的形态铝化合物。植物长期和过量地吸收铝，会导致植物中毒，甚至死亡。酸雨还能加速土壤矿物质营养元素的流失；改变土壤结构，导致土壤贫瘠化，影响植物正常发育；酸雨还能诱发植物病虫害，使农作物大幅度减产，特别是小麦，在酸雨影响下，可减产13%~34%。大豆、蔬菜也容易受酸雨危害，导致蛋白质含量和产量下降。酸雨对森林的影响在很大程度上是通过对土壤的物理化学性质的恶化作用表现出来的。在酸雨的作用下，土壤中的营养元素钾、钠、钙、镁会流失出来，并随着雨水被淋溶掉。所以长期的酸雨会使土壤中大量的营养元素被淋失，造成土壤中营养元素的严重不足，使土壤变得贫瘠。此外，酸雨能使土壤中的铝从稳定态中释放出来，使活性铝增加而有机络合态铝减少。土壤中活性铝的增加能严重抑制林木的生长。酸雨可抑制某些土壤微生物的繁殖，降低酶活性，土壤中的固氮菌、细菌和放线菌均会明显受到酸雨的抑制。

（2）酸雨可对森林植物产生较大危害。通过对国内105种木本植物影响的模拟实验发现，当降水 pH 值小于3.0时，可对植物叶片造成直接的损害，使叶片失绿变黄并开始脱落。叶片与酸雨接触的时间越长，受到的损害程度越严重。野外调查表明，在降水 pH 值小于4.5的地区，马尾松林、华山松和冷杉林等出现大量黄叶并脱落，森林成片地衰亡。例如在重庆奉节县，降水 pH 值小于4.3的地段，20年生马尾松林的年平均高生长量降低50%。酸雨还可使森林的病虫害明显增加。在四川，重酸雨区的马尾松林的病情指数为无酸雨区的2.5倍。酸雨对中国森林的危害主要是在长江以南的省份。根据初步的调查统计，四川盆地受酸雨危害的森林面积最大，约为28万 hm^2，占有林地面积的32%。贵州受害森林面积约为14万 hm^2。根据某项研究结果，仅西南地区由于酸雨造成的森林生产力下降的情况，共损失木材630万 m^3，直接经济损失达30亿元（按1988年市场价计算）。对南方11个省份的估计，酸雨造成的直接经济损失可达44亿元。大多数专家认为，森林的生态价值远远超过它的经济价值。虽然对森林的生态价值的计算方法还存在一些争议，计算出来的数字还不能得到社会的普遍认可，但森林的生态价值超过它的经济价值，这几乎是一致的。根据这些计算结果，森林的生态价值是它本身经济价值的2~8倍。如果按照这个比例来计算，酸雨对森林危害造成的经济损失是极其巨大的。

（3）酸雨能使非金属建筑材料（混凝土、砂浆和灰砂砖）表面硬化、水泥溶解，出现空洞和裂缝，导致强度降低，从而损坏建筑物。建筑材料变脏、变黑，影响城市市容质量和城市景观，被人们称为"黑壳"效应。我国酸雨正呈蔓延之势，是继欧洲、北美之后世界第三大重酸雨区。20 世纪 80 年代，我国的酸雨主要发生在以重庆、贵阳和柳州为代表的川贵两广地区，酸雨区面积为 170 万 km^2。到 90 年代中期，酸雨已发展到长江以南、青藏高原以东及四川盆地的广大地区，酸雨面积扩大了 100 多万 km^2。以长沙、赣州、南昌、怀化为代表的华中酸雨区现已成为全国酸雨污染最严重的地区，其中心区年降酸雨频率高于 90%，几乎到了逢雨必酸的程度。以南京、上海、杭州、福州、青岛和厦门为代表的华东沿海地区也已成为我国主要酸雨区。华北、东北的局部地区也出现酸性降水。1998年，全国一半以上的城市，其中 70% 以上的南方城市及北方城市中的西安、铜川、图们和青岛都下起了酸雨。酸雨在我国已呈燎原之势，覆盖面积已占国土面积的 30% 以上。酸雨造成的危害是多方面的，包括对人体健康、生态系统和建筑设施都有直接和潜在的危害。酸雨可使儿童免疫功能下降，慢性咽炎、支气管哮喘发病率增加，同时可使老人眼部、呼吸道患病率增加。

四、雾霾

（一）来源

雾霾是雾和霾的组合词，常见于城市。中国不少地区将雾并入霾一起作为灾害性天气现象进行预警预报，统称为"雾霾天气"。雾是由大量悬浮在近地面空气中的微小水滴或冰晶组成的气溶胶系统；霾（mái）也称灰霾（烟雾），空气中的灰尘、硫酸、硝酸、有机碳氢化合物等粒子也能使大气混浊。

城市有毒颗粒物来源：①汽车尾气。使用柴油的大型车是排放 PM_{10} 的"重犯"，包括大公交、各单位的班车以及大型运输卡车等。②冬季烧煤供暖所产生的废气。③工业生产排放的废气。比如冶金、窑炉与锅炉、机电制造业，还有大量汽修喷漆、建材生产窑炉燃烧排放的废气。④建筑工地和道路交通产生的扬尘。⑤可生长颗粒。细菌和病毒的粒径相当于 $PM_{0.1} \sim PM_{2.5}$，当空气中的湿度和温度适宜时，微生物会附着在颗粒物上，特别是油烟的颗粒物上，微生物吸收油滴后转化成更多的微生物，使得雾霾中的生物有毒物质生长增多。

（二）形成原因

雾霾是特定气候条件与人类活动相互作用的结果。高密度人口的经济及社会活动必然会排放大量细颗粒物，一旦排放量超过大气循环能力和承载力，细颗粒物浓度将持续积聚，如遇特定气象条件则极易出现大范围的雾霾。其成因有三：①在水平方向上静风现象增多；②垂直方向上出现逆温；③空气中悬浮颗粒物的增加。随着城市人口的增长和工业发展、机动车辆的猛增，污染物排放和悬浮物大量增加，导致了能见度降低。实际上，家庭装修中也会出现粉尘"雾霾"，室内粉尘弥漫，不仅有害于用户健康，增添工人的清洁负担，粉尘严重时，还给装修工程带来诸多隐患。除了气象条件，工业生产、机动车尾气排放、冬季取暖烧煤等导致的大气中的颗粒物（包括粗颗粒物 PM_{10} 和细颗粒物 $PM_{2.5}$）浓度增加，是雾霾产生的重要因素。如今很多城市的污染物排放水平已处于临界点，对气象条件非常敏感，空气质量在扩散条件较好时能达标，一旦遭遇不利天气条件，空气质量和能见度将会立刻下滑。

（三）危害

近些年来，随着空气质量逐渐恶化，雾霾天气现象出现频率越来越高，它们在人们毫无防范的时候侵入人体呼吸道和肺叶中，从而引起呼吸系统疾病、心血管系统疾病、血液系统、生殖系统等疾病，诸如咽喉炎、肺气肿、哮喘、鼻炎、支气管炎等炎症，长期处于这种环境还会诱发肺癌、心肌缺血。

雾霾天气易诱发心血管疾病，雾霾天气时气压低，湿度大，人体无法排汗，引发心脏病的患病概率会越来越高。诱发呼吸道疾病，雾霾中含有大量的颗粒物，包括重金属等有害物质的颗粒物一旦进入呼吸系统并黏附在肺泡上，轻则会造成鼻炎等鼻腔疾病，重则会造成肺部硬化，甚至还有可能造成肺癌。

雾霾天气时光照不足，接近底层的紫外线明显减弱，使得空气中细菌很难被杀死，从而患传染病的概率大大增加。

雾霾天气时，由于空气质量差，能见度低，容易出现车辆追尾相撞现象，影响正常交通秩序，对大家出行造成不便，在日常出行过程中更应该多观察路况，以免发生危险。

雾霾天气对公路、铁路、航空、航运、供电系统、农作物生长等均产生重要影响。雾、霾会造成空气质量下降，影响生态环境，给人类健康带来较大危害。

专家建议，市民在雾霾天应减少外出，家中门窗紧闭时可用空气净化机净化空气；雾霾天外出时尽量戴有特殊功能的口罩；在保持营养摄入均衡的前提下多食富含抗氧化剂的食物，如富含花青素的葡萄籽、含萝卜硫素的花菜、含番红素的番茄等。

五、区域性大气复合型污染

（一）区域性大气污染现状与发展趋势

城市群大气复合型污染近年来日益严重。复合型大气污染是指大气中由多种来源的多种污染物在一定的大气条件下（如温度、湿度、阳光等）发生多种界面间的相互作用、彼此耦合构成的复杂大气污染体系，表现为大气氧化性物种和细颗粒物浓度升高、大气能见度显著下降和环境恶化趋势向整个区域蔓延。

随着城市化、工业化、区域经济一体化进程的加快，我国大气污染正从局地、单一的城市空气污染向区域、复合型大气污染转变，部分地区出现区域范围的空气重污染现象，京津冀、长三角、珠三角以及其他部分城市群已表现出明显的区域大气污染特征，严重制约区域社会经济的可持续发展，威胁人民群众的身体健康。

1. 大气污染物排放负荷巨大

我国主要大气污染物排放量巨大，2010 年二氧化硫、氮氧化物排放总量分别为 2 267.8万 t、2 273.6 万 t，位居世界第一，烟粉尘排放量为 1 446.1 万 t，均远超出环境承载能力。京津冀、长三角、珠三角地区、辽宁中部、山东、武汉及其周边地区、长株潭、成渝、海峡西岸、山西中北部、陕西关中、甘宁、新疆乌鲁木齐城市群 13 个重点区域，是我国经济活动水平和污染排放高度集中的区域，大气环境问题更加突出。重点区域占全国 14% 的国土面积，集中了全国近 48% 的人口，产生了 71% 的经济总量，消费了 52% 的煤炭，排放了 48% 的二氧化硫、51% 的氮氧化物、42% 的烟粉尘和约 50% 的挥发性有机物，单位面积污染物排放强度是全国平均水平的 2.9~3.6 倍，严重的大气污染已经成为制约区域社会经济发展的"瓶颈"。

表 3-3 2010 年重点区域主要污染物的排放量　　　　　　单位：万 t

区域	省/市/区	二氧化硫	氮氧化物	工业烟粉尘	重点行业挥发性有机污染物
京津冀	北京	10.4	19.8	3.96	11.6
	天津	23.8	34.0	7.99	15.6
	河北	143.78	171.29	95.89	15.4
长三角	上海	25.5	44.3	8.9	23.9
	江苏	108.55	147.19	96.18	51.3
	浙江	68.4	85.3	43.33	52.7
珠三角	广东	50.7	88.9	37.7	38.1
辽宁中部	辽宁	62.31	54.71	50.44	24.2
山东	山东	181.1	174	58.1	79.6
武汉及其周边	湖北	39.27	36.97	24.17	20.7
长株潭	湖南	12.04	14.13	17.05	3.8
成渝	重庆	56.1	27.21	22.43	15.6
	四川	73.2	52.01	38.36	8.9
海峡西岸	福建	40.91	43.37	27.88	26.5
山西中北部	山西	53.94	46.37	32.43	2.6
陕西关中	陕西	61.34	49.8	21.56	10.2
甘宁	甘肃	25.69	18.21	7.4	8.6
	宁夏	6.68	9.3	3.04	3.95
新疆乌鲁木齐	新疆	18.3	19.87	7.22	4.0

2. 大气环境污染十分严重

2010 年，重点区域城市的二氧化硫、可吸入颗粒物年均质量浓度分别为 40 $\mu g/m^3$、86 $\mu g/m^3$，为欧美发达国家的 2~4 倍；二氧化氮年均质量浓度为 33 $\mu g/m^3$，卫星数据显示，北京到上海之间的工业密集区为我国对流层二氧化氮污染最严重的区域。按照我国新修订的环境空气质量标准进行评价，重点区域 82% 的城市不达标。严重的大气污染，威胁人民群众的身体健康，增加呼吸系统、心脑血管疾病的死亡率及患病风险，腐蚀建筑材料，破坏生态环境，导致粮食减产、森林衰亡，造成巨大的经济损失。

表3-4 2010年重点区域主要空气污染物的年均质量浓度　　单位：$\mu g/m^3$

区域	二氧化硫	二氧化氮	可吸入颗粒物
京津冀	45	33	82
长三角	33	38	89
珠三角	26	40	58
辽宁中部	46	33	84
山东	52	38	96
武汉及其周边	28	28	91
长株潭	51	40	86
成渝	43	35	76
海峡西岸	29	26	71
山西中北部	44	19	75
陕西关中	37	35	106
甘宁	46	32	111
新疆乌鲁木齐	43	36	96

3. 复合型大气污染日益突出

随着重化工业的快速发展、能源消费和机动车保有量的快速增长，排放的大量二氧化硫、氮氧化物与挥发性有机物导致细颗粒物、臭氧、酸雨等二次污染呈加剧态势。2010年7个城市细颗粒物监测试点的年均值为$40 \sim 90~\mu g/m^3$，超过新修订环境空气质量标准限值要求的$14\% \sim 157\%$。臭氧监测试点表明，部分城市臭氧超过国家二级标准的天数达到20%，有些地区多次出现臭氧最大小时浓度超过欧洲警报水平（$240~\mu L/m^3$）的重污染现象。复合型大气污染导致能见度大幅度下降，京津冀、长三角、珠三角等区域每年出现灰霾污染的天数达100天以上，个别城市甚至超过200天。

4. 城市间污染相互影响显著

随着城市规模的不断扩张，区域内城市连片发展，受大气环流及大气化学的双重作用，城市间大气污染相互影响明显，相邻城市间污染传输影响极为突出。在京津冀、长三角和珠三角等区域，部分城市二氧化硫浓度受外来源的贡献率达$30\% \sim 40\%$，氮氧化物为$12\% \sim 20\%$，可吸入颗粒物为$16\% \sim 26\%$。区域内城市大气污染变化过程呈现明显的同步性，重污染天气一般在1天内先后出现。

（二）区域性大气复合型污染的成因

我国快速城市化和工业化进程，使得多种大气污染问题在过去近30年内集中出现，目前我国大气污染特征已从煤烟型污染转变为复合型污染。环境保护部公布的材料显示，当前我国以煤为主的能源结构尚未发生根本性变化，煤烟型污染作为主要污染类型长期存在，城市大气环境中的二氧化硫和可吸入颗粒物污染问题没有得到全面解决。同时机动车保有量持续增加，尾气污染愈加严重，灰霾、光化学烟雾、酸雨等复合型大气污染问题日益突出。其中，臭氧、可吸入颗粒物、二氧化硫、氮氧化物、挥发性有机物等成为了大气的主要污染物。有研究表明，光化学烟雾、高浓度臭氧、氮氧化物污染等逐渐出现在京津冀、珠江三角洲和长江三角洲地区。今后一段时期，预计我国大气中上述污染物浓度还将继续增加，产生这一问题的主要原因如下。

1. 大气环境管理模式落后

现行的环境管理方式难以适应区域大气污染防治要求。区域性大气环境问题需要统筹考虑、统一规划，建立地方之间的联动机制。按照我国现行的管理体系和法规，地方政府对当地环境质量负责，采取的措施以改善当地环境质量为目标，各个城市"各自为政"难以解决区域性大气环境问题。

2. 污染控制对象相对单一

长期以来，我国未建立围绕空气质量改善的多污染物综合控制体系。从污染控制因子来看，污染控制重点主要为二氧化硫和工业烟粉尘，对细颗粒物和臭氧影响较大的氮氧化物和挥发性有机物控制薄弱。从污染控制范围来看，工作重点主要集中在工业大点源，对扬尘等面源污染和低速汽车等移动源污染控制的重视程度不够。

3. 环境监测、统计基础薄弱

环境空气质量监测指标不全，大多数城市没有开展臭氧、细颗粒物的监测工作，数据质量控制薄弱，无法全面反映当前大气污染状况。挥发性有机物、扬尘等未纳入环境统计管理体系，底数不清，难以满足环境管理的需要。

4. 法规标准体系不完善

现行的大气污染防治法律法规在区域大气污染防治、移动源污染控制等方面缺乏有效的措施要求，缺少挥发性有机物的排放标准体系，城市扬尘综合管理制度不健全，车用燃油标准远滞后于机动车排放标准。

第三节　大气污染成因与危害

一、大气污染成因

大气是环境的重要组成部分，是人类和动植物摄取氧气的源泉，是植物进行光合作用所需二氧化碳的储存库，也是环境中能量流转的重要环节。大气是多种气体的混合物，其组成基本上是恒定的。但随着人口迅速增加、人类经济活动和生产迅速发展，在大量消耗能源的同时，向大气中排放的有害气体及飘尘也越来越多。已经远远超过了大气的自净能力，使得大气的组成发生变化，造成空气中污染物的浓度达到有害程度，以致达到了破坏生态系统和阻碍人类正常生存和发展的程度，这种对人和生物造成危害的现象称为大气污染。大气污染源可分为自然和人为两大类。自然污染源是由于自然原因（如火山爆发、森林火灾等）而形成，人为污染源是由于人们从事生产和生活活动而形成。在人为污染源中，又可分为固定的（如烟囱、工业排气筒）和移动的（如汽车、火车、飞机、轮船）两种。由于人为污染源普遍存在，所以比起自然污染源来说更为人们所关注。

（1）工业企业。工业企业是大气污染的主要来源，也是大气污染防治工作的重点之一。随着工业的迅速发展，大气污染物的种类和数量日益增多。由于工业企业的性质、规模、工艺过程、原料和产品种类等不同，其对大气污染的程度也不同。

（2）生活炉灶与采暖锅炉。在居住区里，随着人口的大量集中，大量的民用生活炉灶和采暖锅炉也需要耗用大量的煤炭，特别在冬季采暖时间，往往使受污染地区烟雾弥漫，这也是一种不容忽视的大气污染源。

（3）交通运输。近几十年来，由于交通运输事业的发展，城市行驶的汽车数量日益增多，火车、轮船、飞机等客货运输频繁，这些又给城市增加了新的大气污染源。其中具有重要意义的是汽车排出的废气。汽车污染大气的特点是排出的污染物距人们的呼吸带很近，能直接被人体吸入。汽车内燃机排出的废气中主要含有一氧化碳、氮氧化物、烃类（碳氢化合物）、铅化合物等。

二、大气污染危害

世界卫生组织和联合国环境组织发表的一份报告称："空气污染已成为全世界城市居民生活中一个无法逃避的现实。"如果人类生活在污染十分严重的空气里，那就将在几分钟内全部死亡。工业文明和城市发展，在为人类创造巨大财富的同时，也把数十亿吨计的废气和废物排入大气之中，人类赖以生存的大气圈却成了空中垃圾库和毒气库。因此，大气中的有害气体和污染物达到一定浓度时，就会对人类和环境带来巨大灾难。

（一）大气污染对人体健康的危害

大气污染物主要通过3种途径危害人体：一是人体表面接触；二是食用含有大气污染物的食物和水；三是吸入污染的空气。从表3-5可以看出：各种大气污染物对人体的影响是多方面的，其危害极其严重。

表3-5　几种大气污染物对人体的危害

名称	对人的影响
二氧化硫	视程减少，流泪，眼睛有炎症。闻到有异味，胸闷，呼吸道有炎症，呼吸困难，肺水肿，迅速窒息死亡
硫化氢	恶臭难闻，恶心、呕吐，影响人体呼吸、血液循环、内分泌、消化和神经系统，昏迷，中毒死亡
氮氧化物	闻到有异味，支气管炎、气管炎，肺水肿、肺气肿，呼吸困难，直至死亡
粉尘	伤害眼睛，视程减少，慢性气管炎、幼儿气喘病和尘肺，死亡率增加，能见度降低，交通事故增多
光化学烟雾	眼睛红痛，视力减弱，全身疼痛，麻痹，肺水肿，严重的在1h内死亡
碳氢化合物	皮肤和肝脏损害，致癌死亡
一氧化碳	头晕、头疼，贫血、心肌损伤，中枢神经麻痹、呼吸困难，严重的在1h内死亡
氟和氟化氢	强烈刺激眼睛、鼻腔和呼吸道，引起气管炎，肺水肿、氟骨症和斑釉齿
氯气和氯化氢	刺激眼睛、上呼吸道，严重时引起中毒性肺水肿
铅	神经衰弱，腹部不适，便秘、贫血，记忆力低下

（二）大气污染危害生物的生存和发育

大气污染主要是通过三种途径危害生物的生存和发育的：一是使生物中毒或枯竭死亡，二是减缓生物的正常发育，三是降低生物对病虫害的抗御能力。植物在生长过程中长期接触大气中的污染物，损伤了叶面，减弱了光合作用，伤害了内部结构，使植物枯萎，直至死亡。各种有害气体中，二氧化硫、氯气和氟化氢等对植物的危害最大。大气污染对动物的损害，主要是呼吸道感染和食用了被大气污染的食物。其中，以砷、氟、铅、钼等的危害最大。大气污染使动物体质变弱，以致死亡。大气污染还通过酸雨等形式杀死土壤微生物，使土壤酸化，降低土壤肥力，危害了农作物和森林。

（三）大气污染对物体的腐蚀

大气污染物对仪器、设备和建筑物等均有腐蚀作用，如金属建筑物出现的锈斑、古代文物的严重风化等。

（四）大气污染对全球大气环境的影响

大气污染发展至今已超越国界，其危害遍及全球。对全球大气的影响显著，主要表现在 3 个方面：臭氧层破坏、酸雨腐蚀、全球气候变暖。

1. 南极上空出现臭氧洞

在平流层，大气中的臭氧相对集中，形成了臭氧层。大气中的臭氧层，起着净化大气和杀菌作用，可以把大部分有害的紫外线过滤掉，减少了对人体的伤害，而且使许多农作物增产。臭氧过浓会使人体中毒，而臭氧含量减少，紫外线就可长驱直入，使人体皮肤癌发病率增加，农作物减产。科学家已经发现，在南北两极上空的臭氧减少，好像天空坍塌了一个空洞，叫做"臭氧洞"。紫外线就可通过"臭氧洞"进入大气，危害人类和自然界的其他生物。"臭氧洞"的出现，同广泛使用氟利昂（电冰箱、空调等的制冷材料）密切相关。现在，美国和欧洲等国家决定，自 2000 年起，全面停止生产氟利昂。

2. 酸雨的危害向全世界蔓延

酸雨的危害遍及欧洲和北美，我国主要分布在贵阳、重庆和柳州等地。酸雨降到地面后，导致水质恶化，使各种水生动物和植物都会受到死亡的威胁。植物叶片和根部吸收了大量酸性物质后，引起枯萎死亡。酸雨进入土壤后，使土壤肥力减弱。人类长期生活在酸雨中，饮用酸性的水体，都会造成呼吸器官、肾病和癌症等一系列的疾病。据估计，酸雨每年将会夺走 7 500 ~ 12 000 人的生命。

3. 温室效应的严重恶果

居住的地球周围，包裹着一层厚厚的大气，形成了一座无形的"玻璃房"，在地球上产生了类似玻璃暖房的效应。本来，这种"温室效应"是正常的。但是，进入工业革命以来，由于人类大量燃烧煤、石油和天然气等燃料，使大气中二氧化碳的含量骤增，"玻璃房"吸收太阳能量也随之增加。于是，在地球上产生了干旱、热浪、热带风暴和海平面上升等一系列严重的自然灾害，对人类造成了巨大的威胁。

第四节　大气环境管理

一、我国大气环境管理制度

为防治大气污染，保护和改善生活环境和生态环境，保障人体健康，促进经济和社会的可持续发展，特制定《中华人民共和国大气污染防治法》。该法律共七章六十六条，对大气污染防治的监督管理体制、主要的法律制度、防治燃烧产生的大气污染、防治机动车船排放污染以及防治废气、尘和恶臭污染的主要措施和法律责任等均做了较为明确、具体的规定。

国务院研究部署进一步加强雾霾等大气污染治理，于 2013 年发布《大气污染防治行动计划》，确定了大气污染防治十条措施，包括减少污染物排放；严控高耗能、高污染行业新增耗能；大力推行清洁生产；加快调整能源结构；强化节能环保指标约束；推行激励与约束并举的节能减排新机制，加大排污费征收力度，加大对大气污染防治的信贷支持等。要求各部门、各地区出台配套措施、政策和实施方案，应对日益严重大气污染。这表明一方面试图从国家宏观战略的层面对大气污染防治进行科学的顶层设计，注重改革创新，激励和约束并举，特别要着力构建政府、市场、企业以及公众共同奋斗的新的治理机制。另一方面，在指标的设定上强调分区施策，分阶段地推动差别化的目标来实现。同时试图从生产、流通、消费、分配的再生产各个环节提出一揽子环境政策和经济政策，加强区域环境污染防治。

（一）管理体制

我国对大气污染防治的监督管理实行统一监督管理和分部门监督管理相结合的体制。

1. 统一监督管理

县级以上人民政府环境保护行政主管部门对大气污染防治实施统一监督管理，主要权责包括：制定国家和地方的大气环境质量标准和大气污染物排放标准、审查批准建设项目环境影响报告书、征收排放大气污染物单位的排污费、划定酸雨控制区或者二氧化硫污染控制区、对管辖范围内的排污单位进行现场检查、建立大气污染监测制度并组织监测网络、定期发布大气环境质量状况公报等。

2. 分部门监督管理

由于大气环境保护综合性较强，涉及面广。因此，在环境保护行政主管部门的统一监督管理下，还确定了由各部门在各自职责范围内分部门分级负责。即由各级公安、交通、铁道、渔业管理部门根据各自的职责，对机动车船污染大气的情况实施监督管理。县级以上人民政府及其他有关主管部门在各自职权范围内对大气污染防治实施监督管理。也就是说，公安机关负责对道路机动车辆的尾气排放实行监督管理；交通行政主管部门对通航水域内的船舶造成的大气污染实行监督管理；铁道部门对铁路车辆造成的大气污染实行监督管理；渔业行政主管部门主要负责渔业机动船舶大气污染防治的监督管理。

（二）标准体系

大气污染物排放标准是为了控制污染物的排放量，使空气质量达到环境质量标准，对排入大气中的污染物数量或浓度所规定的限制标准。经有关部门审批和颁布后，具有法律约束力。除国家颁布的标准外，各地、各部门还可根据当地的大气环境容量、污染源的分布和地区特点，在一定经济水平下实现排放标准的可行性，制订适用于本地区、本部门的排放标准。

我国有关大气排放标准包括大气污染物排放控制标准（大气污染物综合排放标准、恶臭污染物排放标准、锅炉大气污染物排放标准和工业炉窑大气污染物排放标准等）、空气质量标准体系和测试有关系列标准等。

二、区域大气环境管理制度

（一）国际上典型的跨区域大气环境监管制度

1. 美国

美国跨界大气环境管理模式不仅应用于州内区域管理，在州与州之间，甚至在美国与邻国之间也建立了相应的管理机制，用以解决区域环境问题。

（1）州内跨界大气环境的管理。以加州为例，第二次世界大战给加州经济发展带来了良好的契机，随着入迁人口的急剧增加和工业化进程的加快，加州地区大气污染问题逐渐显现。为了控制跨界大气环境污染，加州政府将全区设 13 个质量管理区，实行区域管理。但各个区域独立的管理已经不能解决整个区域的环境问题，通过区域间的非正式合作与协商解决区域环境问题也被证明是无效的。1976 年，加州政府立法建立了南海岸大气质量管理局（SCAQMD），在 SCAQMD 领导和技术成员的努力下，南加州地区的空气质量得到了极大的改善。

作为一个区域性管理机构，SCAQMD 的管理对象是固定大气污染源和部分流动污染源，汽车等流动污染源主要由州政府直接管理。它最主要的职能是加强跨界合作，与地方政府和其他社会团体共同制订和实施跨界合作计划。通过区域规划，制定并参与规划实施的政府及相关部门的协作，并将研究的跨区域管理政策向美国环保局（EPA）和州政府提出，以便制定出使整个国家受益的大气环境政策。

（2）州与州之间跨界的大气环境管理。以臭氧传输委员会（OTC）为例，来说明美国州与州之间的大气环境监管。OTC 成立于 1990 年，由《清洁空气法》修正案批准设立，主要关注美国的东北部区域，负责美国东北部 11 个州和华盛顿特区的臭氧运输工作和规划推动氮氧化物抵换交易制度。OTC 的工作分为 3 个主要方面：风险评估和模型研究、制定控制移动大气污染源相关政策和对汽车尾气的移动污染源进行控制、制定控制固定大气污染源的相关政策。

（3）美国—加拿大—墨西哥之间跨界大气环境管理（北美自由贸易区环境合作）。20世纪 70 年代起，美国、加拿大和墨西哥 3 个北美主要国家已经对严重的跨界环境污染十分关注，主要问题集中在酸雨上。1992 年，三国为减少贸易关税和壁垒，共同签订了《北美自由贸易协定》，加强区域经济一体化的同时也加强了三国在环境领域的协调合作。为了实现这一目标，三国在 1993 年签订了其附属协定——《北美环境合作协定》（NAAEC），主要通过规定环境保护的条约义务、建立专门的环境工作机构和寻求环境争端的妥善解决等各种方式来实现区域内环境保护。为了保证环境保护目标得以实现，在北美自由贸易区内建立了北美环境合作委员会（CEC）。CEC 主要工作包括协调环境、经济和贸易的关系、生物多样性维护、防治污染保护公众健康和环境法律政策管理。

2. 欧盟

欧盟实施区域大气污染防治的重要手段是签署或参加国际条约。大多国家陆续签订了以下协议：《长距离越界空气污染公约》（CLRTAP）、赫尔辛基协议（Helsinki protocol）承诺、1994 年奥斯陆协议（Oslo protocol）承诺、针对氮氧化物减排，一个重要的里程碑式的协议是 1988 年的索菲亚协议（Sofia protocol）、远程大气污染输送监测和评估合作计划（EMEP）等。欧盟实施区域大气污染联防联控的另外一种主要方式是制定各种法规，包括条例、指令、决定等，而这些法规的制定是为了实施欧共体环境行动规划的目标。《欧盟委员会关于大气环境质量与欧洲清洁大气的指令》（2008/50/EC）是为了响应 2001 年 5 月出台的欧洲清洁空气计划（CAFE），在对欧盟及其成员国在防治大气污染方面进行经验总结的基础上，加之成熟的欧盟指令立法技术，比较系统地整合了以前的环境空气质量立法，清晰地表明了欧盟采取分区域方式管理大气环境质量的意图，包括欧盟成员国的大气污染协调控制机制和区域空气质量管理协调机制。

（二）我国区域空气质量管理制度

我国的空气质量管理方式有属地管理和行政管理。属地管理权限约束使地方政府应对跨界空气污染时无能为力，且属地管理机制难以将区域环境质量改善作为管理目标，导致地方政府各自为政甚至滋生地方保护主义。行政管理的局地特征也不利于地区之间环境保护工作的协调开展，以及科学研究、技术成果的共享和传播。

现有属地环境管理对新的大气复合污染应对感觉力不从心：①大气污染本身具有复杂性，大气污染物在各种气象条件下发生源汇的多相反应，一次和二次污染物对人群健康构成危害，其本身涉及复杂的物理化学反应机理，需要大量资金和技术投入来进行研究和监测，属地管理的单打独斗现状却难以开展这种研究。②对区域大气污染的控制涉及其他地区的各类源排放，需要区域内各地政府间联合起来做到沟通协作，通过有效的区域间经济和环境资源的有效配置、社会经济及环境规划，以及污染治理实现。③属地管理特别是法规、标准、规划、监测、监管、考核"六个不统一"不适应大气污染的跨界性，影响了区域环境利益的冲突协调。

仅以重大活动举办作为契机应对区域大气污染，可能导致过分依赖临时性的措施，而忽略区域联动长效机制的建设，不利于区域大气污染防治持续性。针对奥运会、世博会和亚运会这样的历史性盛会而建立起来的区域环保联防联控机制虽然具有重要的标本意义，但毕竟存在时间和地域方面的局限性。在大型会展过后临时性控制方案的解除可能导致大气污染的回升。有必要借助相关经验，构建长期的区域大气环境管理制度，以便从制度上突破运动式或实效性的大气污染治理方式。

区域经济发展不平衡，污染现状与环境质量需求存在差异。中国经济发展不均衡和不平衡，各地发展与环境之间的矛盾冲突各异，政府和民众对经济增长、社会发展和环境保护的诉求也呈现区域性差异。面对有限的区域大气排放空间和共同的空气质量需求，难免引起地区间在发展权益与环境保护之间的利益冲突，需要区域内各主体间的协调和合作，并通过相关的制度安排和政策法规促进基于发展公平、环境公正基础上的区域大气环境质量改善目标。

1. 区域空气质量管理的原则

区域大气污染控制及目标的制定和实施，要同时考虑社会发展的实际和制定的目标，以及民众对于环境及其社会经济各方面的现实意愿。要制定区域内各行政辖区协商一致的整体目标，需要体现区域整体大气质量目标，遵循实现社会成本最小化、减排责任公平化、控制标准一体化、发展权益均等化等基本原则，以及 4 个具体原则：责任共担、权责对应、利益共享、协商统筹。针对我国构建区域大气环境管理的需求、障碍和支持条件，以联防联控为核心的区域大气空气质量管理制度应是一个基于问题响应与质量改进基础上的多种污染物协同控制与区域综合/整合式管理制度和政策体系，应从以下几个方面入手：①构建区域内基于环境质量改进的整体环境决策机制，克服地方行政辖区的封闭式属地管理的局限性；②整合传统条块关系，构建环境质量目标导向下的区域统调、部门合作、行业跟进的矩阵式管理模式；③区域内构建包括统一监测、统一标准、统一法规、统一考核、统一监管、统一规划在内的"六个统一"的管理支撑体系；④逐步推进从基于排放控制到基于质量目标/风险控制的转变；⑤促进环境信息公开、体现公众参与和公民环境责任，促进多利益主体参与的区域大气环境质量管理体系地建立。

相关国家的经验表明，有可能通过区域空气质量管理委员会的成立，推进区域大气污染联防联控联治协调机制的建立，特别是有助于推动独立、客观的区域大气污染联防联控联治的科学支持平台建设，为区域决策提供有效支持并可借此强化区域大气环境统一监管机制。从"十二五"大气质量管理需求的角度，①有必要逐步建立区域内布局合理、技术规范、数据有效、覆盖区域—城市—农村的立体区域大气污染研究性和监测性立体监测网络；②建立区域内动态、可视化的区域大气污染源清单技术；③建立具有公信力的多尺度、多污染物的空气质量模拟系统以及区域空气质量模型；④进行大气污染损害的识别与评估、环境改善的费用与效益的分析和评估，以便为减排责任制定和权责界定提供基础，促进在事实认定基础上的区域大气环境管理合作和协商机制的建立和有效运行。

2. 构建区域环境质量管理政策体系

完善区域大气环境质量评价体系和污染物控制体系，实行区域排污总量控制，建立区域特别排放限值制度，实行多种污染物协同控制，优化区域工业布局。构建和完善区域联防、联控、联治的政策体系，应包括以下内容：

（1）完善区域大气环境质量评价体系和污染物控制体系。在区域环境质量指标中，在原有的二氧化硫、二氧化氮、可吸入颗粒物的基础上，完善氮氧化物质量标准，研究和制定区域细颗粒物的环境质量标准和臭氧环境质量标准，增加一氧化碳、二氧化碳、臭氧和细粒子作为环境质量指标，并将能见度作为辅助性指标，制定和完善大气复合污染排放的控制指标。同时，基于机动车排放对区域污染贡献增大的事实，尽快由环境保护部门针对机动车污染控制制定有关的油品质量标准。

（2）实行区域排污总量控制。针对区域大气环境质量制定污染物减排策略、制定区域大气污染联防、联控和联治规划，并基于规划，实行区域排污总量控制。

（3）建立区域特别排放限值制度。授权区域大气质量管理委员会制定和实施严于国家标准要求的区域大气污染物排放标准，设定相关区域和区域内以及重点行业源的大气污染物特别排放限值，控制区域内的污染转移、控制城市和地区间的大气污染物输送通量和影响强度。

（4）优化区域工业布局，推进产业结构和能源结构调整。依据区域环境质量现状以及社会经济发展和人体健康需求，划定环境敏感区和人口集中区的范围，严禁在人口密集区和环境敏感区建设高污染、高排放企业，对已经建在城区等人口密集区的高污染、高排放企业实行搬迁改造，相关企业或其主要排污工序应定期退出，并通过研究和建立高重排放企业退出机制以及相应的基金机制和转移支付制度等，推动和加速这一进程。

（5）实行多种污染物协同控制策略。形成以质量改善为核心的多种污染物协同防治体系。

（6）推进企业环境信息公开制度。要求区域内的重点行业（企业）公布其污染物排放信息以及企业相关环境行为信息。

（7）研究和制定区域机动车污染控制联动方案。推进区域可持续交通体系建设，通过提高中心城区停车费、燃油税或排污费等措施，控制机动车行驶里程以减少排放。尽快由环境保护部门针对机动车污染控制制定有关的油品质量标准，油品质量标准至少应与机动车排放标准同步。实施区域内统一的各类机动车尾气排放相关管制标准和油品质量标准，防止机动车污染的转移。推进机动车的旧车淘汰的补偿和激励政策，制定区域机动车总量控制政策。

3. 区域环境管理制度

区域环境管理制度包括决策支持与实施机制、区域合作机制、区域大气环境监管的管理支持制度及其他管理制度。区域空气质量管理制度框架应主要包括以下几方面内容：

（1）决策支持与实施机制。其主要内容包括：决策的科学研究支持（区域污染迁移转化规律、区域间相互影响分析、健康和损害评估、费用与效益分析、污染防控策略的社会经济和环境影响分析）；区域空气质量管理的规划、计划、资源配置、目标设定、责任分解、任务达成、监管、绩效考核等保障性措施的研究与决策支持；推进区域范围内的统一监测、统一标准、统一法规、统一考核、统一监管、统一规划。

（2）区域合作机制。包括区域总量控制与区域污染源总量分配机制；区域产业发展规划与环境保护规划；区域污染源变化跟踪系统；区域环境质量监测与质量报告系统；区域的整合式管理政策框架和政策手段等。

（3）区域大气环境监管的管理支持制度。包括区域内的数据交流和通报制度；区域污染监测、监督、预警体系；区域的污染源动态清单；区域污染控制和环境质量监管；区域社会经济发展和环境保护综合规划、对策与决策分析；大气质量评价与质量模拟模型的法规模型的开发和应用；区域间转移支付制度或区域大气污染防治共同基金的建设；逐步建立起独立的、覆盖区域范围内的大气污染监测、评估、监督、监管和仲裁的大气质量管理支持体系。

（4）其他区域大气环境管理制度。包括环境准入制度、企业环境信息公开制度、区域污染减排市场交易机制、生态服务转移支付等。

第五节　大气污染控制

一、我国大气污染特点

（1）空气污染呈明显的区域特征。京津冀、长三角、珠三角区域是空气污染相对严重的区域。尤以京津冀区域污染最重，有 7 个城市排在空气质量相对较差的前 10 位。京津冀区域城市 $PM_{2.5}$ 超标倍数在 0.14 ~ 3.6 倍，长三角区域城市 $PM_{2.5}$ 超标倍数在 0.4 ~ 1.3 倍（舟山市不超标），珠三角区域城市 $PM_{2.5}$ 超标倍数在 0.09 ~ 0.54 倍。说明国家将京津冀、长三角、珠三角区域作为大气污染防治重点区域的决策是正确的。从监测结果来看，京津冀区域空气质量与达标目标尚有较大差距，长三角区域空气质量达标有相当难度，珠三角区域空气质量达标具有较大希望。通过《大气污染防治行动计划》的实施和全国人民的共同努力，力争使"三区"早日成为空气质量达标的区域。

（2）空气污染呈现复合型特征。74 个城市首要污染物是 $PM_{2.5}$，其次是 PM_{10}，O_3 和 NO_2 也有不同程度的超标情况。京津冀、长三角、珠三角区域 5—9 月 O_3 超标情况较多，已不容忽视。74 个城市空气质量呈现出传统的煤烟型污染、汽车尾气污染与二次污染物相互叠加的复合型污染特征，说明燃煤、机动车的大量使用对空气污染贡献较大。《大气污染防治行动计划》中采取控制煤炭消费总量、调整产业结构、加强机动车管理的措施是正确、得当的。

（3）空气污染呈现明显的季节性特征。城市空气重污染主要集中在第一、第四季度，74 个城市 $PM_{2.5}$ 季均浓度分别为 96 $\mu g/m^3$、93 $\mu g/m^3$。第二、第三季度 $PM_{2.5}$ 季均浓度分别为 56.7 $\mu g/m^3$、44.7 $\mu g/m^3$。2013 年 1 月和 12 月，京津冀、长三角、中东部地区发生了两次大范围的空气重污染事件，污染程度重、持续时间长，重污染天数占全年重污染总天数的 53.4%。

二、大气污染控制模式

对大气污染情况进行控制是为了保证良好的空气质量、降低大气污染物而采取的污染物排放控制技术和控制污染物排放政策，各种工业排放的特殊气体污染物，比较容易通过改变生产工艺或迁移工厂甚至是关闭工厂的方式进行解决。目前主要的大气污染物是由于燃烧化石燃料产生的烟尘、二氧化碳和硫化物，以及汽车尾气排放的一氧化碳、碳氢化合物和氮氧化物所造成的。

煤和石油都是上古时代的动物和植物遗骸形成的，统称为化石燃料，是目前人类的主要能源来源，工业燃料产生的烟尘比较容易控制，拥有成熟的技术。硫化物是形成酸雨的主要原因，但处理硫化物的投资较高，一般用石灰水吸收，形成硫化钙（石膏）回收，可用于制造水泥或改良土壤。二氧化碳是造成全球温室效应的主要原因，也是最难处理和削减的污染物，只能以改变能源结构，采用清洁能源的方式进行削减。

工业大气污染物的控制是主要的，但用于生活燃料造成的大气污染是普遍存在的，尤其是用于家家户户取暖的燃煤污染是很难处理的，只能采取集中供热和改变燃煤为燃气的方式减少污染物排放，但集中供热的投资量大，必须以经济发展为前提。

汽车尾气排放的一氧化碳和碳氢化合物是由于汽油燃油不完全造成的，需要不断改良汽车的燃油效率，但悖论是汽车燃烧效率越高，排放的一氧化碳和碳氢化合物越少，排放的氮氧化物会提高，随着汽车数量的增加，对汽车尾气排放要求日益严格，氮氧化物污染成为发达国家主要的应对问题。

（一）以源头控制为主，实施清洁生产

实施全过程控制，污染物的排放总量是决定一个区域环境质量的根本问题，单纯对污染源排出的污染物进行净化治理，可以做到控制每个污染源排放污染物的浓度，但却控制不住污染物排放总量的增加，因而也就不能有效地改善区域大气环境质量。若要从根本上解决大气环境质量问题，就必须要从源头进行控制并实行全过程控制，推行清洁生产，即应利用适宜能源资源，减少能耗，提高能源利用率和工业生产原料利用率，在生产全过程中最大限度地减少污染物排放量。这样不但可以提高资源利用率，降低生产成本，减少污染物的产生，并且可以最大限度地避免因排放废物带来的风险和降低处理、处置费用。因此，以源头控制为主，实施全过程控制是大气污染综合防治的重要原则。

（二）空气环境自净

合理利用大气自净能力与人为措施相结合的大气的自净作用分为物理作用（如扩散、稀释、降水冲刷等）和化学作用（如氧化、还原等），利用大气的自净能力还可以减轻污染的危害。合理利用大气自净能力，既可保护环境，又可节约环境污染的治理投资，但污染物的排放量若超过了大气所能承受的负荷，仍会造成严重的后果。应坚持合理利用大气自净能力与人为措施相结合的原则，不仅要从单个污染源的角度来考虑治理措施，而且要与大气自净能力相结合进行综合考虑，比较不同方案，然后择其最优或较优者。

（三）末端治理与综合防治相结合

对分散的污染源进行治理，对减少污染物的排放是有利的，但必须与综合防治相结合，才能充分显示出大气污染防治的环境效益和经济、社会效益。区域污染综合防治必须以污染集中控制为主，这样既可达到改善整个区域环境质量的目的，又能以尽可能少的投入获取尽可能大的效益。同时污染综合防治又要以污染源分散治理为基础，因为区域主要污染物应控制的排放总量，是根据该区域的环境目标确定的，并将此总量合理分配落实到各个污染源，各主要污染源按总量控制指标采取防治措施，如果各主要污染源的治理都达不到总量控制的要求，区域污染综合防治的目标就会落空。

（四）总量控制和浓度控制相结合

按功能区实行总量控制与浓度控制相结合，按功能区实行总量控制是指在保持功能区环境目标值（环境质量符合功能区要求）的前提下，所能允许的某种污染物的最大排污总量。环境功能区的环境质量主要取决于区域的污染物排放总量，而不是单个污染源的排放浓度是否达标。如果某一功能区大气污染源的密度大，即使单个污染源都达标排放，整个功能区的污染物排放总量仍会超过环境容量。但实践表明对污染源排放的浓度控制也是必需的。因此必须实施污染物排放浓度控制与污染物排放总量控制相结合的原则。

（五）技术措施与管理措施相结合

污染综合防治一定要管治结合，污染治理固然十分重要，但在我国财力有限、技术条件比较落后的现实条件下，通过加强环境管理来解决环境问题就显得尤为重要。根据工业污染源的调查资料显示，由于粗放经营、管理不善造成的污染物流失约占污染物流失总量的 50%，因而有许多环境污染问题通过加强管理就可得到解决。运用管理手段，坚持实行排污申报登记、排污收费、限期治理等各项环境管理制度，可以促进污染治理。而污染治理工程建成投入运行后，也必须建立严格的管理制度，才能保证污染治理设施持续运行。

三、大气污染控制技术和措施

（一）固定源的空气污染控制

1. 气态污染物控制技术

（1）吸收作用。根据吸收作用原理制造的控制设备，可将污染物从气相转移至液相。这是一个气体溶于液体的传质过程。溶解过程可能会伴有与液体中的成分发生化学反应，传质是一个扩散过程，污染物气体从高浓度向低浓度转移。气体中的污染物去除包括 3 个步骤：①污染气体扩散至液体表面；②穿过气液界面（溶解）；③溶解气体离开界面扩散进入液体。

洗尘器为喷雾室的一种，利用液滴来吸收气体。喷雾塔则利用液体薄膜作为吸收介质。不论利用哪种类型的装置，污染物在液体中的溶解度都是比较高的。若以水作为溶质，对 NH_3、SO_2 等少数无机气体的去除将会受到限制。洗尘器的吸收效率较低，但具有能同时去除颗粒物的优点。喷雾塔效率较高，但易被颗粒物质堵塞。

（2）吸附作用。吸附是一个气体结合到固体上去的质量传递过程，气体（吸附质）进入固体（吸附剂）的孔隙中但并未进入其晶格内，是一种表面现象。吸附过程可能是物理过程，也可能是化学过程。物理吸附的实质是一种物理过程，一般没有选择性，在吸附过程中没有电子转移，没有化学键的生成与破坏，没有原子重排等，主要是范德华引力起作用。化学吸附实质上是一种化学反应，具有选择性，在化学吸附过程中，气体和固体表面发生了化学反应。

吸附过程中，经常将吸附剂置于压力容器中的固定床里（图 3-1）。活性炭（经过活化处理的木炭）、分子筛、硅胶和活性氧化铝是最普遍使用的吸附剂。活性炭是由椰子壳或煤炭在还原气氛下经过热处理加工制成的。分子筛则为无水沸石（碱金属硅酸盐）。硅酸钠与硫酸反应形成硅胶。活性氧化铝为多孔性的水合氧化铝。这些吸附剂的共同特点是，经过处理后每单位体积具有极大的"活性"表面积，可有效地吸附碳氢化合物等污染物，此外还可用于吸附 H_2S 和 SO_2 气体。特殊形式的分子筛也可用于吸附 NO_2，除活性炭外，上述吸附剂的共同缺点是对水有优先选择性吸附作用，即在吸收水分后才开始吸附污染物。因此在将这些吸附剂用于处理气体之前，需先去除其中的水分。所有的吸附剂在一定助高温下（活性炭为150℃，分子筛为600℃，硅胶为400℃，活性氧化铝为500℃）会发生变化。在这些温度下，其吸附能力较弱。事实上，正是在这些温度下使吸附剂活性再生。

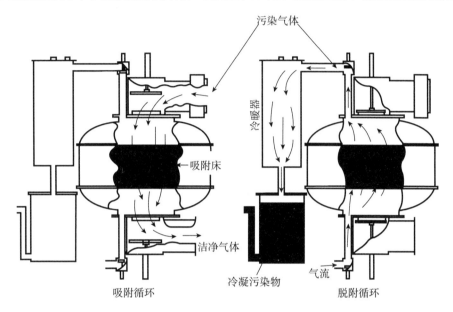

图3-1　吸附系统

（3）燃烧法。当气流中的污染物可被氧化成惰性气体时，燃烧是一种可行的污染控制方案。CO 和碳氢化合物就属于这类污染物。后燃器的直接火焰燃烧（图3-2）和催化燃烧目前已有工业应用。

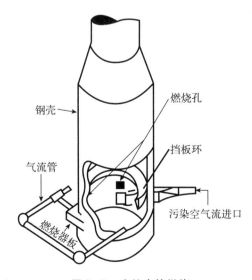

图3-2　直接火焰燃烧

选择直接火焰燃烧法的两个条件为：①气流的能量密度必须大于 3.7 MJ/m³。这时，点火后气体可自行维持燃烧，低于此值则需提供辅助燃料。②燃烧后不产生有毒的副产物。在某些情况下，燃烧副产物可能比原来的污染气体毒性更大。例如燃烧三氯乙烯会产生光气（光气在第一次世界大战中被当做毒气使用）。

能量值低于 3.7 MJ/m³ 的气体，可利用一些催化剂来帮助氧化燃烧。传统方法中，将催化剂置于类似于吸附床的床体内。经常使用的活性催化剂是铂或钯的化合物，使用陶瓷作载体。使用催化剂除价格昂贵外，其主要缺点是微量的硫和铅的化合物会使催化剂中毒。

2. 烟气脱硫

烟气脱硫（Flue Gas Desulfurization，FGD）系统分为两大类：非再生型与再生型。非再生型是指用于脱硫的试剂用完后无法进行循环使用。再生型则是指脱硫试剂可在再生后进行重新利用。从所建立的系统个数和大小来看，非再生系统占优势。

目前已建有 9 种工业性的非再生系统。这些系统脱硫的化学原理为：利用石灰（CaO）、烧碱（NaOH）、苏打灰（Na_2CO_3）或氨（NH_3）与烟气中的二氧化硫进行化学反应，以达到脱硫的目的。

利用石灰/石灰石的烟气脱硫系统，将 SO_2 转化为亚硫酸盐，总反应式可表示如下：

$$SO_2 + CaCO_3 \rightarrow CaSO_3 + CO_2$$
$$SO_2 + Ca(OH)_2 \rightarrow CaSO_3 + H_2O$$

当分别使用石灰或石灰石时，部分亚硫酸盐会与烟气中的氧气反应形成硫酸盐：

$$CaSO_3 + \frac{1}{2}O_2 \rightarrow CaSO_4$$

尽管反应过程较为简单，但其化学反应过程却相当复杂。石灰与石灰石的选择、石灰石的种类、石灰煅烧和熟化的方法均会影响吸收装置中气体—液体—固体三相间的反应。

湿式除尘系统中所使用的吸收器主要有：文丘里除尘器/吸收器、固定填充床除尘器、移动床吸收器、盘塔及喷塔等。

干式喷雾烟气脱硫系统由一个或多个喷雾干燥器和颗粒收集器组成。所用的试剂是熟石灰浆或生石灰浆。石灰是最常用的试剂，有时也使用苏打灰。在喷雾干燥器中试剂以液滴状喷入烟气内，试剂液滴吸收 SO_2 的同时被干燥。理想的情况是液滴在接触干燥器的器壁之前已被完全干燥。在滴状试剂的蒸发过程中，烟气流会变得潮湿，但尚未被水蒸气饱和。这就是干燥式喷雾烟气脱硫与湿式除尘烟气脱硫二者间最大的区别。潮湿的气流与颗粒物质（飞灰、烟气脱硫反应产物和未反应的试剂）被烟气带到位于喷雾干燥器下游的颗粒收集器。

3. 氮氧化物控制技术

空气中几乎所有的氮氧化物（NO_x）污染均是由燃烧造成的。它们产生于燃料中含氮物质的氧化、燃气中的氧分子与氮气在温度为 1 600 K 以上发生的反应、燃气中的氮气与碳氢自由基的反应。NO_x 的控制技术分为两类：一类是在燃烧过程中防止 NO_x 生成即预防；另一类是将燃烧过程中产生的 NO_x 转化成氮气和氧气，即后燃烧。

（1）预防。其基本原理为降低燃烧区域的火焰温度，减少 NO_x 的生成。有 9 种方法可用来降低火焰温度：①操作温度降到最低；②切断燃料；③减少过剩的空气量；④烟道气回流；⑤稀燃料燃烧；⑥分段燃烧；⑦用合格的燃烧器；⑧二次燃烧；⑨水/蒸汽注入。

调整燃烧器使燃烧在燃烧区的最低温度下进行，可减少燃料的消耗和 NO_x 的生成。利用含氮量较低或可在较低温度下燃烧的燃料可降低 NO_x 的生成。例如，石油焦炭的含氮量和火焰温度均比煤炭低，天然气中虽然没有含氮化合物，但需在较高的火焰温度下燃烧，因此，与煤相比会产生更多的 NO_x。

减少过剩空气量、进行烟气回流的目的主要是通过减少氧气浓度来降低火焰温度。与此相反，在稀燃料燃烧过程中，引入过量的空气是为了冷却火焰。

分段燃烧是将部分燃料和所有燃气注入第一级燃烧区，过量空气所造成的低火焰温度限制了 NO_x 的生成。水/蒸气的注入因降低火焰温度而减少了 NO_x 的排放。

（2）后燃烧。有三种过程可用于将 NO_x 转换成氮气：选择性催化还原（Selective Catalytic Reduction，SCR）、选择性非催化还原（Selective noncatalytic Reduction，SNCR）、非选择性催化还原（Nonselective Catalytic Reduction，NSCR）。

1）SCR 过程。使用催化剂床（通常是将钒—铁或铂催化剂附载于沸石上）和无水的氨（NH_3）。在燃烧后，将 NH_3 注入催化剂床的上游，NO_x 和 NH_3 在催化剂床内反应生成 N_2 和 H_2O。

2）SNCR 过程。在适当温度下（870～1 090℃），将氨或尿素注入烟气中，尿素首先转变成 NH_3，然后与 NO_x 反应生成 N_2 和 H_2O。

3）NSCR 过程。使用类似于应用在汽车中的三向（three－way）催化剂，除了可以控制 NO_x 之外，还可将碳氢化合物和一氧化碳转变成 CO_2 和 H_2O。该系统需要在催化剂床上游有 CO 和碳氢化合物等还原性物质存在。

4. 颗粒污染物脱除技术与设备

（1）旋风除尘器。对于直径大于 10 μm 的颗粒，可选择旋风除尘器收集。旋风除尘器是固定收集器。含颗粒物的气体经螺旋运动被加速，螺旋运动使颗粒产生离心力，从而使颗粒从旋转的气体中被抛出，撞击到旋风除尘器的圆柱形器壁，然后滑落到锥形底部被收集，最后通过一个紧密的阀门系统被除去。

（2）过滤器。过滤器包括深床过滤器、布袋除尘器。

深床过滤器：利用填充的纤维拦截气流中的颗粒。对于量小且相对清洁的气体，如空调系统中的空气，深床过滤器的过滤效果相当好。对于数量较大且较脏的工业废气，则选用袋式除尘器效果更佳。

过滤器的集尘机理包括：颗粒大于纤维之间的空隙时的筛选或筛滤作用、纤维本身的拦截作用以及颗粒与纤维间的静电吸引力。当纤维上形成一层灰尘滤块时，筛滤是最主要的机理。

布袋式除尘器：布袋可由天然或人造纤维制成。人造纤维的特点是价格低，对温度和化学试剂有较强的耐受性，纤维直径小，广泛用作过滤材料。滤袋使用寿命为 1～5 年，一般为 2 年。滤袋直径为 0.1～0.35 m，长 2～10 m。滤袋以下角作支撑，开口端通过轴环固定，排列成组，但彼此间分隔开。

逆气流布袋式除尘器的工作方式是将气体直接导入袋中，颗粒物质以类似于真空吸尘袋那样的方式被收集。倒换气流方向可清洁滤袋，逆流气流加上滤袋内陷使已收集的粉尘块落入漏斗至收集器底部。

脉冲式的袋式除尘器，设计成框架结构，这些框架用于支撑滤袋。颗粒物质被收集在滤袋外。按脉冲方式向滤袋中注入压缩的空气，引起滤袋突然膨胀而使粉尘块脱落。

袋式除尘器在工业上已获得广泛的应用，如应用于炭黑生产、水泥碾碎、饲料和谷物的加工处理、石膏和石灰石碾碎等工艺流程。目前滤袋的材质有较好的耐热性，所以在锅炉烟气净化方面得到较广泛的应用。例如，棉质和羊毛纤维滤袋，在持续的 90 ~ 100℃ 以上的温度下无法使用，但玻璃纤维滤袋可在 260℃ 以上使用。在所有的颗粒控制设备中，只有在过滤法中有可能添加吸附介质，并同时去除气相污染物。滤袋的尺寸大小取决于气体流速与滤布面积的比值。注意气体流速与滤布面积比值的单位为速度单位（m/s）。

（3）湿式除尘器。当被收集的颗粒为潮湿、高温或具有腐蚀性时，无法使用纤维布袋式过滤器，此时可使用湿式除尘器。湿式除尘器的典型应用包括滑石粉尘、磷酸雾、铸造熔炉粉尘和钢铁熔炉烟尘等排放的控制。

湿式除尘器的种类相当多，可用简单的喷雾室去除较粗的颗粒。文丘里除尘器（图3-3）和旋风式除尘器的结合使用，对较细微粒有很高的去除效率。湿式除尘器的主要操作原理为收集液的液滴速度与污染物颗粒速度不同，当颗粒撞击进入液滴时，液滴—颗粒复合体仍持续悬浮在气流中，被位于下游的收集器去除。由于液滴会使颗粒尺寸增大，所以，与没有液滴时相比，除尘器的效率更高。

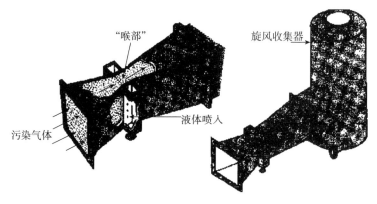

图3-3 文丘里除尘器

（4）静电除尘器。利用颗粒的静电沉降作用，可高效率地从热的气流中收集干燥颗粒。如图3-4所示，静电除尘器通常由金属平板和电线交替排列组成。在金属板与电线间形成强大的直流电压（30 ~ 75 kV），导致在金属板与电线间产生离子场 [图3-4（a）]。当载有颗粒物的气流通过金属板与电线之间时，离子附着到颗粒上并使之带负电荷 [图3-4（b）]。带负电荷的颗粒于是向带正电荷的金属板迁移并附着于板上（图3-5）。以一定的时间间隔敲击收集板，则聚结成片的颗粒会脱落进入漏斗状的收集器中。

与袋式除尘器不同，在静电除尘器的净化过程中，平板间的气流不停止。静电除尘器中的气体应保持低速度，以使颗粒有足够的时间迁移，这样，凝结的颗粒片的沉降速度足以保证其在离开除尘器之前，落入漏斗状的收集器中。

静电除尘器操作中的一个问题需要特别值得注意。化石燃料燃烧所排放的气体中，携带的颗粒物质通常称为飞灰，静电除尘器通常用于收集飞灰。使用静电除尘器收集飞灰时，在操作过程中应特别注意电阻率。收集板通过静电作用来捕获飞灰，粘在收集板上的飞灰会阻碍电流通过，对电流的阻碍程度可用飞灰的电阻率进行描述，其单位为 $\Omega \cdot m$。

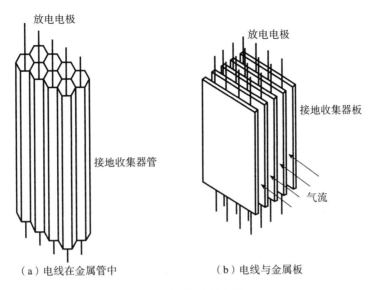

（a）电线在金属管中　　　　　（b）电线与金属板

图3-4　静电除尘器

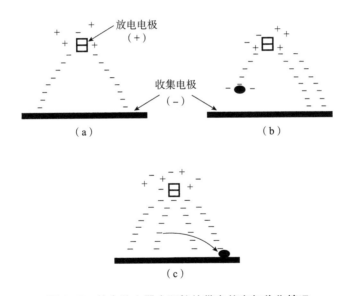

图3-5　静电除尘器中颗粒的带电状态与收集情况

若电阻率太低（小于$10^4\Omega\cdot m$），则没有足够的电荷以维持强静电力，颗粒无法"黏附"于收集板上。若电阻率太高，则会产生绝缘效应，飞灰聚结的薄层会局部破损，正电极发生局部放电（称为反电晕放电）。这种放电现象会使电压下降，产生正离子并使颗粒所带的负电荷减少，进而降低收集效率。

气流中若存在SO_2则会降低飞灰的电阻率，使颗粒容易被收集。为了使SO_2排放量降低，经常使用低硫煤，结果造成颗粒物排放量增加，通过加入如SO_3或NH_3等调理剂来降低飞灰的电阻系数，通过使用大型的除尘器等也可解决上述问题。静电除尘器可应用于控制发电厂、水泥窑、鼓风炉、冶金炉以及酸制造厂等引起的空气污染。

（二）移动源的空气污染控制

1. 减少漏气

进入运动着汽车的气流，通常通过曲轴箱以去除流经活塞的气体—空气混合物、蒸发的润滑油和任何其他气体产物。空气由进气孔进入并从由曲轴箱延伸的管子排出，排出的速率由车辆的行驶速度决定。车辆所排出的碳氢化合物中有 20%～40% 是从曲轴箱排入大气的，这种排放方式称为曲轴箱漏气。

2. 控制油箱蒸发损失

挥发性碳氢化合物由于油箱所造成的损失，可由两个控制系统中的任何一个来控制。最简单的系统是在油箱的通风管中放置活性炭吸附器。这样，由于天气热而导致汽油膨胀并使蒸气逸出通风管时，碳氢化合物可被活性炭吸附。另一个控制系统是将油箱与曲轴箱相连，此法的防漏效果比活性炭吸附法差。

3. 控制化油器蒸发损失

发动机运行时，化油器内所产生的碳氢化合物蒸气进入发动机的进气系统中。当发动机停止运行时，发动机的高温使汽油仍持续蒸发，这种现象称为"热渗入"。这些损失可利用活性炭吸附系统（称为滤毒罐）或将蒸气排入曲轴箱等方法来进行控制，其中活性炭系统效果较好。目前先进的燃料注入系统已不再使用化油器，故可避免此项蒸发损失。

4. 减少发动机排气

用来降低发动机气体排放量的技术远不止前面所列的影响尾气排放的几种。通常，控制方法可分成三类：发动机改良、燃料系统改良、设排气处理装置。这三种技术在某种程度上均有应用。空气质量标准的严格要求使催化转换排气处理系统被普遍采用。

从目前的情况来看，一个含有钠还原催化剂和氧化催化剂的双功能催化系统使用效果最好。通常使用沉积在惰性支持物上的贵金属或碱金属作催化剂。

使用催化剂的主要问题是铅、磷、硫等物质会使催化剂"中毒"（Poisoning）。此外，催化剂在热循环中容易产生磨损。将铅、磷和硫从燃料中去除可解决催化剂中毒问题。

另一种已施行的方法是燃料改良。在美国，自 1996 年 1 月开始，已完全停止使用含铅燃料。此外，改变柴油提炼方法可使其硫含量降低，并且减少 20% 的 VOCs 排放量。降低汽油的蒸气压可减少碳氢化合物的排放。使用氧燃料是另一种替代方案，氧燃料是一种具有更多氧的燃料，可使燃烧更有效率。其他的燃料替代品包括醇类、液化石油气和天然气。

（三）区域性复杂性污染控制机制

1. 建立统一协调的区域联防联控工作机制

在全国环境保护部联席会议制度下，定期召开区域大气污染联防联控联席会议，统筹协调区域内大气污染防治工作。京津冀、长三角、成渝、甘宁等跨省区域，成立由环境保护部牵头、相关部门与区域内各省级政府参加的大气污染联防联控工作领导小组；其他城市群成立由主管省级领导为组长的领导小组。区域内各地区轮值召开年度联席工作会议，通报上年区域大气污染联防联控工作进展，交流和总结工作经验，研究制定下一阶段工作目标、工作重点与主要任务。

2. 建立区域大气环境联合执法监管机制

加强区域环境执法监管，确定并公布区域重点企业名单，开展区域大气环境联合执法检查，集中整治违法排污企业。经过限期治理仍达不到排放要求的重污染企业予以关停。切实发挥国家各区域环境督查派出机构的职能，加强对区域和重点城市大气污染防治工作的监督检查和考核，定期开展重点行业、企业大气污染专项检查，组织查处重大大气环境污染案件，协调处理跨省区域重大污染纠纷，打击行政区边界大气污染违法行为。强化区域内工业项目搬迁的环境监管，搬迁项目要严格执行国家和区域对新建项目的环境保护要求。

3. 建立重大项目环境影响评价会商机制

对区域大气环境有重大影响的火电、石化、钢铁、水泥、有色、化工等项目，要以区域规划环境影响评价、区域重点产业环境影响评价为依据，综合评价其对区域大气环境质量的影响，评价结果向社会公开，并征求项目影响范围内公众和相关城市环保部门意见，作为环评审批的重要依据。

4. 建立环境信息共享机制

围绕区域大气环境管理要求，依托已有网站设施，促进区域环境信息共享，集成区域内各地环境空气质量监测、重点源大气污染排放、重点建设项目、机动车环保标志等信息，建立区域环境信息共享机制，促进区域内各地市之间的环境信息交流。

5. 建立区域大气污染预警应急机制

加强极端不利气象条件下大气污染预警体系建设，加强区域大气环境质量预报，实现风险信息研判和预警。建立区域重污染天气应急预案，构建区域、省、市联动一体的应急响应体系，将保障任务层层分解。当出现极端不利气象条件时，所在区域及时启动应急预案，实行重点大气污染物排放源限产、建筑工地停止土方作业、机动车限行等紧急控制措施。

思考题

1. 列出中国、美国环境保护局所制定的国家空气质量标准中的 6 个主要空气污染物。
2. 说明在空气污染物对材料的影响过程中，湿度、温度和阳光所起的作用。
3. 区分空气污染对健康造成的急性和慢性影响。
4. 说明哪种尺寸的颗粒易沉积在肺泡中，并进行解释。
5. 为什么很难确定空气污染与健康效应之间的因果关系？
6. 列出空气污染对健康产生的三种潜在的慢性影响。
7. 列出空气污染事件中的四项特性，说出发生过"致命性"空气污染事件的 3 个地点的名称。
8. 讨论六种标准空气污染物的天然和人为来源，并指出从空气中去除这些污染物的可能机制。
9. 指出下列各室内空气污染物的来源：CH_2O、CO、NO_x、Rn（氡）、可吸入性颗粒物和 SO_x。

10. 给出"酸雨"的定义，并说明其发生原因。

11. 利用有关的化学反应讨论在大气层上方臭氧的光化学反应，并说明氟氯烃对这些反应的影响。

12. 解释"温室效应"，说明其可能的成因。为什么其成因至今仍在争议之中？

13. 说明为什么山谷地带比平坦地带更易发生逆温现象。

14. 叙述下列各空气污染控制设备的工作原理：①吸收柱（包括填充式吸收塔和平板式吸收塔）；②吸附柱；③后燃器和催化燃烧器；④旋风除尘器；⑤袋式除尘器；⑥文丘里除尘器；⑦静电除尘器。

15. 对于特定的污染物和污染源，选择正确的空气污染控制设备。

16. 通过资料检索，说明降低氮氧化物排放量所采用的预防法和后燃烧法之间的差异，并各举一例。

17. 通过资料检索，绘图说明空气燃料比与汽车排放 CO、碳氢化合物和 NO_x 之间的关系。

18. 解释机动车"漏气"现象，并说明其控制方法。

19. 说明如何控制机动车的蒸发排放和废气排放。

20. 我国雾霾成因是什么？

21. 我国大气区域环境污染控制模式是什么？

22. 我国大气环境治理需要什么样的工程师？

参考文献

[1] 郝吉明，马广大. 大气污染防治工程 [M]. 北京：高等教育出版社，2010.

[2] 何强. 环境学导论 [M]. 北京：清华大学出版社，2008.

[3] Enger E D, Smith B F. Environmental Science [M]. 影印本. 9th edition. 北京：清华大学出版社，2004.

[4] 历年中国环境状况公报. http：//jcs. mep. gov. cn/hjzl/zkgb/.

[5] 铁燕. 中国环境管理体制改革研究 [D]. 武汉：武汉大学，2010.

第四章 固体废物处理与处置

本章主要介绍了固体废物来源、分类、污染问题；固体废物管理、处理处置技术与原则；固体废物处理与处置常见方法。通过学习，要求掌握固体废物环境问题实质、处理与处置技术与方法，理解和熟悉固体废物管理原则。

第一节 固体废物来源、特征与管理

一、固体废物来源

《中华人民共和国固体废物污染环境防治法》规定的固体废物是指由人类生产建设、日常生活和其他活动中产生出来的，对产生者来说是不能用或暂时不能用而需要抛弃的污染环境的固态、半固态的废物质。包括在工业、交通等生产活动中产生的工业固体废物，在城市日常生活中或者为城市日常生活提供服务的活动中产生的城市生活垃圾和列入国家危险废物名录中的危险废物。

表4-1列出从各类产生源产生的主要固体废物及其组成，可见不同来源的固体废物性质也不同。因此，要求固体废物从业者必须关注固体废物产生的源头，借用清洁生产全过程的理念从事固体废物管理，实现固体废物减量化、资源化和无害化。

表4-1　从各类产生源产生的主要固体废物

发生源	产生的主要固体废物
矿业	矿石、尾矿、金属、废木、砖瓦、砂石等
冶金、金属结构、交通、机械等工业	金属、渣、砂石、模型、芯、陶瓷、涂料、管道、绝热和绝缘材料、黏结剂、污垢、废木、塑料、橡胶、纸、各种建筑材料、烟尘等
建筑材料工业	金属、水泥、黏土、陶瓷、石膏、石棉、砂、石、纸、纤维等
食品加工业	肉、谷物、蔬菜、硬壳果、水果、烟草等
石油化工工业	化学药剂、金属、塑料、橡胶、陶瓷、沥青、污泥油毡、石棉、涂料等
电器、仪器仪表等工业	金属、玻璃、木、橡胶、陶瓷、化学药剂、研磨料、绝缘材料等
纺织服装工业	布头、纤维、金属、橡胶、塑料等
造纸、木材、印刷等工业	刨花、锯末、碎木、化学药剂、金属填料、塑料等

发生源	产生的主要固体废物
居民生活、商业、机关	食物、垃圾、纸、木、布、庭院植物修建物、金属、玻璃、塑料、陶瓷、燃料灰渣、脏土、碎砖瓦、废器具、粪便、杂品等
市政维护	脏土、碎砖瓦、树叶、死禽畜、金属、锅炉灰渣、污泥等
农业	秸秆、蔬菜、水果、果树枝皮、糠秕、禽畜粪便、农药等
核工业和放射性医疗单位	金属、含放射性废渣、粉尘、污泥、器具和建筑材料等

二、固体废物特征

固体废物一般具有以下特征：①空间性。废物仅仅在某一个过程和某一个方面没有使用价值，并非在所有过程和一切方面都没有使用价值，某个过程产生的废物往往会是另一过程原料。②时间性。严格意义上讲，"资源"和"废物"是相对的，不仅生产、加工过程会产生大量被丢弃的物质，而且任何产品或商品经过长期使用后都将变成废物。因此，固体废物处理处置和资源化将是以后面对的问题和任务。③持久危害性。由于固体废物成分多样性和复杂性，如包含有机物和无机物、金属和非金属、有毒物和无毒物、有气味物质和无气味物质、单一物和聚合物等，经过环境自然净化过程是长期复杂和难以控制的，它比废水和废气对人们生活环境的危害更深远、更持久。④再生低成本性。一般来说，利用固体废物再生要比利用自然资源生产产品的过程更能节能、省事、省费用。

三、固体废物的环境问题

固体废物的环境问题有"四最"：①最具综合性的环境问题。固体废物的污染同时伴随着水污染和大气污染问题。②最难处置的环境问题。固体废物在"三废"中最难处置，所含成分相当复杂，其物理性状也千变万化，没有废水、废气处理那么简单。③最晚受到重视的环境问题。④最贴近生活的环境问题。

（一）固体废物的分类

固体废物的分类方法有很多，按组成可以分为有机固体废物和无机固体废物；按其危害状况可分为危险废物（氰化尾渣、含汞废物等，见《危险废物名录》）、有害废物（指腐蚀、腐败、剧毒、传染、自燃、锋刺、放射性等废物）和一般废物；按其形态可分为固体废物（块状、粒状、粉状）、半固态废物（废机油等）和非常规固态废物（含有气态或液态物质的固态废物如废油桶、含废气态物质、污泥等）；按其来源分为工业固体废物、农业固体废物、城市生活垃圾和其他废物。

（二）废物产生量

我国工业固体废物的产量从 2003 年的 10 亿 t 以 14.1% 的复合增速增长到 2012 年的 33 亿 t，而相应的 2012 年处置量仅为 7 亿 t，排放量远超处置量，待处置缺口不断扩大。

仅从 2003 年开始计算，我国工业固体废物的累计产量已达 197 亿 t，相应的累计处置量仅为 45 亿 t，已经产生了 151 亿 t 的待处置存量。我国生活垃圾从 2000 年的 1.2 亿 t 增长到 2009 年的 1.7 亿 t。我国危险废物产生量逐年快速增长，仅 2001—2010 年的 10 年时间里，我国危险废物产量就增加了近 66.7%，2010 年全国危险废物产生量达到 1 586.8 万 t。其中，我国工业源危险废物产量早在 2007 年年底就已高达 4 573.69 万 t。

图 4-1 显示了固体废物产生速率与人口数量的关系。废物产量随人口增加而增加并且固体废物的平均值与许多地方因素有关，研究表明：城市地区的气候、生活标准、年代、教育程度、地区位置、收集方式和弃置习惯等因素，都会影响固体废物的产生量。

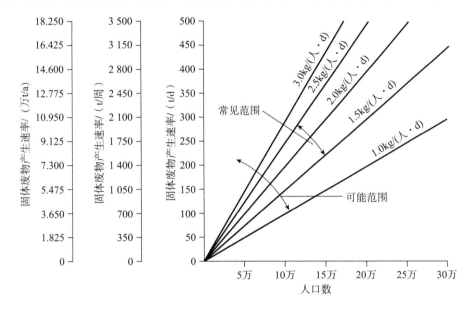

图 4-1　固体废物产生速率与人口数量的关系

四、固体废物管理

固体废物管理是指运用环境管理的理论和方法，通过法律、经济、技术、教育和行政等手段，鼓励废物资源化利用和控制废物污染环境，促进经济与环境的可持续发展。

（一）我国行政管理体系

以环境保护主管部门为主，结合有关的工业主管部门以及城市建设主管部门，共同对固体废物实行全过程管理。

环境保护部是我国政府管理环境的行政机关，下设环境规划、科研、教育宣传、自然保护、大气污染防治、水污染防治、政策法规、固体废物管理、放射性物质管理、有毒物质管理、外事活动与行政事务等机构。除我国台湾地区外，各省市自治区和计划单列市设有环境保护局，海南省设有环境资源厅，各省辖市、地区及县、县级市基本均已设环境保护局或专职机构，具体领导当地环保工作。在该系统，地方环境保护机构一般受地方政府和上一级环境保护局的双重领导。各级环保局设立污防处或污控处，并下设固体废物管理中心，统一对固体废物收集、运输和"三化"进行系统管理。

（二）发达国家行政管理体系

不同国家固体废物管理有不同管理方式，但特色是市场引导企业、政府调控市场。温哥华 GVRD 固体废物管理体系（Greater Vancouver Regional District Solid Waste System）是代表政府行使管理职责，政府定价，并负责向居民收费，设施由政府投资建设，垃圾收集、运输、处置由市场运作，GVRD 代表政府，根据法律、规范，确定标书的要求和内容，并通过招、投标的形式，确定建设和运营的企业。而旧金山阿拉美达郡固体废物管理体系（Waste Management at Alameda County）则是一种政府特许的专利经营模式，即在政府监管下，由私人资本通过投标，获取政府特许的专利经营权来经营，政府给予企业一定专利经营年限，保障它们的盈利率，收费标准由政府确定，企业自己向居民收费，通过合同形式承担生活垃圾管理服务责任。环卫设施企业投资建设，自行运营、管理，完全实行市场化运作机制。虽然两种管理模式不同，但最终体现了一个特点，就是政府调控市场。

（三）固体废物管理制度分类

1. 固体废物最小量化管理

固体废物最小量化的目的，是使需要储存、运输、处理、处置的固体废物降低到最小程度。固体废物最小化基本技术包括：①原料管理，即对原料贮存进行合理管理，用无害原料代替有害原料；②减容技术，即减少废物体积或消纳废物的方法和措施；③工艺改造，即在生产过程中降低废物数量；④再循环回收利用，即进行废物交换，使废物体积减少，降低其危害性。

2. 废物转移跟踪管理

废物转移跟踪管理是将废物的产生直至最终处置，每道环节都监督管理起来。实施废物转移跟踪管理的核心内容是，废物在其拥有者之间发生的每一次转移，都必须有废物提供者填写的废物转移报告，分送废物运输者、接受部门，并且接受废物检查，执行信息反馈。废物转移报告中必须包括产废源自身情况、运输部门、处理部门等信息。因此，转移过程中，产生者、收集者和运输者、处理者三者之间承担的责任一目了然。采用废物迁移跟踪管理制度，确保废物得到了最终安全处理处置，废物转移跟踪管理技术，在北美、西欧和澳大利亚等工业发达国家和地区普遍使用。

3. 固体废物交换管理

20 世纪 70 年代初，荷兰创造了世界上第一个固体废物交换机构，该机构利用信息技术实现固体废物资源合理配置。德国化学工业协会建立的废物交换中心使参与的各大公司获益匪浅。1978 年欧共体相继成立了欧洲国家废物交换市场。目前，美国、加拿大已成立并正在运行的有 20 多个废物减缓中心。日本在 20 世纪 80 年代初开始实施废物交换计划，废物交换具有降低处理处置费用，节省原料，保护环境和维护公众健康，加强行业间合作等优点。

4. 贮存、处理、处置许可证制度

经营者须向主管当局书面申请，从而取得贮存、处理、处置固体废物的合法经营许可

证。申请书内容主要有：①拟接受的废物种类、性质、成分、数量；②拟接受的废物的贮存、处理、处置方式，以及时间、速度、周期、比例等；③贮存、处理、处置方式、处置设施及所在地点的情况；④贮存、处理和处置费用。

5. 废物管理信息系统

发达国家建立并运行的废物管理系统，在世界各国得到推广和广泛应用。废物管理系统主要功能：①提供产废企业、废物承运者、处理处置者的信息资料；②提供废物流资料，包括废物流代码、废物类型、理化特性、产废工艺等；③各种收费数据；④对废物转移进行跟踪管理。英国和美国都有一套完整的废物管理系统。

（四）固体废物法律体系

1. 我国法律体系

（1）国际公约。《控制危险废物越境转移及其处置巴塞尔公约》《关于持久性有机污染物（POPs）的斯德哥尔摩公约》等。

（2）法律。《中华人民共和国宪法》《中华人民共和国环境保护法》《中华人民共和国刑法》《中华人民共和国固体废物污染环境防治法》《中华人民共和国清洁生产促进法》《中华人民共和国环境影响评价法》等一系列法律。

（3）法规。《城市市容和环境卫生管理条例》《排污费征收使用管理条例》《建设项目环境保护管理条例》《医疗废物管理条例》等。

（4）部委规章。主要有：①生活垃圾处理及污染防治技术政策（2000年），城建部；②环境卫生质量标准（1997年），建设部；③城市生活垃圾管理办法（2007年），建设部；④城市建筑垃圾管理规定（2005年），建设部；⑤城市道路和公共场所清扫保洁管理办法（1994年），建设部；⑥危险废物污染防治技术政策（2001年），国家环境保护总局；⑦医疗废物专用包装物、容器标准和警示标识规定（2003年），国家环境保护总局；⑧废电池污染防治技术政策（2003年），国家环境保护总局；⑨城市放射性废物管理办法（1987年），国家环境保护总局；⑩环境保护行政处罚办法（1999年），国家环保总局；⑪废物进口环境保护管理暂行规定（1996年），国家环境保护局、对外贸易经济合作部、海关总署、国家工商行政管理局、国家进出口商品检验局；⑫资源综合利用电厂（机组）认定管理办法（2000年），国家经贸委；⑬建设项目竣工环境保护验收管理办法（2001年），国家环境保护总局；⑭《国家安全监管总局等七部门关于印发深入开展尾矿库综合治理行动方案的通知》（安临总管一〔2013〕58号）；⑮关于组织推荐第三批餐厨废弃物资源化利用和无害化处理试点备选城市的通知（发改办环资〔2012〕3149）。

（5）地方性规范文件。如北京市生活垃圾管理条例（草案）、福建省固体废物污染环境防治若干规定等。

以上法律、法规、规章和管理条例具有时效性。

2. 国外法律体系

不同国家制定自己的法律体系，如美国有关法律法规：《固体废物处置法》或称《资源保护和回收法》（RC9R-A）（1984）、《全面环境责任承担赔偿和义务法》（CERCLA）（1986）、《危险废物识别条例》、《危险废物产生者条例》、《危险废物运输者条例》《危险废物设施所有者和营运人条例》等，各国的法律体系既有相同点又具有差异。

五、固体废物收集

1. 收集系统

固体废物的收集系统可分为 3 种：①市政府直接雇用人员收集（Municipal collection）；②市政府委托私人公司处理（Contract collection）；③私人住宅委托私人公司处理（Private collection）。垃圾收集方式的发展趋势，20 世纪 60 年代所采用的单一的市立收集方式转向多种组合式收集。

政府官员必须确定需要收集的固体废物的种类。在有些城市，并不是所有的固体废物都需要进行收集，某些特定的物品（如轮胎、草地剪除物、家具、动物尸体）可被排除在外。因为危险废物在处置和收集时具有危险性，因此，必须将此类废物排除在一般性收集系统之外。收集的垃圾种类与其处置设施规模大小或立法机构的意见有关。一个城市可能仅收集厨余垃圾，也可能收集除厨余垃圾之外的所有废物。几乎所有的市立收集系统都会收集住宅废物，但只有 113 家市立收集系统会收集工业废物。

关于收集问题，政府官员最后的工作是确定收集的频率。最满意且最经济的收集频率与固体废物的数量、气候、成本和民众需求等因素有关。在收集含厨余废物垃圾时，其最大收集周期不应大于：①在一合适尺寸的储存容器中存放废物的正常累积时间；②在平均储存条件下，新鲜厨余垃圾放入储存容器后发生腐败产生臭味的时间；③在炎热的夏季，蚊蝇繁殖循环的时间（少于 7 天）。

在过去的 30 年，美国典型城市所采用的主要收集频率从每周两次变成了每周一次。每周一次收集频率广泛采用的原因有两个：①可以降低单位成本；②固体废物中纸张含量的增加和厨余垃圾含量的减少，允许固体废物有较长的储存周期。

收集政策确定后，由工程师或管理人员确定实际的收集方法。选择收集方法需要考虑的主要因素包括：如何收集固体废物、工作人员的管理、卡车行驶路线的安排。

2. 收集方法

首先要确定如何将固体废物容器从住宅运送到收集车辆。有 3 种基本方法：①将储存容器放置于街道旁或巷口，车辆直接在此处收集；②往返收集；③到住宅后院收集。

使用标准储存容器进行收集工作，收集点为街道旁或巷口，这是一种快速、经济、最普遍的收集方式。街道收集的成本约为住宅后院收集成本的 1/2。市政府经常指定储存容器的种类。清洁人员只需简单地将装有垃圾的储存容器倾倒至收集车辆。在允许的时间内，清洁人员可以同时将街头两旁的垃圾收集至收集车辆。市政府公布并规定住户将储存容器放置于街道或巷口等候收集和取回储存容器的时间。一般规定在早上七点取出并放置于适当地点，在晚上七点取回容器。放置在街道的固体废物需在极短时间内收集完毕。典型的清洁工作小组由一位驾驶员和两位收集人员组成。有些小组有三位或四位的收集人员，但清洁工作小组人员编制的趋势是采用较少的收集人员。最近的研究表明，小规模清洁人力编组的工作效率更高。因为劳动力成本占垃圾收集总成本的主要部分，所以该收集方法节省成本，而且该收集方法收集人员不需进入私人住户，对每个住户提供的服务相对一致。然而，许多市民不喜欢在某个特定时间将其固体废物取出放置于街道上，并且这样会妨碍市区街道的景观。调查发现许多住户喜欢付较多的费用，采用后院收集服务方式。

往返收集方式可避免街道收集的许多缺点，但采用这种方法需要收集人员进入住户收集垃圾。该方法包括以下操作：①在收集车辆到达之前，清洁人员从住户垃圾储存位置将装满的垃圾容器搬运到街道或巷口等候收集；②收集人员将废物倾倒至收集车辆；③将腾空的储存容器送回到住户处并妥善放置。该收集方法中，清洁人员为了收集垃圾，必须行走往返的路程，该方法并不比后院收集法经济和优越。

后院收集法通常由收集人员携带一个垃圾桶进入住家收集垃圾，其主要优点是方便住户，其主要缺点是成本较高，且许多住户反对收集人员进入其住家。

成本分析表明：固体废物收集阶段的成本占其收集和处置成本的70%～85%。因此，市政府应致力于研究最有效的收集系统方案。然而，许多研究工作是在假设废物已经收集并等候处置的情况下进行的。收集系统没能得到认真的研究，可能有两个主要的原因：①收集系统是一个复杂的系统，难以全面分析且研究费用昂贵。主要原因是分析时涉及人员、设备、服务水准等，再加之，诸如收集方法、收集废物数量、废物储存方法、收集位置、设备的类型和操作特性、道路因素、路线地势、气候因素和人员因素等多种变化因素。人员因素包括道德、动机、疲劳和影响完成一项工作所需时间和其他因素等。②多数城市以某种方式收集废物，且认为这种收集方式很好而未进行改善。此外，民众对改善垃圾处置系统所施加的压力远大于收集系统所面临的压力。因此，对于收集系统的分析研究较少。

改变收集系统需要进行大量的研究和试验。即使这种改变是明显有益的，也必须说服政府官员采用。由于固体废物收集系统太大，太复杂，所以通常以小规模收集系统来进行实验，并将小规模系统的研究结果，运用于分析研究大规模系统所面临的问题，但大规模系统的相关数据可能不存在。在控制系统的政治因素和成本分布的影响下，实用的结果可能会被推翻。如果已决定将一项重大投资用于现存的收集系统，则不允许设计人员花费更多的资金使其从头开始工作，但他可以针对已确定的系统进行一些工作。

设计人员可以运用许多技术来评估和优化收集系统。进行这些工作需要大量的数据收集和分析整理。目前已开发出一种使用简单的数据资料收集系统，可以对收集过程进行非常详细的分析。在分析过程中，数据收集人员根据清洁人员的收集日程，跟随清洁人员收集数据，将得到的数据记录于"人员—机器"（Crew - Machine）图。人员—机器表可以显示完成每一项工作所需的时间。利用计时表记录每项工作所需时间，从清洁人员离开卡车开始工作时记录时间，直到完成该项工作，然后开始进行另一项计时工作。清洁人员必须持续不断地进行收集，以得到整天的工作计时数据。

为使分析结果有意义，垃圾收集人员的工作必须标准化。典型的工作项目有：

（1）行走（Walk）。收集人员从卡车下车沿道路行走到下一个收集点所花费的时间。此项仅适用于路边或巷口收集方法。

（2）驾驶（Drive）。驾驶卡车从一个收集点到另一个收集点所花费的时间。

（3）装车（Trash）。将庭院废物从路边装上卡车所花费的时间，有些工作人员利用叉子完成此项工作。

（4）搭乘（Ride）。在垃圾收集点之间工作人员搭乘卡车所花费的时间。

（5）引导（Lead）。此项仅用于后院收集方法。工作人员携带垃圾桶离开卡车到一些家庭收集废物后，站立在路旁等候卡车所花费的时间。

（6）收集（Collect）。采用传统方式进行后院收集废物所花费的时间。此项工作时间包括收集人员离开卡车走路到后院，将垃圾倾倒入垃圾桶，返回到卡车后倾倒桶中的废物等。

（7）倾倒（Dump）。将垃圾箱或垃圾袋从路旁装入卡车所需花费的时间。

（8）延迟（Delay）。除上述所列工作项目外，任何其他操作花费的时间。

对上述各项工作进行修正后可以适用于不同的系统。在数据收集整理后，可以进行转换，表示为完成某项工作花费时间的百分比的柱状图。

第二节　固体废物处理处置基本原则

固体废物虽然为污染物质，但若管理和处理处置方法合理，也会变为资源，为此国内外总结了一些处理处置的基本原则，包括"三化"原则、清洁生产原则、全过程管理、分类分级管理原则、"3R"原则等。

一、"三化"原则

（一）"无害化"

固体废物"无害化"处理的基本任务是将固体废物通过工程处理，以达到不损害人体健康，不污染周围自然环境的目标。通俗地讲，"无害化"处理就是将固体废物中的有毒有害物质，通过物理、化学和生物措施进行处理，从而达到消除有毒有害物质的目的。目前，废物"无害化"处理工程已发展为一门崭新的工程技术，例如具有我国特点的"粪便高温厌氧发酵处理工艺"，在国际上一直处于领先地位。

（二）"减量化"

"减量化"包括两个方面的含义：减少废物的排出量和废物的重量或体积。据估计，目前我国矿物资源利用率仅50%～60%，能源利用率为30%。这就意味着我国矿物资源有40%～50%没有发挥生产效益而变成了废物，既污染环境，又浪费了大量宝贵的资源。减少工矿企业产生废物的措施和方法：①改革产品设计，开发原材料消耗少，能耗低的新产品；改革工艺，强化管理，减少浪费、减少产品的单位物耗能耗量。②提高产品质量，延长产品寿命，尽可能减少产品废弃的概率和更换次数。③开发可多次重复利用的制品，如包装食品的容器、瓶类。固体废物的焚烧、压实等也是一种"减量化"措施。例如，生活垃圾采用焚烧法处理以后，体积可减少80%～90%，残渣则便于运输和处置。

（三）"资源化"

固体废物的"资源化"是采用工艺或采取措施，从固体废物中回收有用的物质或能源，或者直接利用固体废物作为其他工艺的原料。相对于自然资源来说，固体废物属于二次资源。资源和废物的概念是相对的，对一个车间或部门是废物，可能正好是另一个车间或部门的资源或原材料。任何固体废物中所包含的元素或化合物，都可以成为人类社会实践活动的生产资料或原材料。废物"资源化"是解决固体废物问题的根本方法。

通过各种方法（分拣、筛选、提取等工艺）从固体废物中回收或制取有价值的物质和能源，将废物转化为本部门或者其他产业部门的新生产要素，同时达到保护环境的目的。目前，我国废物资源化已取得很大进展：①做工业原料。如从尾矿和废金属渣中回收金属元素，利用含铝量高的煤矸石制作铝铵矾、三氧化二铝、聚合铝等，从剩余滤液中提取锗、镓、铀、钒、钼等稀有金属。废旧金属、废塑料、废纸、废橡胶的回收利用更是非常普遍。②回收能源。如用煤矸石作沸腾炉燃料用于发电，每年可节约大量优质煤。用煤矸石也可制造煤气。垃圾焚烧发电及有机废物分解回收燃料油、沼气等。③作为土壤改良剂或肥料。如粉煤灰可改良黏质、酸性土壤，钢渣可作磷肥等。④直接利用。如各种包装材料、玻璃瓶等均可直接回收利用。⑤作建筑材料。利用矿渣、炉渣和粉煤灰可制作水泥、砖、保温材料、道路或地基的垫料等。

我国是一个发展中国家，面对经济建设的巨大需求与资源不足的严峻局面，推行固体废物资源化，不但可为国家节约投资、降低能耗和生产成本，而且可减少自然资源的开采，还可治理环境，维持生态系统良性循环，因此是一项强国富民的有效措施。

关于控制固体废物的基本技术政策概括起来可总结为："无害化"是基本要求，"减量化"是目前废物处理的主要途径，"资源化"是固体废物处理的发展方向。

二、清洁生产原则

固体废物处理与处置的清洁生产理念包含两个方面：①在固体废物的产生过程中提倡清洁生产的理念，从原料选取、生产过程、管理、技术、固体废物产生和服务等各个环节执行清洁生产理念；②在固体废物处理与处置过程中提倡清洁生产理念，即在固体废物处理处置全过程中，实施清洁生产。

三、全过程管理原则

全过程管理原则是对固体废物从产生到运输直至最后的处理、贮存和处置等过程实行全面的、综合的、封闭的管理，做到少扩散或不扩散，并使其最终得到安全的处置。

四、分类分级管理原则

分类分级管理原则是根据固体废物的不同特性，将固体废物分成危险固体废物和非危险固体废物两类加以管理。

五、"3R"原则

减少（Reduce）废物产量、再利用（Reuse）废物、循环利用（Recycle）废物，把3

个英文单词取第一个字母都是 R，这样就简称"3R"原则。

（1）减少废物产量。节约 1 t 纸可少产生 1 t 垃圾，少生产 400 t 左右造纸黑液，少产生 2.4×10^4 m³ 的废气，少砍伐一片树林，少消耗相应数量的煤、电、碱等。近年来，北方地区大田中推广地膜覆盖技术，聚乙烯、聚氯乙烯薄膜有 20% ~30% 残留在土地中。此外，随着塑料工业的发展，日常生活用品中有许多是塑料制品，如塑料袋、一次性餐具、饮料瓶、饮水杯等，这些废物到处乱扔不仅影响市容，而且由于聚乙烯、聚丙烯、聚氯乙烯等塑料很难降解，混入土壤中几十年不变，破坏了土壤结构，阻碍了土壤作物从土壤中吸收水分和营养成分的途径，从而影响了农业生产。我们把由塑料造成的污染称为"白色污染"。为了防止白色污染继续蔓延，一方面禁止使用超薄塑料袋，另一方面积极推广使用能迅速降解的淀粉塑料、水溶塑料、光解塑料等。

（2）再利用废物。在日本，垃圾再利用相当普遍，许多商品包装上都有"再生"标志。按照包装上的提示，消费后的垃圾是分类抛弃于垃圾箱的，环卫工人处理城市垃圾，首先回收其中可利用的废旧物资，如废纸、废金属、旧织物、玻璃、塑料等，其次果皮、菜叶、泔脚等则可加工为饲料，然后垃圾经过焚烧使其体积大大缩小，同时消灭各种病原体，能把一些有毒有害物质转化为无害物质。有的诸如塑料类经过加工为再生塑料制品，实在无法利用的集中填埋，覆土造地，以达到保护环境的目的。近年来，日本采用高压压缩垃圾，制成垃圾块填海造地。同时由于垃圾燃烧放热，可回收热能用于发电。日本的垃圾焚烧率高达 90% 以上，技术人员测算发现：1 kg 的垃圾相当于 0.2 kg 煤所产生的热量。

（3）循环利用废物。就是指充分利用垃圾中的各种有用成分，合理开发二次资源。废物的充分回收利用必须建立在垃圾分类基础上，垃圾只有经过分类，才可将有用物资进行分类回收。在固体废物最终处置前，尽量实现有用物资的直接回收利用，这样不仅有利于减少源头垃圾产生量，促进废旧物资的循环利用，而且可以降低垃圾处理费用，简化垃圾处理工艺组合和机械设备的配备，减轻垃圾处理的难度。有关专家曾做过测定，每回收利用 1 t 废旧物资，可节约自然资源近 120 t，节约标煤 1.4 t，还可减少近 10 t 的垃圾处理量。根据国家有关部门估算，我国每年还有几百万吨废钢铁、废纸未回收利用；每年扔掉的 60 多亿只废旧干电池中就含有 7 万 t 锌、16 万 t 二氧化锰、1 200 多 t 铜；每年生产 1 万多 t 牙膏皮，回收率仅为 30%，故废旧回收业被经济学家称为"第二矿业"。除了对垃圾的无机物进行回收、提取、利用外，还可对垃圾进行堆肥等微生物过程处理，将堆肥产品用于农田种植、动物饲养、水产养殖和土地改良，以达到回收垃圾中有机物的目的。利用垃圾焚烧发电供热，作为另一种资源回收形式，在世界上已被广泛采用。北京市一年产生的 450 万 t 垃圾就相当于 90 万 t 煤，而且烧结后的炉渣还可以制砖，做到物尽其用。以固体废物处理为龙头的环保工业，已经成为全球经济新的增长点。

第三节　固体废物处理与处置方法

固体废物处理与处置是指将固体废物转变成适于运输、利用、贮存或最终处置的方法。其处理方法主要有：物理处理、化学处理、生物处理、热处理、固化处理和最终处置等。

一、物理处理

物理处理是指通过浓缩或相变化改变固体废物的结构，使之成为便于运输、贮存、利用或处置的形态。物理处理方法包括压实、破碎、分选、增稠、吸附、萃取、吸附等，成为回收固体废物中有价值物质的重要手段。

二、化学处理

化学处理是指通过化学方法破坏固体废物中的有害成分从而达到无害化，或将其转变为适于进一步处理、处置的形态，化学方法一般适合于处理成分单一的固体废物。化学方法包括氧化、还原、中和、化学沉淀和化学溶出等。有些有害固体废物，经过化学处理还可能具有富含毒性成分的残渣，还需对残渣进行解毒或安全处置。

三、生物处理

生物处理是利用微生物分解固体废物中可降解的有机物，从而达到无害化或综合利用的目的。固体废物经过生物处理，在容积、形态、组成等方面，均发生重大变化，从而使垃圾便于运输、储存、利用和处置。生物处理方法包括好氧处理、厌氧处理、兼性好氧处理或兼性厌氧处理。

四、热处理

热处理是通过高温破坏或改变固体废物的组成和结构，同时达到减容、无害化或综合利用的目的。热处理方法包括焚烧、热解、焙烧及烧结等。

五、固化处理

固化处理是采用固化基材将废物固定或包覆起来以降低其对环境的危害，使垃圾能较安全地运输和处置的一种处理技术。固化处理的主要对象是危险废物和放射性废物。

六、固体废物处置

固体废物处置是指将固体废物焚烧或用其他方法改变固体废物的物理、化学、生物特性的方法，达到减少已产生的固体废物数量、缩小固体废物体积、减少或者消除其危险成分的活动，或者将固体废物最终置于符合环境保护规定要求的填埋场的活动。

处置方法包括海洋处置和陆地处置两大类。海洋处置包括深海投弃和海上焚烧；陆地处置包括土地耕作、工程库或贮留池贮存、土地填埋和深井灌注等几种。

思考题

1. 比较国内外固体废物管理体系、原则和技术的区别与联系。
2. 收集国外固体废物管理案例并与国内固体废物管理情况进行对比分析。
3. 固体废物管理涉及哪几类人？你认为其各自的职责是什么？
4. 调研我国固体废物管理和处理处置现状，并与国外相比较，撰写 1 000 字以上的调研报告。
5. 固体废物企业的管理有哪些特点？

参考文献

[1]　李登新. 固体废物处理与处置［M］. 北京：中国环境出版社，2013.
[2]　Enger E D，Smith B F. Environmental Science［M］. 影印本. 9th edition. 北京：清华大学出版社，2004.
[3]　宁平. 固体废物处理与处置［M］. 北京：高等教育出版社，2007.
[4]　何品晶. 固体废物处理与资源化技术［M］. 北京：高等教育出版社，2011.

第五章　物理性污染

本章主要介绍了噪声、电磁辐射、放射性、光、生物和热等物理性的污染与防治。通过学习，要求掌握各类物理性污染产生的原因、污染防治方法，并熟悉各类污染的危害。

各种物质都在以不同的运动形式进行能量交换和转化，物质的能量交换和转化的过程，就构成了物理环境。自然声环境、震动环境、电磁环境、放射性辐射环境、热环境、光环境构成了天然物理环境。人工物理环境是人类活动的物理因素不同程度地干预天然物理环境所生成的次生物理环境，两者交叠共存，相互作用。

人类生存于某种物理环境里，也影响着这种物理环境。比如由于人类进行大规模的工业生产从而向大气释放大量温室气体，造成温室效应，使地球变暖，就是一个例子。环境物理学是在物理学的基础上发展起来的一门新兴学科，是环境科学的重要组成部分。

物理性污染与化学性污染、生物性污染是不同的。化学性污染和生物性污染是环境中出现了本来不存在的有害物质和生物，或者是环境中的某些物质超过正常含量，而天然物理性的声、光、热、电磁场等在环境中是永远存在的，它们本身对人无害，只是由于人为原因造成环境中含量过高或过低而形成污染或异常现象才对人体及生态造成危害。物理性污染一般是局部性的，同时在环境中不会有残余物质存在。

第一节　噪声污染及其控制

噪声从心理学上指凡是人们不需要的声音，从物理学观点看，噪声是由许多不同频率和强度的声波无规则地杂乱无章组合而成。评价噪声大小的单位为"分贝"，符号 dB（A）。

一、环境噪声标准

环境噪声标准分为产品噪声标准、噪声排放标准和环境噪声质量标准。

（一）产品噪声标准

产品噪声标准有《汽车定置噪声限值》（GB 16170—1996）、《家用和类似用途电器噪声限值》（GB 19606—2004）和《土方机械噪声限值》（GB 16710—2010）等。

（二）噪声排放标准

1.《工业企业厂界环境噪声排放标准》（GB 12348—2008）

工业企业厂界环境噪声排放标准如表 5-1 所示。

表 5-1　工业企业厂界环境噪声排放标准　　　　　　　　　　单位：dB（A）

类别	0	1	2	3	4
昼间	50	55	60	65	70
夜间	40	45	50	55	55

夜间频繁突发的噪声（如排气噪声），其峰值不准超过标准值 10 dB（A）；夜间偶然突发的噪声（如短促鸣笛声），其峰值不准超过标准值 15 dB（A）。

工业企业若位于未划分声环境功能区的区域，当厂界外有噪声敏感建筑物时，由当地人民政府参照 GB 3096 和 GB/T 151910 的规定执行。

2.《建筑施工场界环境噪声排放标准》（GB 12523—2011）

建筑施工场界环境噪声排放限值见表 5-2。

表 5-2　建筑施工场界环境噪声排放限值　　　　　　　　　　单位：dB（A）

昼间	夜间
70	55

3.《铁路边界噪声限值及其测量方法》（GB 12525—90）

2008 年，环境保护部对《铁路边界噪声限值及其测量方法》（GB 12525—90）进行了修改，并于 2008 年 10 月 1 日起实施，规定：对于 2011 年 1 月 1 日前的已建及改扩建铁路，距铁路外侧轨道中心线 30 m 处的等效 A 声级不得超过 70 dB；新建铁路边界噪声限值昼间不超过 70 dB（A），夜间不超过 60 dB（A）。

4.《机场周围飞机噪声环境标准》（GB 9660—88）

本标准规定了适用于机场周围受飞机通过所产生噪声影响区域噪声标准值。采用一昼夜的计权等效连续感觉噪声级作为评价量，用 Lwecpn 表示，单位为 dB。各适用区域的标准值为：一类区域，特殊住宅区，居住、文教区≤70dB；二类区域，除一类区域以外的生活区≤75dB。

（三）环境噪声质量标准

1. 工业企业噪声控制设计规范

《工业企业噪声控制设计规范》（GB/T 50087—2013）是在大量测试分析和调查的基础上制定的，充分考虑了保护职工的身体健康和标准的可行性。

标准规定：工业企业生产车间和作业场所的工作地点的噪声标准为 85 dB（A）。工业企业各类噪声场所噪声限值见表 5-3。

表5-3 各类噪声场所噪声限值

工作场所	噪声限值/dB（A）
生产车间	85
车间内值班室、办公室、观察室、实验室、设计室、休息室的室内背景噪声级	70
正常工作状态下精密装配线、精密加工车间和计算机房	70
主控制、集中控制、通信、电话总机、消防值班、一般办公、会议、设计、中心实验室（包括试验、化验、计量室）室内背景噪声级	60
医务室、教室、工人值班宿舍室内背景噪声级	55

2. 室内环境噪声允许标准

我国民用建筑室内允许噪声值参见《民用建筑隔声设计规范》（GB 50118—2010）。为提高民用建筑的使用功能，保证室内有良好的声环境，特制订本规范，不同民用建筑室内噪声限值见表5-4。

表5-4 各类民用建筑室内噪声限值 单位：dB（A）

室内场所		一级	二级	三级
住宅建筑	卧室、书房（或卧室兼起居室）	≤40	≤45	≤50
	起居室	≤45	≤50	—
学校建筑	有特殊安静要求的房间	≤40	—	—
	一般教室	—	≤50	—
	无特殊安静要求的房间	—	—	≤55
医院建筑	病房、医护人员休息室	≤40	≤45	≤50
	门诊室	≤55		≤60
	手术室	≤45		≤50
	听力测听室	≤25		≤30

3. 城乡居民正常生活、工作和学习的声环境质量标准

城乡居民正常生活、工作和学习的声环境质量标准执行《声环境质量标准》（GB 3096—2008）。本标准规定了五类环境功能区的环境噪声限值及测量方法。按区域的使用功能特点和环境质量要求，声环境功能区分为以下5种类型：0类声环境功能区：指康复疗养区等特别需要安静的区域。1类声环境功能区：指以居民住宅、医疗卫生、文化体育、科研设计、行政办公为主要功能，需要保持安静的区域。2类声环境功能区：指以商业金融、集市贸易为主要功能，或者居住、商业、工业混杂，需要维护住宅安静的区域。3类声环境功能区：指以工业生产、仓储物流为主要功能，需要防止工业噪声对周围环境产生严重影响的区域。4类声环境功能区：指交通干线两侧一定区域之内，需要防止交通噪声对周围环境产生严重影响的区域，包括4a类和4b类两种类型。4a类为高速公路、一级公路、二级公路、城市快速路、城市主干路、城市次干路、城市轨道交通（地面段）、内河航道两侧区域；4b类为铁路干线两侧区域。城乡居民正常生活、工作和学习的各类区域环境噪声最高限值见表5－5。

表5－5 环境噪声限值 　　　　　　　　　单位：dB（A）

时段声环境功能区类别		昼间	夜间
0		50	40
1		55	45
2		60	50
3		65	55
4	4a 类	70	55
	4b 类	70	60

二、噪声控制

（一）噪声源分析

噪声来源有以下几种。

（1）机械噪声。摩擦力、撞击力、非平衡力等使机械部件和壳体产生振动而辐射声能。

（2）空气动力性噪声。气体流动过程中的相互作用或者气流和固体介质之间的相互作用而产生的噪声，如风机噪声、喷气发动机噪声、高压锅炉放气排空噪声等。

（3）电磁噪声。电磁场交替变化引起的机械部件或空间容积振动而产生，如电动机、发电机、变压器的噪声等。

（二）城市噪声源类型

城市噪声有以下几种：工业生产噪声、交通运输噪声、建筑施工噪声、社会生活噪声。

（三）噪声污染控制方法

噪声污染控制方法有三类：①源头控制。在源头控制声音的发出是最有效的方法之一，如加装隔音罩，减少额外工作等。②传播途径控制。将声音在传播的过程中拦截下来，也是一种有效的方法，如道路旁种树，安装隔音板。③受害者保护。如在耳朵上塞上棉花，是最被动的一种方法。

1. 吸声

能够吸收较高声能的材料或结构称作吸声材料或吸声结构。利用吸声材料和吸声结构吸收声能以降低室内噪声的办法称作吸声降噪，通常简称吸声。吸声处理一般可使室内噪声降低3~5 dB（A），使噪声很严重的车间降噪6~10 dB（A）。

（1）吸声材料及原理。通常把吸声系数 α > 0.2 的材料，称为吸声材料（absorptive

material）。吸声材料不仅是吸声减噪必用的材料，而且也是制造隔声罩、阻性消声器或阻抗复合式消声器所不可缺少的。多孔吸声材料的吸声效果较好，是应用最普遍的吸声材料，它分纤维型、泡沫型和颗粒型三种类型。纤维型多孔吸声材料有玻璃纤维、矿渣棉、毛毡、甘蔗纤维、木丝板等；泡沫型吸声材料有聚氨基甲醋酸泡沫塑料等；颗粒型吸声材料有膨胀珍珠岩和微孔吸声砖等。

（2）穿孔板共振吸声结构。在薄板上穿一小孔，在其后与刚性壁之间留一定深度的空腔所组成的吸声结构。

（3）微穿孔板吸声结构。微穿孔板吸声结构是一种板厚及孔径均为 1 mm 以下，穿孔率为 1%～3% 的金属穿孔板与板后的空腔组成的吸声结构，吸声系数很高，有的可达 0.9 以上。如果采用双层或多层微穿孔板吸声结构，可使吸收频率范围加宽很多，可达 4～5 倍频程以上，属于性能优良的宽频带吸声结构。

微穿孔板吸声结构具有孔径小、穿孔率低、美观、轻便的优点，特别适用于高温、潮湿和易腐蚀的场所。由于它阻力损失小，所以在动力机械中，为控制气流噪声提供较好的吸声结构。但微穿孔板吸声结构制造工艺复杂，成本较高，且用于油污气体中容易堵塞，因此在工程技术中应根据实际情况合理使用。

2. 隔声

（1）隔声原理。利用木板、金属板、墙体、隔声罩等隔声构件将噪声源与接收者分隔开来，使噪声在传播途径中受到阻挡以减弱噪声的传递，这种方法称为隔声（Sound insulation）。

噪声按传递方式可分为空气传声（空气声）和固体传声（固体声）两种。实际上，任何接受位置上均包含了两种传声的结果。辨明两种传声中哪一种是主要的，将有助于有效地采取隔声措施。对于前者，通常用重而密实的构件隔离；而对于后者，则通常采用隔振措施，例如通过弹簧、橡胶或其他弹性垫层予以隔离。隔声一般能降低噪声 15～20 dB。

（2）隔声罩设计。隔声罩的设计应考虑如下要点：①选择适当的形状。为了减少隔声罩的体积和噪声的辐射面积，其形状应与该声源装置的轮廓相似，罩壁尽可能接近声源设备的外壳；但也要考虑满足检修监测方便、通风良好、进排气及其消声器正常工作的要求。此外，曲面形体有较大的刚度，有利于隔声，因此要尽量少用方形平行罩壁，以防止罩内空气声的驻波效应，使隔声量出现低谷。②隔声罩的壁材应具有足够大的透射损失 L_{TL}。罩壁材料可采用铅板、钢板、铝板，壁薄、密度大的板材，一般采用 2～3 mm 钢板即可。③金属板面上加筋或涂贴阻尼层。通过加筋或涂贴阻尼层，以抑制和避免钢板之类的轻型结构罩壁发生共振和吻合效应，减少声波的辐射。阻尼层的厚度应不小于罩壁厚度的 2～4 倍，同时一定要粘贴紧密牢固。④隔声罩内表面应当有较好的吸声性能。罩内通常用 50 mm 厚的多孔吸声材料进行处理，吸声系数一般不应低于 0.5。隔声罩基本构件的组成：是在 3 mm 厚的钢板上，牢固涂贴一层厚 7 mm 的沥青石棉绒作阻尼层，内衬 50 mm 厚的超细玻璃棉（容重 25 kg/m³）作吸声层，玻璃棉护面层由一层玻璃布和一层穿孔率为 25% 的穿孔钢板构成。这种构件的平均透射损失在 34～45 dB。⑤隔振处理。隔声罩与机器之间不能有刚性连接，通常将橡胶或毛毡等柔性连接夹在两者之间吸收振动，否则会将机器的振动直接传递给罩体，使罩体成为噪声辐射面，从而降低隔声效果。机器与基础之间、隔声罩与机器基础之间均也需要隔振措施。⑥罩壳上孔洞的处理。隔声罩内声能密度很大，隔声罩上很小的开孔或缝隙都能传出很大的噪声。研究表明，只要在隔声罩总面积上开 0.01 面积的孔洞，其隔声量就会减少 20~25 dB。若仍需在罩上开孔时应对孔洞进行处理：传动轴穿过罩的开孔处加一套管，管内衬以吸声材料，吸声衬里的长度应大于传动轴与吸声衬里之间缝隙的 15 倍，这样既避免了声桥，又通过吸声作用降低了缝隙漏声；因吸排气或通风散热需要开设的孔洞，可设置消声箱来减声；罩体拼接的接缝以及活动的门、窗、盖子等接缝处，要垫以软橡胶之类的材料，当盖子或门在关闭时，要用锁扣扣紧以保证接缝压实，防止漏声；对于进出料口的孔一般应加双道橡皮刷，以便让料通过，而使声音不易外逸。

虽然隔声罩的隔声量主要是由罩壁的面密度与吸声材料的吸声系数、吸声量、噪声频率所确定，但上述设计要点如不加以注意，也会影响隔声效果。

（3）隔声屏。在声源与接收点之间设置挡板，以阻断声波直接传播的结构称隔声屏或声屏障，一般用于车间或办公室内、道路两侧。声屏障工程应用的范围相当广，很多厂界噪声、冷却塔、热泵等项目中均会用到声屏障产品，其中应用最广、产量最大的还是治理公路噪声的隔声屏。

隔声屏障的隔声原理在于它可以将高频声反射回去，使屏障后形成"声影区"，在声影区内噪声明显降低；对低频声，由于绕射的结果，反而隔声效果较差。

3. 消声

消声器是一种在允许气流通过的同时，又能有效地阻止或减弱声能向外传播的装置。它是降低空气动力性噪声的主要技术，主要安装在进、排气口或气流通过的管道中，可使气流噪声降低 20~40 dB（A）。

（1）消声器的分类。消声器的形式很多，按其消声机理大体分为四大类：阻性消声器、抗性消声器、微穿孔板消声器和扩散消声器。在实际应用中，往往采用两种或两种以上的原理制成的复合型消声器。另外，还有一些特殊形式的消声器，如喷雾消声器、引射掺冷消声器、电子消声器等。

（2）消声器比较。阻性消声器是一种吸收型消声器，它是把吸声材料固定在气流通过的通道内，利用声波在多孔吸声材料中传播时，因摩擦阻力和黏滞阻力将声能转化为热能，达到消声的目的。其特点是对中、高频噪声有良好的消声性能，对低频噪声消声性能较差，主要用于控制风机的进排气噪声、燃气轮机的进气噪声等。

抗性消声器适用于消除低、中频的窄带噪声，主要用于脉动性气流噪声的消除，如用于空压机的进气噪声、内燃机的排气噪声等的消除。抗性消声器的特点是：它不使用吸声材料，而是在管道上连接截面突变的管段或旁接共振腔，利用声阻抗失配，使某些频率的声波在声阻抗突变的界面处发生反射、干涉等现象，从而达到消声的目的。它的形式有扩张室式、共振腔式、微穿孔板式和干涉型等多种。

微穿孔板消声器具有较好的宽频带消声特性，主要用于超净化空调系统及高温、潮湿、油雾、粉尘和其他特别要求卫生清洁的场所。

扩散消声器也具有宽频带的消声特性，主要用于消除高压气体的排放噪声，如锅炉排气、高炉放风的噪声等。

第二节　电磁辐射污染及其防治

随着现代科技的高速发展，一种看不见、摸不着的污染日益受到各界的关注，这就是被人们称为"隐形杀手"的电磁辐射。一般来说，雷达系统、电视和广播发射系统、射频感应及介质加热设备、射频及微波医疗设备、各种电加工设备、通信发射台站、卫星地球通信站、大型电力发电站、输变电设备、高压及超高压输电线、地铁列车及电气火车以及大多数家用电器等都是可以产生各种形式、不同频率、不同强度的电磁辐射的设备。

一、电磁场与电磁辐射

（一）电场与磁场

电荷的周围存在着一种特殊的物质，叫做电场。两个电荷之间的相互作用并不是电荷之间的直接作用，而是一个电荷的电场对另一个电荷的电场所发生的作用。也就是说，在电荷周围的空间里，总是有电力在作用。因此，将有电力存在的空间称为电场。

电荷周围电场静止不变的电场称为静电场。电荷周围电场变化的电场称为动电场。起电的过程，也是电场建立的过程。电场之所以具有能量是因为在起电时须用外力做功。

电场强度（E）是单位正电荷在电场中某点所受到的电场作用力。电场强度是表示电场属性的一个物理量，是一个矢量。电场强度的单位有 V/m、mV/m 和 μV/m。

磁场就是电流在其所通过的导体周围产生的具有磁力的一定的空间范围。如果导体流通的是直流电，那么磁场便是恒定不变的，如果导体流通的是交流电，那么磁场也是变化的。电流的频率越大，磁场变化的频率也就越大。

磁场强度（H）指在任何磁介质中，磁场中某点处的磁感应强度与该点磁导率的比值，单位是安/米（A/m）。

（二）电磁场与电磁辐射

电场和磁场是互相联系，互相作用，同时存在的。由于交变电场的存在，就会在其周围产生交变的磁场，磁场的变化又会在其周围产生新的电场。它们的运动方向是互相垂直的，并与自己的运动方向垂直。这种交变的电场与磁场的总和，就是我们所说的电磁场。这种变化的电场与磁场交替地产生，由近及远，互相垂直（也与自己的运动方向垂直），并以一定速度在空间传播的过程中不断地向周围空间辐射能量，这种辐射的能量称为电磁辐射，也称为电磁波。

电磁场是一种基本的场形态物质，是一种特殊的物质，没有固定的形状和体积。电磁场具有叠加性，其在真空中的速度等于光速。研究电磁场，首先就要了解它的物质性，把它作为一种特殊的物质来看待，它具有一定的能量、动量、动量矩，并遵守能量、动量、动量矩守恒定律。电磁场能从一种形式转化为另一种形式，但不能创生或消灭。

电磁波是由电磁振荡产生的，是垂直于行进方向的振荡的电磁场。各种电磁波的频率与波长虽不相同。但在空气中却都以光速（$c = 3 \times 10^8$ m/s）传播。频率是电磁波每秒钟的振动次数，单位是 Hz 或周/S。微波的频率很高，通常用 kHz、MHz 或 GHz 作单位。它们的换算关系是：1 GHz $= 10^3$ MHz $= 10^6$ kHz $= 10^9$ Hz。波长是电磁波在完成 1 周的时间内所经过的距离。其单位为 m、μm 或 nm 等。

电磁波通过介质的传播速度与介质的电和磁的特性有关，介质的电和磁的特性用一些参数来确定，如介电常数 ε 和磁导率 μ。相对介电常数 εr 是无因次量，其大小用具有介质的平板电容器的电容量与真空中同一平板电容器电容量之比来表示。真空介电常数 ε_0 值为 8.85×10^{-12} F/m。

二、电磁辐射污染及危害

（一）电磁污染源

1. 自然电磁污染源

自然电磁污染源是某些自然现象引起的。最常见的是雷电，所辐射的频带分布极宽，从几千赫兹到几百赫兹，雷电除了可能对电气设备、飞机、建筑物等直接造成危害外，还会对广大地区产生严重的电磁干扰。此外，火山喷发、地震和太阳黑子活动引起的磁暴等都会产生电磁干扰。通常情况下，天然辐射的电磁强度一般对人类影响不大，尽管局部地区雷电在瞬间地冲击放电可使人畜伤亡，但发生的概率较小。因此，可以认为天然辐射源对人类并不构成严重的危害。然而，天然电磁辐射对短波电磁干扰特别严重。

2. 人工电滋污染源

人工电磁污染源产生于人工制造的若干系统、电子设备与电气装置。人工电磁污染源主要有以下三种：①脉冲放电，如切断大电流电路时产生的火花放电。由于电流强度的瞬时变化很大，产生很强的电磁干扰。它在本质上与雷电相同，只是影响区域较小。②工频交变电磁场，如大功率电机、变电器及输电线等附近的电磁场。③射频电磁辐射，如广播、电视、微波通信等。

目前，射频电磁辐射已成为电磁污染环境的主要污染源。工频场源和射频场源同属人工电磁污染源但频率范围不同。工频场源中，以大功率输电线路所产生的电磁污染为主，同时也包括若干种放电型的污染源，频率变化范围为数十至数百赫兹。射频场源主要指在无线电设备或射频设备工作过程中所产生的电磁感应和电磁辐射，频率变化范围为 0.1 ~ 3 000 MHz。

（二）电磁污染的传播途径

电磁辐射对环境造成污染，大体上可分为空间辐射、导线传播和复合污染三种途径。

（1）空间辐射。当电子设备或电气装置工作时，设备本身就是一个多型发射天线，会不断地向空间辐射电磁能量。以场源为中心，半径为 1/6 波长的范围之内的电磁能量传播是以电磁感应方式为主，将能量施加于附近的仪器仪表、电子设备和人体上；在半径为 1/6

波长的范围之外的电磁能量传播，是以空间放射方式将能量施加的。

（2）导线传播。当射频设备与其他设备共用一个电源供电时，或者它们之间有电气连接时，那么电磁能量（信号）就会通过导线进行传播。此外，信号的输出输入电路和控制电路等能在强电磁场之中"拾取"信号，并将所"拾取"的信号再进行传播。

（3）复合污染。同时存在空间辐射与导线传播所造成的电磁污染称为复合污染。

（三）电磁辐射的影响和危害

一方面大功率的电磁辐射能量可以作为一种能源，适当剂量的电磁辐射能量可以用来治疗某些疾病；另一方面大功率的电磁辐射具有较大的影响和危害，不仅对于装置、物质和设备有影响和危害，而且对人体有明显的伤害和破坏作用，甚至引起人的死亡。

1. 电磁辐射对装置、物质和设备的影响和危害

（1）射频辐射对通信、电视的干扰。射频设备和广播发射机振荡回路的泄漏电磁能，以及电源线、馈线和天线等向外辐射的电磁能，不仅对周围操作人员的健康造成影响，而且可以干扰位于这个区域范围内的各种电子设备的正常工作，如无线电通信、无线电计量、雷达导航、电视、电子计算机及电气医疗设备等电子系统。在空间电波的干扰下，可使设备信号失误，图形失真，控制失灵，以至于无法正常工作，如电视机受到射频设备的干扰，将会引起图像上出现活动波纹或斜线，使图像不清楚，影响收看的效果。

还应指出，电磁波不仅可以干扰和它同频或邻频的设备，而且还可以干扰比它频率高得多的设备，同时也可以干扰比它频率低得多的设备。电磁波对无线电设备所造成的干扰危害是相当严重的，必须对此严加控制。

（2）电磁辐射对易爆物质和装置的危害。火药、炸药及雷管等都具有较低的燃烧能点，遇到摩擦、碰撞、冲击等情况，很容易发生爆炸，因此在辐射能作用下，同样可以发生意外的爆炸。另外，许多常规兵器采用电气引爆装置，当其遇到高电平的电磁感应和辐射时，可能造成控制机构的误动，从而使控制失灵，发生意外的爆炸，如高频辐射强场能够使导弹制导系统控制失灵，从而使电爆管的效应提前或滞后。

（3）电磁辐射对挥发性物质的危害。挥发性液体和气体，如酒精、煤油、液化石油气、瓦斯等易燃物质，在高电平电磁感应和辐射作用下，可发生燃烧现象，特别是静电的电磁辐射的危害尤为突出。

2. 电磁辐射对人体健康的影响

（1）高频辐射对人体危害的影响因素。国内外的研究发现微波辐射对人体健康的危害与下列因素有关。①功率密度。功率密度越高，辐射作用越强烈。另外，波长越短，对人体影响越大。②波形。脉冲波比连续波影响大。③距离远近。随着离辐射源距离的增加，辐射强度迅速减弱。即距离与场强成反比例关系。④照射时间。接触辐射时间越长，影响越大。⑤周围环境。周围环境温度越高，人体对辐射反应越强烈。⑥生理学状态、性别、年龄。生理学状态、性别、年龄不同，对辐射的敏感程度也不同。电磁辐射对女性和儿童的影响一般要比对成年男性大一些。⑦个体差异性。不同个体对电磁辐射反应很不一样，有的人"适应"能力较强，而有的人在同样环境下则忍受不了。⑧屏蔽与接地。屏蔽与接地对高频场或微波辐射的强度大小及其在空间分布不均匀性有直接影响。加强屏蔽与接地，能大幅度地降低电磁辐射的场强，是防止电磁泄漏的主要手段。

（2）电磁辐射对人体的作用机理。电磁辐射主要是射频电磁场对人体的危害的作用机理为：当射频电磁场的场强达到足够大时，会对人体产生危害作用；当机体处在射频电磁场的作用下时，能吸收一定的辐射能量，从而产生生物学作用，这种生物学作用主要是热作用。

为了叙述方便，通常将作用机体比作电介质电容器。电介质中全部分子正负电荷的中心重合的，称为非极性分子；正负电荷的中心不重合的，称为极性分子。在射频电磁场作用下，非极性分子的正负电荷分别朝相反的方向运动，致使分子发生极化作用，被极化了的分子称为偶极子；极性分子发生重新排列，这种作用为偶极子的取向作用。由于射频电磁场方向变化极快，致使偶极子发生迅速的取向作用。在取向过程中，偶极子与周围分子发生碰撞而产生大量的热。所以，当机体处在电磁场中时，人体内的分子发生重新排列。由于分子在排列过程中的相互碰撞摩擦，消耗了场能而转化为热能，引起热作用。此外，体内还有电介质溶液，其中的离子因受到场力作用而发生位置变化。当射频电磁场频率很高时离子将在其平衡位置附近振动，也能使介质发热。

通过上述关于电磁场对作用机体的机理分析得到，当电磁场强度越大，分子运动过程中将场能转化为热能的量值越大，身体热作用就越明显与剧烈，也就是射频电磁场对人体的作用程度是与场强度成正比的。因此，当射频电磁场的辐射强度在一定量值范围内，它可以使人的身体产生温热作用，从而有益于人体健康，这是射频辐射的有益作用。然而，当射频电磁场的强度超过一定限度时，将使人体体温或局部组织温度急剧升高，破坏人体的热平衡而有害于人体健康。同时，随着电磁场强度的不断提高，射频电磁场对人体的不良影响也必然加强。

（3）电磁辐射对人体的危害与不良影响。电磁辐射对人体的危害与波长有关。长波对人体的危害较弱，随着波长的缩短，对人体的危害逐渐加强，而微波的危害最大。一般认为，微波辐射对内分泌和免疫系统产生作用：小剂量短时间作用是兴奋效应；大剂量长时间作用是抑制效应。另外，微波辐射可使毛细血管内皮细胞的胞体内小泡增多，使其胞饮作用加强，从而导致血、脑屏障渗透性增高。然而一般来说，这种增高对机体是不利的。

电磁辐射尤其是微波对人体健康有不利影响，主要表现在以下几个方面。

1）电磁辐射的致癌和治癌作用。大部分实验动物经微波作用后，可以使癌的发生率上升。调查表明，在 2 mGs ［高斯（Gs）为非法定计量单位，法定计量单位为特斯拉（T）。$1Gs = 10^{-4}T$］以上电磁波磁场中，人群患白血病的概率为正常人群的 2.93 倍，患肌肉肿瘤的概率为正常人群的 3.26 倍。一些微波生物学家的实验表明，电磁辐射会促使人体内的微粒细胞染色体（遗传基因）发生突变和有丝分裂异常，而使某些组织出现病理性增生过程，使正常细胞变为癌细胞。美国洛杉矶地区的研究人员曾经研究了 0~14 岁儿童血癌的发生原因，研究人员在儿童的房间内以 24 h 的监测器来监测电磁波强度，赫然发现当儿童房间中电磁波强度的平均值大于 2.68 mGs 时，这些儿童得血癌的机会较一般儿童高出约48%。

另外，微波对人体组织的致热效应，不仅可以用来进行理疗，还可以用来治疗癌症，微波辐射使癌组织中心温度上升，从而破坏了癌细胞的增生。

2）对视觉系统的影响。眼组织含有大量的水分，易吸收电磁辐射功率，而且眼的血流量少，故在电磁辐射作用下，眼球的温度易升高，而温度升高是产生白内障的主要条件。温度上升导致眼晶状体蛋白质凝固，较低强度的微波长期作用，可以加速晶状体的衰老和混浊，并有可能使有色视野缩小和暗适应时间延长，造成某些视觉障碍。长期低强度电磁辐射的作用，可促使视觉疲劳，出现眼睛不舒适和眼睛干燥等现象。强度在 100 mW/cm^2 的微波照射眼睛几分钟，就可以使晶状体出现水肿，严重的则成为白内障。强度更高的微波，则会使视力完全消失。

3）对生殖系统和遗传的影响。长期接触超短波发生器的人，男人可出现性机能下降；女人出现月经周期紊乱。由于睾丸的血液循环不良，因此对电磁辐射非常敏感，从而精子生成受到抑制而影响生育；电磁辐射也会使卵细胞出现变性，破坏排卵过程，而使女性失去生育能力。

高强度的电磁辐射可以产生遗传效应，使睾丸染色体出现畸变和有丝分裂异常。妊娠妇女在早期或在妊娠前，若接受了短波透热疗法，结果可能使其子代出现先天性出生缺陷（如畸形婴儿）。

4）对血液系统的影响。在电磁辐射的作用下，血液可出现白细胞不稳定，主要是下降倾向；红细胞的生成受到抑制，出现网状红细胞减少，如操纵雷达的人多数出现白细胞降低。此外，当无线电波和放射线同时作用于人体时，对血液系统的作用较单一因素作用可产生更明显的伤害。

5）对机体免疫功能的危害。电磁辐射可使身体抵抗力下降。动物实验和对人群受辐射作用的研究和调查表明，电磁辐射使人体的白细胞吞噬细菌的百分率和吞噬的细菌数均下降。此外受电磁辐射长期作用的人，其抗体形成明显受到抑制。

6）引起心血管疾病。受电磁辐射作用的人，常发生血流动力学失调，血管通透性和张力降低。由于自主神经调节功能受到影响，人们多以心动过缓症状出现，少数呈现心动过速。受害者出现血压波动，开始升高，后又恢复至正常，最后出现血压偏低；迷走神经发生过敏反应，房室传导不良。此外，长期受电磁辐射作用的人，其心血管系统的疾病，会更早更易发生和发展。

7）对中枢神经系统的危害。神经系统对电磁辐射的作用很敏感，当其受到低强度电磁辐射反复作用后，中枢神经系统机能发生改变，出现神经衰弱症候群，主要表现有头痛、头晕、无力、记忆力减退，睡眠障碍（失眠，多梦或嗜睡），白天打瞌睡，易激动、多汗、心悸、胸闷、脱发等，尤其是入睡困难。这些均说明大脑是抑制过程占优势，因此受害者除有上述症候群外，还表现有短时间记忆力减退，视觉运动反应时值明显延长；手脑协调动作差，表现对数字划记速度减慢，出现错误较多。

瑞典研究发现，只要职场工作环境电磁波强度大于 2 mGs，得阿尔茨海默症的机会会比一般人高出 4 倍。美国北卡罗来纳大学的研究人员发现，工程师、广播设备架设人员、电厂联络人员、电线及电话线架设人员以及电厂中的仪器操作员这些职业者，死于老年痴呆症及帕金森病的比率较一般人高出 1.5～3.8 倍。

8）可导致儿童智力残缺。世界卫生组织认为：计算机、电视机、移动电话等产生的电磁辐射对胎儿有不良影响。孕妇在怀孕期的前 3 个月尤其要避免接触电磁辐射。因为当胚胎儿在母体内时，对有害因素的毒性作用比成人敏感，受到电磁辐射后，将产生不良的影响。如果是在胚胎形成期，受到电磁辐射，有可能导致流产。如果是在胎儿的发育期，若受到辐射，可能会损伤中枢神经系统，导致婴儿智力低下。据最新调查显示，我国每年出生的 2 000 万儿童中，有 35 万为缺陷儿，其中 25 万为智力残缺，有专家认为电磁辐射是影响因素之一。

除上述的电磁辐射对健康的危害外，它还对内分泌系统、听觉、物质代谢、组织器官的形态产生不良影响。

3. 移动电话电磁波电磁污染问题

现代人每人一部移动电话，它的电磁波其实是很强的。在电脑前拨通移动电话，大家往往会发现电脑屏幕闪烁不已；在打开的收音机前拨通移动电话，收音机也受到很大的干扰。移动电话的影响和危害一方面体现在对飞机和汽车等交通工具的危害，另一方面对人体也有不良的影响。

（1）移动电话对交通工具的影响。飞机上禁止使用移动电话恐怕已是尽人皆知了。1997 年年初，中国民航总局发出通知，在飞行中，严禁旅客在机舱内使用移动电话等电子设备。这不仅关系到飞机的安全，也直接关系到机上数十人乃至数百人的生命财产安全。

移动电话是高频无线通信，其发射频率多在 800 MHz 以上，而飞机上的导航系统又最怕高频干扰，飞行上若有人使用移动电话，就极有可能导致飞机的电子控制系统出现误动，使飞机失控，从而导致发生重大事故。这样的惨痛教训已有很多。

1991 年英国劳达航空公司的那次触目惊心的空难有 223 人死亡。据有关部门分析，这次空难极有可能是机上有人使用笔记本电脑、移动电话等便携式电子设备，其释放的频率信号启动了飞机的反向推动器，致使机毁人亡。1996 年 10 月巴西 TAM 航空公司的一架"霍克—100"飞机也莫名其妙地坠毁了，机上人员全部遇难，甚至地面上的市民也有数名惨遭不幸，这是巴西历史上第二大空难事件。专家们调查事故原因后认为，机上有乘客使用移动电话极有可能是造成飞机坠毁的元凶。也就是源于这次空难，巴西空军部民航局（IAC）研拟了一项关于严格限制旅客在飞机飞行时使用移动电话的法案。

我国也有类似的事情发生。1998 年年初，台湾华航一班机坠毁，参与调查的法国专家怀疑有人在飞机坠毁前打移动电话，导致通信受到干扰，致使飞机与控制塔失去联络，最后坠毁。某日由上海飞往广州的 CZ3504 航班的南航 2566 号飞机准备降落时，由于有四五名旅客使用移动电话致使飞机一度偏离正常航道。也是在这一年，一架南航 2564 号飞机执行 CZ3502 航班从杭州飞回广州时，在着陆前 4 min，发现飞机偏离正常航道 6°，当时也是有人使用移动电话。这两起事例虽然没有酿成大祸，但让人后怕。

从对以上几次比较典型的空难事故的分析来看，事故原因都极有可能与使用移动电话等便携电子设备有关。现在，世界各国都相继制定了限制在飞机上使用移动电话的规定。

移动电话所产生的电磁波对汽车上的电动装置也有一定影响，会使行驶中的汽车电动装置"自动跳闸"，因此尽可能不要在汽车内使用移动电话。同时汽车生产厂家也应提高汽车内部电动装置的抗电磁干扰能力。

（2）移动电话对人体的危害。截至 2014 年 1 月，我国移动互联网用户总数达 8.38 亿户。移动电话使用时靠近人体对电磁辐射敏感的大脑和眼睛，对机体的健康效应已引起人们重视。随着移动电话的日益普及，手机能够诱发脑瘤的报道不时见诸报端，引发了公众对电磁辐射污染的关注。

手机无线电波和自然界的可见光、医疗用的 X 射线以及微波炉所产生的微波等，都属于电磁波，只是频率各不相同。X 射线的频率可超过百万兆赫兹，而手机所用的无线电波，则大约只有数百万赫兹，但是通话时手机的无线电波有两成至八成会被使用者吸收。从辐射强度来看，通过几种类型不同的移动电话天线近距离（5～10 cm）范围内的辐射强度分析，其平均场强超过我国国家标准规定限值（$50\mu W/cm^2$）的 4～6 倍。有一种类型手机天线近场区场强度竟高达 $5.97mW/cm^2$，超过标准近 120 倍，在这么高的辐射场强长期反复的作用下，可以肯定会造成危害和影响。

近来有越来越多的证据指出手机对人体造成危害。一是热效应造成的危害，是指手机所使用的无线电波，被人体吸收后，会使局部组织的温度升高，若一次通话过久，而且姿势保持不变，也会使局部组织温度升高，造成病变。二是非热效应造成的危害，经常使用手机，会有头痛、记不得事情等症状。研究报告显示，使用手机越频繁，则产生头痛的概率就越增加，每天使用 2～15 min 的人，头痛的概率会高于使用少于 2 min 人的 2 倍，而使用 15～60 min 的人会高于 3 倍，超过 1 h 的人则会高出 6 倍。由于手机的非热效应具有潜在的危险性，所以使用手机每次通话时间不宜过长。此外，一些免持听筒的装置，可避免天线过于贴近身体，从而降低无线电波被身体吸收的比例。

研究显示，手机电磁波是有累积效应的。这个验证实验以 200 只老鼠做实验，100 只有受电磁波照射，另 100 只没有，经过一年半后，受电磁波照射的老鼠死了，医生解剖发现，其脑瘤 9 个月后即已显现，且逐渐增加。依此推论，人体的累积效应 10 年后才会显现出来，而得肿瘤的概率大幅度提高。

电磁波对人体全部或部分产生作用，是因为热作用的关系使人体全部或部分体温上升。通常人体内的血流会扩散具有排除热能的作用，但眼球部分很难由血流来排除热能，所以容易产生白内障。在瑞典，有 4 个人长期使用手机，结果造成与惯用耳朵接听手机的同侧的眼角膜溃烂产生血块，进而造成单眼失明，瑞典、挪威、芬兰等国因长期使用手机而造成的问题陆续显现。

移动电话电磁辐射基本上只对使用者产生电磁辐射危害，属近场电磁辐射污染，影响比较局限，目前我国没有相关标准和测量方法。然而，在我国制定移动电话电磁辐射卫生标准十分必要。

三、电磁辐射防护原则与措施

（一）防护原则

辐射防护有三大原则，即辐射实践正当化、辐射防护与安全最优化、个人剂量当量限值（剂量控制）。

1. 辐射实践正当化

辐射实践正当化指在实施伴有辐射照射的任何实践之前都要经过充分论证，权衡利弊。只有当该项所带来的社会总利益大于为其所付出的代价的时候，才认为该项实践是正当的。此项原则要求：效益≥代价＋风险。同时，不仅引入新实践需要做正当性判断，对已经存在的实践，当其效能与后果有了新的变化时也应当审查其正当性。必须指出，个人或人群组与整个社会获得的净利益可能在一定程度上是不一致的。

2. 辐射防护与安全最优化

此项原则在实际的辐射防护中占有重要的地位。在实施某项辐射实践的过程中，可能有几个方案可供选择，在对几个方案进行选择时，应当运用最优化程序。也就是在考虑了经济和社会等因素后，应当将一切辐射照射保持在可合理达到的尽可能低的水平上。

3. 剂量限值

剂量限值是"不可接受的"和"可耐受的"区域分界线。它也是辐射防护最优化的约束上限。做这个约束限制的本意在于群体中利益和代价的分布具有不均匀性，虽然辐射实践满足了正当化的要求，防护也做到了最优化，但还不一定能对每个人提供足够的防护。因此，对于给定的某项辐射实践，不论代价与利益分析结果如何，必须用此限值对个人所受的照射加以限制。

（二）防护要素

照射防护的三要素是距离、时间和屏蔽，或者说辐射防护的主要方法是时间防护、距离防护和屏蔽防护，具体原理如下。

1. 时间防护

时间防护的原理是在辐射场内的人员所受照射的累积剂量与时间成正比，因此，在照射率不变的情况下，缩短照射时间便可减少所接受的剂量，或者人们在限定的时间内工作，就可能使他们所受到的射线剂量在最高允许剂量以下，从而确保人身安全（仅在非常情况下采用此法），以达到防护目的。

时间防护的要点是尽量减少人体与射线的接触时间（缩短人体受照射的时间）。

2. 距离防护

距离防护是外部辐射防护的一种有效方法，采用距离防护的基本原理是首先将辐射源是作为点源的情况下，辐射场中某点的照射量、吸收剂量均与该点源距离的平方成反比，我们把这种规律称为平方反比定律，即辐射强度随距离的平方成反比变化（在源辐射强度一定的情况下，剂量率或照射量与离源的距离的平方成反比）。增加射线源与人体之间的距离便可减少剂量率或照射量，或者说在一定距离以外工作，使人们所受到的射线剂量在最高允许剂量以下，就能保证人身安全，从而达到防护目的。

距离防护的要点是尽量增大人体与射线源的距离。

3. 屏蔽防护

屏蔽防护的原理是：射线在穿透物质时强度会减弱，一定厚度的屏蔽物质能减弱射线的强度。因此在辐射源与人体之间设置足够厚的屏蔽物（屏蔽材料），便可降低辐射水平，使人们在工作所受的剂量降低到最高允许剂量以下，确保人身安全，以达到防护目的。

屏蔽防护的要点是在射线源与人体之间放置一种能有效吸收射线的屏蔽材料。对于 X 射线常用的屏蔽材料是铅板，混凝土墙、钢板，或者是钡水泥（添加有硫酸钡，也称重晶石粉末的水泥）墙。

（三）生活中防电磁辐射方法

生活中防电磁辐射的要点有：

（1）各种家用电器、办公设备、移动电话等都应尽量避免长时间操作。如电视、电脑等电器需要较长时间使用时，应注意每一小时离开一次，采用眺望远方或闭上眼睛的方式，以减少眼睛的疲劳程度和辐射的影响。

（2）当电器暂停使用时，最好不让它们处于待机状态，因为此时可产生较微弱的电磁场，长时间也会产生辐射积累。

（3）对各种电器的使用，应保持一定的安全距离。例如，眼睛离电视荧光屏的距离，一般为荧光屏宽度的5倍左右；微波炉开启后要离开一米远，孕妇和小孩应尽量远离微波炉；手机在使用时，应尽量使头部与手机天线的距离远一些，最好使用分离耳机和话筒接听电话。

（4）居住、工作在高压线、雷达站、电视台、电磁波发射塔附近的人，佩带心脏起搏器的患者及生活在现代化电器自动化环境中的人，特别是抵抗力较弱的孕妇、儿童、老人等，有条件的应配备能够阻挡电磁辐射的防辐射卡等产品。

（5）电视、电脑等有显示屏的电器设备可安装电磁辐射消除器。由于显示屏产生的辐射可能导致皮肤干燥，加速皮肤老化甚至导致皮肤癌，因此在使用后应及时洗脸。

（6）手机接通瞬间释放的电磁辐射最大，为此最好在手机响过一两秒或电话两次铃声间歇中接听电话。

（7）多吃胡萝卜、西红柿、海带、瘦肉、动物肝脏等富含维生素 A、维生素 C 和蛋白质的食物，加强肌体抵抗电磁辐射的能力。

（四）工作环境防辐射

1. 电脑

电脑屏幕的 X 光辐射通常只需要一个电脑辐射消除器就能消除。如果没有，孕妇就要尽量保持与电脑屏幕的距离超过 30 cm。电脑背面的电线圈辐射的危害较大，但一般人不会在电脑后作业。如果有准妈妈是在电脑机房上班的则要注意，尽量避免在电脑后作业。其他需要注意的事项有：

（1）避免长时间连续操作电脑，注意中间休息。要保持一个最适当的姿势，眼睛与屏幕的距离应在 40~50 cm，使双眼平视或轻度向下注视荧光屏。

（2）使用电脑辐射防护产品时，室内要保持良好的工作环境，如舒适的温度、清洁的空气、合适的阴离子浓度和臭氧浓度等。工作室要保持通风干爽。

（3）电脑室内光线要适宜，不可过亮或过暗，避免光线直接照射在荧光屏上而产生干扰光线。

（4）电脑的荧光屏上要使用滤色镜，以减轻视疲劳。最好使用玻璃或高质量的塑料滤光器。

（5）安装防护装置，削弱电磁辐射的强度。

（6）注意保持皮肤清洁。电脑荧光屏表面存在着大量静电，其集聚的灰尘可转射到脸部和手部皮肤裸露处，时间久了，易发生斑疹、色素沉着，严重者甚至会引起皮肤病变等。

（7）注意补充营养。电脑操作者在荧光屏前工作时间过长，视网膜上的视紫红质会被消耗掉，而视紫红质主要由维生素 A 合成。因此，电脑操作者应多吃些胡萝卜、白菜、豆芽、豆腐、红枣、橘子以及牛奶、鸡蛋、动物肝脏、瘦肉等食物，以补充人体内的维生素 A 和蛋白质。同时应多饮茶水，这是由于茶叶中的茶多酚等活性物质会有利于吸收与抵抗放射性物质。

2. 手机

手机产生的辐射是较微小的一种，它的效力虽然没有微波炉强，但也可以对人体造成危害。因此准妈妈最好减少使用手机的机会，也尽量避免将手机挂在腰间。目前对于"CDMA 手机和 GSM 手机，哪个辐射大"的问题仍有所争论，因此，无论准妈妈使用哪种手机，都要尽量小心，或者使用手机辐射吸收贴来防护辐射保护孕婴健康。

3. 复印机

准妈妈在使用复印机时，身体距离机器 30 cm 为安全距离。目前市面上较新型的复印机把有辐射的部分装在底盘上，这种复印机对身体危害较小。同时最好使用节电防辐射插座来确保安全。

4. 医疗环境防辐射

X 光辐射线对胎儿的影响为较易造成胚胎残废、胎儿畸形、脑部发育不良，以及儿童期的癌症概率增加。不过通常在怀孕初期，暴露于 X 光之中，比较容易造成重大的伤害，越接近预产期，影响越小。

第三节　放射性污染及其控制

一、概述

（一）核环境学的定义和内容

核环境学是以研究环境中几类天然和人工地理辐射的来源，它们在环境中的分布、迁移和转化，环境辐射对环境、生态和人体健康的影响及其评价和控制为主要内容的一门新兴学科，是由核科学和环境科学相互交织、渗透、融合而形成的一门边缘学科。从这一定义出发，通过进一步的分析、研究、归纳和综合，核环境学的主要内容大致包括如下几个方面：

（1）环境辐射源。各种类型的环境辐射（包括天然与人工电离辐射）的来源、分布及对公众造成的内、外照射剂量水平。

（2）环境辐射监测。环境放射性物质的分析方法和环境辐射的监测方法。

（3）放射性物质在环境中的行为。放射性物质在环境中存在的物理和化学形态；环境中各种物理、化学和生物过程导致放射性核素在大气、水体和岩石—土壤环境中的弥散、迁移、转化、蓄积及最终归宿；放射性物质通过生物链向人的转移；电离辐射对生态系的影响。这一领域涉及内容非常广泛，又可归纳为环境放射化学、放射生态学等多门分支学科。

（4）辐射环境管理。辐射危害、危险和风险的估计，辐射防护的原则、体系和标准，辐射环境管理标准体系，辐射环境影响评价，放射性流出物排放的控制，放射性废物管理及核设施退役、核事故应急等有关的辐射环境管理问题。

（5）环境放射性污染的防治。研究如何防止和减少放射性物质对环境的污染，以及一旦放射性物质进入环境而造成污染时，如何采用物理、化学及生物学方法减轻和消除污染，从而最大限度地减少其对人体健康和生态的危害。

（6）应用核环境学。运用环境中存在的天然放射性核素进行科学研究以达到实用目的，如环境放射性探测在探矿、地震预测、地球化学、宇宙化学等领域中的应用，放射性同位素测龄法在环境科学、考古学、地学等领域中的应用，运用放射性同位素示踪技术研究非放射性污染物在环境中的化学行为和迁移规律等。

（二）核环境学的特点

核环境学并非核科学和环境科学两门学科的简单叠加、复合、扩大或延伸，它具有与核科学和环境科学不尽相同的一些特点。

（1）核环境学研究的对象体系范围很大。它可以是仅含一个水域（如江、河、湖、海的某一个区域）的单一生态系统，也可以是包括大气、土壤、岩层、水域的一个庞大、综合的生态系统。对于具有全球影响的污染源（如核武器试验及严重的核事故等），其研究对象也可以是涉及整个生物圈的全球性生态系统。

（2）核环境学研究的环境放射性物质的浓度比通常核科学（如放射化学）和环境科学（如环境化学）研究的物质浓度低得多，这给核环境学研究带来许多难题。因此，环境辐射监测从监测项目采样点的布设、采样方法、分析程序、测量手段直至数据处理，均不同于一般的放射性分析和测量。

（3）核环境学的研究对象的影响因素复杂。因为放射性物质一旦进入环境，其物理、化学行为和迁移规律除与其本身的物理、化学状态及性质有关外，还取决于环境，而环境的影响因素极其复杂。

（4）放射性核素的辐射危害与一般污染物的化学毒性危害在本质上具有根本性的差异。

（5）核环境学综合性强，涉及的知识领域广。它不仅与原子核物理、放射化学、环境科学、土壤学、大气科学、海洋学、地球化学、生物学、生态学等学科直接相关，而且还涉及气象学、水文学、地质学、地理学、放射生物学、放射卫生学等有关知识。因此，核环境学是一门综合性很强的边缘科学。

（三）环境中的放射性

在人类生存的地球上，自古以来就存在着各种辐射源，人类也就不断地受到照射。随着科学技术的发展，人们对各种辐射源的认识逐渐深入。从 1895 年伦琴发现 X 射线和 1898 年居里发现镭元素以后，原子能科学得到了飞速的发展。特别是随着核能事业的发展和不断进行的核武器爆炸试验，给人类环境又增添了人工放射性物质。然而在科学研究逐步发展的同时，对环境造成的污染也逐渐加强。近几十年来，全世界各国的科学家在世界范围内对环境放射性的水平进行了大量的调查研究和系统的监测。对放射性物质的分布、转移规律以及对人体健康的影响有了进一步的认识，并确定了相应的防治方法。

辐射是能量传递的一种方式，辐射依能量的强弱分为 3 种：①电离辐射。能量最强，可破坏生物细胞分子，如 α 射线、β 射线、γ 射线。②有热效应非电离辐射。如微波、光，能量弱，不会破坏生物细胞分子，但会产生温度。③无热效应非电离辐射，如无线电波、电力电磁场，能量最弱，不破坏生物细胞分子，也不会产生温度。

放射性是一种不稳定的原子核（放射性物质）自发地发生衰变的现象，放射过程中同时放出射线（如 α 射线、β 射线和 γ 射线）属电离辐射。1896 年，法国物理学家贝可勒耳发现放射性，并证实其不因一般物理、化学影响发生变化，由此获得 1903 年的诺贝尔物理学奖。原子衰变主要有 α 衰变、β 衰变和 γ 衰变，分别产生 α 射线、β 射线和 γ 射线。放射性原子核处于不稳定的状态，它们在发生核转变的过程中，能够自发地放出自由粒子和光子组成的射线或者辐射出原子核里的过剩能量，本身则转变成另一种核素，或者成为原来核素的较低能态。辐射中所放出的粒子和光子，对周围介质会产生电离作用，这种电离作用就是放射性污染的本质。α 射线是由 α 粒子物质组成。α 粒子实际上是带两个正电荷、质量为 4 的氦离子。尽管它们从原子核发射出来的速度在 $(1.4 \sim 2.0) \times 10 \, cm/s$ 变化。但它们在室温时，在空气中的行程不超过 10 cm。用普通一张纸就能够挡住。在它们的射程范围内，α 粒子具有极强的电离作用。β 射线是由带负电的 β 粒子组成，运动速度是光速的 30% ~90% 。β 粒子实际上是电子，通常，在空气中能够飞行上百米。用几毫米的铝片屏蔽就可以挡住 β 射线。β 粒子的穿透能力随着它们的运动速度而变化。由于 β 粒子质量轻，所以电离能比 α 射线弱得多。γ 射线实际就是光子，是真正的电磁辐射，速度与光速相同。它与 X 射线相似，但波长较短。因此其穿透能力较大。γ 射线需要几厘米厚的铅或 1 m 厚的混凝土作为适当的屏蔽层。X 射线也称 "伦琴射线"，是波长介于紫外线和 γ 射线之间的电磁波，具有可见光的一般特性，如光的直线传播、反射、折射、散射和绕射等，速度也与光速相同。它的能量一般为千 MeV（百万 eV）至百万 MeV，比几个 MeV 的可见光的光子高得多。X 射线与 γ 射线机制不同，X 射线是由核外发射的连续能谱辐射；γ 射线则由原子核衰变时的能量发射产生，由核内发射。

将发生放射性衰变的物质称为放射性核素，分为天然和人工放射性核素。天然存在的放射性核素或同位素（同位素指不包括作为核燃料、核原料、核材料的其他放射性物质）具有自发放出放射线的特征，而人工放射线核素或同位素虽然也具有衰变性质，但核素本身必须通过核反应才能产生放射线。

特定核素的每个原子发生自发衰变的频率，通常以半衰期 $\tau_{1/2}$（即核素原子减少一半所需的时间）来表征，其在衰变期所发出的射线种类和能量大小，均由该核素的原子结构所决定。

（四）辐射的生物效应及对人体的危害

无论是来自体外的辐射照射还是来自体内的放射性核素的污染，电离辐射对人体都会导致不同程度的生物损伤，并在此后作为临床症状表现出来。这些症状的性质和严重程度，以及它们出现的早晚取决于人体吸收的辐射剂量和剂量的分次给予水平。电离辐射对人体辐射损伤分为躯体效应和遗传效应，国际放射防护委员会近来又将辐射损伤分为随机效应和非随机效应。

二、环境辐射源及环境放射性标准

（一）辐射源

1. 天然辐射源

天然辐射源有：宇宙辐射（宇宙射线和宇生放射性核素）、陆地辐射（原生放射性核素的外照射和原生放射性核素的内照射）、矿物的开采和应用。

2. 人工辐射源

人工辐射源有：核试验、核武器制造、核能生产、放射性同位素的生产和应用、核事故。

（二）环境放射性标准

1. 辐射防护的基本原则

辐射防护的目的是防止有害的非随机效应发生，并限制随机效应的发生率，使辐射合理地达到尽可能低的水平。目前国际上公认的一次性全身辐射对人体产生的生物效应见表5-6。

表5-6　全身辐射对人体产生的生物效应

剂量当量率/（Sv/次）	生物效应	剂量当量率/（Sv/次）	生物效应
<0.1	无影响	1~2	有损伤，可能感到全身无力
0.1~0.25	未观察到临床效应	2~4	有损伤，全身无力，体弱的人可能因此死亡
0.25~0.5	可引起血液变化，但无严重伤害	4.5	50%受照者30天内死亡，其余50%能恢复，但有永久性损伤
0.5~1	血液发生变化且有一定损伤，但无倦怠感	>6	可能因此死亡

国际放射防护委员会（ICRP）在总结了大量的科研成果和防护工作经验后提出了辐射防护的基本原则，即前述的剂量限制体系。

2. 辐射的防护标准

辐射防护标准的制定是一段比较漫长深刻的教训过程。在核技术应用的初期，由于人们对放射性危害的知识较少，在使用中不应该照射和过量照射的情况经常发生。直到人们认识到X射线使用不当会对人体产生危害，才使得一些国家开始制定有关辐射防护的法规。

三、辐射防护和核安全体系

（一）辐射照射类型

有职业照射、医疗照射、公众照射；正常照射、潜在照射；事故照射、慢性照射。

1. 照射源项、途径、剂量和效应

人的照射过程可视为由一系列事件和情况所构成的网络，其中每一部分都以源为起点（这里，源可以是一个物理辐射源，也可以是向环境释放放射性物质的核设施）。同一个源产生的电离辐射或放射性流出物可通过几种不同的途径对人造成照射，但是，多个源也可具有相同的照射途径。个体或人群可能只受到单个源的照射，也可能受到多个源的照射。

辐射照射对人产生健康效应的危害程度与受照剂量的大小有关。受照剂量超过一定的阈值，会引起确定性效应；反之，小剂量、低剂量率长期照射诱发随机性效应（致死、非致死性癌和某些遗传效应）的发生率则与受照剂量的大小成正比。

2. 辐射防护的目标

辐射防护的基本目标是将人工辐射源对人造成的健康危害或风险控制在社会可接受的水平以下，即在不过分限制会产生或增加辐射照射的有益的人类活动的基础上，为人类提供适当的防护，使这类有益活动的辐射剂量保持在有关的阈值以下，以防止确定性效应的发生，并保证采取所有的措施合理，降低随机性效应的发生率。

（二）实践的辐射防护体系

有些人类活动因引入新的照射源、照射途径和受照个人（工作人员或公众）而增加了总的辐射照射，有些则因改变了现有源对人的照射途径和网络而增加了对个人的照射剂量或受照人数，这些人类活动称为实践。

ICRP第60号报告和IAEA安全丛书第115号提出了实践的辐射防护体系，界定了体系涉及的照射类型和应实施防护与安全控制的实践和源，明确提出实施防护安全控制的基本义务、行政管理、辐射防护、技术、安全认证等方面的具体要求。

实践的辐射防护体系涉及的照射类型是由任何相关实践和源产生的职业照射、医疗照射和公众照射，其中包括正常照射和潜在照射。应实施辐射防护和安全控制的拟议中的和正在继续进行中的实践包括辐射源的生产，医学、工业、农业、教育、研究领域中涉及或可能涉及辐射或放射性物质照射的任何活动，核能生产和核燃料循环，涉及审管机构规定需加以控制的天然源照射的实践和其他各种实践。上述实践中涉及的源包括放射性物质和含放射性物质，或会产生辐射的器件、装置和设施。

实践的辐射防护体系的基本防护原则为实践正当性、防护最优化和个人剂量限制。对于公众照射的防护而言，防护原则的应用主要体现在对流出物释放与废物处置的优化控制和对关键人群受照剂量的约束和限制。

（三）干预的辐射防护体系

有些人类活动通过有意识地移去已经存在的照射源，改变照射途径，或减少受照人数，影响既存的网络形式，达到降低总辐射照射的目的，这类人类活动称为干预。

干预的辐射防护体系涉及的照射类型是要求采取防护行动予以减少或防止暂时性的照射（应急照射）和要求采取补救行动予以减少或防止的慢性照射。

应采取行动加以干预的应急照射情况包括：①事故和已执行应急计划或应急程序的应急情况；②审管机构认为正当干预的任何其他暂时性照射情况。

要求采取补救行动的慢性照射情况包括：①天然照射，如居室和工作场所中氡的照射。②以往事件中产生的放射性残留物（如事故应急终止后的残留放射性污染）的照射；不受辐射防护体系约束的实践和源产生的放射性残留物的照射。③审管机构认为正当干预的任何其他慢性照射情况。

干预的辐射防护体系的基本防护原则为干预的正当性和干预的最优化。对于事故应急照射的防护而言，防护原则的应用主要体现在制定干预水平和导出干预水平，以便根据预测的事故剂量进行干预决策。对于慢性照射的防护而言，则体现在行动水平的确定。

（四）排除和豁免

天然辐射是人类照射的主要来源，对公众造成的照射剂量远比人类活动所产生的附加剂量大。但是，在许多情况下，这类照射是不可避免的，也不可能通过管理手段对其实施有效的控制，因此，这类照射通常被排除在辐射防护和辐射环境管理控制体系之外。

某些实践相应的照射剂量和辐射危险增量是微不足道的，因此对其实施管理控制往往是多余的。对这些实践（必须是正当的）的最优化管理措施很可能是允许实践及其涉及的源免予辐射防护和辐射环境管理体系的控制。

1. 潜在照射的防护

潜在照射是指某些不一定发生又可能发生的照射，它来源于一系列具有概率性质的事件或事件序列的发生。潜在照射的防护是实践的辐射防护体系的一个组成部分，但有时也可能需要干预。

减少潜在照射的措施包括预防和减缓两个方面。预防是降低可能造成或增加辐射照射的事件或事件序列的发生概率；减缓是一旦发生了这类事件，采取有效的措施限制和减少总的辐射照射。保证辐射源的安全（对核设施意味着核安全），预防事件或事件序列的发生，是潜在照射防护的基础。在这一意义上，潜在照射的防护实质上是关注辐射防护和核安全的交接点。

ICRP 对潜在照射提出的防护原则为实践正当性、防护最优化和个人危险限制和约束。国际核委会咨询组（INSAG）对核安全提出的原则涉及安全的主要责任、安全文化素养、纵深防御和优化管理。

2. 外辐射防护

外辐射是指来自人体外的 X 射线、γ 射线、β 射线、中子流等对机体的照射，它主要发生在各种封闭性具有放射源的工作场所。外辐射防护分为时间防护、距离防护和屏蔽防护，它们可以单独使用，也可以结合使用。

（1）时间保护。人体所接受的剂量与受照射时间成正比。这就要求操作准确、敏捷，以减少受照时间，达到防护目的；也可以增配工作人员轮换操作，以减少每人的受照时间。

（2）距离防护。点状放射源周围的剂量率与距离的平方成反比。因此常须在远距离操作，以减轻辐射对人体的影响。

（3）屏蔽保护。在放射源与人体之间放置能吸收或减弱射线的屏蔽，而选择怎样的屏蔽材料需考虑屏障材料的厚度与射线的性质和强度。

1）α射线的屏蔽。由于α射线穿透力弱，一般可不考虑外辐射的屏蔽问题。但使用放射性药物来诊断和治疗时，α射线往往出现内辐射的情况，故也是防护对象。操作强度较大的α放射性物质时，需戴封闭式手套，以免药物进入体表和人体体内，造成内辐射。

2）β射线的屏蔽。β射线的穿透力比α射线强，但较易屏蔽。常采用原子序数低的材料，如铝、塑料、有机玻璃等屏蔽β射线。也可采用复合材料来屏蔽，先用低原子序数的材料、塑料等屏蔽β射线，外边再用高原子序数的材料如铁、铅等以减弱和吸收辐射。

3）γ射线、X射线的屏蔽。γ射线和X射线都有很强的穿透力。γ射线穿透物质时，其衰减规律可用指数形式表示：

$$I = I_0 e^{-\mu x} \tag{5.1}$$

式中：I_0——γ射线减弱前的强度；

I——γ射线减弱后的强度；

μ——屏蔽物的密度；

x——屏蔽物的厚度。

由式（5.1）可见，采用高密度物质较好。从经济角度考虑，常用铁、铅、水泥和水。

4）中子的屏蔽。中子的穿透能力也很强，屏蔽主要考虑快中子的减速，可以用含氢多的水和石蜡作减速剂。热中子用镉、锂、硼作吸收剂，如含硼的石蜡块、硼酸水。较新的材料如含硼聚乙烯，其具有屏蔽性能好、机械强度高、抗老化、耐辐射等优点。

为防止人们受到不必要的照射，在有放射物质和射线的地方应设置明显的危险标记。

3. 内照射防护

工作场所或环境中的放射性物质一旦进入人体，它就会长期沉积在某些组织或器官中，既难以探测或准确监测，又难以排出体外，从而造成终生伤害。因此，必须严格防止内照射的发生。方法有：制定各种必要的规章制度；工作场所通风换气；在放射性工作场所严禁吸烟、吃东西和饮水；在操作放射性物质时要戴上个人防护用具；加强放射性物质的管理；严密监视放射性物质的污染情况，发现情况，尽早采取措施，防止污染范围扩大；布局设计要合理，防止交叉污染等。

四、放射性废物的防治

（一）放射性废物的特征与分类

1. 放射性废物的特征

（1）放射性废物中含有的放射性物质，一般采用的物理、化学和生物方法都不能使其含量减少，只能利用自然衰变的方法，使它们减少。因此，放射性废物的处理方法是：稀释分散、减容贮存和回收利用。

（2）放射性废物中的放射性物质不但会对人体产生内外照射的危害，同时放射性的热效应会使废物温度升高。所以处理放射性废物必须采取复杂的屏蔽和封闭措施并应采取远距离操作及通风冷却等措施。

（3）某些放射性核素的毒性比非放射性核素大许多倍，因此严格来说，放射性废物处理比非放射性废物处理要困难得多。

（4）废物中放射性核素含量非常小，一般都处在高度稀释状态，因此要采取极其复杂的处理手段进行多次处理才能达到要求。

（5）放射性和非放射性有害废物一般会同时兼容，所以在处理放射性废物的同时必须兼顾非放射性废物的处理。

（6）对于具体的放射性废物，则会涉及净化系数、减容比等指标。

2. 放射性废物的分类

根据我国《辐射防护规定》（GB 8703—88），把放射性核素含量超过国家规定限值的固体、液体和气体废弃物，统称为放射性废物。从处理和处置的角度，按比活度和半衰期将放射性废物分为高放长寿命、中放长寿命、低放长寿命、中放短寿命和低放短寿命五类放射性废物。寿命长短的区分以半衰期 30 年为界。我国放射性废物的分类系统如表 5-7 所示。

表 5-7 我国放射性废物的分类

类别	级别		名称	放射性浓度
气载废物	1		低放	$\leqslant 4 \times 10^7 \, \mathrm{Bq/m^3}$
	2		中放	$> 4 \times 10^7 \, \mathrm{Bq/m^3}$
液体废物	1		低放	$\leqslant 4 \times 10^6 \, \mathrm{Bq/L}$
	2		中放	$4 \times 10^6 < Ar \leqslant 4 \times 10^{10} \, \mathrm{Bq/L}$
	3		高放	$> 4 \times 10^{10} \, \mathrm{Bq/L}$
固体废物	α 废物 $T_{1/2} > 30a$			$> 4 \times 10^6 \, \mathrm{Bq/kg}$
	$T_{1/2} \leqslant 60d$	1	低放	比活度 $\leqslant 4 \times 10^6 \, \mathrm{Bq/kg}$
		2	中放	$> 4 \times 10^6 \, \mathrm{Bq/kg}$
	$60d < T_{1/2} \leqslant 5a$	1	低放	$\leqslant 4 \times 10^6 \, \mathrm{Bq/kg}$
		2	中放	$> 4 \times 10^6 \, \mathrm{Bq/kg}$
	$5a < T_{1/2} \leqslant 30a$	1	低放	$\leqslant 4 \times 10^6 \, \mathrm{Bq/kg}$
		2	中放	$4 \times 10^6 < $ 比活度 $\leqslant 4 \times 10^{11} \, \mathrm{Bq/kg}$
		3	高放	$> 4 \times 10^{11} \, \mathrm{Bq/kg}$
	$T_{1/2} > 30a$	1	低放	比活度 $\leqslant 4 \times 10^6 \, \mathrm{Bq/kg}$
		2	中放	比活度 $> 4 \times 10^6 \, \mathrm{Bq/kg}$，且释热率 $\geqslant 2\mathrm{kW/m^3}$
		3	高放	比活度 $> 4 \times 10^{10} \, \mathrm{Bq/kg}$ 或释热率 $\geqslant 2\mathrm{kW/m^3}$

（二）放射性污染的治理原则

根据国际原子能机构的估计，1995 年全球核废物总量已达 447 000t 重金属（即在核反应堆产生的乏燃料中存在的钚和铀同位素的质量）。放射性废物种类繁多，并且放射性污染物的形态、半衰期、射线、能量、毒性等方面有很大的差异，这就增加了放射性污染的治理的难度。所以对放射性污染不能仅仅依靠治理，更应强调减少放射性废物的产生量，把废物消灭在生产工艺中。

高放废物在处置前要贮存一段时间，以便使废物产生的热降到易于控制的水平。高放废液的主要来源是乏燃料后处理过程中产生的酸性废液，含有的半衰期长毒性大的放射性核素，需经历很长时间才能衰变至无害水平，如锶90、铯137需要几百年。因此要在如此长的时间内确保高放废液同生物圈隔绝是十分困难的。将高放废液贮存在地下钢罐中只能作为暂时措施，必须将废液转化为固体后包装贮存。例如，目前比较成熟的固化方法是将高放废液与化学添加物一起烧结成玻璃固化体，然后长期贮存于合适的设施中。迄今为止，考虑过的高放废物的处置方案有许多种：地质处置、太空处置、深海海床下的处置、岩熔处置（置于地下深孔利用废物自热使之与周围岩石熔化成一体）、核"焚烧"（置于反应堆中子流中使长寿命核素变成短寿命的）等方式。当今公认比较现实且一些发达国家正在实行或准备实行的多为地质处置方案。具体过程是将高放废物深藏在一个专门建造的，或由现成矿山改建的经过周密选址和水文地质调查的洞穴中或者一个由地表钻下去的深洞中，并建成处置库。矿山式库通常建在300～1 500 m深处，而深部钻孔原则上建在几千米深处。处置库的设施通常有地面封装和控制建筑物、地下运输竖井或隧道、通风道、地下贮存室等。库的结构包括天然屏障和工程屏障，以防止或控制废物中的放射性核素泄漏出来向生物圈迁移。

低放废物是放射性废物中体积最大的一类，占总体积的95%，但其活度仅占总活度的0.05%。适用于低放废物的处置方式有：浅地层处置、岩洞处置、深地层处置等。浅地层通常指地表面以下几十米处的地层，我国规定为50 m以内的地层。浅地层可用在没有回取意图的情况下处置低中水平的短寿命放射性废物，因此其中长寿命核素的数量必须严格控制，使得经过一定时期（如几百年到一千年）之后，场地可以向公众开放。

国际原子能机构（IAEA）制定了一些安全准则，即放射性废物管理原则，主要的管理原则如下：①为了保护人类健康，对废物的管理应保证放射性低于可接受的水平；②为了保护环境，对废物的管理应保证放射性低于可接受的水平；③对废物的管理要考虑到境外居民的健康和环境；④对后代健康预计到的影响不应大于现在可接受的水平；⑤不应将不合理的负担加给后代；⑥国家制定适当的法律，使各有关部门和单位分担责任和提供管理职能；⑦控制放射性废物的产生量；⑧产生和管理放射性废物的所有阶段中的相互依存关系应得到适当的考虑；⑨管理放射性废物的设施在使用寿命期中的安全要有保证。

目前主要依据废物的形态，即废水、废气、固体废物，分别进行放射性污染的治理。放射性废物处理系统全过程包括废物的收集、废液废气的浓集净化和固体废物的减容、贮存、固化、包装及运输处置等。放射性废物的处置是废物处理的最后工序，所有的处理过程均应为废物的处置创造条件。

第四节　热污染及其控制

一、温室效应

（一）温室效应理论

1. 辐射对流平衡理论

由于动力、热力的种种原因，大气一直处在不停的运动中。一方面，以 CO_2 为代表的温室气体有一定的增温作用，另一方面，大气湍流又有利于热量的传导，这两种作用的叠加才是对环境的真实影响。如果不考虑大气湍流的作用，大气中 CO_2 从 150 mL/m^3 增加到 300 mL/m^3 时，全球地面平均气温就应该上升 3.8℃；从 300 mL/m^3 增至 600 mL/m^3 时，平均气温应该上升 3.6℃，而当叠加上大气湍流的影响结果时，这两种情况下的增温值分别为 2.8℃和 2.4℃，所以大气湍流对全球变暖的抑制作用是不能忽略的，这也是自然系统进行自我调整的一种表现形式。

2. 冰雪反馈理论

这一理论是由苏联学者俱姆·布特克于 1969 年提出的。冰雪覆盖的地表对太阳辐射的反射能力要比陆地或其他的地表类型要大得多。由于温室效应导致的全球变暖，势必会造成一部分冰雪消融，从而减少地表冰雪的覆盖面积，降低冰雪对太阳辐射的反射作用，从而地球将会获得更多的太阳辐射，更加剧了大气层的温室效应，结果使地表温度会继续升高，导致冰雪的进一步大量消融，这是一个大家谁都不愿意看到的大自然的正反馈的结果。有人曾经估算过：如果大气中 CO_2 的浓度达到 420 mL/m^3 时，冰雪将会从地球上消失；反之，如果大气中 CO_2 的浓度降低到 150 mL/m^3，地球将会完全被冰雪覆盖而变成一个冰雪世界；如果今后大气中 CO_2 的含量以每年 0.7 mL/m^3 的速率增加，到 21 世纪中叶，地球上冰雪的覆盖面积将会降低一半以上，这将会对人类生存的地球环境产生不可估量的影响。

3. 反射理论

大气中 CO_2 含量的增加，将会增大大气的混浊度，这势必会加强大气对太阳辐射的反射能力，从而减少地表吸收太阳辐射的入射能量。这样大气中 CO_2 含量的增加，不但不会使地表增温反而会引起其温度下降。这也是许多大气学家的观点。

（二）全球变暖

由于大气层温室效应的加剧，已导致了严重的全球变暖的发生，这已是一个不争的事实。目前，全球变暖已成为全球环境研究的一个主要课题。已有的统计资料表明，全球温度在过去的 20 年已经升高了 0.3～0.6℃。全球变暖，会对已探明的宇宙空间中唯一有生命存在的地球环境产生非常严重的后果。

二、热岛效应

(一) 城市热岛效应现象

如果同时测定一个城市一定高度位置处的温度数据，然后绘制在城市地图上，就可以得到一个城市近地面等温线图。从图上可以看出，在建筑物最为密集的市中心区，闭合等温线温度最高，然后逐渐向外降低，郊区温度最低，这就像突出海面的岛屿，高温的城市中心处于低温郊区的包围之中，这种现象被形象地称为"城市热岛效应"（Urban heat island effect）。

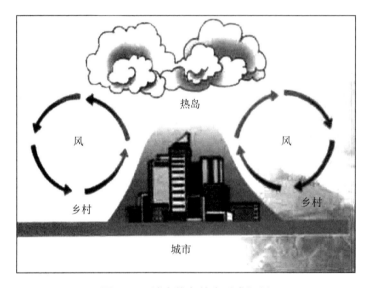

图 5-1　城市热岛效应形成机制

据气象观测资料表明，城市气候与郊区气候相比有"热岛""混浊岛""干岛""湿岛""雨岛"五岛效应，其中最为显著的就是由于城市建设而形成的"热岛"效应。城市热岛效应早在 18 世纪初首次在伦敦发现。国内外许多学者的研究也已表明：城市热岛强度是夜间大于白天，日落以后城郊温差迅速增大，日出以后又明显减小。中国观测到的"热岛效应"最为严重的城市是上海和北京。世界上最大的"热岛"城市是加拿大的温哥华与德国的柏林。

城市热岛效应导致城区温度高出郊区和农村 0.5～1.5℃（年平均值），而在夏季，城市局部地区的气温有时甚至比郊区高出 6℃以上。如上海市，每年气温在 35℃以上的高温天数都要比郊区多出 5～10 天。这当然与城区的地理位置、城市规模、气象条件、人口稠密程度、工业发展与集中的程度等因素有关。日本环境省 2002 年夏季发表的调查报告表明，日本大城市的"热岛效应"在逐渐增强，东京等城市夏季气温超过 30℃的时间比 20 年前增加了 1 倍。这份调查报告同时还指出，在东京，1980 年夏季气温超过 30℃的时间为 168h，2000 年增加到 357h，并且东京 7—9 月份的平均气温升高了 1.2℃。

表 5-8 世界主要城市与郊区的年平均温差

城 市	温差/℃	城 市	温差/℃
纽 约	1.1	巴 黎	0.7
柏 林	1.0	莫斯科	0.7
上 海	2.0	北 京	1.5
济 南	1.5	新德里	5.0
东 京	1.3	洛杉矶	1.0

（二）城市热岛效应的成因

城市热岛效应是人类在城市化进程中无意识地对局地气候所产生的影响，是人类活动对城市区域气候影响中最具典型特征的一种，是在人口高度密集、工业高度集中的城市区域，由人类活动排放的大量热量与其他自然条件因素综合作用的结果。

随着城市建设的高度发展，热岛效应也变得越来越明显。究其原因，主要有以下 5 个方面。

（1）城市下垫面（大气底部与地表的接触面）特性的影响。城市内大量的人工构筑物，如混凝土、柏油地面、各种建筑墙面等，改变了下垫面的热属性，这些人工构筑物吸热快、传热快、热容量小，在相同的太阳辐射条件下，它们比自然下垫面（绿地、水面等）升温快，因而其表面的温度明显高于自然下垫面。白天，在太阳的辐射下，构筑物表面很快升温，受热构筑物面把高温迅速传给大气；日落后，受热的构筑物，仍缓慢向市区空气中辐射热量，使得近地气温升高。比如夏天，草坪温度 32℃、树冠温度 30℃ 的时候，水泥地面的温度可以高达 57℃，柏油马路的温度更是高达 63℃，这些高温构筑物形成巨大的热源，烘烤着周围的大气和生活环境。

（2）人工热源的影响。工业生产、居民生活制冷、采暖等固定热源，交通运输、人群等流动热源不断向外释放废热。城市能耗越大，热岛效应越强。美国纽约市 2001 年生产的能量约为接收的太阳热能的 1/5。

（3）日益加剧的城市大气污染的影响。城市中的机动车辆、工业生产以及大量的人群活动产生的大量的氮氧化物、二氧化碳、粉尘等物质改变了城市上空大气的组成，使其吸收太阳辐射和地球长波辐射的能力得到了增强，加剧了大气的温室效应，引起地表温度的进一步升高。

（4）高耸入云的建筑物造成近地表风速小且通风不良。城市的平均风速比郊区小 25%，城郊之间热量交换弱，城市白天蓄热多，夜晚散热慢，加剧了城市的热岛效应。

（5）城市中绿地、林木、水体等自然下垫面的大量减少，加上城市的建筑、广场、道路等构筑物的大量增加，导致城区下垫面不透水面积增大，雨水能很快从排水管道流失，可供蒸发的水分远比郊区农田绿地少，消耗于蒸发的潜热亦少，其所获得的太阳能主要用于下垫面增温，从而极大地削弱了缓解城市热岛效应的能力。

（三）城市热岛效应的影响

（1）城市热岛效应的存在，使得城区冬季缩短，霜雪减少，有时甚至出现城外降雪城内降雨的现象（如上海1996年1月17日至18日），从而可以降低城区冬季采暖能耗。

（2）夏季，城市热岛效应加剧了城区高温天气，降低工人的工作效率，且易造成中暑甚至死亡。医学研究表明，环境温度与人体的生理活动密切相关，环境温度高于28℃时，人就有不舒适感；温度再高就易导致烦躁、中暑、精神紊乱；如果气温高于34℃加之频繁的热浪冲击，还可引发一系列疾病，特别是使心脏、脑血管和呼吸系统疾病的发病率上升，死亡率明显增加。此外，高温还加快了光化学反应速率，从而使大气中O_3浓度上升，加剧了大气污染，从而进一步伤害了人体健康。例如，1966年7月9日—14日，美国圣路易斯市气温高达38.1～41.4℃，比热浪前后高出5.0～7.5℃，导致城区死亡人数由原来正常情况的35人/d增至152人/d。1980年圣路易斯市和堪萨斯市，两市商业区死亡率分别升高57%和64%，而附近郊区只增加了约10%。

（3）城市热岛效应会给城市带来暴雨、飓风、云雾等异常的天气现象，即"雨岛效应"、"雾岛效应"。夏季经常发生市郊降雨，而远离市区干燥的现象。对美国宇航局"热带降雨测量"卫星观测数据的分析显示，受热岛效应的影响，城市顺风地带的月平均降雨次数要比顶风区域多28%，在某些城市甚至高于51%。他们还发现，城市顺风地带的最高降雨强度，平均比顶风区域高出48%～116%。这在气象学上被称为"拉波特效应"。拉波特是美国印第安纳州的一个处于大钢铁企业下风向的一个城镇，因此而命名。例如，2000年上海市区汛期雨量要比远郊多出50 mm以上。而城市雾气则是由工业、生活排放的各种污染物形成的酸雾、油雾、烟雾和光化学雾的集合体，它的增加不仅危害生物，还会妨碍水陆交通和供电。例如，2002年的冬天，整个太原城长达100天的冬季里，其中50天是雾天。

（4）热岛效应会加剧城市能耗，增大其用水量，从而消耗更多的能源，造成更多的废热排放到环境中去，进一步加剧城市热岛效应，形成了一个恶性循环。城市热岛反映的是一个温差的概念，原则上讲，一年四季都是存在热岛效应的，但是，对于居民生活和消费构成影响的主要是夏季高温天气下的热岛效应。为了降低室温和提高空气流通速度，人们普遍使用空调、电扇等电器装置，从而加大了耗电量。例如，目前美国1/6的电力消费用于降温目的，为此每年需付400亿美元。

（5）形成城市风。由于城市的热岛效应，市区中心空气受热不断上升，周围郊区的冷空气向市区汇流补充，城乡间空气的这种对流运动，被称为"城市风"，在夜间尤为明显。而在城市热岛中心上升的空气又在一定高度向四周郊区冷却扩散下沉以补偿郊区低空的空缺，这样就形成了一种局地环流，称为城市热岛环流。这样就使扩散到郊区的废气、烟尘等污染物质重新聚集到市区的上空，难以向下风向扩散稀释，从而加剧了城市大气污染。

（四）城市热岛效应的防治

城市中人工构筑物的增加、自然下垫面的减少是加剧城市热岛效应的主要原因，因此在城市中通过各种途径增加自然下垫面的比例，便是缓解城市热岛效应的有效途径之一。

大力发展城市绿化，是减轻热岛影响的关键措施。绿地能吸收太阳辐射，而所吸收的辐射能量又有大部分用于植物蒸腾耗热和通过光合作用转化为化学能，从而用于增加环境温度的热量大大减少。绿地中的园林植物，通过蒸腾作用，不断地从环境中吸收热量，降低环境空气的温度。1 hm^2 绿地平均每天可从周围环境中吸收 81.8 MJ 的热量，相当于 189 台空调的制冷作用。利用园林植物的光合作用，吸收空气中的二氧化碳，1 hm^2 绿地每天平均可以吸收 1.8 t 的二氧化碳，从而削弱温室效应。

研究表明：城市绿化覆盖率与热岛强度成反比，绿化覆盖率越高，则热岛强度越低，当覆盖率大于 30% 后，热岛效应将得到明显的削弱；覆盖率大于 50% 时，绿地对热岛的削减作用极其明显。规模大于 3 hm^2 且绿化覆盖率达到 60% 以上的集中绿地，基本上与郊区自然下垫面的温度相当，即消除了城市热岛效应，在城市中形成了以绿地为中心的低温区域，成为人们户外游憩活动的优良场所。例如，在新加坡、吉隆坡等花园城市，热岛效应基本不存在。深圳和上海浦东新区绿化布局合理，草地、花园和苗圃星罗棋布，热岛效应也小于其他城市。

除了绿地能够有效缓解城市热岛效应之外，水面、风等也是缓解城市热岛的有效因素。水的热容量大，在吸收相同热量的情况下，升温值最小，表现为比其他下垫面的温度低；水面蒸发吸热，也可降低城市的温度。风能带走城市中的热量，也可以在一定程度上缓解城市热岛效应。

三、环境热污染及其防治

随着科技水平的不断提高和社会生产力的不断发展，工农业生产和人们的生活水平都取得了巨大的进步，这其中大量的能源消耗（包括化石燃料和核燃料），不仅产生了大量的有害及放射性的污染物，而且还会产生二氧化碳、水蒸气、热水等一些污染物，它们会使局部环境或全球环境增温，并形成对人类和生态系统的直接或间接、及时或潜在的危害。这种日益现代化的工农业生产和人类生活中排放出的废热所造成的环境污染，即为热污染。热污染一般包括水体热污染和大气热污染。目前，噪声污染、水污染、大气污染，已被人们所重视，而对于热污染，人们却几乎熟视无睹。

（一）热污染的成因

热环境的改变基本上都是由人类活动引起的，人类活动主要从以下 3 个方面影响热环境。

1. 改变了大气的组成

（1）大气中 CO_2 含量不断增加。1991 年联合国向国际社会披露了二氧化碳排放量占全球总排放量较多的 5 个国家：美国 22%、苏联 18%、日本 4%、德国 3%、英国 2%，并强调指出："地球气温上升，五大国要负责。"而事实上，1997 年的调查表明，美国对全球气温变暖应负的最大责任的比例远不止 22%。

（2）大气中微细颗粒物大量增加。大气中微细颗粒物对环境有变冷变热双重效应：一方面颗粒物会加大对太阳辐射的反射作用，另一方面也会加强对地表长波辐射的吸收作用，究竟哪一方面起关键作用，主要取决于微细颗粒物的粒度大小、成分、停留高度、下部云层和地表的反射率等多种因素。

（3）对流层中水蒸气大量增加。索登罗森斯蒂尔恩大学研究员郑义锡和同事们对由卫星收集的大气上层对流层的水蒸气进行了测量，首次证实了，人类活动导致大气上层对流层水蒸气增加。据科学调查表明，水汽对温室效应的影响占 60% ~ 70%，CO 仅占 25%。也就是说，地球上水蒸气才是形成温室效应的最主要物质。日益发达的航空业使得对流层中水蒸气大量增加，形成卷云，影响了局部温度。当低空无云时，高空卷云与地面辐射交换的结果是白天吸收地面辐射使环境变冷，夜间辐射能量使环境变暖。

（4）臭氧层破坏。臭氧破坏和温室效应没有直接关系，但有间接关系。臭氧被破坏主要是以前以及现在部分使用的 R12 制冷剂，破坏极其严重，近期大多使用 R22 制冷剂，破坏相对来说小一点（是以前的 10% 左右），但总体上看仍然很严重。臭氧的破坏会导致两极出现臭氧空洞（现在南极已经出现而且在扩大）从而紫外线直接照射地球，同时由于其他地方的平均臭氧厚度也在减小，导致紫外线辐射强度增加。最终，紫外线的照射，间接引起地表温度升高。

2. 改变了地表形态

（1）自然植被的严重破坏。自然植被的严重破坏和地表裸露，造成污染物排入自然的速度和数量大大超过了自然的承受能力，如 CO_2 的排放速度，超过了地球本身的 CO_2 的代谢速度，从而导致了自然热平衡的改变，造成环境热污染。

（2）飞速发展的城市建设减少了自然下垫面。城市是受人类影响最强烈的区域，在一些较发达的城市，城市的地面多为水泥、柏油等覆盖，且建筑物密集。几乎不存在自然状态的下垫面，城市绿地大多是人工绿地，绿地植物或多或少地依赖人工养护。城市地区下垫面的改变产生以下 3 个方面影响：①辐射平衡被改变。地表覆盖物的改变导致地表反射率和反射过程的双重改变，使短波辐射在城市环境中能更充分地被吸收，直接增加了城市可吸收的基础能量。②水分平衡被改变。在城市中，除了绿地之外的下垫面基本全部被水泥、沥青覆盖，能够吸收自然降水的下垫面就是面积有限的绿地面积。以合肥市为例，根据文献研究，在 17.6km^2 的主城区，森林斑块面积占 9.8%，水面斑块占 8.54%，一般绿地斑块占 2.26%，合计占城区总面积的 20.6%。以面积比计算，自然降水的流失率为 79.4%，即城区的大部分自然降水没有补充到土壤中。考虑到暴雨时降水的流失，实际的损失率更高。下垫面固化导致下垫面的蓄水能力严重不足，不能提供充足的水分供给蒸发。这就导致从环境获得的能量将主要用于增加下垫面和空气的温度。实际观测表明：7月份下午 14：00 左右，在同样的太阳辐射条件下，水泥地面的温度可达 65℃，而潮湿草地地表的温度在 40℃ 以下，干燥草地地表的温度在 50 ~ 55℃。不同的地表热力特点对空气加热的结果也显著不同。城市地表状态改变所导致的城市地表水分环境与自然状况显著不同，对地表的热力特性有极大的影响，进而使地表对空气的加热也与自然状况显著不同，使得城市的夏季大气环境更加酷热。③局地环流被改变。城市建筑物密集，粗糙度也相应增大，低层大气的水平交换受阻，局地性垂直交换强烈而不稳。局地环流的改变使得城市风速减小，不利于低层热量的扩散，也加重了城市的热效应。因此，在城市规划和建设时应充分考虑局部环流小气候的影响，在注意降低污染的同时，也要考虑如何改善城市热环境。

（3）石油泄漏改变了海洋水面的受热性质。由于泄漏的石油覆盖了大面积的海洋冰面和水面，而三者吸收与反射太阳辐射的能力是截然不同的，从而改变了热环境。

3. 直接向环境中释放热量

（1）城市热释放。在城市中存在形态各异的人为热源。城市热源可分为两类：生活热源和生产热源。生活热源包括各种生活用能，如烧火做饭、冬季取暖、夏季制冷及家庭轿车等。生产热源则包括了一切形式的生产活动，因为一切的生产活动都需要由能量作为动力，这些能量最终或者被固化到产品中由消费者释放出来，或者在生产的过程中以各种各样的形式排放出去，如热电厂排放的废热水、废水、蒸汽等。由于城市是人类集中活动的区域，所以人为释热是城市热平衡中不可忽略的重要项目，如北欧不少城市单位面积的人为释热量已经超过该地区所获得的太阳辐射量。随着人们日益重视生活质量，我国城市的人为释热总量和强度均在稳定增长。由于人为释热直接改变了局地的热平衡，所以由人为释热所导致的热岛效应随着城市的发展正变得越来越强。一般意义上，热岛效应多指冬季由于取暖等导致的城市高温，而实际上，随着夏季制冷需求的大幅度增加，夏季的热岛效应也越来越强。

（2）工业热释放。火力发电厂、核电站和钢铁厂的冷却系统排出的热水，以及石油、化工、造纸等工厂排出的生产性废水中均含有大量废热。这些废热排入地面水体之后，能使水温升高。在工业发达的美国，每天所排放的冷却用水达 4.5 亿 m^3，接近全国用水量的 1/3；废热水含热量约 10 465 亿 kJ，足够 2.5 亿 m^3 的水温升高 10℃。

（二）水体热污染

1. 水体热污染的热量来源

主要是工业冷却水，其中以电力工业为主，其次为冶金、化工、石油、造纸和机械行业。此外还有核电站。

2. 水体热污染的危害

影响水中溶解氧含量；使细菌易于繁殖；加快了生物体的生化反应速度；影响水生生物种类和数量，进而影响人类健康。

3. 水体热污染的防治

设计和改进冷却系统，减少温热水的排放量；电站废热水的综合利用；低温尾气热利用。

（三）大气热污染

1. 大气热污染引起局部天气变化

减少了太阳光到达地球表面的辐射能量；破坏了降雨量的均衡分布；加剧了城市的热岛效应。

2. 大气热污染的防治

植树造林，增加森林的覆盖面积；提高燃料燃烧的完全性，提高能源的利用率，降低废热的排放量；发展清洁型和可再生型能源；保护臭氧层。

第五节 光污染及其控制

一、光环境与光度量

（一）光环境与视觉

眼睛是人体最重要的感觉器官，人靠眼睛获得 2/3 以上的外界信息。眼睛对光的适应能力较强，瞳孔可随环境的明暗进行调节，如日光和月光的强度相差 10 000 倍，人眼都能适应。

视觉是人类获取信息的主要途径，在人类的生活中有近 75% 以上的信息来源于视觉，在外界条件中光是与视觉有直接联系的，也就是说人是通过视觉器官来反应光环境（人工光环境和天然光环境）、感觉周围世界、获取信息的。光环境主要包括照度水平，亮度的分布，采光和照明的方式，光源的种类、颜色、显色性能及其空间存在状态和表面的色彩等诸多因素。

人体对外界世界的反应是靠分布在视网膜上的感光细胞起作用的。每当外界环境发生变化，视网膜上的感光细胞的化学组成也发生变化，主要体现在杆状感光细胞和锥状感光细胞的不同作用。在明亮环境和黑暗环境中适应速度是由这两种感光细胞的化学组成中出现的变化率的作用所决定。杆状感光细胞只能在黑暗的环境中起作用，要达到其最大的适应程度大约需要 30 min。而锥状感光细胞只有在明亮的环境中起作用，达到其最大的适应程度只需要几分钟。在此同时在明亮的环境下锥状感光细胞能分辨出物体的细节和颜色，并能对光环境的明暗变化产生快速的反馈使视觉尽快适应。而恰恰相反杆状感光细胞仅能看到黑暗环境中的物体，不能分辨物体的具体细节和颜色特征，对光环境的明暗变化反应比较缓慢。

由于人的身体结构的限制，人的视野范围也受到一定的限制。产生的主要原因是各种感光细胞在视网膜上的分布，人的眼眶、眉、面颊的影响。人双眼直视时的视野范围是：水平面 180°，垂直面 130°左右，其中上仰角度为 60°左右，下倾角度为 70°左右。在这个范围内存在一个最佳视觉区域，就是从人的视野范围中心向外 30°左右的区域，人的视觉最清楚，是观察物体总体的最佳位置。同时人的视觉具有向光性，也就是说人总是对视野范围内最明亮的、色彩最丰富的或者对比度最强的部分最敏感。

人的视觉活动和人的其他所有知觉一样，首先是外界环境对神经系统进行刺激，其次也是大脑对刺激进行分析同时进行判断并产生反馈，因此人们的视觉不仅是"看"的问题，同时也包含"理解"的成分。

（1）视力与光环境的关系。

要想了解视力和光环境的关系，需了解视觉的形成过程，视觉形成的步骤如下：①从光源（天然光源—太阳和人工光源—灯）来的光；②外界物体在光源的照射下产生反射，通过反射光的不同产生不同的颜色、明暗程度和形体，形成二次光源；③二次光源（反射光）的不同强度、颜色的光信号进入人的眼睛内，经过瞳孔通过眼球的调节，最终落到视网膜上并成像；④视网膜在物象的刺激下产生脉冲信号，经过视神经传输给大脑，通过大脑的解读、分析、判断从而产生视觉。

由于分布在视网膜上的锥状和杆状细胞对光的反应灵敏度不同，在不同光强的刺激下才可以分为明视觉、暗视觉和中间视觉。明视觉是光线通过瞳孔到达视网膜，分布在视网膜上的锥状感光细胞对于光线不是十分敏感，在亮度高于 3 cd/m^2 的水平时才能充分发挥作用。暗视觉是杆状感光细胞对于光非常敏感，能够感光的亮度阈限大约为 10^{-8} cd/m^2 到 0.03 cd/m^2 的亮度水平，暗视觉主要是杆状感光细胞起作用；在暗视觉的条件下，景物看起来总是模糊不清，灰蒙蒙一片。中间视觉：当亮度处于 0.03 ~ 3 cd/m^2 时，眼睛处于明视觉和暗视觉的中间状态。当亮度超过 10^6 cd/m^2 时，人的视觉就难以忍受，视网膜就会由于辐射过强而受到损伤。

从光环境和生理反应的关系可以看出，人的视力是随着亮度的变化而变化的，在一般亮度的情况下随着亮度的增加而提高。但是到了约 3 000 cd/m^2 时开始出现下降的趋势，在这个关节点后随着亮度的增加会使人感到刺眼从而导致视力下降。

（2）识别力与光环境的关系。

眼睛对物体的识别主要是由目标物体的亮度 $B_{目标物}$ 和目标物所处环境背景的亮度差与环境背景亮度 $B_{背景}$ 之比 C 决定的，即

$$C = \frac{\Delta B}{B_{背景}}$$

式中，$\Delta B = B_{目标物} - B_{背景}$。在不同的亮度下人眼睛所能识别的最小亮度差 ΔB_{min} 与 B 之比，为亮度的识别阈值。

（3）光环境与视觉心理。

人对环境的认识，不但是生理的过程，同时也是心理过程。从视觉心理上讲，要提高工作效率就要使工作环境能够提供使注意力集中在目标物体上的光。不同的光环境对人的注意力的集中是有一定影响的，每当进入一个色彩斑斓的环境空间，由于装饰绚丽夺目，同时存在各种引人注目的物体和图形，这样就会产生强烈的对比和亮度的突出，从视觉心理角度讲就会使人不自觉地将注意力投向这些地方，假如在这种光环境下进行要求注意力高度集中的工作，比如说看书学习，注意力就不容易集中，会影响学习工作的效率。在光环境学中称这种影响注意力视觉信息的为视觉"噪声"，因此在建筑环境的设计中要注意避免声学的"噪声"同时也要注意避免光学的"噪声"。

光线的好与坏会影响人对外界环境的认识，主要是影响人主动探索信息的过程，人每到一个新环境，总是会情不自禁地环顾周围，明确自身所在的位置，判断外界是否对自己有不良的影响。如果这些信息由于光线的影响不能明确就会使人烦躁不安，所以在环境的设计中既要创造使人能集中注意力的光环境，即要降低目标物体周围的亮度，同时也不能太暗，使人能够明确自己的空间存在位置，看清周围的物体。所以发现房间的墙为什么是白色或者明亮的颜色，而不是用深颜色或者黑色的，这里不仅包含美学同时也包含光学。

从以上光与生理和心理关系的分析可知，我们应该注意：在生活的空间中尽可能地创造既能满足生理视觉需要的光环境，以提高视觉的识别能力，同时也要创造适合不同工作需要的心理因素的光环境，满足人的视觉心理。如果能达到二者的共同需求就会对人的生

理健康和心理健康提供保障，从而提高工作效率。

（二）光的度量

（1）光通量。单位为流明（lm），规定 1 lm 为：一个特制的标准白炽灯（强度为 1 cd 的点光源）在等于 1 球面度的立体角内所辐射的光通量。

（2）光强度。光源在某一特定方向上单位立体角内辐射的光通量，简称光强，单位为坎德拉（cd）。

（3）光出度。用来表示物体表面被光源照射后反射或透射出光的量，单位为 lm/m^2。

（4）光照度。被照射物体单位面积上的所接受的光通量，单位为勒克斯（lx），$1 \text{ lx} = 1 \text{ lm}/m^2$。

（5）光亮度。一单元表面在某一方向上的光强密度，它等于该方向上的发光强度和此表面在该方向上的投影面积之比，单位为 cd/m^2。具有方向性。

（三）光源及其类型

1. 天然光源

天然的光环境是太阳创造的。在大自然中，太阳光由两部分组成，一部分是一束平行光，这部分光的方向随着季节及时间作规律的变化，称为直射阳光；另一部分是整个天空的扩散光。下面从太阳光的光波波长角度来分析直射阳光和扩散光，太阳辐射的光波波长范围在 $0.2 \sim 0.3\mu m$。$0.20 \sim 0.38\mu m$ 是紫外线，$0.38 \sim 0.78\mu m$ 是可见光，$0.78 \sim 3\mu m$ 是红外线。关于能量，紫外线占 3%，可见光占 44%，红外线最多，占 53%。太阳光的最大辐射强度分布在 $0.5\mu m$。

直射阳光由于强度高，变化快，容易产生眩光或者室内过热，因此在一些车间、计算机房、体育比赛场馆及一些展室中往往需要遮蔽阳光，这样在采光计算中就忽略了阳光的奉献。但是直射阳光也存在着很多优点，比如说，能促进人的新陈代谢，杀菌，因而能带来生气，给人增添情调，感受阳光明媚的大自然。所以在一些特定的场所，像学校、医院、住宅、幼儿园、度假村等建筑中对直射阳光有一定的要求，要求建筑有建筑中庭或者大厅。同时多变的直射光也可以表现建筑的艺术氛围，材料的质感，对渲染环境气氛有很大的影响。

天空的散射光是比较稳定、柔和的，建筑的采光模式就是以此为依据的，因此在决定建筑的采光时要明确天空的亮度。天空的亮度是与天气情况息息相关的，同时也与季节的变化有关。当天空非常晴朗时亮度大约为 8 000 cd/m^2，略阴时亮度约为 4 700 cd/m^2，浓雾天气亮度约为 6 000 cd/m^2，全阴浓云天气亮度约为 800 cd/m^2。

天空的亮度与地面的照度直接相关，首先来看亮度在天空中的分布。亮度的分布随着天气的变化而异，同时与大气的透明度、太阳与地面的夹角有关。最亮的位置在太阳附近，随着距离的变远，亮度减小。在与太阳位置成 90° 角处达到最低。在全阴天时，看不到太阳，这时天顶亮度最大，近地面亮度逐渐降低。

由于影响室外地面照度的因素包括太阳高度、云状、云量、日照率、地面反射状况等，因此各地区室外光照也不相同。我国四川盆地日照最少，原因是该地区云量多，且多属低云，年平均照度 2 万 lx；日照最多的地区是在西藏高原，最高处超过 3 万 lx，因此不同区域采光面积应有差别。照度小的地方则需扩大采光口，照度大的区域采光面积可以适当减少一些。

2. 人工光源

主要有白炽灯、荧光灯、高压放电灯。家庭和一般公共建筑所用的主要的人工光源是白炽灯和荧光灯，放电灯由于其管理费用较少，近年也有所增加。每一光源都有其优点和缺点，但和早先的火光和烛光相比，显然有一个很大的进步。

二、光污染分类及其危害

（一）分类

依据不同的分类原则，光污染可以分为不同的类型。国际上一般将主要光污染分成 3 类，即白亮污染、人工白昼和彩光污染。

1. 白亮污染

当太阳光照射强烈时，城市里建筑物的玻璃幕墙、釉面砖墙、磨光大理石和各种涂料等装饰反射光线，明晃白亮、炫眼夺目。

2. 人工白昼

夜幕降临后，商场、酒店上的广告灯、霓虹灯闪烁夺目，令人眼花缭乱。有些强光束甚至直冲云霄，使得夜晚如同白天一样，即所谓人工白昼。

3. 彩光污染

舞厅、夜总会安装的黑光灯、旋转灯、荧光灯以及闪烁的彩色光源构成了彩光污染。据测定，黑光灯所产生的紫外线强度大大高于太阳光中的紫外线，且对人体的有害影响持续的时间长。人如果长期接受这种照射，可诱发流鼻血、脱牙、白内障，甚至导致白血病和其他癌变。彩色光源让人眼花缭乱，不仅对眼睛不利，而且干扰大脑中枢神经，使人感到头晕目眩，出现恶心呕吐、失眠等症状。要是人们长期处在彩光灯的照射下，由于心理积累效应，也会不同程度地引起倦怠无力、头晕、神经衰弱等身心方面的病症。

另外，有些学者还根据光污染所影响的范围的大小将光污染分为室外视环境污染、室内视环境污染和局部视环境污染。其中，室外视环境污染包括建筑物外墙、室外照明等；室内视环境污染包括室内装修、室内不良的光色环境等；局部视环境污染包括书本纸张和某些工业产品等。

（二）危害

光污染会影响人类健康：损害眼睛，还会使人出现头痛头晕、出冷汗、神经衰弱、失眠等大脑中枢神经系统的病症；诱发癌症；产生不利情绪。

光污染会导致生态问题：光污染会影响动物的自然生活规律；光污染还会破坏植物体内的生物钟节律；光污染亦可在其他方面影响生态平衡。

三、光污染控制

（一）将光污染列入环境防治与立法范畴

光对环境的污染是实际存在的，但由于缺少相应的污染标准与立法，因而不能形成较完整的环境质量要求与防范措施。防治光污染，是一项社会系统工程，需要有关部门制定必要的法律和规定，采取相应的防护措施。

（1）在企业、卫生、环保等部门，一定要对光污染有一个清醒的认识，要注意控制光污染的源头，加强预防性卫生监督，做到防患于未然；科研人员在科学技术上也要探索有利于减少光污染的方法。在设计方案时，合理选择光源。要教育人们科学合理地使用灯光，注意调整亮度，不可滥用光源，不要再扩大光的污染。

（2）对于个人来说要增加环保意识，注意个人保健。个人如果不能避免长期处于光污染的工作环境中，应该考虑到防止光污染的问题，如采用个人防护措施：戴防护镜、防护面罩、穿防护服等。把光污染的危害消除在萌芽状态，已出现症状的应定期去医院眼科作检查，及时发现病情。做到以防为主，防治结合。

（二）治理玻璃幕墙建筑反光

减少玻璃幕墙建筑反光，应注意以下几点：①选材要选用毛玻璃等材质粗糙的，而不应使用全反光玻璃；②要注意玻璃幕墙安装的角度，尽量不要在凹形、斜面建筑物使用玻璃幕墙；③可以在玻璃幕墙内安装双层玻璃，在内侧的玻璃贴上黑色的吸光材料，这样能大量地吸收光线，避免反射光影响市民。

（三）改善照明系统

很多社会运动家主张尽量使用密闭式的固定光源，使得光线不会被散射。此外，改善光源的发射方法及方向使得所有光线皆射得其所，以尽量减少照明系统的开启。

密闭式照明系统在正确安装后，可以减少光线泄漏至发射平面以上空间的可能，而照射至下面的光线往往正是射得其所。因此部分政府及组织正在考虑或实行将街灯及露天体育场的照明系统改为密闭式照明系统。

由于光线向上射至大气层后，会产生天空辉光，而密闭式照明系统可以防止不必要的光线泄漏，并能减少天空辉光，同时也可减少炫目的光线，因为光线不再散射，人们受到不必要光线影响的情况变少。而且计划推行者指出密闭式照明系统能更有效运用能量，因为光线会被照射到需要的地方而非不必要地散射至天空。

最普遍的关于密闭式固定照明系统的批评是其美学价值不足。此外历史上固定照明系统并没有大型市场，可说是无利可图。而且由于其特别的照射方向，密闭式固定照明系统有时也需要专业技师来安装以达到最佳效果。

不同照明系统有不同的特性及效能，但经常出现的情况是照明系统错配，而这便会造成光害。通过重新选取恰当的照明系统，使光害的影响尽量减少。

在部分情况下，重订现有的照明计划会更有效率，如关掉非必要的户外照明系统及只在有人的露天大型运动场打开照明系统，这样也能减少光害。

第六节 生物污染及其控制

生物污染（Biological pollution）是指对人和生物有害的微生物、寄生虫等病原体和变应原等污染水、气、土壤和食品，影响生物产量，危害人类健康。造成生物污染有大自然的因素，但更多的是人为的因素。未经处理的生活污水、医院污水、工厂废水、垃圾和人畜粪便，以及大气中的漂浮物和气溶胶等排入水体或土壤，可使水、土环境中虫卵、细菌数量和病原菌数量增加，威胁人体健康。污浊的空气含有大量的病菌、病毒，而食物受空气中的真菌或虫卵感染都会影响人体健康。

生物污染包括动植物物种的侵入污染和微生物的致病污染。从动植物物种侵入角度来讲，生物污染按照物种的不同，可分为动物污染、植物污染和微生物污染。其中，动物污染主要为有害昆虫、寄生虫、原生动物、水生动物等；植物污染中杂草是最常见的污染物种，还有某些树种和海藻等；微生物污染包括病毒、细菌、真菌等。

致病菌侵入人体　　　　　　外来物种入侵

图5-2 生物污染的两个方面

从微生物的致病污染角度来看，生物污染源有以下几类：①真菌，它是造成过敏性疾病的最主要原因；②来自植物的花粉，如悬铃木花粉；③由人体、动物、土壤和植物碎屑携带的细菌和病毒；④尘螨以及猫、狗和鸟类身上脱落的毛发、皮屑。

一、生物污染的分类

（一）大气生物污染

空气中的微生物多数是借助土壤以及人和生物体传播，或借助大气飘浮物和水滴传播。大气生物污染主要包括：①大气微生物污染，由许多飘浮在大气中的微生物所造成的直接污染。这些污染大气的微生物种类繁多，但对环境抵抗力较强的主要有八迭球菌、细球菌、枯草芽孢杆菌以及各种真菌和酵母菌的孢子等。②大气变应污染物，由许多能引起人体变态反应的生物物质，即变应原造成的大气污染。这些污染大气的变应原有花粉、真菌孢子、尘螨、毛虫的毒毛等。③生物性尘埃污染，许多绿化植物，如杨柳等生物的有细毛的种子、梧桐生有绒毛的叶片等，在种子成熟或秋季落叶时，所造成的生物性尘埃对大气也有污染。

（二）水体生物污染

致病微生物、寄生虫和某些昆虫等生物进入水体，或某些藻类大量繁殖，使水质恶化，直接或间接危害人类健康或影响渔业生产的现象。受污染的水体可带有伤寒、痢疾、结核杆菌和大肠杆菌，还有螺旋体和病毒。在自然界清洁水中，1 mL 水中的细菌总数在 100 个以下，而受到严重污染的水体可达 100 万个以上。受污染水体中的不同生物对人类可产生不同的危害作用。

（三）土壤生物污染

土壤生物污染是指一个或几个有害的生物种群从外界环境侵入土壤并大量繁殖引起的土壤质量下降。这不仅会破坏原来的生态平衡，而且会对动植物和人体健康以及生态系统造成不良影响。土壤生物污染最常见的是由肠道致病性原虫和蠕虫类所造成的污染，全世界有一半以上人口受到一种或几种寄生蠕虫的感染，尤其严重的是热带地区，欧洲和北美一些较温暖地区的寄生虫发病率也很高。

（四）室内生物污染

细菌、真菌、过滤性病毒和尘螨等都会构成室内生物性污染。室内空气生物污染是影响室内空气品质的一个重要因素，主要包括细菌、真菌（包括真菌孢子）、花粉、病毒、生物体有机成分等。室内生物污染对人类的健康有着很大危害，能引起各种疾病，如各种呼吸道传染病、哮喘、建筑物综合征等。迄今为止，已知的能引起呼吸道感染的病毒就有200 多种，这些感染的发生绝大部分是在室内通过空气传播的，其症状可从隐性感染直到威胁人的生命。

（五）食品生物污染

有害微生物和寄生虫或卵污染食品，可使食品腐败或产生毒素，使人食后中毒，或使人患寄生虫病。在食品中繁殖产生毒素的有肉毒杆菌和葡萄球菌，还有使胃肠道发生急性炎症的肠炎沙门氏菌、鼠伤寒沙门氏菌和猪霍乱沙门氏菌等。这种污染的危害主要为：①使食品腐败、变质、霉烂，破坏其食用价值；②有害微生物在食品中繁殖时产生毒性代谢物，如细菌外毒素和真菌毒素，人摄入后可引起各种急性和慢性中毒；③细菌随食物进入人体，在肠道内分解释放出内毒素，使人中毒；④细菌随食物进入人体，侵入组织，使人感染致病。

二、生物污染的危害

（1）危害生物多样性。水母暴发本来是自然现象，原来大约 40 年暴发一次，但近年来暴发频率越来越高，甚至每年暴发，特别是在世界 20 个著名渔场较为严重，对渔业和旅游业造成巨大冲击。由于水母和鱼一样都以浮游动物为食，所以当水母大规模暴发时与鱼争夺饵料，而且水母会蜇鱼，留给鱼的生存空间越来越小，导致各大渔场的渔获量下降。

（2）危害人类健康。赤峰事件是我国首例大范围饮用水微生物污染事件。一场暴雨，导致赤峰市新城区雨污水倒灌水源井，引发了 4 000 余群众去医院就医。赤峰水污染事件主要是由于我们长期对饮用水消毒的松懈，我国居民一直有饮用煮沸水的习惯，并不像国外一样是直饮水，通常认为烧开过的水是不存在微生物污染的风险，进而放松了对于饮用水微生物安全性的警惕。微生物污染对于人的影响最直接，会引起大规模病情的暴发。

三、生物污染的防治措施

（一）大气生物污染防治措施

防止大气微生物污染的措施有：①室内通风。通过空气流动、空气的稀释作用和微生物的沉降作用，可使室内空气中微生物数目明显减少。影剧院、礼堂、会议室等人员拥挤的场所应该采用这一措施。②空气过滤。对空气清洁程度要求较高的场所，如手术室、无菌实验室等可采用多种空气过滤器，以除去含有微生物的尘埃。③空气消毒。常用的空气消毒方法有物理方法、化学方法两类。物理方法主要是紫外线照射，$2\,000 \sim 2\,967\text{Å}$（特别是 $2\,650\text{Å}$）波长的紫外线，能有效地杀灭空气中的微生物。化学消毒方法主要是用各种化学药品喷洒或熏蒸，常用的药品有甲醛、乳酸、次亚氯酸钠（或漂白粉）、三乙烯乙二醇、过氧乙酸、丙二醇等。④大气变应原污染的预防措施主要是杀灭病原体以及防止和避免接触变应原。

（二）水体生物污染防治措施

防治水体生物污染的主要措施有：①加强污水的处理，主要是加强医院、畜牧场、屠宰场、禽蛋厂这些部门的污水处理。这类污水只有达到安全排放标准后才允许排放。②加强对饮用水的处理，保证所供给的生活饮用水符合水质标准。对农村分散式给水，通过煮沸或加漂白粉等方式杀灭水中的病原体。

（三）土壤生物污染防治措施

应该加强管理污染源和对污染土壤进行末端治理，有必要切断各种病原微生物和寄生虫的传播途径。

（1）对进入土壤的粪便、垃圾和生活污水进行无害化处理。及时监测和控制灌溉水质量，采用辐射杀菌法或高温堆肥法灭菌；利用好氧法进行微生物发酵，以消灭垃圾中的致病菌和寄生虫卵；用密封发酵法、药物灭卵法和沼气发酵法等无害化灭菌法处理粪肥；加强管理感染的动物。

（2）防止医院废水直接流入土壤，加强对工业"三废"的治理和综合利用，合理使用农药和化肥并积极发展高效低毒低残留的农药。

（3）可以改变土壤的理化性质和水分条件来控制病原微生物的传播，加强地表覆盖以抑制扬尘，切断致病菌在空气中的传播途径，还可以直接对土壤施药灭菌和杀毒。

（4）注意饮食卫生，生吃水果和蔬菜之前要彻底洗干净，蔬菜多洗几次，水果尽量去皮，不直接接触污染土壤，勤洗手，同时还要加强锻炼，增强身体抵抗力，以降低染病概率。

（四）室内生物污染防治措施

（1）保持家居、办公室及其他室内环境清洁。定期清洗有助于削减尘螨及其他导致过敏的源头。

（2）保持室内空气流通及室内空气清洁干爽，清除能引致真菌滋生的水源或潮湿源头。安装有空调的房间应经常开窗换气。

（3）在厨房和浴室安装及使用抽气扇，将废气抽出室外排放。

（4）写字楼的通风系统很容易受细菌和真菌污染，应使用有效的隔尘网来减少真菌孢子和粒子进入空调的通风系统，并定期清洗隔尘网。

（5）注意个人和室内环境卫生，做到勤洗澡、勤换衣、勤剪指甲、勤理发、勤晒被褥、勤打扫卫生、勤消毒。

（6）注意饲养的宠物的卫生，特别是家中有儿童、孕妇的一定要注意。

（7）定期到相关的卫生机构对中央空调和冷热水进行检测，一旦发现军团菌检测阳性和浓度超标，就应当立刻采取有效的消毒措施。

（8）居室适当的绿化，能改善室内环境，既能给居室增添盎然生机又让环境雅洁清新，因为绿色植物有净化空气、除尘、杀菌和吸收有害气体的作用。

（9）定期进行室内环境的生物污染的检测。

（五）食品生物污染防治措施

防治食品生物污染的主要措施有：

（1）要注意饮食卫生。

（2）预防家庭食品腐败变质，搞好食品加工、储藏过程中的卫生是非常重要的。食品加工过程中要避免食品被细菌污染，如防止头发掉入食品，不对着食品打喷嚏，加工食品前要洗手，保持加工食品环境的清洁，器具应消毒。食品烹饪时要烧熟，低温保存时要在10℃以下。自家粮食在储藏过程中要注意防真菌污染，真菌可导致粮食腐败变质。简单的办法是通风和做好防鼠、防虫工作。

（3）开展卫生宣传教育。

（4）食品生产经营单位要全面贯彻执行食品卫生法律和国家卫生标准。

（5）食品卫生监督机构要加强食品卫生监督，把住食品生产、出厂、出售、出口、进口等过程的卫生质量关。

（6）加强对农药的管理。

（7）加强食品运输、贮存过程中的管理，防止各种食品意外污染事故的发生。

思考题

1. 噪声如何分类？
2. 噪声的控制有哪些途径？
3. 为什么声音在晚上要比晴朗的白天传播得远一些？
4. 噪声污染控制有几种原理？如何实现控制？
5. 常见的可见光污染有哪些？如何防治？
6. 生活中，有哪些新型污染？如何注意避免新型污染危害？
7. 常见的热污染有哪些？城市热岛效应是如何形成的？形成原理如何？如何消除呢？
8. 生物污染有哪些？如何防治？

参考文献

［1］ 左玉辉. 环境学［M］. 北京：高等教育出版社，2011.

［2］ 唐孝炎，钱易. 环境与可持续发展［M］. 北京：高等教育出版社，2010.

［3］ 何强. 环境学导论［M］. 北京：清华大学出版社，2008.

［4］ 历年中国环境状况公报. http：//jcs. mep. gov. cn/hjzl/zkgb/.

［5］ 孙兴滨. 环境物理性污染控制［M］. 北京：化学工业出版社，2010.

第六章 生态环境与污染控制

本章主要介绍了生态学、生态系统、生态规律、生态环境问题、生态及食品安全评价和生态修复。通过学习，要求掌握生态安全、食品安全的定义以及生态安全管理和评价，熟悉生态修复技术，了解生态系统基本原理。

第一节 生态学

一、生态学定义

生态学（Ecology）一词由德国学者 E. H. Haeckel 于 1866 年提出，他认为："生态学是研究生物有机体与其无机环境之间相互关系的科学。"Ecology 一词源于希腊文，由词根"oiko"和"logos"演化而来，"oikos"表示住所，"logos"表示学问。因此，从原意上讲，生态学是研究生物"住所"的科学。不同学者对生态学有不同的定义。美国生态学家 Odum（1959，1971，1983）的定义是研究生态系统的结构与功能的科学；我国著名生态学家马世骏认为，生态学是研究生命系统和环境系统相互关系的科学。

二、生物与环境的关系

（一）生物不能脱离环境而存在

生物的起源、进化和发展都不能脱离环境，每个生物个体在发育的全部过程中，不断地与环境进行物质和能量交换。

（二）环境影响生物的生理、形态和分布

环境对生物的影响很大，生物在生长、发育的各个阶段对环境有不同的要求，但生物对环境也有适应性。适应性包括两方面，一方面是生物不断改变自己，形成一定特性和性状，以适应改变的环境；另一方面是保留有利于生物生存和繁殖的各种特征，充分利用稳定条件下的资源，巩固自身的竞争能力。适应也是一种暂时的现象，它不是永久的，当适宜的环境变化了，适应就会失去其作用，并且还会成为有害的、致死的因素。

（三）生物对环境产生影响

1. 生物对水体的影响

生物死亡残体在湖底大量沉积，随有机物积累，湖底变高，逐渐沼泽化，出现沼泽植物，由于过度积水，处于缺氧环境，有机残余部分分解缓慢，形成泥炭积累。

2. 生物参与岩石和土壤的形成

组成地壳的物质有一部分是有机岩，它们是地质历史时期动、植物残骸堆积而成。植物死亡后，经微生物分解，养分进入土壤，在土壤中又被活的植物重新利用。

3. 形成新的地貌形态，改变环境面貌

由于生物作用，在原有的地貌基础上形成新的生态系统，进而使沙漠变绿洲；同时生物作用于生态环境也可能使草原变沙漠，森林变成荒丘或沙漠。

（四）生物与环境协同进化

环境选择影响着生物，生物也对环境进行着能动适应，反作用于环境，改变了的环境又对生物产生生态作用。生物与环境相互影响、相互选择、相互适应、共同发展的过程就形成了生物与环境的协同进化。

人类与环境理应协同发展，人为地使环境恶化、资源枯竭及人口爆炸等，必将导致与环境的不相协调，遭到环境的报复。

由于生物个体的进化过程是在其环境的选择压力下进行的，而环境不仅包括非生物因素也包括其他生物的影响。因此一个物种的进化必然会改变和作用于其他生物，给其他生物造成选择压力，引起其他生物发生变化，这些变化又反过来引起相关物种的进一步变化，在很多情况下两个或更多的物种单独进化常常会相互影响形成一个相互作用的协同适应系统。

对于协同进化，可以理解为是一种进化机制，不同物种相互影响共同演化，这种进化机制对生物演化有重要意义；也可以理解为是一种进化结果，因为所谈到的协同进化实例体现的是一种协同的关系，从这些实例中归纳出了协同进化理论。

实际上，广义的协同进化可以发生在不同的生物学层次：可以体现在分子水平上 DNA和蛋白质序列的协同突变，也可以体现在宏观水平上物种形态性状、行为等的协同演化。协同进化的核心是选择压力来自于生物界（分子水平到物种水平），而不是非生物界的压力（比如气候变化等）。

第二节　生态系统

生态系统是指在一定的时间和空间内，由生物群落及其生存环境共同组成的生态平衡系统。

一、生态系统的组成

（一）生产者

生产者是生物成分中能利用太阳能等能源，将简单无机物合成为复杂有机物的自养生物。如陆生的各种植物、水生的高等植物和藻类，还包括一些光能细菌和化能细菌，如硝化细菌能将 NH_3 氧化为 HNO_2 和 HNO_3，并利用氧化过程中释放的能量，把 CO_2、H_2O 合成为有机物。这类细菌虽然合成的有机物质不多，但它们对某些营养物质的循环却有重要意义。初级生产者也是自然界生命系统中唯一能将太阳能转化为生物化学能的生物。

（二）消费者

消费者是靠自养生物或其他生物为食而获得生存能量的异养生物，主要是各类动物。

（三）分解者

这类生物也属于异养生物，故又有小型消费者之称，包括细菌、真菌、放线菌和原生动物。它们在生态系统中的重要作用是把复杂的有机物分解为简单的无机物，归还到环境中供生产者重新利用。

在生态系统中，分解者是重要的生物群之一，其数量十分惊人。据估算，在农田生态系统中的细菌重量，平均 $1hm^2$ 有 500 kg 以上，而细菌总个数则是一个天文数字。

二、生态系统的类型

按生态系统形成的原动力和影响力，可分为自然生态系统、半自然生态系统和人工生态系统三类。凡是未受人类干预和扶持，在一定空间和时间范围内，依靠生物和环境本身的自我调节能力来维持的相对稳定的生态系统，均属自然生态系统，如原始森林、冻原、海洋等生态系统；按人类的需求建立起来，受人类活动强烈干预的生态系统为人工生态系统，如城市、农田、人工林、人工气候室等；经过了人为干预，但仍保持了一定自然状态的生态系统为半自然生态系统，如天然放牧的草原、人类经营和管理的天然林等。

根据生态系统的环境性质和形态特征来划分，把生态系统分为水生生态系统和陆地生态系统。水生生态系统又根据水体理化性质的不同分为淡水生态系统（包括流水水生生态系统、静水水生生态系统）和海洋生态系统（包括海岸生态系统、浅海生态系统、珊瑚礁生态系统、远洋生态系统）。陆地生态系统根据纬度地带和光照、水分、热量等环境因素，分为森林生态系统（包括温带针叶林生态系统、温带落叶林生态系统、热带森林生态系统）、草原生态系统（包括干草原生态系统、湿草原生态系统、稀树干草原生态系统）、荒漠生态系统、冻原生态系统（包括极地冻原生态系统、高山冻原生态系统）、农田生态系统、城市生态系统等。生态系统类型见图 6-1。

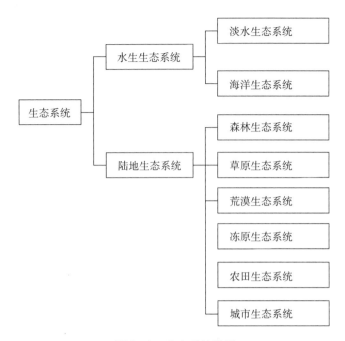

图6-1　生态系统类型

三、生态系统的结构

构成生态系统的各组成部分、各种生物的种类、数量和空间配置，在一定时期内均处于相对稳定的状态，从而使生态系统能够各自保持一个相对稳定的结构。主要有形态结构和营养结构，见图6-2。

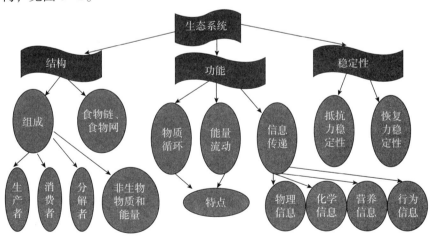

图6-2　生态系统结构与功能

（一）形态结构

生态系统的生物种类、种群数量、种的空间位置、种的时间变化等构成了生态系统的形态结构。

（二）生态系统的营养结构

生态系统的营养结构是指生态系统各组成部分之间建立起来的营养关系。营养结构以食物关系为纽带，把生物与其无机环境联系起来。

四、生态系统的功能

（一）生态系统中的能量流动

1. 能量流动的渠道——食物链和食物网

（1）食物链（Food chain）。食物链指生态系统中不同生物之间在营养关系中形成的一环套一环的链条式的关系。例如，牧食食物链（Grazing food chain）又称捕食食物链，以活的动植物为起点的食物链；腐食食物链（Detrital food chain）又称碎屑食物链，从死亡的有机体或腐屑开始。一个食物链的典型例子是"螳螂捕蝉，黄雀在后"。

（2）营养级。处于食物链同一环节上的所有生物的总和。生产者为第一营养级，依次是第二、第三、第四营养级，一般不超过7个营养级。

（3）食物网。在生态系统中，食物关系往往很复杂，各种食物链互相交错，形成的复杂的网状结构。

（4）食物链和食物网存在的意义。食物链是生态系统营养结构的形象体现。通过食物链和食物网把生物与非生物、生产者与消费者、消费者与消费者连成一个整体，反映出了生态系统中各生物有机体之间的营养位置和相互关系，同时各生物成分间通过食物网发生直接和间接的联系，保持着生态系统结构和功能的稳定性。

2. 能量流动的方式——逐级减少

（1）生态效率。由一个营养级转移到下一个营养级的能量百分数称为生态效率。营养级之间的能量转化效率约为1/10，而这只是针对湖泊等水域生态系统的经验性法则。不同生态系统的能量转化效率差别很大：森林约为5%、草地是25%左右。低位营养级生物是高位营养级生物的营养与能量的供应者。第一营养级生物（生产者）获得的能量，在自身的呼吸和代谢过程中要消耗很大一部分，余下的作为生物量积累，而后者又不能全部被第二营养级生物（食草动物）所利用。因此，在数量上第一营养级必然大大超过第二营养级，第二营养级必然大大超过第三营养级……依此类推，生物量和能量的转移情况与此相似。美国生态学家林德曼提出，同一条食物链上各营养级之间能量的转化效率平均大约为10%，这就是所谓"十分之一定律"，也叫"能量利用的百分之十定律"。

（2）生态金字塔。在生态系统中，随营养级增加，生物量、生产率和生物个体数都逐级减少的现象称为生态金字塔。

（二）生态系统中的物质循环

生态系统中各种有机物质经过分解者分解，成为可被生产者利用的形式归还到环境中重新利用，周而复始地循环，这个过程叫做物质循环（Matteral cycle）。

1. 物质循环在 3 个层次上进行

（1）生物个体层次。在这个层次上生物个体吸取营养物质建造自身，经过代谢活动又把物质排出体外，经过分解者的作用归还于环境。

（2）生态系统层次。在初级生产者的代谢基础上，通过各级消费者和分解者把营养物质归还环境之中，故称为生物小循环或营养物质循环。

（3）生物圈层次。物质在整个生物圈各圈层之间的循环，称生物地球化学循环。

2. 生态系统中营养物质的循环

在自然界已知的 100 多种化学元素中，生物正常生命活动所必需的为 30 ~ 40 种。这些元素在生物体的作用通常是不能相互替代的。生物对各种元素的需求量并不相同且有种间差异。据分析，细胞含有 24 种元素，其中 C、H、O、N、P、S 六种元素对生命起着特别重要的作用。

3. 生态系统物质循环的途径

（1）物质由动物排泄返回环境。包括海洋等以浮游生物为优势种的水域生态系统都可能以这种途径为主。据研究，浮游动物在其生存期间所排出的无机物和可溶性有机营养物质的数量，比它们死亡后经微生物分解所放出的营养物质数量要多好几倍，而且排泄的可溶性营养物能直接被生产者所利用。

（2）物质由微生物分解碎屑过程而返回环境。在草原、温带森林及其他具有以碎屑食物链为主的生态系统，这种途径是主要的。

（3）通过植物根系中共生的真菌，直接从植物残体（枯枝落叶）中吸收营养物质而重新返回到植物体。在热带，尤其是热带雨林生态系统中存在着这种途径。

（4）风化和侵蚀过程伴随着水循环携带着沉积元素，由非生物库进入生物库。这是营养物质再循环的另一途径。

（5）动、植物尸体或粪便不经任何微生物的分解作用也能释放营养物质。如水中浮游生物的自溶可视为营养物质在生态系统中再循环的途径。

（6）人类利用化石燃料生产化肥，用海水制造淡水，可以认为是物质再循环的又一途径。

（7）水循环、碳循环、氮循环、生物积累、生物浓缩和生物放大，都是生态系统物质循环的表现形式。

第三节　生态学规律与生态建设

一、生态学规律

（一）相互依存与相互制约的互生规律

相互依存与相互制约规律，反映了生物间的协调关系，是构成生物群落的基础。生物间的这种协调关系，主要分两类：

（1）普遍的依存与制约。普遍的依存与制约又称"物物相关"规律。有相同生理、生态特性的生物，占据与之相适宜的小环境，构成生物群落或生态系统。系统中不仅同种生物相互依存、相互制约，异种生物（系统内各部分）间也存在相互依存与制约的关系；不同群落或系统之间，也同样存在依存与制约关系，也可以说彼此影响。这种影响有些是直接的，有些是间接的，有些是立即表现出来的，有些需滞后一段时间才显现出来。因此，在自然开发、工程建设中必须了解自然界诸事物之间的相互关系，统筹兼顾，做出全面安排。

（2）通过"食物"而相互联系与制约的协调关系，又称"相生相克"规律。具体形式就是食物链与食物网，即每一种生物在食物链或食物网中，都占据一定的位置，并具有特定的作用。各生物种之间相互依赖、彼此制约、协同进化。被食者为捕食者提供生存条件，同时又为捕食者控制；反过来，捕食者又受制于被食者，彼此相生相克，使整个体系（或群落）成为协调的整体。亦即体系中各种生物个体都建立在一定数量的基础上，它们的大小和数量都存在一定的比例关系。生物体间的这种相生相克作用，使生物保持数量上的相对稳定，这是生态平衡的一个重要方面。因此当人们向一个生物群落（或生态系统）引进其他群落的生物种时，往往会由于该群落缺乏能控制它的物种（天敌）的存在，使该种群暴发起来，从而造成灾害。

（二）物质循环转化与再生规律

生态系统中，植物、动物、微生物和非生物成分，借助能量的不停流动，一方面不断地从自然界摄取物质并合成新的物质，另一方面又随时分解为简单的物质，即所谓"再生"，这些简单的物质重新被植物吸收，由此形成不停顿的物质循环。因此要严格防止有毒物质进入生态系统，以免有毒物质经过多次循环后富集到危及人类的程度。至于流经自然生态系统中的能量，通常只能通过系统一次，它沿食物链转移时，每经过一个营养级，就有大部分能量转化为热散失掉，无法加以回收利用。因此，为了充分利用能量，必须设计出能量利用率高的系统。例如，在农业生产中，为防止食物链过早截断和转入细菌分解，使能量以热的形式散失掉，应该经过适当处理（如秸秆先作为饲料），使系统能更有效地利用能量。

（三）物质输入输出的动态平衡规律

物质输入输出的平衡规律，又称协调稳定规律。当一个自然生态系统不受人类活动干扰时，生物与环境之间的输入与输出，是相互对立的关系，对生物体进行输入时，环境必然进行输出，反之亦然。生物体一方面从周围环境摄取物质，另一方面又向环境排放物质，以补偿环境的损失。也就是说，对于一个稳定的生态系统，无论对生物、对环境，还是对整个生态系统，物质的输入与输出总是平衡的。

当生物体的输入不足时，例如农田肥料不足，或虽然肥料（营养分）足够，但未能分解而不可利用，或施肥的时间不当而不能很好地利用，结果作物必然生长不好，产量下降。

同样，在质的方面，也存在输入大于输出的情况。例如，人工合成的难降解的农药和塑料或重金属元素，生物体吸收的量即使很少，也会产生中毒现象；即使数量极微，暂时看不出影响，但它也会逐渐积累并造成危害。

另外，对环境系统而言，如果营养物质输入过多，环境自身吸收不了，打破了原来的输入输出平衡，就会出现富营养化现象，如果这种情况继续下去，势必毁掉原来的生态系统。

（四）相互适应与补偿的协同进化规律

生物与环境之间，存在着作用与反作用的过程。或者说，生物给环境以影响，反过来环境也会影响生物。植物从环境吸收水和营养元素，与环境的特点，如土壤的性质、可溶性营养元素的量以及环境可以提供的水量等紧密相关。同时生物以其排泄物和尸体的方式把相当数量的水和营养元素归还给环境，最后获得协同进化。例如，最初生长在岩石表面的地衣，由于没有多少土壤可供着"根"，当然所得的水和营养元素就十分少。但是，地衣生长过程中的分泌物和尸体的分解，不但把等量的水和营养元素归还给环境，而且还生成能促进岩石风化变成土壤的物质。这样，环境保存水分的能力增强了，可提供的营养元素也加多了，从而为高一级的植物苔藓创造了生长的条件。如此下去，以后便逐步出现了草本植物、灌木和乔木。生物与环境就是如此反复地相互适应。生物从无到有，从低级向高级发展的同时，环境也在演变。如果因为某种原因损害了生物与环境相互补偿与适应的关系，例如某种生物过度繁殖，则环境就会因物质供应不足而造成其他生物的饥饿死亡。

（五）环境资源的有效极限规律

任何生态系统中作为生物赖以生存的各种环境资源，在质量、数量、空间、时间等方面，都有一定的限度，不能无限制地供给，因而其生物生产力通常都有一个大致的上限。也正因为如此，每一个生态系统对任何外来干扰都有一定的忍耐极限。当外来干扰超过此极限时，生态系统就会被损伤、破坏，以致瓦解。所以，放牧强度不应超过草场的允许承载量；采伐森林、捕鱼狩猎和采集药材时不应超过能使各种资源永续利用的产量；保护某一物种时，必须要留有足够它生存、繁殖的空间；排污时，必须使排污量不超过环境的自净能力等。

以上五条生态学规律，是生态平衡的基础。同时生态平衡以及生态系统的结构与功能，与人类当前面临的人口、食物、能源、自然资源、环境保护五大社会问题紧密相关。

二、生态建设

生态建设是指运用生态规律、仿照生态系统的运行原理，设计和建设结构合理、低耗高效、能协调稳定持续运行的生态系统，如生态农业建设、生态工业园区建设、生态城市建设、生态经济区建设等。下面重点介绍生态工业及园区建设。

在现代化的工业建设中，为了高效率地利用资源和能源，有效地保护环境质量，人们提出了要用生态工艺代替传统工艺。生态工艺是指无废料的生产工艺，而无废料也是相对而言的，主要是指不向环境排放有毒有害的物质。

传统工业把工业体系视为与生物圈相对立这一看法导致了一个实际的严重后果，那就是把人类活动的影响视为主要仅限于对"环境的污染"问题。于是，人们认为解决的办法就是采取措施来治理污染，进而，采取技术手段的时机总是在生产过程的末端，而生态工业改进了传统工业发展模式。

1. 生态工业

生态工业就是一个工业生态系统，完全可以像一个生物生态系统那样循环运行。植物吸取养分，合成枝叶，供食草动物享用，食草动物本身又为食肉动物所捕食，而它们的排泄物和尸体又成为其他生物的食物。

2. 生态工业园区

在一个生态工业园区中，各企业进行合作，以使资源得到最优化利用，特别是相互利用废料（一个企业的废料作为另一个企业的原料）。不过，"园区"的概念不应使人们理解成一定是某个在地理上毗邻的地区，一个生态工业园区完全可以包括附近的居住区，或者包括一个离得很远的企业。

通过模拟自然系统，建立产业系统中生产者、消费者、分解者的循环途径，寻求物质闭路循环、能量多级利用和废物产生的最小化，实现区域社会经济和环境的可持续发展。

生态工业园区被认为是"继工业开发区和高新开发区"之后的第三代工业园区，这是一种更先进的经济开发模式。它是依据循环经济理念和工业生态学原理设计而建立的一种新型工业组织形态。它与传统经济的区别在于：

（1）传统经济是由"资源—产品—污染排放"所构成的物质单行道（One way）。在这种经济中，人们越来越多地把地球上的物质和能源开采出来，在生产加工和消费过程中又把污染和废物大量地排放到环境中去，对资源的利用常常是粗放的和一次性的。

（2）循环经济倡导的是一种建立在物质不断循环利用基础上的经济发展模式，它要求把经济活动按照自然生态系统的模式，形成"资源—产品—再生资源"的物质反复循环流动的过程，在生产和消费的过程中基本上不产生或者只产生很少的废弃物。

（3）传统经济通过把资源持续不断地变成废物来实现经济的数量型增长，而循环经济从根本上消除了长期以来环境与发展之间的尖锐冲突。

3. 案例：卡伦堡生态工业园区

丹麦卡伦堡是目前全球生态工业园最为典型的代表，见图6-3。通过园区企业间的物质集成、能量集成和信息集成，形成产业间的代谢和共生耦合关系，使一家工厂的废气、废水、废渣、废热或副产品成为另一家工厂的原料和能源，建立工业生态园区。这个工业园区的主体企业有电厂、炼油厂、制药厂和石膏板生产厂、微生物公司，以这5个企业为核心，通过贸易方式利用对方生产过程中产生的废弃物或副产品，作为自己生产中的原料，不仅减少了废物产生量和处理的费用，还产生了很好的经济效益，形成了经济发展和环境保护的良性循环。

发电站为卡伦堡约5 000个家庭提供热能，大量减少了烟尘排放。发电站为炼油厂和制药厂提供工艺蒸汽、热、电，联产比单独生产提高燃料利用率30%。发电站的脱硫设备每年生产20万t石膏，石膏被卖给石膏板厂，同时卡伦堡市政回收站回收石膏也卖给石膏板厂，减少了石膏板厂的天然石膏用量，也减少了卡伦堡固体填埋量。发电站每年产生3

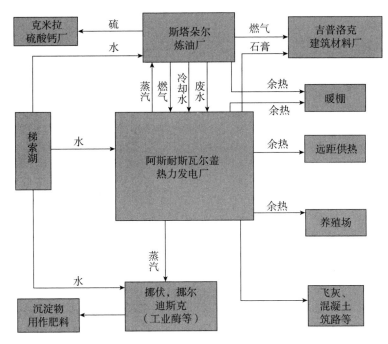

图 6-3 丹麦卡伦堡生态工业园的工业共生体

万 t 粉煤灰，被水泥厂回收利用。制药厂用原材料土豆粉、玉米淀粉发酵生产所产生的废渣、废水，经杀菌消毒后被约 600 户农民用作肥料，从而减少高肥料用量。制药厂的胰岛素生产过程的残余物酵母被用来喂猪，每年有 80 万头猪使用这种产品喂养。炼油厂多余的可燃气体通过管道输送到石膏板厂和发电站供生产使用。污泥是市政水处理厂的主要残余物，这些污泥被微生物公司用来做生物恢复过程的养料。微生物公司是一家专门利用微生物恢复被污染土壤的公司。废品处理公司收集所有共生体企业的废物，并利用垃圾沼气发电，每年还提供 5 万 ~6 万 t 可燃烧废物。

第四节 生态安全与食品安全

一、生态安全

（一）生态安全内涵

生态安全概念是指自然和半自然生态系统的安全，即生态系统完整性和健康的整体水平的反映。健康系统是稳定的和可持续的，在时间上能够维持它的组织结构和自治，以及保持对胁迫的恢复力。

若将生态安全与保障程度相联系，生态安全可以理解为人类在生产、生活和健康等方面不受生态破坏与环境污染等影响的保障程度，包括饮用水与食物安全、空气质量与绿色环境等基本要素。这包括两方面的内涵：①环境、生态保护上的含义。即防止由于生态环境的退化对经济发展的环境基础构成的威胁，主要指环境质量状况低劣和自然资源的减少和退化削弱了经济可持续发展的环境支撑能力。②外交、军事上的范畴。即防止由于环境破坏和自然资源短缺引起经济的衰退，影响人们的生活条件，特别是环境难民的大量产生，从而导致国家的动荡。

广义的生态安全概念以国际应用系统分析研究所（IASA，1989）提出的定义为代表：生态安全是指在人的生活、健康、安乐、基本权利、生活保障来源、必要资源、社会秩序和人类适应环境变化的能力等方面不受威胁的状态，包括自然生态安全、经济生态安全和社会生态安全，组成一个复合人工生态安全系统。

生态安全强调保障生态安全的生态系统应该包括自然生态系统、人工生态系统和自然—人工复合生态系统；从范围大小也可分成全球生态系统、区域生态系统和微观生态系统等若干层次。从生态学观点出发，一个安全的生态系统是在一定的时间尺度内能够维持它的组织结构，也能够维持对胁迫的恢复能力，即它不仅能够满足人类发展对资源环境的需求，而且在生态意义上也是健康的。其本质是要求自然资源在人口、社会经济和生态环境3个约束条件下得到稳定、协调、有序和永续利用。随着人口的增长和社会经济的发展，人类活动对环境的压力不断增大，人地矛盾加剧。尽管世界各国在生态环境建设上已取得不小成就，但并未能从根本上扭转环境逆向演化的趋势。由环境退化和生态破坏及其所引发的环境灾害和生态灾难没有得到减缓，全球变暖、海平面上升、臭氧层空洞的出现与迅速扩大及生物多样性的锐减等全球性的关系到人类本身安全的生态问题，一次次向人类敲响警钟。

因此，不管从个人、聚落、住区，还是从区域和国家的安全角度出发，都面临着来自生态环境的挑战。生态安全与国防安全、经济安全、金融安全等已具有同等重要的战略地位，并构成国家安全、区域安全的重要内容。保持全球及区域性的生态安全、环境安全和经济的可持续发展等已成为国际社会和人类的普遍共识。

（二）生态安全特点

生态安全具有整体性、不可逆性、长期性的特点，其内涵十分丰富。

（1）生态安全是人类生存环境或人类生态条件的一种状态。或者更确切地说，是一种必备的生态条件和生态状态。也就是说，生态安全是人与环境关系过程中，生态系统满足人类生存与发展的必备条件。

（2）生态安全是一个相对的概念。没有绝对安全，只有相对安全。生态安全由众多因素构成，对人类生存和发展的满足程度各不相同，生态安全的满足也不相同。若用生态安全系数来表征生态安全的满足程度，则各地生态安全的保证程度可以不同。因此，生态安全可以通过生态因子及其综合体系质量的评价指标进行定量的评价。

（3）生态安全是一个动态概念。一个要素、区域和国家的生态安全不是一劳永逸的，它可以随环境变化而变化，再反馈给人类生活、生存和发展条件，导致安全程度的变化，甚至由安全变为不安全。

（4）生态安全强调以人为本。安全不安全的标准是以人类所要求的生态因子的质量来衡量的，影响生态安全的因素很多，但只要其中一个或几个因子不能满足人类正常生存与发展的需求，生态安全就是不及格的。也就是说，生态安全具有生态因子一票否决的性质。

（5）生态安全具有一定的空间地域性质。真正的导致全球、全人类的生态灾难并不普遍，生态安全的威胁往往具有区域性、局部性。这个地区不安全，并不意味着另一个地区也不安全。

（6）生态安全可以调控。不安全的状态、区域，人类可以通过整治，采取措施，减轻、解除环境灾难，变不安全因素为安全因素。

（7）维护生态安全需要成本。也就是说，生态安全的威胁往往来自于人类的活动，人类活动引起对自身环境的破坏，导致生态系统对自身的威胁，而解除这种威胁，人类需要付出代价，需要投入。这应计入人类开发和发展的成本。

（三）生态安全本质

生态安全的本质有两个方面，一个是生态风险，另一个是生态脆弱性。生态风险表征了环境压力造成危害的概率和后果，相对来说它更多地考虑了突发事件的危害，而危害管理的主动性和积极性较弱。生态脆弱性应该说是生态安全的核心，通过脆弱性分析和评价，可以知道生态安全的威胁因子有哪些，它们是怎样起作用的以及人类可以采取怎样的应对和适应战略来避免威胁因子。回答了这些问题，就能够积极有效地保障生态安全。因此，生态安全的科学本质是通过脆弱性分析与评价，利用各种手段不断改善脆弱性，降低风险。

（四）生态安全现状

目前，生态安全向好的方向发展，但仍很不乐观。就自然资源的可持续利用来看，虽然我国可耕地面积、水资源、森林资源、矿产资源、能源等在总量上居世界前列，但人均占有量很少，人均可耕地占有量为世界人均拥有量的50％，水资源为32％，矿产资源为47％，能源资源为39％，森林面积为14％。而且，还会随着中国人口基数的扩大进一步减少。这与中国快速发展经济需要巨大的资源与能源供求有较大矛盾，在一定程度上，已经制约了中国经济的发展。就生态环境状况来看，我国面临着十分严重的环境污染。不仅空气污染、水污染、海洋污染、危险废物污染等仍然存在，还出现了酸雨污染、气候变化等问题，直接影响了人们的身体健康和工农业生产。就生态系统的稳定性来讲，我国已遭受到外来物种的严重入侵。外来生物进入我国，由于没有天敌，会快速繁殖而形成种群，打破我国本地生态系统的平衡，对本地物种的生存造成威胁。目前我国大约已有37种外来入侵动物，100多种外来入侵植物。大规模的生物入侵，严重影响生态系统的平衡，对我国生物多样性造成巨大威胁。另外，饲料添加剂、农药、化肥对食品的污染，特别是转基因食品对人类健康影响的未知都极大地影响食品安全和生态安全乃至经济安全。我国生态环境的弹性空间明显不足，生态安全状态极度危险。

我国的生态安全形势十分严重：土地退化、生态失调、植被破坏、生态多样性锐减并呈加速发展趋势等，生态安全已经向我们敲起了警钟。

二、食品安全

(一)定义

WHO 认为食品安全是指食物中的有毒、有害物质对人体健康影响的公共卫生问题。食品安全(food safety)指食品无毒、无害,符合应当有的营养要求,对人体健康不造成任何急性、亚急性或者慢性危害。食品安全也是一门专门探讨在食品加工、存储、销售等过程中确保食品卫生及食用安全,降低疾病隐患,防范食物中毒的一个跨领域的学科。

食品安全的含义有 3 个层次:第一层,食品数量安全,即一个国家或地区能够生产民族基本生存所需的膳食。要求人们既能买得到又能买得起生存生活所需要的基本食品;第二层,食品质量安全,指提供的食品在营养、卫生方面满足和保障人群的健康需要,食品质量安全涉及食物的污染、是否有毒、添加剂是否违规超标、标签是否规范等问题,需要在食品受到污染界限之前采取措施,预防食品的污染和食品遭遇主要危害因素的侵袭;第三层,食品可持续安全,这是从发展角度要求食品的获取需要注重对生态环境的良好保护和资源的可持续利用。

食品安全也可分为绝对安全和相对安全。绝对安全指确保不可能因食用某种食品而危及健康或造成伤害的一种承诺,也就是食品绝对没有风险;相对安全指一种食物或成分在合理食用和正常食量的情况下不会导致对健康实际确定性的损害。

(二)食品安全问题及产生原因

1. 食品安全问题分类

如果把当前的食品安全问题细化的分一个类别,大致存在以下一些方面的问题。①微生物污染造成的食源性疾病问题。我国每年向卫生部上报的数千件食物中毒案例中,大部分都是致病微生物引起的。②种植业与养殖业的源头污染。化肥、农药、兽药、生长调节剂等农用化学品的大量使用,从源头上给食品安全带来极大隐患。③环境污染对食品安全的威胁。江河、湖泊、近海等的污染是导致食品不安全的重要因素。这些被污染的水体中的持久性有机污染物和重金属会在农、畜、水产品中富集,进而对人体健康构成严重威胁。④食品加工过程中的问题。一些食品生产加工企业的生产者素质较低、卫生意识淡薄、规范操作能力差,导致食品残留病原微生物等,极易造成食品污染和食物中毒事故的发生,如有的用非食品原料加工食品,有的滥用或超量使用增白剂、保鲜剂、食用色素等加工食品。⑤食品流通环节的问题。食品在运输、销售等环节中可能会受到有毒有害物质的污染。⑥现行的食品安全法律体系存在问题,缺少系统性和完整性。如法律法规的条款笼统、操作性不强、处罚较轻、企业违法成本低。⑦很多居民对食品安全的认识水平还不高,这也是造成食品安全问题的一个重要因素。⑧转基因食品问题。美国是转基因食品的发源地,也是当今世界转基因食品生产和出口最多的国家。1983 年,全球第一个转基因农作物——马铃薯就诞生在美国。据估计,目前美国的零售食品中有 60% 以上含有转基因成分,90% 以上的大豆、50% 以上的玉米和 50% 以上的小麦是转基因的。基因技术的大量使用使得商家可以制造出更适合消费者口味，生长更快，"有效利用率"更高的产品。比如日前有报道说，美国一家生物科技公司已经培育出了全新的"基因鲣鱼"。在美国沉浸在转基因带来高产、高效的同时，星联（Starlink）的毒玉米事件引发了全世界范围的玉米购买危机。星联是由安万特（Aventis）于 1996 年培育出来的一种可能引起过敏的转基因农作物。本来它是用于生产动物饲料的，但是在 1999 年人们在食品中发现了星联特殊的 DNA 成分而被用于食品。后来由于有人因食用了此类食物引起了过敏反应。一时间美国民众对转基因食物抱着不明的态度，不盲目赞扬它带来的高效、高产、美观。这也是一种现代技术带来的食品安全问题，其主要是因为人们无法预知是否完全无害。

2. 产生原因

影响食品安全的因素众多，主要包括环境因素、消费因素、管理因素、技术因素和人为因素等。Kinsey（2003）指出，食品安全问题涉及食品从生产、加工到销售的整个食物供应链。影响食品安全的主要因素可归纳为 7 个方面：①水、土壤和空气等农业资源的被污染；②种植和养殖过程中使用的化肥、农药、生长激素等在农产品中的残留；③违规或超量使用食品添加剂；④微生物引起的食源性疾病；⑤新原料、新工艺带来的食品安全性，如转基因食品的安全性；⑥市场和政府失灵，如假冒伪劣、食品标识滥用、违法生产经营等；⑦科技进步对食品安全的控制和科学技术带来的新的挑战。

（三）食品安全事件举例

近年来从"瘦肉精"到"染色馒头"，从"毒血旺"到最近的"地沟油"等，中国食品安全问题在我国接二连三地发生，保障食品安全本身就是食品生产企业最低的，也是最起码的要求，然而那些企业却没有做到。食品安全问题是关系到民生的大事，且一直都是社会关注的热点，此起彼伏的食品安全事件刺痛着我们的神经，更拷问着我国食品安全监管制度。双汇瘦肉精事件、河南南阳毒韭菜事件、甘肃平凉牛奶亚硝酸盐中毒、三黄鸡遭曝光、染色馒头事件、到期产品回炉黑幕、用牛肉膏让猪肉变牛肉、青岛甲醛浸泡小银鱼事件、"毒生姜"事件、毒豆芽事件、爆米花桶含致癌荧光增白剂、广东中山出现毒"红薯粉""毒花椒"事件、塑化剂事件、爆炸西瓜、北京黑心烤鸭、市场带淋巴"血脖肉"、广东发现含高浓度亚硝酸盐的毒燕窝、毒油条事件、山西老陈醋为醋精勾兑、肯德基炸薯条油 7 天一换、"问题血燕"、进口奶粉有死虫活虫、可口可乐中毒、药厂使用铬超标"毒胶囊"、用香精色素勾制饮料酒、喷甲醛溶液保鲜白菜、地沟油、疯牛病牛肉、李斯特杆菌肉制品、变质饮料和受污染巧克力等事件层出不穷，严重暴露了食品安全政策的缺陷。

（四）食品安全管制

1. 食品质量标准体系

①食品及相关产品的致病性微生物、农药残留、兽药残留、重金属、污染物质以及其他危害人体健康物质的限量规定。②食品添加剂的品种、使用范围、用量。③专供婴幼儿的主辅食品的营养成分要求。④与营养有关的标签、标识、说明书的要求。⑤与食品安全有关的质量要求。⑥食品检验方法与规程。⑦其他需要制定为食品安全标准的内容。⑧食

品中所有的添加剂必须详细列出。⑨食品中禁止使用的非法添加的化学物质。

2. 食品安全检验

从农田到餐桌食品检测的解决方案，可作为在食品和农业领域采用的食品安全检测手段，覆盖了从原材料和加工过程控制，到成品检验及产品销售的全过程。致力于检验食品和饮料的营养成分、应对致癌物非法掺杂、筛查食品中不明污染物、达到或超过农残分析的新兴监管要求、帮助食品生产者或监管者检测痕量水平的过敏原，借助于先进仪器设备满足环境、食品安全、临床医学、药物开发等领域中所有类型及不同浓度的样品测定，以提供给业界最卓越的可靠性和重复性数据。

3. 质量安全标志

食品安全是大家都关注的话题，在关注食品本身的同时，大家还应该去关注一些安全标识。QS 是英文 Quality Safety（质量安全）的缩写，获得食品质量安全生产许可证的企业，其生产加工的食品经出厂检验合格，质量安全的，在出厂销售之前，必须在最小销售单元的食品包装上标注由国家统一制定的食品质量安全生产许可证编号并加印或者加贴食品质量安全市场准入标志"QS"。食品质量安全市场准入标志的式样和使用办法由国家质检总局统一制定，该标志由"QS"和"质量安全"中文字样组成。标志主色调为蓝色，字母"Q"与"质量安全"四个中文字样为蓝色，字母"S"为白色，使用时可根据需要按比例放大或缩小，但不得变形、变色。加贴（印）有"QS"标志的食品，即意味着该食品符合了质量安全的基本要求。

4. 食品安全制度

自 2004 年 1 月 1 日起，中国首先在大米、食用植物油、小麦粉、酱油和醋五类食品行业中实行食品质量安全市场准入制度，对第二批的十类食品如肉制品、乳制品、方便食品、速冻食品、膨化食品、调味品、饮料、饼干、罐头等实行市场准入制度。国家质检总局对全部 28 类食品实行市场准入制度。

"质量安全"的字样已经不再使用，用"生产许可"来替代。法律依据来源于《中华人民共和国工业产品生产许可证管理条例》，其适用范围是在中华人民共和国境内从事以销售为目的的食品生产、加工经营活动，不包括进口食品。包括 3 项具体制度：①生产许可证制度。对符合条件食品生产企业，发放食品生产许可证，准予生产获证范围内的产品；未取得食品生产许可证的企业不准生产食品。②强制检验制度。未经检验或经检验不合格的食品不准出厂销售。③市场准入标志制度。对实施食品生产许可证制度的食品，出厂前必须在其包装或者标识上加印（贴）市场准入标志——QS 标志，没有加印（贴）QS 标志的食品不准进入市场进行销售。

5. 绿色食品标志

绿色食品标志是由绿色食品发展中心在国家工商行政管理总局商标局正式注册的质量证明标志，见图 6-4。它由三部构成，即上方的太阳、下方的叶片和中心的蓓蕾，象征自然生态；颜色为绿色，象征着生命、农业、环保；图形为正圆形，意为保护。AA 级绿色食品标志与字体为绿色，底色为白色；A 级绿色食品标志与字体为白色，底色为绿色。整个图形描绘了一幅明媚阳光照耀下的和谐生机，告诉人们绿色食品是出自纯净、良好的生态环境的安全、无污染食品，能给人们带来蓬勃的生命力。

绿色食品标志还提醒人们要保护环境和防止污染，通过改善人与环境的关系，创造自

（a）绿色食品标志

（b）保健食品标志

图6-4　绿色和保健食品标志

然界新的和谐。它注册在以食品为主的九大类食品上，并扩展到肥料等绿色食品相关类产品上。绿色食品标志作为一种产品质量证明商标，其商标的专用权受《中华人民共和国商标法》保护。标志使用是食品通过专门机构认证，许可企业依法进行使用。

正规的保健食品会在产品的外包装盒上标出蓝色的，形如"蓝帽子"的保健食品专用标志。下方会标注出该保健食品的批准文号，或者是"国食健字【年号】××××号"，或者是"卫食健字【年号】××××号"。其中"国""卫"表示由国家食品药品监督管理部门或卫生部批准。

第五节　生态环境管理与修复

一、生态安全评价

（一）评价标准

就生态安全的评价标准而言，虽然不同的评价对象有不同的评价标准，但如果抽象到具体评价对象的特定标准，总是可以为其找到一种称之为"理想状态"的评价标准。这种"理想状态"的评价标准必须满足以下几个条件：①生态系统的自组织能力。②生态系统的自我修复能力。③生态系统的维持能力，即维持生态系统功能完整性的能力。④生态系统的零风险，即系统间不能相互危害。⑤低成本提高人类福利水平和福利质量的保障力。⑥生态系统对人类生存安全的支持力。

（二）评价方法

在谋求经济发展过程中考虑生态系统的承载力，但是把生态安全作为一个重要决策变量纳入决策框架之中仍然是十分困难的，这种价值取向决定了生态安全评价的难度和方法的多样性。下面介绍几种常见方法。

（1）比较法。这种方法选择某一生态系统（如森林生态系统、湿地生态系统等）的一组特征变量与另一"纯天然"或"未受干扰"的生态系统的相应特征变量进行比较，以此来判断该生态系统的天然程度。天然程度越高，生态系统越安全。这种方法的优点是操作简单，易于理解，但存在两个明显的缺陷：①所有的人工生态系统都会被判定为不安全或安全度低；②在人类活动规模和活动强度空前的今天，要找到一个"纯天然"或"未受干扰"的参照系显然非常困难，甚至完全不可能。

（2）部门产出法。该方法的核心是根据部门产出率（产品和服务）与生态系统安全度的相关性来测定生态安全，是一种间接度量生态安全的方法。一般来讲，产出水平与生态系统联系紧密的部门（如农业、畜牧业、渔业等），其产出率与生态系统的安全度呈正相关关系。这种方法的缺陷是：①人们在度量部门产出率时，往往仅关注直接的产出成果而忽视了产出本身对生态系统的其他潜在或显在的外部负效应（如生物多样性减少、土壤流失、环境质量退化等）；②产出率下降肯定说明生态系统的安全度降低，但产出率提高，则未必一定说明生态系统的安全度相应提高，因此可以通过某些技术手段来提高产出率，但却可能也因此失去其他一些更为重要甚至不可逆的产品和服务。生态安全评价必须满足相互冲突的多个目标，并考虑生态环境问题之间错综复杂的关系，所以用部门产出法来评价生态安全显然只具有部分可用性。

（3）最优化综合评价法。最优化综合评价法的基本思想是实现多目标组合的最优化，据此判定生态系统的安全状态。目标设定既包括生态系统的直接生产能力和间接生产能力，也包括生态系统在提供产品和服务时系统间的相互影响的进程。该方法的特点是：①克服了部门产出法的缺陷，提供了考察生态系统内在联系的框架，既关注生态系统的直接生产能力，同时也不放弃增加生态系统综合效益的机会；②能够把那些不能通过市场价值体现的产品和服务纳入一个统一的框架进行评价和度量；③拓宽了传统的生态系统的管理边界，强调了系统性，意识到了生态系统功能具有整体性，因而必须进行整体评价、整体管理而不是分别评价、分而治之；④拓宽了生态系统评价和生态系统管理的时间尺度和空间尺度；⑤能够整合社会、经济和环境等多方面的信息，因而能将人类需求与生态系统的生物能力紧密地联系起来；⑥把生态系统提供产品和服务的过程视为一个安全的生态系统的自然过程而不是作为生态系统自身的终结，重视生态系统的生产潜力，因而维护了未来世代人的发展机会和发展权利。

（4）千年生态系统评价（MEA）。千年生态系统评价作为一个大型国际合作项目，目的在于描述并评价人类所居住的这个星球的健康状况。千年生态系统评价包括3个部分的内容：①全球部分。目的在于为未来的评价建立一个基线，建立综合的生态系统评价的方法，提高公众对生态系统产品和服务重要性的认识。②区域、国家和地方部分。目的在于帮助促进更加广泛地使用综合的评价方法，帮助发展这种评价所需的方法和模拟工具，直接提供作用于区域管理和决策的信息。③能力建设。目的在于使 MEA 开发出来的信息、方法和模拟工具能够在全世界的国家和国家以下各级的评价进程中发挥作用。

（三）构建生态安全评价指标体系的思路

同其他的指标体系研究一样，生态安全评价指标体系也需要解决度量什么和如何度量的问题，所以，生态安全指标体系需要的信息必须是可得的，所建立的指标体系必须是有意义的，对决策者和生态系统的管理者具有切实的指导作用，对广大社会公众具有教育意义以及对公众的行为选择和行为调整具有指导意义。从生态安全的内涵上看，生态安全评价指标体系应当包括国土安全评价指标体系、水安全评价指标体系、森林安全评价指标体系、湿地安全评价指标体系、草地安全评价指标体系、海洋安全评价指标体系和大气安全评价指标体系。但是，生态安全评价是一项非常复杂的系统的工程，生态安全评价指标体系究竟应当包含哪些具体的指标，则需要多学科的交叉合作。从指标设计的宏观思路上看，不仅要反映生态系统各子系统的安全状态，还要反映各子系统之间的相互关系和相互影响以及行为主体的安全意识、应对能力和应对措施的效率，因此可以考虑按照"状态—关系—反应"框架构建3个指标模块，即状态指标模块、关系指标模块和反应指标模块。生态安全的评价是一个极富挑战性的课题，这除了生态系统本身的复杂性外，还受到人类自身知识缺陷和认识边界的限制，生态安全评价也不是某个单一学科能够解决和承担得起的，它需要不同学科的交叉、融合以及科学家的通力合作才有可能取得比较满意的成果。具体到生态安全评价问题，还需要进一步解决很多问题，包括生态安全因子的确认与计量、生态安全指标的筛选、生态安全指标体系的构建、生态安全（包括国土安全、水安全、湿地安全、生物多样性安全、草地安全、森林安全、海洋安全、大气安全等）指标阈值（安全边界）的确定、生态安全预警系统的建立等。

二、生态修复

（一）生态修复的概念

生态修复是为了加速对已破坏生态系统的恢复，还可运用辅助人工措施使生态系统健康运转，而加速恢复则称为生态修复，即在特定的区域、流域内，依靠生态系统本身的自组织和自调控能力的单独作用，或依靠生态系统本身的自组织和自调控能力与人工调控能力的复合作用，使部分或完全受损的生态系统恢复到相对健康的状态。生态修复应包括生态自然修复和人工修复两个部分。日本学者多认为，生态修复是指通过外界力量使受损的生态系统恢复、重建或改进，这与欧美学者生态恢复概念的内涵类似。修复与恢复是有区别的，更不同于生态重建。生态恢复是指停止人为干扰，解除生态系统所承受的超负荷压力，依靠生态系统本身的自动适应、自组织和自调控能力，使部分或完全受损的生态系统恢复到相对健康的状态。

（1）生态自然修复机理及修复潜力的研究包括对水土流失及生态系统退化的人为扰动或自然成因、生态系统逆序演替和可逆性及修复潜力、解除干扰下修复生态系统的演替进程、预期结果的研究等，这些研究是其他研究的基础。

（2）生态自然修复实施区域划分及指针体系研究。主要是限制性指针及区域划分研究，即回答什么地区可以实施生态自然修复工程、什么地区不可以实施、什么条件可以实施、什么条件不可以实施的问题。

（3）生态自然修复工程验收分区标准及规范研究，包括两方面：一是不同区域生态修复需要的时间及应达到的指标，以及达到什么水准时，就认为生态系统已经修复；二是在技术上确定抽检内容和方法。

（4）生态自然修复规划设计技术规范研究包括规划涵盖的内容、调查的方法和规划设计的技术要求等。

（5）生态自然修复过程及其效果的监测与评估研究包括监测内容、指标、监测点布设、监测方法等研究。生态修复的研究技术方面还需要借助于现代科学技术，不断提高获取生态系统的各类信息的能力，为动态监测、实时评价、准确预测生态系统的运行变化提供丰富而准确的数据，如促进火烧迹地森林恢复研究、阔叶红松林生态系统恢复、山地生态系统的恢复与重建等。

（二）生态修复学的发展趋势

生态修复是治理水土流失的必要途径。生态修复的提出，就是要调整生态重建的思路，摆正人与自然的位置，以自然演化为主，进行人为引导以加速自然演替过程，从而遏制生态系统的进一步退化，快速恢复地表植被覆盖，防止水土流失和洪涝灾害的频繁发生。国内外在生态修复方面的工作还不够系统和完善，加之生态系统的恢复与重建研究需要长期的定位实验和观测，同时生态系统的修复是一项系统工程，需要国家、社会、科学工作者和广大人民的共同参与合作。因此虽然许多国家对森林、草地、湿地、废矿地等退化生态系统的恢复与重建做了大量研究工作，形成了许多研究成果，但目前的研究尚未形成生态修复的理论体系和技术体系。

1. 国内生态修复研究现状

我国有关专家自20世纪50年代就开始研究不合理的人类活动及资源的不合理利用所带来的生态环境恶化和生态系统退化问题，并在华南地区退化的坡耕地上开展恢复生态学中的植被恢复技术与机理研究，同时进行了长期的定位观测试验。20世纪50年代末，余作岳等在广东的热带沿海侵蚀地上开展了植被恢复研究。70年代末，三北防护林工程建设。80年代长江沿海防护林工程建设和太行山绿化工程建设，以及80年代末在农牧交错区、风蚀水蚀交错区、干旱荒漠区、丘陵、山地、干热河谷和湿地等也进行了退化或脆弱生态系统恢复和重建研究与试验示范。90年代淮河、太湖、珠江、辽河和黄河流域防护林工程。

2. 国外生态修复研究现状

修复的本意是对错误和缺陷进行纠正的作用或过程，从环境污染治理角度被定义为借助外界作用力使某个受损的特定对象部分或全部恢复到原初状态的过程。环境生态修复起源于环境修复，生态恢复又受环境生态修复的影响，国外最早开展恢复生态学实验的是 LeoPold 等于1935年恢复了一片草场。从20世纪20年代开始，德、美、英、澳等国家对矿山开采扰动受损土地进行恢复和利用，逐渐形成土地复垦技术，包括农业、林业、建筑和自然复垦等，实际仍是土壤环境修复的范畴。60年代，美国生态学家 H. T. Odum 提出生态工程概念，受此启发，欧洲一些国家尝试应用研究，形成了所谓生态工程工艺技术，实际属于清洁生产的范畴。70年代后，受生态工程学术思想的影响，从土壤环境修复和生产力恢复上升到了生态系统恢复层面。目前，国内外常见的用于城市污染河流治理及生态修复的技术措施，根据应用原理的不同可分为物理法、化学法、生物生态法三大类技术（表6-1）。

表6-1 城市污染河流治理及生态修复的技术

技术分类	技术名称	河流污染类型	适用河流类型	主要机理
物理法	底泥疏浚	严重有机污染	有一定水深的河流	移除内源污染物
	环境调水	严重有机污染	中小型河流	促进有机物降解
	人工增氧	严重有机污染	中小型河流	促进有机物降解
化学法	絮凝沉淀	有机污染	中小型河流	溶解态转固定态
	化学除藻	富营养化	中小型河流	直接杀死藻类
	重金属化学固定	重金属污染	中小型河流	抑制重金属释放
生物生态法	微生物强化	严重有机污染	中小型河流	促进有机物降解
	水生植物净化	富营养化	中小型河流	植物吸收与同化
	生态浮床净化	有机污染	中小型河流	植物吸收与同化
	人工湿地净化	有机污染	中小型河流	植物吸收与同化
	生物膜净化	严重有机污染	中小型河流	促进有机物降解
	稳定塘净化	有机污染	中小型河流	促进有机物降解
	多自然河流构建	生态恢复	各种类型河流	重建生态系统

（三）生态修复技术简介

1. 单项生态修复技术

（1）植物修复技术。植物修复是按照生态学规律，利用植物的自然演替、人工种植或两者兼顾，使受到人为破坏、污染或自然毁损而产生的生态脆弱区重新建立植物群落，恢复其生态功能的技术体系。它具有绿色、安全、成本低和美化环境等方面的优点，因此也被称为绿色修复，同时它也是应用最广泛的生态修复技术。重金属污染或有机物污染是一种常见的土壤污染，植物修复在此类土壤治理中具有较好的修复效果，其原理就是在利用某些特定植物吸收、利用、降解或转移环境中污染物质的同时，植物本身的形态、性质等未受到影响，从而达到去除环境中污染物，使污染的环境得到修复和改善的目的。刘秀梅等利用两种植物羽叶鬼针草和酸模对铅污染的土壤进行了修复，这两种植物能够较好地富集重金属铅，它们通过将土壤中的铅转移到茎叶，从而有效地降低土壤中的铅含量。孙铁珩等利用苜蓿草对多环芳烃（PAHs）和矿物油污染土壤进行了修复，研究发现，苜蓿对PAHs和矿物油的降解率与有机肥含量呈正相关，同时土壤微生物的降解功能也随之增强，多环芳烃总量的平均降解率比无植物的对照土壤提高 $2.0\% \sim 4.7\%$。针对 Cu、Zn 污染的土壤，赖发英等尝试利用细叶香薷和构树对其进行了修复，结果发现，植物体内吸收重金属的浓度随着土壤中重金属浓度的增高而增大，Cu 在细叶香薷体内的含量是地上部分小于地下部分，Zn 含量却是地上部分大于地下部分，重金属 Cu、Zn 在构树体内的浓度均是根部大于叶部大于茎部，研究建议可将构树和细叶香薷组成一个立体的生态工程修复模式，使其既能修复污染土壤又能恢复污染地区的生态环境和土壤的微生物环境。植物修复也被广泛地应用于退化环境的生态修复中，而选择适宜的植物种类是进行此类修复的关键之一。在陆地生态环境修复中，耐干旱、耐瘠、固氮、速生和高产的草本或灌木是首选种类。刘沛松等针对伏牛山低山丘陵区的退化的生态环境的现状，提出了以豆科牧草紫花苜蓿和乡土树种立体配置的林 – 草复合生态修复模式，该研究结果为伏牛山低山丘陵区植被恢复与重建提供了理论和现实依据。许佐民等研究了矿区退化环境的生态修复，认为应以植物修复为主，对引入的植物种类的选择应根据发展目标的不同来决定，如要发展畜牧业，可以引种优质牧草；若将枝条编制业作为发展目标，则应积极发展紫穗槐、柠条等；如果要提供薪材，在混交林阶段可适当加大薪炭林比重。叶瑞卿等利用植物修复技术对退化草地进行了系统修复，修复后的退化草地四度一量，分别提高了 1.97、1.18、3.31、5.11、1.85 倍，施肥使草产量提高 21.6% ~80.0%，补播提高 5.4% ~62.2%，退化草地修复后优良植物群落、营养成分明显提高，植物多样性、丰富度、均匀度明显改善，土壤侵蚀量仅为对照草地的 13.5% ~33.9%。

（2）微生物修复技术。微生物修复在生态修复中起主导作用，其原理主要是利用微生物降解和转化环境中的有机污染物质以达到对生态环境的修复，它被广泛地应用于多种类型的污染修复中。微生物修复中所用的微生物主要包括细菌、真菌及原生动物三大类。多环芳类物质（PAHs）作为一种全球性的污染物，其造成的日益严重的土壤污染，对这类土壤的生物修复主要采用微生物降解的方法。邹德勋等研究发现，许多细菌、真菌和藻类等都具有降解 PAHs 的能力，其中细菌主要包括鞘氨醇单孢菌属、假单孢菌属等，真菌研究较多的是黄孢原毛平革菌，藻类也具有降解 PAHs 的能力，但由于其光能自养特性，降解能力较差。在石油污染土壤的修复中，微生物修复也具有较好的修复效果。利用优化原位土著微生物菌群生态修复技术，张胜等进行了石油残留污染土壤的修复，经过 99 天微生物生态修复技术的实施，土壤中石油含量的降解可达 99% 以上。李培军等从不同原油污染的土壤中成功筛选出了一系列石油降解优势菌株，其中包括 6 株真菌、6 株细菌和 1 株放线菌，这些菌株对石油污染的土壤均具有较好的修复效果。印染废水直接排放会造成严重的环境污染，虽然一些物理和化学方法可以较好地去除印染废水中的染料，但成本较高，而微生物修复表现出了高效、低廉的优点，经过大量筛选，韩国民等得到的一株编号为 1302BG 的真菌，其能够在固体培养基上分解所测试的全部 9 种染料，该菌能在灭菌和非灭菌的条件下高效脱色，染料经该菌分解后的毒性也大大降低。

（3）化学修复技术。化学修复技术也是一种常用的生态修复技术，它主要是针对污染物的特征，通过添加化学药剂以强制去除或固定污染物，达到对生态环境的修复，如絮凝剂可促进污染物沉淀，石灰可以脱氮，化学药剂可除藻、调节 pH 可对重金属进行化学固定等。化学修复技术操作比较简单，短期效果好，但易造成二次污染。目前，化学修复主要用于被污染的土壤的生态修复中，土壤化学修复方法主要包括各种中和或去除有毒物质的技术，涉及土壤淋洗修复、溶剂浸提修复、化学氧化修复、化学还原修复、化学脱氯修复、电化学修复、真空浸提修复、沉淀修复和活性炭吸附修复等。郭明等采用模拟法和色谱检测技术对土壤中的农药残留进行了化学修复治理，结果表明，通过单糖组分处理及改变土壤的 pH 均可在一定程度上影响农药的降解率，加速农药的分解，从而降低土壤中农药的残留量。利用漂白粉、水和二氧化碳等消毒剂作为氧化剂，张涛等通过化学氧化修复方法来处理氰化物污染的土壤，结果显示低浓度的二氧化碳强氧化剂修复污染土壤效果最好。刘琴等利用化学钝化方法对 Zn/Cd 模拟的污染土壤进行了化学修复，结果表明，凹凸棒石可在一定程度上降低弱交换态 Zn 的含量。刘丽丽等利用化学萃取方法对重金属污染的土壤进行了修复，通过不同化学试剂处理效果比较，表明 EDTA 去除污染土壤中各种重金属的效果均好于其他几种萃取剂。段雷等研究表明，投加碱性修复剂能有效提高土壤和土壤溶液的 pH，增加土壤盐基饱和度和可交换盐基含量，从而有效缓减土壤酸化。朱蜈等将化学改良法应用于盐碱化的土壤改良，结果表明运用石膏法改良后的土壤电导率和pH 均呈现下降趋势，该措施能大大减轻盐碱胁迫对作物生长的影响。

2. 复合生态修复技术

生态修复是一个复杂的系统工程，因此通过单一修复技术很难完成对整个生态环境的系统修复，而且其修复效果和效率均比较差。究其原因，可能是由于单一修复技术自身存在一定的缺陷。化学修复虽速度快，但耗资大，在实际应用中难以调控，同时，化学修复因子容易受环境中 pH 以及原有无机物、有机物的影响，且易形成毒性更大的副产物，容易造成二次污染。微生物修复相对而言比较经济且不会产生二次污染，但容易对环境中的一些结构产生不良的影响，导致有机体的损伤，有时其产生的气态污染物对大气也会造成一定的污染。植物修复尽管具有很多优点，但它的修复周期相对较长，与其他修复法相比也具有较大的局限性，其只有与其他技术相配合才能取得更好的修复效果。

复合修复技术就是在充分分析不同修复技术特点的基础上，扬长避短，通过不同修复技术间的有效组合，从而形成一个全新的复合的生态修复技术。化学－生物联合修复就是一种常见的复合修复技术，其主要修复机理是通过化学氧化、土壤催化氧化、化学聚合、化学还原、化学脱氯与生物修复中植物的超积累富集吸收、微生物的分解与固定进行综合利用来去除污染土壤中的重金属和有毒有机物，与单一的修复法相比，化学－生物联合修复有机物污染的效率更高。刘凯等认为联合修复技术是治理污染土壤的有效途径，其实质就是通过各种修复方法与其他辅助性措施之间的组合或联合，形成一个复合生态学修复技术，最终达到激活土壤生态系统自净功能的目的。周启星等则认为污染土壤生态修复最基本的联合修复方式应有两种，一是以植物修复为主体的联合修复方式，包括：植物修复－化学强化或生物化学强化、植物修复－物理化学强化、植物修复－酶学强化或它们之间的联合修复；二是以微生物为主体的联合修复方式，包括：微生物修复－化学强化或生物化学强化、微生物修复－物理化学强化、微生物修复－酶学强化或它们之间的联合修复。陈立等利用联合修复技术对石油污染土壤进行了修复研究，结果表明，黑麦草（苜蓿）微生物联合修复效果最佳，可使石油烃降解率达 67.38%。

思考题

1. 实施西部大开发，要切实搞好生态环境的保护和建设。大力开展退耕还林还草，治理水土流失，防治沙漠化等措施。

（1）西部地区生态系统非常脆弱，从生态因素分析，影响西部生态系统的非生物因素主要是_____。

（2）退耕还林还草的生态学原理是为了提高生态系统的_____。

（3）近年来北方地区频繁出现沙尘暴，这从负面印证了森林植被在_____等方面起着非常重要的作用。

（4）荒漠化加速了西部生物多样性的进一步丧失，这是因为_____。

2. 我国有的农村地区习惯用焚烧的方法处理农田中的大量秸秆。请回答：

（1）秸秆在燃烧时放出的热能最终来源于_____。秸秆中的能量是作物通过_____过程贮存起来的。

（2）秸秆燃烧后只留下少量的灰分。这些灰分是作物在生长过程中从土壤中吸收的_____。

（3）除了灰分以外，构成秸秆的其他物质，在燃烧过程中以_____等气体形式散失到大气中。

（4）由于焚烧秸秆对大气造成污染，请你提出合理开发利用秸秆的方法或途径：_____。

3. 生态环境修复有哪些技术？

4. 生态环境安全评价内容与方法是什么？

5. 食品安全评价内容与方法是什么？

参考文献

[1]　左玉辉. 环境学 ［M］. 北京：高等教育出版社，2011.

[2]　唐孝炎，钱易. 环境与可持续发展 ［M］. 北京：高等教育出版社，2010.

[3]　何强. 环境学导论 ［M］. 北京：清华大学出版社，2008.

[4]　历年中国环境状况公报. http：//jcs. mep. gov. cn/hjzl/zkgb/. 2014.

[5]　蔡晓明，蔡博峰. 生态系统的理论和实践 ［M］. 北京：化学工业出版社，2012.

[6]　刘为军，潘家荣，丁文锋. 关于食品安全认识、成因及对策问题的研究综述 ［J］. 中国农村观察，2007，4：67 - 73.

[7]　何东梅. 食品安全系关民生. https：//www. Lixin. gov. cn，2012 - 03 - 26.

[8]　Anderson. Food And Agrieultuarl Policy For A Globalizing：Preparing For The Futuer ［J］. Amer. J. Agr. Eeon. ，2002，84（5）：20 - 30.

[9]　王云才，王敏. 美国生物多样性规划设计经验与启示 ［J］. Chinese Landscape Architecture，2011，35：11 - 16.

[10]　Odum HT. Enviroment，Power and Society ［M］. New York ：Willy，1971.

[11]　王健胜，刘沛松，杨凤岭，等. 中国生态修复技术研究进展 ［J］. 安徽农业科学. 2012，40（20）：10554 - 10556.

[12]　孙铁珩，宋玉芳，许华夏，等. 植物法生物修复 PAHs 和矿物油污染土壤的调控研究 ［J］. 应用生态学报，1999，10（2）：225 - 229.

[13]　赖发英，卢年春，牛德奎，等. 重金属污染土壤生态工程修复的试验研究 ［J］. 农业工程学报，2007，23（3）：80 - 84.

[14]　刘沛松，王秀丽，文祯中. 伏牛山低山丘陵区林—草复合生态修复模式研究 ［J］. 平顶山学院学报，2011，26（2）：88 - 91.

[15]　许佐民，毛敬国，高岩. 试论铁岭市矿区生态修复途径 ［J］. 水土保持科技情报，2004（6）：35 - 36.

[16]　叶瑞卿，黄必志，袁希平，等，退化草地生态修复技术试验研究 ［J］. 家畜生态学报，2008，29（2）：81 - 92.

[17] 邹德勋，骆永明，徐凤花，等. 土壤环境中多环芳烃的微生物降解及联合生物修复 [J]. 土壤，2007，39（3）：334–340.

[18] 张胜，陈立，李政红，等. 中原石油污染土壤原位微生物生态修复技术的应用 [J]. 微生物学通报，2011，38（4）：615–620.

[19] 李培军，郭书海，孙铁珩. 不同类型原油污染土壤生物修复技术的研究 [J]. 应用生态学报，2002，13（11）：1455–1458.

[20] 韩国民，何兴兵，张鹏，等. 多孔菌 Trichaptum abietinum 1302BG 自然条件下对合成染料刚果红和酸性品红的高效降解 [J]. 微生物学通报，2011，38（4）：603–614.

[21] 周启星. 土壤环境污染化学与化学修复研究最新进展 [J]. 环境化学，2006，25（3）：257–265.

[22] 郭明，闫志顺，段金荣，等. 土壤农药残留的化学修复探索 [J]. 农业环境科学学报，2003，22（3）：368–370.

[23] 张涛，仇浩，邹泽李，等. 氰化物污染土壤的化学氧化修复方法初步研究 [J]. 环境科学学报，2009，29（7）：1465–1469.

[24] 刘琴，乔显亮，王宜成，等. Zn/Cd 污染土壤的化学钝化修复 [J]. 土壤，2008，40（1）：78–82.

[25] 刘丽丽，孙福生，王宗芳. 化学修复重金属污染土壤的研究 [J]. 苏州科技学院学报，2010，23（1）：9–12.

[26] 段雷，马萧萧，余德祥，等. 酸化森林土壤投加石灰石和菱镁矿 5a 后的化学性质变化. 环境科学，2011，32（6）：1758–1763.

[27] 朱蜈，李培樱，杨明凯. 化学改良方法在温室盐碱化土壤上的应用 [J]. 北方园艺，2008（7）：85–86.

[28] 邓佑，阳小成，尹华军. 化学—生物联合技术对重金属—有机物复合污染土壤的修复研究[J]. 安徽农业科学，2010，38（4）：1940–1942.

[29] 刘凯，张健，杨万勤，等. 污染土壤生态修复的理论内涵、方法及应用 [J]，生态学杂志. 2011，30（1）：162–169.

[30] 陈立，张发旺，张胜，等. 石油污染土壤的微生物生态原位修复研究 [J]. 安徽农业科学，2010，38（26）：14573–14578.

第七章　土壤环境与污染修复

本章介绍了土壤物理性质、化学性质、生物特征、土壤退化、土壤污染与自净、土壤污染修复等。通过学习，要求掌握土壤的物理、化学、生物特征，掌握土壤污染种类、土壤自净和污染防治基本原理与初步技术。了解土壤与土壤生态系统结构与组成、土壤环境发生的物理化学和生物过程、土壤自净原理。

第一节　土壤物理性质与环境

一、土壤质地

（一）几个基本概念

（1）单粒：相对稳定的土壤矿物质的基本颗粒，不包括有机质单粒。

（2）复粒（团聚体）：由若干单粒团聚而成的次生颗粒为复粒或团聚体。

（3）粒级：按一定的直径范围，将土划分为若干组。土壤中单粒的直径是一个连续的变量，只是为了测定和划分的方便，进行了人为分组。土壤中颗粒的大小不同、成分和性质各异，根据土粒的特性并按其粒径大小划分为若干组，使同一组土粒的成分和性质基本一致，组间的差异较明显。土粒的成分和性质的变化是渐变的。

（4）土壤的机械组成：又叫土壤的颗粒组成，指土壤中各种粒级所占的重量百分比。

（5）土壤质地：将土壤的颗粒组成区分为几种不同的组合，并给每个组合一定的名称，这种分类命名称为土壤质地，如砂土、砂壤土、轻壤土、中壤土、重壤土、黏土等。

（二）粒级划分标准

我国土粒分级标准主要有两个：

（1）苏联卡庆斯基制土粒分级（简明系统）。将 0.01 mm 作为划分的界限。直径 1 ~ 0.01 mm 的颗粒，称为物理性砂粒；而小于 0.01 mm 的颗粒，称为物理性黏粒。

（2）科研中常用的分级标准。这个标准是 1995 年制定的，共 8 级：2 ~ 1 mm 为极粗砂；1 ~ 0.5 mm 为粗砂；0.5 ~ 0.25 mm 为中砂；0.25 ~ 0.10 mm 为细砂；0.10 ~ 0.05 mm 为极细砂；0.05 ~ 0.02 mm 为粗粉粒；0.02 ~ 0.002 mm 为细粉粒；小于 0.002 mm 为黏粒。

各国划分粒级大小的标准不同，但在名称上均可分为 4 个等级：石砾、砂粒、粉粒和黏粒。

（三）土壤质地分类

1. 国际三级制

根据砂粒（2~0.02 mm）、粉砂粒（0.02~0.002 mm）和黏粒（<0.002 mm）的含量确定，用三角坐标图来表示。

2. 简明系统二级制

根据物理性黏粒的数量确定。考虑到土壤条件对物理性质的影响，是不同土类下不同的质地分类标准。在我国较常用。

3. 我国土壤质地分类系统

结合我国土壤的特点，在农业生产中主要采用苏联的卡庆斯基的质地分类。对石砾含量较高的土壤制定了石砾性土壤质地分类标准。将砾质土壤分为无砾质、少砾质和多砾质三级，可在土壤质地前冠以名称少砾质或多砾质。

（四）土壤质地与土壤肥力性状关系

1. 土壤质地与土壤营养条件的关系

土壤质地与土壤营养条件的关系如表7-1所示。

表7-1 土壤质地与土壤营养条件的关系

肥力性状	砂土	壤土	黏土
保持养分能力	小	中等	大
供给养分能力	小	中等	大
保持水分能力	小	中等	大
有效水分含量	少	多	中偏少

2. 土壤质地与环境条件的关系

土壤质地与环境条件的关系如表7-2所示。另外，土壤中石砾对土壤肥力有一定的影响。

表7-2 土壤质地与环境条件的关系

肥力性状	砂土	壤土	黏土
通气性	易	中等	不易
透水性	易	中等	不易
增温性	易	中等	不易

（五）简易土壤质地的测定方法

（1）砂土：能见到或感觉到的单个砂粒。干时抓在手中，稍松开后即散落；湿时可捏成团，但一碰即散。

（2）壤土：干时手握成团，用手小心拿不会散开；润时手握成团后，一般性触动不致散开。

（3）粉壤土：干时成块，但易弄碎；湿时成团或为塑性胶泥。湿时以拇指与食指撮捻不成条，呈断裂状。

（4）黏壤土：湿土可用拇指与食指撮捻成条，但往往受不住自身重量。

（5）黏土：干时常为坚硬的土块，润时极可塑。通常有黏着性，手指间撮捻成长的可塑土条。

（六）土壤质地的改良

（1）不良土壤质地的缺点。黏质土的黏重紧实、通透性差，早春土温不易升高，称"冷性土"。早春不利于播种出苗，在起苗时容易断根。沙质土的养分含量低，保肥性差，在炎热季节可导致幼苗"灼伤"、失水，肥料浓度过高易"烧苗"。渣砾质土壤也有严重的土壤肥力缺陷。

（2）黏重土壤的改良。①掺沙子或砂土，是最根本方法。改良前，应先测定土壤的机械组成，计算掺沙（砂）量。河沙（0.5～0.1 mm）最好，风积沙应去除大于 2 mm 的部分，海岸沙应将盐分洗掉。②翻砂压淤。在冲积母质中，黏土层的下面有砂土层（腰砂），可采用深翻措施。③施用膨化岩石类。珍珠岩、膨化页岩、岩棉、陶粒、浮石、硅藻土等。在草坪建植中，不要用粉煤灰或炉渣（碱性）。④施有机肥。施 C/N 高的有机肥料时，应配合氮肥的使用。

（3）砂质土壤的改良。①掺入黏土、河泥、塘泥等；②翻淤压砂；③施用腐熟的细质有机肥、泥炭；④翻压绿肥。

（4）渣砾质土壤的改良。①对耐旱的树木、灌木，渣砾含量小于 30% 时，可以不改良。②栽花、种草时，大的渣砾应尽量挖走。必要时要过筛，去除渣砾。③渣砾过多如超过 50% 时，植物无法生长，应采用掺土或换土的方法。

二、土壤结构

土壤结构体指单粒相互胶结在一起形成的团聚体。

土壤结构性是指土壤颗粒的空间排列方式所呈现出的稳定程度和孔隙状况。稳定程度包括：①在自然状况下保持该结构时间的长短；②在人为条件下（耕作、施肥）保持该结构时间的长短。

（一）土壤结构类型

根据土壤结构体的形状和大小，分为立方体状（块状、核状、粒状、团粒）、柱状（棱柱状）、片状、板状等。

（二）土壤结构形成的影响因素

（1）需要一定数量和直径足够小的土粒，土粒越细，数量越多，黏结力越大。

（2）使土粒聚合的阳离子。不同种类离子的聚合能力不同：$Fe^{3+} > Al^{3+} > Ca^{2+} > Mg^{2+} > H^+ > NH_4^+ > K^+ > Na^+$，聚合能力按以上顺序逐渐减小。

（3）胶结物质。主要是指各种土壤胶体，分为无机胶体和有机胶体。无机胶体包括黏土矿物、含水的氧化铁、氧化铝、氧化硅等；有机胶体包括腐殖质、有机质如多糖（线性的高分子聚合体）和葡萄糖、胡敏酸等。

（4）外力的推动作用。主要是促使较大土壤颗粒破碎成细小颗粒，同时促进小颗粒之间的黏结。起外力推动作用的因素有 3 个方面：土壤生物，如根系的生长（穿插、挤压、分泌物及根际微生物）、动物的活动；大气变化，如干湿、冻融交替；人为活动，如耕作、施肥。

（三）土壤结构与土壤肥力

①土壤的腐殖质层，如没有被破坏，都有良好的团粒结构，还有粒状、块状结构。②具有团粒结构或粒状的土壤，透气性、渗水性和保水性好，有利于根的生长。③质地为砂土、砂壤土、轻壤土的土壤，土壤结构的影响较小；而质地为黏土、重壤土、中壤土或沉积紧实的砂土，土壤结构的影响较大。土壤结构可以改变质地对土壤孔隙的影响。

（四）土壤结构的改良

1. 不良的土壤结构

不良的土壤结构有块状结构、片状结构和散砂结构。块状结构的特点是漏风、跑墒、压苗、妨碍根系穿插；片状结构的特点是通透性差、易滞水，扎根阻力大；散砂结构的特点是漏水漏肥、贫瘠易旱、水蚀严重。

2. 创造草坪土壤团粒结构的措施

（1）合理的耕作。一般土壤外白（干）、里暗（湿），或干一块、湿一块呈花脸时为宜耕；用手摸时，当捏不成团，手松不粘手，落地即散时为宜耕期。

（2）合理灌溉。喷灌、滴灌好，避免大水漫灌、太急的喷灌等不良方式。

（3）利用围栏保护，避免人为的践踏，通过生物措施改良。

（4）深翻施用有机肥。常用腐叶土。

（5）施用结构改良剂。结构改良剂是人工提取或人工合成的高分子有机化合物。应用效果好的合成剂有：聚丙烯腈水解物钠盐、羧化聚合物的钙盐。聚丙烯酰胺除改良土壤结构，还可蓄水保墒。$1hm^2$ 土地用 200～400 kg，遇水可形成水稳性的团粒结构，且土壤的蓄水力提高 100 倍。天然的土壤结构改良剂有从有机物中提取出的腐殖酸盐、树脂胶、多糖醛类。其优点是可刺激植物的生长，但是用量大，易被微生物分解。

三、土粒密度、土壤容重和孔隙度

（一）土粒密度（土壤比重）

土壤密度是指单位体积固体物质的质量。影响因素包括土壤矿物质的种类、数量及其有机质的种类和质量分数。一般土壤的土粒平均密度在 $2.65kg/m^3$ 左右，但腐殖质的密度较小，在 $1.25 \sim 1.40kg/m^3$。

（二）土壤容重

土壤容重指单位原状土壤体积的烘干土重（g/cm^3）。影响土壤容重的因素有土壤矿物质、土壤有机质含量和孔隙状况，一般矿质土壤的容重为 $1.33\ g/cm^3$。土壤密度与坚实度的关系：在同等条件下，密度小的土壤疏松，而密度大的土壤坚实。

（三）土壤孔隙度

土壤孔隙度指单位原状土壤体积中土壤孔隙体积所占的百分率，总孔隙度不直接测定，而是计算出来的。

$$总孔隙度 = （1 - 土壤容重/土粒密度）\times 100\%$$

孔隙的真实直径是很难测定的，土壤学所说的直径是指与一定土壤水吸力相当的孔径，与孔隙的形状和均匀度无关。根据孔隙的粗细分为三类：①非毛管孔隙（大）。该类孔隙直径大于 0.02 mm，水受重力作用自由向下流动，植物幼小的根可在其中顺利伸展，气体可在水中流动。②毛管孔隙。该类孔隙直径在 0.02 ~ 0.002 mm，毛管力发挥作用，植物根毛（0.01 mm）可伸入其中，原生动物和真菌菌丝体也可进入，水分传导性能较好，同时可以保存水分，水分可以被植物利用。③非活性毛管孔隙。该类孔隙细径小于 0.002 mm，即使细菌（0.001 ~ 0.05 mm）也很难在其中居留，这种孔隙的持水力极大，同时水分移动的阻力也很大，其中的水分不能被植物利用（有效水分含量低）。

土壤中大小孔隙同时存在，土壤总孔隙度在 50% 左右，而毛管孔隙为 30% ~ 40%，非毛管孔隙为 20% ~ 10%，非活性毛管孔隙很少，则比较理想。若总孔隙大于 60% ~ 70%，则过于疏松，难以立苗，不能保水。若非毛管孔隙小于 10%，不能保证空气充足，通气性差，水分也很难流通（渗水性差）。

第二节　土壤化学性质与环境

一、土壤胶体性质

土壤胶体是指颗粒直径小于 0.001 mm 或 0.002 mm 的土壤微粒。目前土壤胶体粒径的大小范围，并不是绝对的。这是因为胶体性质的出现，是随着粒径的减小逐渐加强的，没有绝对划分的界限。土壤胶体的成分比较复杂，按化学成分和来源，可分无机胶体、有机胶体和有机无机复合胶体三类。土壤胶体的一系列性质的表现都是由于具有巨大的比表面积和带有电荷。

1. 土壤无机胶体

土壤无机胶体存在于极微细的土壤黏粒部分，包括成分较简单的次生含水氧化铁、含水氧化铝、含水氧化硅等，以及成分较复杂的结晶层状次生铝硅酸盐类（即黏土矿物）。

主要的黏土矿物的性质见表 7-3。

表 7-3 三种主要黏土矿物的性质比较

黏土矿物	结晶类型	分子层排列情况	晶格距离/nm	晶层间联结力	颗粒大小	比表面积/（m²/g）	CEC/[cmol（+）/kg]	黏结性、可塑性	胀缩性
高岭石	1:1	-OH层与O层相接	0.72	强	大	5~20	5~15	弱	弱
水云母	2:1	-O层相接中间有K	1.00	较强	中	100~120	20~40	中等	中等
蒙脱石	2:1	-O层相接	0.96~2.14	弱	小	700~800	80~100	强	强

2. 土壤有机胶体

有机胶体中最主要的成分是各种腐殖质，还有少量的木素、蛋白质、纤维素等。作为胶体来讲，它与无机胶体有共性，如颗粒极小，具有巨大的比表面积和带有电荷。此外，有机胶体还有它自己的特点，它是由碳、氢、氧、氮、硫、磷等组成的高分子有机化合物，是无定形的物质，它有高度的亲水性，可以从大气中吸收水分子，最高可达其本身重量的80%~90%。同时腐殖质的电荷是由腐殖质含的羧基（-COOH）、羟基（-OH）、酚羟基解离出 $-COO^-$、$-O^-$ 等离子留在胶粒上而使胶粒带负电。氨基（-NH₂）吸收 H^+ 后，成为 $-NH_3^+$ 则带正电，一般有机胶体带负电。腐殖质带的负电荷量比黏土矿物多，一般 1kg 腐殖质的代换量在 200 cmol（+）/kg 左右，高者可达 500~1 000 cmol（+）/kg，因此，腐殖质在耕作土壤中的含量虽然不多，但所起的保肥作用很大。

有机胶体易受微生物的作用而分解，不如无机胶体稳定，但很易通过施用有机肥料，秸秆还田，绿肥等加以调节和控制，对农业生产的意义很大。

3. 土壤有机无机复合胶体

土壤中矿质胶体和有机胶体很少单独存在，大多互相结合成为有机无机复合胶体。这是因为土壤腐殖质中存在着活泼的官能团，在黏土矿物的表面也存在着许多活泼的原子团或化学键，在它们之间必然产生物理、化学或物理化学作用，因而通过机械混合、非极性吸附和极性吸附而将两者结合在一起，形成各种稳定性和性质都不同的有机无机复合胶体。

有机无机复合胶体的结合过程是比较复杂的，形成机制到现在还不十分清楚，根据现有材料，了解到的主要的结合方式有下列几种：

（1）有机无机胶体通过钙而结合。其结合原理表示如下：

通过 Ca^{2+} 结合有机无机复合胶体与水稳性结构形成有关，对土壤肥力起着良好作用。

（2）有机胶体与铝铁胶体的结合。胡敏酸与铁铝结合有两种方式，可与 Fe^{3+}、Al^{3+} 结合，形成铁或铝胡敏酸化合物，也可与胶态铁铝结合形成铁、铝胡敏酸凝胶。在高温多雨和冷湿地区的土壤中，铁、铝与有机胶体结合对土壤结构的稳定性有很大的意义。

（3）有机胶体与无机胶体的直接结合。有机胶体可借其高度分散的状态，直接渗入黏土矿物的晶层或包围整个晶体的外部而进行结合。

新形成的腐殖质也可以以键状结构形成胶膜状态，把矿质胶体包围起来，经过高湿、干燥、冰冻或氧化作用之后，即固定在矿物胶体或较粗颗粒的表面上，形成一层胶膜。

我国农民在长期生产实践中，充分体会到有机无机复合体的重要，创造了施用有机肥加速土壤有机无机复合体形成的措施，群众称为土肥相融。土壤有机无机复合胶体的形成，有利于土壤结构的形成，同时能够改善土壤的理化性质。如复合体中的胡敏酸，比单独存在时分解显著减慢，并可使土壤中有效磷增加，增强土壤的缓冲性能等。

二、黏土矿物的晶格构造

黏土矿物硅酸盐层的基本单位是硅氧片和铝氧片。

（1）硅氧片。由硅氧四面体连接而成。硅、氧两元素能组成一个单位的原因：一是硅具有正原子价，而氧具负原子价，二者可相互吸引。二是与原子大小有关，4 个氧原子堆积成四面体时，其间所形成的空隙与硅原子的大小基本相似。但四面体的键价并不平衡（SiO_4^{4-}），因此许多四面体可共用氧原子形成一层，若此时键价仍不平衡，可与铝水八面体结合组成黏土矿物的硅酸盐层。

（2）铝氧片，又称铝氧八面体。由 6 个氧原子围绕一个铝原子构成。6 个氧原子所构成的八面体空隙与铝原子的大小相近似。许多铝八面体相互连接，形成铝氧片。铝氧片有两个层面的电价不平衡，与硅氧片通过不同方式的连接，从而结合成为铝硅酸盐。

根据黏土矿物硅酸盐的晶层构造分为 1∶1 型矿物或 2∶1 型矿物或划分为二层矿物和三层矿物。1∶1 型矿物即二层矿物的硅酸盐层由一个硅氧片和一个铝氧片构成的；2∶1 型矿物即三层矿物的硅酸盐层由两个硅氧片中间夹有一个铝氧片构成。

三、土壤阳离子交换

（一）土壤阳离子交换吸附作用的特点

阳离子交换吸附作用的特点有以下几个方面：

（1）阳离子交换吸附作用是一种可逆反应，而且一般情况下，可迅速达成可逆平衡。

（2）阳离子交换与吸收的过程以等量电荷关系进行。例如，二价钙离子去交换一价钠离子时，一个 Ca^{2+} 可交换两个 Na^+；同理，一个二价的钙离子可以交换两个一价的氢离子。

（3）交换反应的速度受交换点的位置和温度的影响。对阳离子交换的速度，过去认为在湿润情况下是很快的，几分钟就能达到平衡。近期研究认为离子交换速度在不同条件下，有不同的情况：如果溶液中的离子能直接与胶粒表面代换性离子接触，交换速度就较快；如离子要扩散到胶粒内层才进行交换，则交换时间就较长，有的需要几昼夜才能达成平衡。因此，不同黏土矿物的交换速率是不同的。高岭石类矿物交换作用主要发生在胶粒表面边缘上，所以速率很快；蒙脱石类矿物的离子交换大部分发生在胶粒晶层之间，其速率取决于层间间距或膨胀程度；水云母类的交换作用发生在狭窄的晶层间，所以交换速率较慢。另外，温度升高，离子的热运动变得较为剧烈，致使单位时间内碰撞固相表面的次数增多，故升高温度可加快离子交换反应的速率。

（二）土壤阳离子交换量

土壤溶液在一定的 pH 值时，土壤中所含有的交换性阳离子的最大量，称为阳离子交换量（即 CEC）。通常以 1kg 干土中所含阳离子的厘摩尔（cmol）数表示，国际单位为 mmol/kg，常用单位为 cmol（＋）/kg，1cmol（＋）/kg ＝ 10^{-2} mol/kg。因为阳离子交换量随土壤的 pH 值的变化而变化，故一般控制 pH 为 7 的条件下测定土壤的交换量。

阳离子交换量的大小与土壤可能吸收的速效养料的容量及土壤保肥力有关。交换量大的土壤就能吸收多量的速效养料，避免它们在短期内完全流失。

决定土壤中阳离子交换量的因子，主要是土壤胶体上负电荷的多少，而影响土壤胶体负电荷的主要是土壤中带负电荷的胶体的数量与性质。具体有以下 4 个方面：

（1）土壤质地。土粒越细，无机胶体的数量越多，交换量便越高。故一般地说，黏土交换量大于壤土和砂土，黏土的保肥力也较高。去除土壤有机质，从纯矿质土壤来看，其阳离子交换量数据见表 7−4。

表 7-4　不同质地矿质土壤的阳离子交换量

质地	砂土	壤土	黏壤土	黏土
阳离子交换量/ [cmol（+）/kg]	1 ~ 5	7 ~ 8	7 ~ 18	25 ~ 30

（2）土壤腐殖质。土壤腐殖质中含有大量 $-COOH$、$-OH$ 等功能团，当它们解离出 H^+ 时，能使胶体带有大量的负电荷，而且腐殖质分散度大，具有很大的吸收表面。所以腐殖质的阳离子交换量远远大于无机胶体，其交换量一般为 150 ~ 500 cmol（+）/kg。因此，施用有机肥料，增加土壤腐殖质，可以提高阳离子的交换量，增强土壤的保肥力。

（3）土壤无机胶体的种类。如前所述，无机胶体因化学组成和结晶构造的不同，比表面积不同，交换量的大小也不相同。蒙脱石类的阳离子交换量最大，水云母类次之，高岭石类的阳离子交换量较小，至于含水氧化铁、水氧化铝等胶体的阳离子交换量就更小了。它们在酸性条件下，反而带正电，根本不吸附阳离子。各类土壤胶体阳离子交换量的大小见表 7-5。

表 7-5　土壤胶体的阳离子交换量

胶体种类	腐殖质	蛭石	蒙脱石	水云母	高岭石	含水氧化铁铝
阳离子交换量/ [cmol（+）/kg]	150 ~ 500	100 ~ 150	80 ~ 100	20 ~ 40	5 ~ 15	微量

（4）土壤酸碱反应。土壤反应对阳离子交换量的大小有明显影响。除氢氧化铁、氢氧化铝等两性胶体的带正电或负电是受反应条件的支配外，其他负电胶体带负电荷的多少，也受反应条件的影响。因为胶体表面 $-OH$ 群或 $-COOH$ 群的解离是在一定的 pH 条件下进行的。如果土壤溶液的 pH 值很小，即 H^+ 浓度很大，上述官能团中 H^+ 的解离就受到抑制，土壤胶体的负电荷就会减少，阳离子交换量也变小。只有 pH 值增至一定的数值时，功能团的 H^+ 才开始解离，胶体的负电荷和阳离子交换量也随之增加。例如，黏土矿物中连接于破裂边缘硅离子的氢氧群，在 pH 值小于 6 时，H^+ 的解离很少，pH 值增至 7 时，解离增加。碱性增大，负电荷逐渐增多，其反应如下：

$$Si - OH + H_2O \equiv Si - O^- + H_3O^+$$

破裂边缘连接铝离子的氢氧群，同样随 pH 值增大而解离 H^+，只是它开始解离时所要求的 pH 值较高，pH 值为 8 时，H^+ 才开始显著解离。其反应为：

$$Al - OH + H_2O = Al - O^- + H_3O^+$$

土壤有机胶体（如腐殖质）随 pH 值变化而增减负电荷的现象更为明显。因为腐殖质的电荷来源主要是可变电荷，在 pH > 4 时都随 pH 值的提高而显著增加。无机胶体蒙脱石在 pH < 6 时，负电荷和阳离子交换量基本不变；pH > 6 时也只有小幅度的提高，这是因为蒙脱石的负电荷大部分是由于同晶置换作用而产生的永久负电荷，这部分电荷不随 pH 值的变化而变化，直到 pH > 6 时，晶格表面 $-OH$ 群开始解离 H^+，才增加一些负电荷。高岭石和蒙脱石类似，pH < 6 时，交换量基本不变；pH > 6 时，随 pH 值提高而增加一些可变电荷和阳离子交换量，不同的是高岭石在 pH < 6 时的永久电荷和交换量比蒙脱石小得多。

　　总的来讲，土壤阳离子交换量的大小，与土壤中带负电荷胶体的数量、组成和性质以及溶液的反应有关。而这些情况在不同的土壤类型中是不同的，因此，各种土壤的阳离子交换量也不同。我国北方的土壤含蒙脱石、水云母较多，土壤反应又多为中性或微碱性，因此，阳离子交换量一般较高。例如，东北的黑土、内蒙古的栗钙土的交换量在 30 ~ 50 cmol（+）/kg。而华南、西南的红、黄壤地带，无机胶体以高岭石和含水氧化铁、氧化铝为主，土壤酸性大，pH 值低，阳离子交换量小，一般 1kg 土只有十几个厘摩尔，广东的砖红壤的交换量只有 5.2 cmol（+）/kg。长江中下游发育在冲积母质上的土壤，黏土矿物以蒙脱石、水云母为主，交换量为 20 ~ 30 cmol（+）/kg；江苏省丘陵地区发育在黄土母质上的土壤，土质较黏，黏土矿物又以水云母、蒙脱石为主，交换量约 30 cmol（+）/kg；苏南地区发育在湖湘沉积物上的土壤，如黄泥土、乌栅土等，土质黏重，黏土矿物也是水云母、蒙脱石为主，同时因腐殖质较多，阳离子交换量达 30 ~ 40 cmol（+）/kg。

表 7-6　不同 pH 条件下土壤胶体的阳离子交换量　　单位：cmol（+）/kg

土壤胶体	pH = 4.5	pH = 2.5 ~ 6	pH = 6.4	pH = 7	pH = 8.1
沼泽土胡敏酸	170.0	—	286.3	—	400.0
灰化土胡敏酸	234.0	—	410.0	—	508.7
黑钙土胡敏酸	292.2	—	432.9	—	590.5
高岭石	—	4	—	10	—
蒙脱石	—	95	—	100	—

　　阳离子交换量和施肥有密切关系。在施肥时不仅要了解作物的需要，同时还要考虑土壤交换量的大小。例如，在砂土上施用化肥，由于土壤交换量小，土壤保肥力差，应该分多次施肥，每次施肥量不宜多，以免养分流失。对于交换量小、保肥力差的土壤，可通过施用河塘泥、厩肥、泥炭或掺黏土，以增加土壤中的无机、有机胶体，以及通过施用石灰调节土壤反应等，来提高土壤的阳离子交换量。

（三）影响阳离子交换作用的因素

　　阳离子交换反应进行的方向和程度取决于阳离子的交换能力、阳离子的相对浓度以及反应生成物的性质。

1. 阳离子的交换能力

　　阳离子的交换能力是指一种阳离子将胶体上另一种阳离子交换下来的能力，也就是阳离子被胶粒吸附的力量，或称阳离子与胶体的结合强度。它实质上是阳离子与胶体之间的静电能。阳离子的交换能力受离子电荷价、离子的半径及水化程度、离子运动速度的影响。

　　（1）离子电荷价。各种阳离子的交换能力或结合强度不等，它服从于库仑定律：

$$F = \frac{q_1 q_2}{\varepsilon \gamma^2}$$

式中：F——吸力；

ε——介电常数；

q_1——阳离子电荷量；

q_2——负电胶体的电荷量；

γ——阳离子水化后有效半径。

由此可知，阳离子的交换能力首先受离子电荷价的影响，离子的电荷价越高，受胶体电性吸持力越大，因而具有比低价离子较高的交换能力。也可以说，胶体上吸着的阳离子的价数越低，越容易被交换出来，即越容易解吸。在通常情况下，阳离子与胶体的结合强度和交换力高低具有以下顺序：

$$M^{3+} > M^{2+} > M^+ \quad (M \text{ 表示阳离子})$$

（2）离子的半径及水化程度。同价离子交换力和结合强度的大小，取决于离子的大小及重量。凡离子本身半径越大，重量越大的离子，其代换力和结合强度也越大。离子半径大小与交换力的关系，可由水化作用来解释。离子半径越大，单位面积上所带的电荷（电荷密度）越小，因此，对水分子的吸引力小，即水化程度弱，离子水化半径越小，其与胶粒间距离也越小，按库仑定律，它和胶粒间的吸引力就越大，它代换其他离子的能力就越强。

（3）离子运动速度。凡离子运动速度越大的，其交换力也越大。例如，氢离子就是这样，而且氢离子水化很弱，通常 H^+ 只带一个水分子，即以 H_3O^+ 的形态参加交换，水化半径很小，因此它在交换力上具有特殊的位置。

综上所述，阳离子交换力大小的顺序为：

$$Fe^{3+} > Al^{3+} > H^+ > Sr^{2+} > Ba^{2+} > Ca^{2+} > Mg^{2+} > Rb^+ > K^+ > NH_4^+ > Na^+$$

我国红壤、砖红壤中测定的阳离子结合强度和代换力的顺序与上述顺序基本一致，其顺序为：

$$Al^{3+} > Mn^{2+} \geqslant Ca^{2+} > K^+$$

需要注意的是，这种次序不是绝对不变的，它只代表一般情况。由于土壤中吸附剂（即各种胶体）的不同和浓度的不同，都可导致离子交换能力序列的变化。所以，严格地说，没有一个统一的序列能够适应任何一种土壤。

2. 阳离子的相对浓度及交换生成物的性质

阳离子交换作用也受质量作用定律的支配，如果溶液中某种离子的浓度较大，则虽其交换能力较小，同样能把胶体上交换能力较大的其他阳离子代换下来。另外，当交换后形成不溶性或难溶性物质时，或将其交换后的生成物不断除去时，都可使交换作用继续进行。

$$\boxed{\text{胶粒}} = Ca + Na_2C_2O_4 \longrightarrow \boxed{\text{胶粒}} \begin{matrix} -Na \\ -Na \end{matrix} + CaC_2O_4 \downarrow$$
$$\text{（溶液中）}$$

例如上式中 Na^+ 的交换能力虽小于 Ca^{2+}，但溶液中有 Na^+ 而且代换后生成难溶性的草酸钙，使溶液中 Ca^{2+} 的浓度维持的很低，故其交换作用可继续进行。又如：

$$\boxed{\text{胶粒}} = Ca + 2NaCl \rightleftharpoons \boxed{\text{胶粒}} \begin{matrix} -Na \\ -Na \end{matrix} + Ca^{2+} + 2Cl^-$$
$$\text{（溶液中）} \qquad\qquad\qquad \text{（溶液中）}$$

在此，若不把交换过程中产生的 Ca^{2+} 不断除去，则交换作用很快达到平衡。但是，只

要改变溶液中 Na^+ 或 Ca^{2+} 的浓度，平衡即可破坏。若增加溶液中 Na^+ 的浓度，或将生成的 Ca^{2+} 淋洗掉时，则其反应向右进行，如在土壤分析中，采用钠盐浸提土壤中阳离子，就是这个道理；若增加溶液中 Ca^{2+} 的浓度，则反应向左进行。因此，利用这一规律，完全有可能控制土壤中阳离子交换作用的方向，定向地改造土壤，提高土壤的肥力。

3. 胶体性质

阳离子交换作用还受胶体性质的影响，一般情况下，交换量大的胶体（如蒙脱石）结合两价离子的能力强，结合一价离子的能力稍弱；反之，交换量小的胶体（如高岭石）则结合一价离子能力强，而两价离子的结合能力较弱，即一价离子可将两价离子交换下来。又如：水云母具有六角形网孔（晶孔），容易吸附与其孔径大小相当的 K^+ 和 NH_4^+，这些离子一旦进入六角形孔穴，即可发生配位作用，很难出来，只有当晶层破裂时，被固定的 K^+、NH_4^+ 方可重新释放出来。

阳离子交换作用的这些特点和规律是非常重要的，它是施肥和改良土壤等措施的理论依据。例如，施用化肥后，增加对可溶性养分的保蓄，施用石灰改良酸性土，施用石膏改良盐碱土等措施，都是对这些原理的实际应用。

（四）土壤盐基饱和度

土壤胶体上吸附的阳离子可分为两类。一类是 H^+ 和 Al^{3+}，另一类是盐基离子（如 Ca^{2+}、Mg^{2+}、K^+、Na^+、NH_4^+ 等，由于含 Al^{3+} 的盐在水溶液中强烈水解，使溶液呈酸性，故 Al^{3+} 不包括在盐基离子内）。土壤盐基饱和度是指土壤胶体上交换性盐基离子占交换性阳离子总量的百分率。以算式表示为：

$$盐基饱和度 = \frac{交换性盐基总量}{阳离子交换量} \times 100\%$$

如果土壤胶体上的交换性阳离子绝大部分都是盐基离子，即为盐基饱和的土壤，否则就属盐基不饱和土壤。我国南方酸性土壤都是盐基不饱和的土壤，北方中性或碱性土壤的盐基饱和度都在80%以上。盐基饱和度与 pH 值之间有明显的相关性。盐基淋失，饱和度降低，pH 也按一定比例降低。在 pH = 5～6 的暖湿地区，pH 每变动 0.10，盐基饱和度相应变动 5% 左右。例如，设 pH 为 5.5 时盐基饱和度为 50%，那么在 pH 为 5.0 和 6.0 时，盐基饱和度分别约为 25% 和 75%。不同类型的土壤，交换性阳离子的组成也不同。一般土壤中，交换性阳离子以 Ca^{2+} 为主，Mg^{2+} 次之，K^+、Na^+ 等很少。例如江苏上黄棕壤的交换性阳离子，Ca^{2+} 占 65%～85%，Mg^{2+} 占 15%～30%，K^+ 和 Na^+ 占 2%～4%。但在盐碱土中则有显著数量的 Na^+；在酸性土中有较多的 H^+ 和 Al^{3+}；在沼泽化或淹水状态下，还有 Fe^{2+}、Mn^{2+} 等。土壤盐基饱和度和交换性离子的有效性密切有关，盐基饱和度越大，养分有效性越高，因此盐基饱和度是衡量土壤肥力的指标之一。

（五）交换性阳离子的活度及其影响因素

植物吸收养分是植物与土壤间进行离子交换吸收的过程。这种离子交换吸收的方式有两种：一种是根胶体上的离子与土壤溶液中的离子进行交换；另一种是根胶体与土壤胶体直接进行离子交换，不需要通过溶液作为媒介，这种吸收只有在根毛与土壤胶体紧密接触的情况下发生，故又称接触交换。植物的交换吸收，在一般情况下都是通过土壤溶液，不可能在绝对干燥的情况下进行交换。因此土壤溶液中的离子和胶体上的交换性离子都与植物根系的吸收密切有关。

但是土壤交换性离子和溶液中离子二者的总量，还不能确切反映植物根系的离子环境。因为胶体吸附的离子不可能全部解离出来。交换性离子活度是指实际能解离出来的交换性离子的数量。有试验表明，在黏土矿物的悬浊液中，交换性钙的含量是交换性钾的1.5倍，但钾离子活度却为钙离子的6.6倍。因此，用离子活度的概念来反映实际有效浓度，比一般的浓度概念更有意义。如有一种交换性离子，在土壤胶体体系中的总浓度为c，当解离达到动态平衡时，解离出来的活性离子的数量以活度a表示，它与该离子总浓度c之比称为活度系数，以f表示，即$f = a/c$。

当胶体上交换性离子能全部解离时，则活度a近于浓度c，活度系数f达最大，近于1；如不能解离，则f达最小值，接近零。因此在一定的离子浓度下，交换性离子活度系数的大小，表明它在平衡体系中自由活动的难易程度，同时也表明它进入植物体内的难易程度，从而可作为养分有效度的指标。其影响因素有以下几种：

（1）交换性离子的饱和度。胶体上某种阳离子占整个阳离子交换量的百分数，即该离子的饱和度。饱和度越大，该离子的有效性越大，因为离子与胶体的结合强度随其饱和度的增加而降低，其活度随饱和度的增加而增强。特别是Ca^{2+}、Mg^{2+}等二价离子的活度随饱和度增加而增加的现象更为明显，它们的饱和度由50%增加到100%时，活度系数提高3~4倍。一价离子如Na^+、K^+、NH_4^+等随饱和度增加而增大活度系数的现象，不及二价离子明显。但在相同饱和度下，一价离子的活度，远远大于二价离子。也就是说，在相同饱和度下，一价离子的有效性大于二价离子。因为一价离子与胶体的结合强度要小于二价离子。

如果某一离子的饱和度低到一定程度，植物不仅不能从胶体上吸取它，反而由植物根部解吸出来被土壤吸收时，此时该离子的饱和度，称为临界饱和度。据试验，燕麦和黑麦在蒙脱石类黏粒上交换钾的最低饱和度为4%左右，在高岭石类黏粒上的最低饱和度为2%左右。

在生产实践上，一些有效的施肥措施，其原因之一就是提高了离子的饱和度，并增加了离子的有效性。例如，农谚："施肥一大片，不如一条线"，以及采用"穴施""条施""大窝施肥"等集中施肥的方法，都是增加了离子的饱和度，提高了肥料的利用率。

（2）陪补离子的种类。土壤胶体一般同时吸附多种离子，对于其中某一离子来说，其他离子都是它的陪补离子。如胶体吸附了H^+、Ca^{2+}、Mg^{2+}、K^+等离子，对H^+来说，Ca^{2+}、Mg^{2+}、K^+是它的陪补离子；对Ca^{2+}来说，H^+、Mg^{2+}、K^+是它的陪补离子。凡是与土壤胶体结合强度大的离子，其本身有效性低，但对共存的其他离子的有效性有利；反之，若某一离子与胶体结合强度较共存的其他离子弱，则将抑制其他离子的有效性。以K^+为例，如果它的陪补离子是Ca^{2+}，而Ca^{2+}的结合强度和代换均大于K^+，则可促进K^+的有效性。如果K^+的陪补离子是Na^+，Na^+的结合强度和代换力均小于K^+，则抑制了K^+的有效性。这种现象称为陪补离子效应。

浙江大学曾对Ca^{2+}以三种不同的陪补离子，在胶体种类和数量相同（交换量相同）的土壤上进行试验。甲土以H^+作为Ca^{2+}的陪补离子，乙土和丙土分别以Mg^{2+}和Na^+作为

Ca^{2+} 的陪补离子，三种土壤处理中 Ca^{2+} 的饱和度相等，但甲土 Ca^{2+} 的有效度远较乙、丙土大，并影响到产量（表7-7）。

表7-7　不同陪补离子对交换性钙有效性的影响（小麦盆栽试验）

土壤处理	交换性阳离子组成	盆中幼苗干重/g	盆中幼苗吸钙量/mg
甲	40% Ca + 60% H	2.80	11.15
乙	40% Ca + 60% Mg	2.79	7.83
丙	40% Ca + 60% Na	2.34	4.36

离子相互抑制的能力有下列顺序：$Na^+ > K^+ > Mg^{2+} > Ca^{2+} > H^+$ 和 Al^{3+}。

这一顺序与离子结合强度和交换力的大小正好相反。其中每一离子都强烈抑制它后面的离子对植物营养的有效性。特别是 Na^+ 作为陪补离子并达到一定含量时，不但植物不能吸收 Ca^{2+}、Mg^{2+} 等离子，而且还会使幼苗中的 Ca^{2+} 等为土壤所吸收。

（3）无机胶体的种类。一般来说，在饱和度相同的情况下，各营养离子在高岭石上的有效性最大，蒙脱石次之，水云母最小，但个别情况也有例外。

（4）离子半径大小与晶格孔穴大小的关系。根据培济（Page）和巴维尔（Baver）等的"晶格孔穴理论"，黏土矿物表面存在由6个硅四面体联成的六角形孔穴，这些孔隙的半径为 0.14 nm，凡离子大小与此孔径相近的，易进入晶孔，而降低其有效性。K^+ 的半径为 0.133 nm，NH_4^+ 半径为 0.143 nm，它们的大小都近于晶格孔隙大小，容易固定于晶孔中，降低其有效性。蒙脱石表面的硅四面体数量多，故这种晶孔固定作用的含蒙脱石多的土壤多于含高岭石多的土壤。

四、土壤阴离子交换

（一）土壤吸收阴离子的原因

（1）两性胶体带正电荷。
$$酸性　Al(OH)_3 + HCl \Longrightarrow Al(OH)_2^+ + Cl^- + H_2O$$
$$碱性　Al(OH)_3 + NaOH \Longrightarrow Al(OH)_2O^- + Na^+ + H_2O$$

（2）土壤腐殖质中的 $-NH_2$。在酸性条件下吸收 H^+ 成为 $-NH_3^+$ 而带正电。

（3）黏粒矿物表面上的 $-OH$ 原子团可与土壤溶液中的阴离子代换。

（二）土壤中各阴离子的吸附方式

土壤中的两性胶体，例如含水氧化铁、含水氧化铝，在酸性反应条件下带正电荷；某些带负电的胶体，在它的某些部位上也可能带有一定的正电荷，例如，硅酸盐黏土矿物晶格碎片外部边缘上的 Si、Al、Fe、Mg 等离子带的正电荷。此外，土壤环境具有不均一性，由于生物的代谢产物或施肥，可能造成局部小区域的酸化，即使在总的土壤胶体带负电荷的土壤中，这些酸化的小区域也可带正电荷。这就使土壤也具有阴离子的交换吸附作用。阴离子交换吸附作用有些也是可逆反应，能很快达到平衡，而平衡的移动也受质量作用定律的支配。但是，土壤中阴离子的交换吸附往往和化学固定作用相伴生，很难分清它们。另外，阴离子交换吸附没有明显的当量关系。这些是阴离子交换作用和阳离子交换作用的不同之处。由于被吸附的阴离子往往转而固定在土壤中，所以在土壤学中也常常把阴离子交换吸附和其后的化学固定作用，总称为阴离子的吸附作用。

阴离子吸附，在很大程度上取定于胶体矿物硅酸与铁氧化物、铝氧化物的比例（即胶体矿物全量化学组成中 SiO_2 与 $Fe_2O_3 + Al_2O_3$ 的摩尔比率，简写 SiO_2/R_2O_3）。S. Mattson 认为 $SiO_2/R_2O_3 = 1$ 时，阴离子吸附较强；$SiO_2/R_2O_3 = 2$ 时，阴离子与阳离子吸附相当；$SiO_2/R_2O_3 = 3$ 或更大时，阴离子吸附减弱，而阳离子吸附增强。土壤中 1∶1 型黏土矿物越多，铁、铝、锰的氢氧化物的无定形胶体物质越多，pH 值越低，阴离子吸附越强。

不同土壤的阴离子吸附量，证实了上述规律。表 7-8 说明从黑钙土到红壤，阴离子吸附量增加，正是由于从黑钙土到红壤 pH 值降低、1∶1 型黏土矿物和铁（铝）氢氧化物增多、SiO_2/R_2O_3 减小的结果。

表 7-8　土壤对阴离子的吸附量　　　　单位：cmol（+）/kg

土壤	PO_4^{3-}	SO_4^{2-}	NO_3^-	Cl^-
红壤	74.0	7.8	↑	弱吸附
灰化土	41.0	4.2	负吸附	或
黑钙土	18.3	3.0	↓	负吸附

注：↑表示微量吸附；↓表示微量溶出；或代表不同土壤吸附性能不稳定，时有弱吸附，时有弱析出。

（三）阴离子的交换吸附力

根据实验结果，土壤中各种阴离子被吸附的能力，可分为以下三类：

（1）易于被土壤吸附的阴离子。如磷酸离子（$H_2PO_4^-$、HPO_4^{2-}、PO_4^{3-}）、硅酸离子（$HSiO_3^-$、SiO_3^{2-}）及某些有机酸的阴离子。这一类的阴离子常和土壤中的阳离子发生化学反应，产生难溶性化合物而被固定在土壤中，即所谓化学固定作用。磷酸的化学固定是土壤养分中极为突出的问题。

（2）很少被吸附或不能被吸附而产生负吸附的阴离子。如 Cl^-、NO_3^-、NO_2^- 等。这些阴离子在土壤溶液中的浓度往往超过它们在胶粒与溶液界面上的浓度，即负吸附现象。

（3）介于以上两者之间的阴离子。如 SO_4^{2-}、CO_3^{2-} 及某些有机酸的阴离子。据实测，阴离子吸附能力的次序如下：

$$F^- > 草酸根 > 柠檬酸根 > H_2PO_4^- > HCO_3^- > H_2BO_3^-$$
$$> CH_3COO^- > SCN^- > SO_4^{2-} > Cl^- > NO_3^-$$

B. A. 柯夫达提出了下列阴离子吸附的一般顺序：

$$OH^- > PO_4^{3-} \geqslant SiO_3^{2-} > SO_4^{2-} > Cl^- > NO_3^-$$

由于土壤中阴离子吸附常伴随化学反应，使得对阴离子吸附机制的认识更为困难。现代土壤学对这方面知识涉及不深，对产生上述吸附能力次序的原因尚不清楚。大体认为，它与胶体种类、电解质溶液浓度、pH、离子大小，以及吸附后形成的复合体的溶解度有关。2∶1 型黏土矿物一般不发生对 SO_4^{2-}、Cl^- 的吸收，而 1∶1 型矿物，如高岭石，以及含水氧化铁、含水氧化铝等易带正电的胶体，对阴离子的吸收作用明显，而对 SO_4^{2-} 具有更大的吸附能力，从而说明阴离子吸附受胶体类型和本身价数的影响。从 B. A. 柯夫达提出的顺序中，可见除 OH^- 外，阴离子的吸附能力随阴离子价数的递减而递减。另外，阴离子吸附量随电解质溶液中离子浓度的增大而增加，但随 pH 值升高、负电荷增大而减小，并在某一 pH 值出现负吸收。另外，阴离子半径越接近 OH^- 半径（0.132 ~ 0.140 nm）者，其交换吸附能力越大。如 F^- 的半径为 0.133 nm，其交换力最大。此外，阴离子吸附后形成复合体的溶解度越小，其吸附能力越大。

（四）土壤阴离子的负吸附

阴离子的负吸附指距带负电荷的土壤胶粒表面越近，对阴离子的排斥力越大。因此，负电胶粒表面上的阴离子数量反而较自由溶液中少。前面已说明，土壤中大多数胶体大多数情况下带负电，根据库仑定律，这些带负电的胶粒必然对阴离子产生负吸附现象。只是由于土壤中多少带有一些正电荷，以及阴离子的化学固定作用而掩盖了负吸附。

根据实验可知，阴离子的负吸附随阴离子价数的增加而增加，但随阳离子价数的增加而减少。如在钠质澎润土中，不同钠盐的陪伴阴离子的负吸附次序为：$Fe(CN)_6^{3-} > SO_4^{2-} > Cl^- = NO_3^-$。在其他条件不变时，阴离子的负吸附还随平衡体系中土壤阳离子交换量的增加而增加。对不同的黏土矿物，阴离子负吸附的次序为：蒙脱石 > 伊利石 > 高岭石。其原因可从不同黏土矿物的负电荷和阳离子交换量的不同来说明，因为按负电荷量和阳离子交换量也是：蒙脱石 > 伊利石 > 高岭石。

五、土壤酸碱性

（一）土壤酸度

1. 活性酸

活性酸是由土壤溶液中游离的 H^+ 引起的，常用 pH 值表示，即溶液中氢离子浓度的负对数。

土壤中的水分含有各种可溶的有机、无机成分，有离子态、分子态，还有胶体态的，因此土壤中的水实际上是一种极为稀薄的溶液而盐碱土中土壤溶液的浓度比较高。

土壤酸碱性主要根据活性酸划分，pH 在 6.6 ~ 7.4 为中性。我国土壤的 pH 一般在 4 ~ 9，在地理分布上由南向北 pH 逐渐减小，大致以长江为界。长江以南的土壤为酸性和强酸性；长江以北的土壤多为中性或碱性，少数为强碱性。

2. 潜性酸

土壤胶体上吸附的氢离子或铝离子，进入溶液后才会显示出酸性，称为潜性酸，常用 1 000g 烘干土中氢离子的厘摩尔数表示。

潜性酸可分为两类：

（1）代换性酸。用过量中性盐（氯化钾、氯化钙等）溶液，与土壤胶体发生交换作用，土壤胶体表面上的氢离子或铝离子被浸提剂的阳离子交换，使溶液的酸性增加。测定溶液中氢离子的浓度即得交换性酸的量。

（2）水解性酸。用过量强碱弱酸盐（CH_3COONa）浸提土壤，胶体上的氢离子或铝离子释放到溶液中所表现出来的酸性。

CH_3COONa 水解产生 $NaOH$，pH 值可达 8.5，Na^+ 可以把绝大部分的氢离子和铝离子代换下来，从而形成醋酸，滴定溶液中醋酸的总量即得水解性酸度。

要改变土壤的酸性程度，就必须中和溶液中和胶体上的全部的交换性氢离子和铝离子。在酸性土壤改良时，可根据水解性酸来计算所要施用的石灰的量。

3. 土壤酸的来源

（1）土壤中 H^+ 的来源。由 CO_2 引起（土壤空气、有机质分解、植物根系和微生物呼吸）、土壤有机体的分解产生有机酸、硫化细菌和硝化细菌产生的硫酸和硝酸、酸性肥料（硫酸铵、硫酸钾等）的施用。

（2）气候对土壤酸化的影响。在多雨潮湿地带，盐基离子被淋失，溶液中的氢离子进入胶体取代盐基离子，导致氢离子积累在土壤胶体上。东北地区的酸性土是在寒冷多雨的气候条件下产生的。北方和西北地区的降雨量少，淋溶作用弱，导致盐基积累，因此土壤大部分为石灰性、碱性或中性土壤。

（3）铝离子的来源。黏土矿物铝氧层中的铝，在较强的酸性条件下释放出来，进入到土壤胶体表面成为代换性的铝离子，其数量比氢离子数量大得多，在土壤中表现为潜性酸。例如长江以南的酸性土壤，主要是由于铝离子引起的。

（二）土壤碱度

1. OH^- 的来源

土壤中 OH^- 的来源有两种形式，一种是土壤弱酸强碱盐的水解，包括碳酸及重碳酸的钾、钠、钙、镁等盐类，如 Na_2CO_3、$NaHCO_3$、$CaCO_3$ 等；另一种是土壤胶体上 Na^+ 的水解作用。

2. 碱度的表示方法

土壤碱性的高低用 pH 值表示或用 Na^+ 的饱和度表示。

（三）土壤酸碱性对植物和养分有效性的影响

1. 土壤酸碱性对植物的影响

（1）大多数植物在 pH > 9.0 或 pH < 2.5 的情况下都难以生长。植物可在很宽的范围内正常生长，但各种植物有自己适宜的 pH。喜酸植物如杜鹃属、越橘属、茶花属、杉木、松树、橡胶树、帛石兰；喜钙植物如紫花苜蓿、草木樨、南天竺、柏属、椴树、榆树等；喜盐碱植物如柽柳、沙枣、枸杞等。

（2）植物病虫害与土壤酸碱性直接相关。①害虫往往要求一定范围的 pH 环境条件，如竹蝗喜酸而金龟子喜碱；②有些病害只在一定的 pH 值范围内发作，如猝倒病往往在碱性和中性土壤中发生。③土壤活性铝是指土壤胶体上吸附的交换性铝和土壤溶液中的铝离子，它是一个重要的生态因子，对自然植被的分布、生长和演替有重大影响。在强酸性土壤中含铝多，生活在这类土壤上的植物往往耐铝甚至喜铝（帛石兰、茶树）；但对于一些植物来说，如三叶草、紫花苜蓿。铝是有毒性的，土壤中富铝时生长受抑制，研究表明铝中毒是人工林地衰退的一个重要原因。

2. 土壤酸碱性对养分有效性的影响

（1）在正常范围内，植物对土壤酸碱性敏感的原因是土壤的 pH 值影响土壤溶液中各种离子的浓度，影响各种元素对植物的有效性。

（2）土壤酸碱性对营养元素有效性的影响：①氮在 pH 值为 6～8 时有效性较高，这是由于在 pH 值小于 6 时，固氮菌活动降低，而大于 8 时，硝化作用受到抑制。②磷在 pH 值为 6.5～7.5 时有效性较高，这是由于在 pH 值小于 6.5 时，易形成磷酸铁、磷酸铝，有效性降低；在高于 7.5 时，则易形成磷酸二氢钙。③酸性土壤的淋溶作用强烈，钾、钙、镁容易流失，导致这些元素缺乏；在 pH 值高于 8.5 时，土壤钠离子增加，钙、镁离子被取代形成碳酸盐沉淀。因此钙、镁离子的有效性在 pH 为 6～8 时最好。④铁、锰、铜、锌、钴五种微量元素在酸性土壤中因可溶而有效性高；钼酸盐不溶于酸而溶于碱，在酸性土壤中易缺乏；硼酸盐在 pH 为 5～7.5 时有效性较高。

（四）土壤酸碱性的改良

1. 酸性土壤的改良

经常使用石灰，可达到中和活性酸、潜性酸及改良土壤结构的目的。沿海地区使用含钙的贝壳灰，也可用紫色页岩粉、粉煤灰、草木灰等。

生石灰需要量（g/m^2）＝阳离子代换量×（1－盐基饱和度）×土壤重量×28×1/1 000

2. 中性和石灰性土壤的人工酸化

露地花卉用硫黄粉（$50g/m^2$）或硫酸亚铁（$150g/m^2$），可降低 0.5～1 个 pH 单位，也可用矾肥水浇制。

3. 碱性土壤的改良

碱性土壤的改良可施用石膏，还可用磷石膏、硫酸亚铁、硫黄粉、酸性风化煤。

（五）土壤酸碱缓冲性

在自然条件下，向土壤中加入一定量的酸或碱，土壤 pH 值不因土壤酸碱环境条件的改变而发生剧烈的变化，这说明土壤具有抵抗酸碱变化的能力，土壤的这种特殊的抵抗能力称为缓冲性。缓冲性使土壤酸度保持在一定的范围内，避免因施肥、根的呼吸、微生物活动、有机质分解和湿度的变化而使 pH 值强烈变化，为高等植物和微生物提供一个有利的环境条件。

（1）土壤酸碱缓冲性原因。①土壤胶体的代换性能：土壤胶体上吸收的盐基离子多时，土壤对酸的缓冲能力强；当吸附的阳离子主要为氢离子时，对碱的缓冲能力强。②土壤中有多种弱酸及其盐类，弱酸种类如碳酸、重碳酸、硅酸和各种有机酸。③两性有机物质。如氨基酸是两性化合物，氨基可中和酸，羧基可中和碱。④两性无机物质。⑤酸性土壤中的铝离子。

（2）影响土壤缓冲性的因素。①黏粒矿物类型。如含蒙脱石和伊利石多的土壤，其缓冲性能要大一些。②黏粒的含量。黏粒含量增加，缓冲性增强。③有机质含量。有机质多少与土壤缓冲性大小呈正相关。

一般来说，土壤缓冲性强弱的顺序是腐殖质土大于黏土和砂土，故增加土壤有机质和黏粒，就可增加土壤的缓冲性。

六、土壤氧化还原反应

土壤中的许多化学和生物化学反应都具有氧化还原特征，因此氧化还原反应是发生在土壤（尤其土壤溶液）中的普遍现象，也是土壤的重要化学性质。氧化还原作用始终存在于岩石风化和土壤形成和发育过程中，对土壤物质的剖面迁移，土壤微生物的活性和有机质的转化，养分转化及生物有效性，渍水土壤中有毒物质的形成和积累，以及污染土壤中污染物质的转化与迁移等都有深刻影响。在农林业生产、湿地管理、环境保护等工作中，往往要用到土壤氧化还原反应的有关知识。

（一）基本概念

1. 氧化还原体系

土壤中共存有多种氧化物质和还原物质，氧化还原反应就发生在这些物质之间。氧化反应实质上是失去电子的反应，还原反应则是得到电子的反应。实际上，氧化反应和还原反应是同时进行的，属于同一个反应过程的两个方面。电子受体（氧化剂）接受电子后，从氧化态转变为还原态；电子供体（还原剂）供出电子后，则从还原态转变为氧化态。因此，氧化还原反应可表示为：

$$\text{氧化态} + ne^- \rightleftharpoons \text{还原态} \tag{7.1}$$

土壤中存在着多种有机和无机的氧化还原物质（氧化剂和还原剂），在不同条件下它们参与氧化还原过程的情况也不相同。参加土壤氧化还原反应的物质，除了土壤空气和土壤溶液中的氧以外，还有许多具有可变价态的元素，包括 C、N、S、Fe、Mn、Cu 等，在污染土壤中还可能有 As、Se、Cr、Hg、Pb 等。种类繁多的氧化还原物质构成了不同的氧化还原体系（Redox system）。

2. 氧化还原指标

（1）强度指标。

1）氧化还原电位（Eh）。氧化还原电位（Redox potential）是长期惯用的表征氧化还原强度的指标，它可以被理解为物质（原子、离子、分子）提供或接受电子的趋向或能力。物质接受电子的强烈趋势意味着高氧化还原电位，而提供电子的强烈趋势则意味着低氧化还原电位。

氧化还原电极电位的产生，可以用 $Fe^{3+} + e^- \rightleftharpoons Fe^{2+}$ 反应为例加以说明：如果向溶液中插入一铂电极，则 Fe^{2+} 和铂电极接触时就有一种趋势，将其一个 e^- 转给铂电极，而使电极趋于带负电荷，Fe^{2+} 则被氧化成 Fe^{3+}；与此同时，溶液中原有的 Fe^{3+} 则趋于从铂电极上获取一个 e^-，使电极带正电荷，而其本身则被还原成 Fe^{2+}。上述两种趋势同时存在，方向相反，因此其总的趋势的方向和大小就要看 Fe^{2+} 和 Fe^{3+} 的相对浓度（活度）。也就是说，在这一反应体系中铂电极的电性如何以及电位高低，都取决于电极周围溶液中的 $[Fe^{3+}]$／$[Fe^{2+}]$。一个氧化还原反应体系的氧化还原电位可用能斯特（Nernst）公式表达：

$$\text{Eh} = E^0 + \frac{RT}{nF}\ln\frac{[氧化态]}{[还原态]} \tag{7.2}$$

式中：Eh——氧化还原电位，V 或 mV；

　　　　E^0——该体系的标准氧化还原电位，即当铂电极周围溶液中［氧化态］／［还原态］比值为 1 时，以氢电极为对照所测得的溶液的电位值（E^0 可从化学手册上查到）；

　　　　R——摩尔气体常数（8.314 J/mol·K）；

　　　　T——热力学温度；

　　　　F——法拉第常数（96 500 c/mol）；

　　　　n——反应中转移的电子数；

［氧化态］、［还原态］——分别为氧化态和还原态物质的浓度（活度）。

将各常数值代入式（7.2），在 25℃ 时，采用常用对数，则有：

$$\text{Eh} = E^0 + \frac{0.059}{n}\lg\frac{[氧化态]}{[还原态]} \tag{7.3}$$

在给定的氧化还原体系中，E^0 和 n 也为常数，所以［氧化态］／［还原态］的比值决定了 Eh 值的高低。比值越大，Eh 值越高，氧化强度越大；反之，则还原强度越大。

2）电子活度负对数（pe）。正如用 pH 描述酸碱反应体系中的氢离子活度一样，可以用 pe 描述氧化还原反应体系中的电子活度，$\text{pe} = -\lg[e^-]$。对于式（7.1）所示的氧化还原反应，其平衡常数为：

$$K = \frac{[还原态]}{[氧化态][e^-]^n}$$

取对数得

$$\text{pe} = \frac{1}{n}\lg K + \frac{1}{n}\lg\frac{[氧化态]}{[还原态]} \tag{7.4}$$

当［氧化态］与［还原态］的比值为 1 时，$\text{pe} = 1/n\,\lg K$，即 pe^0。故式（7.4）可写为：

$$\text{pe} = \text{pe}^0 + \frac{1}{n}\lg\frac{[氧化态]}{[还原态]} \tag{7.5}$$

根据平衡常数 K 与反应中标准自由能变化的关系：

$$\Delta\text{Gr}^0 = -RT\ln K = -nF\text{E}^0$$

故有

$$\text{E}^0 = \frac{RT}{nF}\ln K = \frac{2.303RT}{F}\text{pe}^0 \tag{7.6}$$

将式（7.6）代入式（7.2），得

$$\text{Eh} = \frac{RT}{nF}\ln K + \frac{RT}{nF}\ln\frac{[氧化态]}{[还原态]} = \frac{2.303RT}{F}\left(\frac{1}{n}\lg K + \frac{1}{n}\lg\frac{[氧化态]}{[还原态]}\right)$$

$$= \frac{2.303RT}{F}\text{pe} \tag{7.7}$$

在 25℃ 时，式（7.7）可写为：

$$\text{Eh} = 0.059\text{pe} \tag{7.8}$$

式（7.8）即为 Eh 与 pe 的一般关系式。pe 可作为表征氧化还原强度的指标，在氧化体系中其值为正，氧化性越强，则 pe 值越大；在还原体系中其值为负，还原性越强，pe 的负值越大。

3）pH 的影响。土壤中大多数氧化还原反应都有 H^+ 的参与，因此 $[H^+]$ 对氧化还原平衡有直接的影响。H^+ 参与的氧化还原反应的简单通式为：

$$氧化态 + ne^- + mH^+ \rightleftharpoons 还原态 + xH_2O \tag{7.9}$$

其平衡常数为：

$$K = \frac{[还原态][H_2O]^x}{[氧化态][e^-]^x[H^+]^m}$$

液态水的活度为 1，故上式取对数得：

$$pe = pe^0 + \frac{1}{n}\lg\frac{[氧化态]}{[还原态]} - \frac{m}{n}pH \tag{7.10}$$

相应的有：

$$Eh = E^0 + \frac{2.303RT}{F}\left(\frac{1}{n}\lg\frac{[氧化态]}{[还原态]} - \frac{m}{n}pH\right) \tag{7.11}$$

在 25℃时，可写为：

$$Eh = E^0 + \frac{0.059}{F}\lg\frac{[氧化态]}{[还原态]} - 0.059\frac{m}{n}pH \tag{7.12}$$

由式（7.12）可知，当 $m = n$，温度为 25℃时，每单位 pH 变化所引起的 Eh 变化（$\Delta Eh/\Delta pH$）为 $-59mV$。不同的氧化还原体系的 m/n 值不一样，$m/n > 1$ 时，$\Delta Eh/\Delta pH$ 会成比例增加。可见，pH 是影响氧化还原电位的一个重要因素。在很多体系中，其影响程度常超过活度比。一般土壤的 pH 值为 4～9，高于标准状态（pH = 0），因而总是使土壤的 Eh 值降低。

在土壤化学研究中，常根据各体系的氧化还原反应式和 Eh 表达式绘制 Eh—pH 图，即以 pH 为横坐标，Eh（或 pe）为纵坐标，绘制这个体系的 Eh 随 pH 改变的趋势图。

（2）土壤氧化还原强度指标及其与数量因素的关系。在现实土壤中，由于氧化物质和还原物质的种类十分复杂，其标准电位（E^0）也很不相同，因此根据公式计算 Eh 值是困难的。因此主要是以实际测得的 Eh 值作为衡量土壤氧化还原强度的指标，这是一个表征土壤中各种氧化还原物质的混合性指标，亦即土壤中氧化剂和还原剂在氧化还原电极上所建立的平衡电位。

氧化还原数量因素是指氧化性物质或还原性物质的绝对含量。目前已经提出了一些区分土壤中不同氧化还原体系中的氧化态物质和还原态物的方法，并能够测定土壤中还原态物质的总量。但同样由于土壤物质体系的复杂性，测得的氧化还原物质的数量往往难以直接与 Eh 联系起来。尽管如此，在一定条件下土壤氧化还原强度 Eh 与还原性物质的含量（浓度）之间仍表现出明显的相关性。大量测定结果表明，土壤的还原性物质越多，其氧化还原电位越低。于天仁等对 39 个自然植被下红、黄土壤 Eh_7（pH = 7 时的 Eh 值）与还原性物质浓度（c）的测定和统计结果表明，氧化还原电位与还原性物质的含量（浓度）的对数之间有显著的负相关，即：

$$Eh_7 = 653 - 159\lg c$$

氧化还原强度因素与数量因素有着不同的实际意义：前者决定化学反应的方向，后者则是定量研究各种氧化还原反应时的依据。将两种指标结合起来，就可以更全面地了解土壤的氧化还原状况。

（3）氧化还原缓冲性。一个体系的氧化还原缓冲性是指当加入有限数量的氧化剂或还原剂后，该体系的氧化还原强度（Eh）保持相对稳定的能力。对这种氧化还原缓冲性可以进理论推导：

设氧化态活度为 X，氧化态与还原态的总活度为 A，则还原态的活度为 $A-X$。根据式（7.2），当氧化态的活度增加 $\mathrm{d}X$ 时，Eh 的增量为：

$$\frac{\mathrm{dEh}}{\mathrm{d}X} = \frac{RT}{nF} \cdot \frac{A}{X\,(A-X)} \tag{7.13}$$

$\dfrac{\mathrm{dEh}}{\mathrm{d}X}$ 的倒数可作为氧化还原缓冲性的一个指标，称为缓冲指数。

$$\frac{\mathrm{d}X}{\mathrm{dEh}} = \frac{RT}{nF} \cdot \frac{X\,(A-X)}{A} = \frac{RT}{nF} \cdot X\left(1 - \frac{X}{A}\right) \tag{7.14}$$

由上式可以看出，对于一个氧化还原体系而言，A 值越大，缓冲作用越强；在一定的 A 值条件下，当氧化态与还原态的活度相等时，缓冲作用最强。在多种氧化还原体系进行反应时，主要是缓冲性较强的体系决定整个反应系统的氧化还原电位。

需要指出的是，理论推导式往往难以简单地用于现实的土壤中。这是因为土壤是一个由多种氧化还原物质组成的混合体系，其 Eh 值不仅与各种物质的比例有关，而且与氧化还原反应速率有关。特别是在有机质含量高的土壤中，可出现氧化还原的缓冲反应滞后的现象。另外，土壤氧化还原反应也存在固相的参与，这就使反应速率更慢。与 Eh 的情况相似，实际测得的缓冲性指标可能更具现实意义。

3. 氧化还原平衡

在一定条件下，当一个体系的氧化还原反应达到平衡状态时，该体系便建立起了平衡的电极电位。当体系的浓度（活度）比开始变化，即氧化态开始向还原态转化，或还原态开始向氧化态转化时的氧化还原电位，称为临界 Eh 值。作为判断既定条件下氧化反应或还原反应能否进行的指标，临界 Eh 值是土壤中许多氧化还原物质（如养分、污染物等）的特征指标，它与土壤中存在的体系、溶液的离子组成和 pH 值等因素有关。各种 pH 值条件下有不同的临界 Eh 值，在各体系的 Eh—pH 图中可以看出特定条件下的临界 Eh 值以及各种形式化合物的稳定范围。

当两个 E^0 相异的体系共存时，E^0 高的体系中氧化型物质能氧化 E^0 低的体系中还原型物质。当这两个氧化还原体系的反应达平衡时，若两个体系的 n 值相等，则两个体系的 Eh 值相等。

可见，两个体系的 E^0 值相差越大，则 $\ln K$ 的绝对值越大。若差值为正，值越大，反应向右进行的越完全；反之，则向左进行的越完全。

当有多个不同的氧化还原体系共存时，则在标准状态下，E^0 高的体系优先进行还原反应，而 E^0 低的则进行氧化反应，直至平衡。如果有足够的还原剂供应，那么，在平衡过程中各体系的氧化态物质将按体系的 Eh（E^0）的大小顺序依次作为电子受体被还原，这种现象称为顺序还原作用。

（二）土壤物质的氧化还原过程

土壤的氧化还原物质或氧化还原体系中有的是影响土壤氧化还原状况的主要体系；有的虽不足以显著影响土壤整体状态，但会发生相应的氧化还原反应使土壤氧化还原状况变化，从而对养分转化和生态环境产生一系列的影响。

1. 氧体系

氧是土壤中来源最丰富、最活泼的氧化剂。在具有通气条件的非渍水土壤中，氧是决定氧化强度的主要体系。

氧体系的氧化还原反应为：

$$O_2 + 4e^- + 4H^+ \Longrightarrow 2H_2O$$

$$Eh = 1.23 + \frac{0.059}{4} \lg \frac{[PO_2] \cdot [H^+]^4}{[H_2O]^2} \tag{7.15}$$

当 O_2 分压为 21 278.25Pa，温度为 25℃，pH = 7 时，体系的氧化还原电位可达 810 mV。可见，由通气条件所决定的氧气数量对土壤氧化还原状况有极大的影响。

2. 铁体系

铁是土壤中大量存在且氧化还原反应相当频繁的元素，对土壤的氧化还原性质影响很大。虽然土壤中的铁主要是 +3 价铁和 +2 价铁，但由于其化学形态复杂，具体的氧化还原体系很多。

土壤中含铁化合物的转化各有一定的 pH 和 Eh 条件，因此各个体系的存在有一定的 pH 和 Eh 范围。从铁体系的 Eh—pH 图可以得出，pH < 2.7，主要是 Fe^{3+}—Fe^{2+} 反应，其 Eh 值较高；pH 在 2.7 ~ 6.8 时，主要是 Fe（OH)$_3$—Fe^{2+} 反应，其 $\Delta Eh/\Delta pH$ = -0.177V；从 pH = 6.8 和 Eh = 0.03V 这一点开始形成 Fe_3（OH)$_8$ 沉淀，在 Fe_3（OH)$_8$—Fe^{2+} 之间的 $\Delta Eh/\Delta pH$ 为 -0.236V，Fe（OH)$_3$—Fe_3（OH)$_8$ 之间的 $\Delta Eh/\Delta pH$ 为 -0.059V；当 pH > 8.1，Eh < -0.27V 时，就开始形成固体的 Fe（OH)$_2$，Fe_3（OH)$_8$—Fe（OH)$_2$ 之间的 $\Delta Eh/\Delta pH$ 为 -0.059V。由上述分析不难得出结论，在一般土壤的 Eh（ +700 ~ -200mV）和 pH（4 ~ 8）范围内，铁的氧化还原过程主要发生在 Fe（OH)$_3$—Fe^{2+}、Fe（OH)$_3$—Fe_3（OH)$_8$、Fe_3（OH)$_8$—Fe^{2+} 等体系中。

从铁体系的 Eh—pH 关系中可以看出各种形式铁化合物的稳定范围和给定条件下的临界 Eh 值。实际上，由于土壤中含铁化合物的多样性和多种因素的共同影响，土壤中铁氧化还原的临界 Eh 值较复杂，不可能用简单的反应或数据表示。国内外有关资料表明，土壤铁氧化还原的临界 Eh 值在 +300 ~ +100mV，随着 pH 不同而异。在 pH = 5 时，临界 Eh 值为 +300mV；pH 为 6 ~ 7 时，Fe^{2+} 在 +300 ~ +100mV 时大量出现；而在 pH = 8 时，则在 -100mV 以下才有显著的 Fe^{2+} 出现。

一般认为，通气土壤的 Eh 值为 +700 ~ +400mV，渍水土壤的 Eh 值则为 +300 ~ -200mV。因此通气土壤中铁绝大部分以高价的氧化态存在，土壤铁的大量还原与渍水条件有关。然而，缺乏有机质的土壤长久渍水往往并不一定能够产生大量的亚铁，只有土壤含大量有机质或向土壤中加入有机质时，渍水条件下才有大量亚铁出现。有机质促进土壤铁化合物的还原，其机理是有机质的嫌气分解显著降低了土壤 Eh 值和 pH 值，从而能够达到铁大量还原所要求的 Eh—pH 条件。

3. 锰体系

土壤中的锰一般有 +2、+3 和 +4 三种价态。高价锰常以各种氧化物形式存在，二价锰则可以呈离子态、氢氧化物、碳酸盐等多种稳定形态。锰体系的氧化还原反应在土壤中普遍存在，但由于锰的总含量较铁低得多，故对土壤氧化还原状况的整体影响较铁小。

土壤中锰体系的氧化还原反应主要是 MnO_2—Mn^{2+}、Mn_2O_3—Mn^{2+}、Mn_3O_4—Mn^{2+}，以及 MnO_2—Mn_2O_3、MnO_2—Mn_3O_4、Mn_3O_4—$MnCO_3$ 等。其中 Mn^{2+} 的可溶性较大，所以是溶液中的主要还原形式。

总的来看，锰体系的 E^0 值远高于铁体系，这就决定了锰比铁容易还原的特性。在相同条件下还原态锰的含量往往较还原态铁高，而且也稳定得多；反之，还原态锰的氧化则较铁困难得多。

在现实土壤中，由于锰氧化还原体系及其反应机理的复杂性，所以有关实测数据往往和理论值有着较大差距。例如，Gotch 根据实验得出 Eh、pH、Mn^{2+} 浓度之间的关系为：

$$Eh = 0.061 - 0.276 \lg \left[Mn^{2+} \right] - 0.158 \, pH \tag{7.16}$$

综合国内外的有关资料，土壤锰氧化还原的临界 Eh 值多变化在 +300 ~ +600mV，视 pH 条件而定，pH 越低，则临界 Eh 值越高。值得注意的是，锰的临界值总的来说比铁高得多（铁的临界 Eh 值变化在 -100 ~ +300 mV）。因此，在一般土壤中锰较铁易于还原而较难氧化，土壤中可溶性锰的含量也比较高。

4. 硫体系

硫是一种具有多种氧化还原状态的元素，其氧化数可以为 +6、+4、0 直至 -1、-2。因此，在土壤中进行的硫的各种化学和生物化学反应大多具有氧化还原特征。但由于硫的氧化还原反应往往有生物参与，故许多化学过程尚不完全清楚。

土壤中的硫以有机和无机两种形态存在。在具备通气条件的氧化环境中，如果温度、湿度和 pH 值都比较适宜，有机硫可以经生物氧化作用而较快地转化为 SO_4^{2-}；而在一定的还原条件下，有机硫则经生物还原作用直接产生 H_2S（参见土壤有机质一章）。然而，土壤中硫的氧化还原反应更多地表现在各种形态的无机硫之间，这些无机硫大多来自含硫矿物和含硫有机质两个方面。土壤中的无机硫在氧化条件下以 SO_4^{2-} 存在，在不同的还原条件下则可进行一系列还原反应。

由于硫氧化还原体系的标准电位一般较低，所以硫是一种较易氧化而难还原的元素。低价硫（S^{2-}、S^-、S^0、S^{4+}）很容易被氧化；而氧化态的 SO_4^{2-} 还原为硫化物则需在强还原条件下才能进行，且需要微生物的参与。在硫的各种形态中以 SO_4^{2-} 稳定范围最广；元素 S 只在 pH = 7 以下的狭小 Eh 范围内是稳定的；H_2S 和 HS^- 则仅在较低的 Eh 范围内稳定。

在通气土壤中的硫氧化反应主要是硫化物（如 FeS_2、H_2S）、二硫化物（如 FeS_2，即黄铁矿）或元素态硫经一系列中间阶段逐步氧化为 SO_4^{2-} 的过程，这些过程大都有微生物参与，并产生强酸性。总的反应式如：

$$4FeS_2 + 2H_2O + 15O_2 \longrightarrow 2Fe_2 \left(SO_4 \right)_3 + 2H_2SO_4 \tag{7.17}$$

$$4FeS + 6H_2O + 3O_2 \longrightarrow 4Fe \left(OH \right)_3 + 4S \tag{7.18}$$

$$2S + 3O_2 + 2H_2O \longrightarrow H_2SO_4 \tag{7.19}$$

嫌气土壤中硫酸盐的还原也需要在微生物参与下进行，并且也需要经过一系列中间阶段：

$$SO_4^{2-} \longrightarrow SO_3^{2-} \longrightarrow S_4O_6^{2-}、S_3O_6^{2-}、S_2O_3^{2-} \longrightarrow S \longrightarrow S^{2-}、HS^-、H_2S \qquad (7.20)$$

参与上述过程的细菌种群统称为硫酸盐还原细菌，其活动的 pH 范围为 5.5 ~ 9.0，不能过于酸性。还原作用的中间产物大都很不稳定，比硫酸盐更易还原，所以 SO_4^{2-} 的主要还原产物往往是硫化物。使 SO_4^{2-} 大量还原的"土壤临界 Eh 值"在 $-100 ~ -150mV$，Eh 低于 $-150mV$ 的土壤中往往会产生大量硫化物。值得注意的是，在强烈的还原条件下，硫还原产生 H_2S，对植物根部产生毒害。一般植物受害的 H_2S 浓度为 $10^{-6} ~ 10^{-4}mol/L$，但是渍水土壤中 H_2S 的产生和积累受 pH 值的强烈影响，并且 H_2S 常常与 Fe^{2+}、Mn^{2+} 等金属离子产生沉淀，从而降低了 H_2S 的浓度，尤其是还原性土壤中的 Fe^{2+} 较多，故 Fe^{2+} 在很大程度上控制着 H_2S 的浓度，其关系式为：

$$-lg[H_2S] = 2pH\ lg[Fe^{2+}] - 3.52 \qquad (7.21)$$

根据上式，在 pH = 7 时，如果 Fe^{2+} 的浓度 $> 10^{-4}mol/L$，则 H_2S 浓度就有可能 $< 10^{-6}$ mol/L。在一些强烈还原的沼泽土中，当 Fe^{2+} 相对不足时，则可能积累大量的 H_2S。

5. 氮体系

氮也是具有多种氧化还原状态的元素，其氧化数可以从 +5、+4、+3、+2、+1、0 直至 -1、-2、-3，因此氮的氧化还原反应甚为复杂。尽管生物固氮和有机氮矿化（氨化）是土壤氮素形态转化的重要途径，并且都带有氧化还原反应的特征，但土壤中氮的氧化还原反应一般是针对各种形态的无机氮而言的。土壤中常见的无机氮形态为 NH_4^+ 和 NO_3^-，其次为 NH_3、NO_2^-，还可能产生 NO、N_2O、N_2 等。与硫体系相比，氮氧化还原体系的标准电位要高得多，因此氧化态氮（NO_3^-）比氧化态硫（SO_4^{2-}）容易还原；同时，某些还原态氮（NO_2^-、NH_4^+、NH_3）在微生物作用下也不难氧化为 NO_3^-。$NO_2^- - NH_4^+$、$NO_3^- - NH_4^+$、$NO_3^- - NO_2^-$ 反应的 E_7^0 为 0.35 ~ 0.42V，属于很容易达到的土壤 Eh 状态，因此这些反应很容易在土壤中进行。但应该注意，在土壤氮的氧化还原过程中有一些反应实际上是不可逆的，所以不能单纯地从氧化还原电位阐明其平衡关系。从氮体系的 Eh—pH 关系可以得出：NO_3^- 的存在必须有充足的氧化条件，在土壤的 Eh 和 pH 范围内，其实际稳定区间是很有限的；而 NO_2^- 更不稳定，其稳定区间只限定在正常土壤 pH 值的很窄的 Eh 范围内，因此一般不易大量积累。在氮的几种不同氧化还原形态的化合物中，以 NH_4^+ 和 N_2 的稳定范围最大，这符合自然土壤的实际情况。

土壤氮的氧化还原可归纳为三条主要途径：①硝化作用；②反硝化作用；③硝酸还原作用。当然，这些作用皆与微生物活动有关，反应条件除 Eh 之外还需要适当的温度、pH 值等条件。

硝化作用的实质是氨（铵）态氮经生物氧化作用生成硝态氮，反应的第一步是 NH_4^+（或 NH_3）$\rightarrow NO_2^-$，第二步是 $NO_2^- \rightarrow NO_3^-$，其具体反应过程在前面有关章节已述及。一般认为硝化作用必须以良好的通气条件为前提，但有些实验证明，硝化作用对氧的要求并不高，当空气含氧 1% ~ 5% 时就能旺盛地进行。从 NH_4^+ 转化为 NO_3^- 要求的氧化条件来看，$NH_4^+ —NO_2^-$ 反应的 E_7^0 为 +0.35V，$NO_2^- - NO_3^-$ 反应的 E_7^0 为 +0.42V。由此可见，从铵态氮转化为硝态氮，一般要求 Eh 值在 +400mV 左右，较之铁、硫所需要的 Eh 值高得多。因此，如果土壤 Eh 值不很高，则即使生成了硝态氮，也将很快被还原。而一般通气土壤的 Eh 至多在 +400mV 以上，因此硝酸盐可以较稳定地存在；但在渍水土壤中硝酸盐一般是难以存在的。另外，硝化作用第一阶段（亚硝化过程）对通气性的要求显然可以略低于后一阶段（硝化过程）。所以在土壤通气不足时（能进行亚硝化过程而不足以完成硝化过程），就有可能产生亚硝酸盐的积累。

反硝化作用是通过微生物将硝态氮还原为气态氮（N_2O、N_2、NH_3 等）的过程。这一过程通常在兼氧条件下进行，一般是在微生物得不到必需的氧补充时，利用硝酸态氮作为电子受体而产生还原态氮。据国外资料，在 pH 值 5~6 时，土壤反硝化作用（以 NO_3^- 减少为特征）的临界 Eh 值为 +300 ~ +350mV；当 Eh 值降到 +200mV 以下时，则 N_2O、N_2 等气态氮的生成量显著增加。

硝酸还原作用是指兼氧条件下，NO_3^- 还原为 NH_4^+ 的过程，其反应机理及与反硝化作用的关系尚不清楚。从 NO_3^- 转化为 NH_4^+ 所要求的还原条件，为 $E_7^0 = 0.36V$。此值恰接近通气土壤的下限和渍水土壤的上限，可见土壤中 NO_3^-—NH_4^+ 间的转化应该是相当频繁的。据 Buresh 研究，当 Eh 值为 +300mV 时，加入土壤的 $^{15}NO_3^-$—N 大约有 1% 转化为 $^{15}NH_4^+$—N；当 Eh 值为 0mV 时，转化率约为 15%；而 Eh 为 -200mV 时，还原转化率高达 35%。

6. 污染重金属体系

汞、铬、砷、铅、硒等重金属也有着多变的氧化还原状态。当土壤被重金属污染后，这些重金属就可以在一定 Eh—pH 条件下发生复杂的氧化还原反应（表7-9）。

表 7-9 污染土壤中重金属元素的氧化还原反应

氧化还原反应	备注	氧化还原反应	备注
汞		砷	
1. $Hg^{2+} \rightleftharpoons Hg_2^{2+}$	酸性条件	1. $H_2AsO_4^- \rightleftharpoons H_3AsO_3$	酸性条件
2. Hg^{2+}、$Hg_2^{2+} \rightleftharpoons Hg^0$	酸性条件	2. $HAsO_4^{2-} \rightleftharpoons H_3AsO_3$，$H_2AsO_3^-$	中、碱性条件
3. $Hg(OH)_2 \rightleftharpoons Hg^0$	碱性条件		
铬		硒	
		1. $HSeO_4^-$，$SeO_4^{2-} \rightleftharpoons HSeO_3^-$，$SeO_3^{2-}$	
1. $Cr_2O_7^{2-} \rightleftharpoons Cr^{3+}$	pH < 6.5	2. $H_2SeO_3 \rightleftharpoons Se^0$	强还原条件
2. $Cr_2O_4^{2-} \rightleftharpoons Cr^{3+}$，$CrO_2^-$	PH > 6.5	3. $Se^0 \rightleftharpoons Se^{2-}$，$H_2Se$	强还原条件

污染重金属在土壤中的氧化还原反应极大地影响着它们在环境系统中的迁移性和生物毒性，因此是土壤环境化学的重要研究内容。

7. 有机物体系

有机质在土壤中的转化包含着一系列氧化和还原过程。在好氧条件下，有机质经生物氧化作用可以彻底分解为 CO_2、H_2O 和无机盐类（即矿化）；在厌氧条件下，则经过不同的发酵过程生成一些中间产物，如还原性有机酸、醇等，以及 CH_4、H_2 等强还原物质。一般认为，通气不良或渍水土壤中 Eh 值的迅速、大幅度降低与还原性有机物的积累有密切关系。在还原条件比较发达的情况下，有机质嫌气分解产生大量还原性有机物是使高价金属离子或氧化物还原为低价金属离子的主要原因。而一些新鲜未分解的生物有机质，如有机酸和还原糖等（它们可来自生物体或根与微生物的分泌作用），在适宜的温度、湿度和

pH 条件下其本身也具有相当的还原能力。

有机体系的氧化还原反应有其不同于无机体系的特点：①在 pH = 7 时，各有机体系的标准氧化还原电位都是负值，表明有机体系的还原性较强。②有机体系的大多数反应都属于生物化学过程，只有在一定条件下才是可逆的。③许多还原性有机物都是分解过程的中间产物，只是暂时处于动态平衡，在适当的氧化条件下极易分解转化而消失（不像大部分无机体系那样可以反复变化），其变动甚为剧烈。

（三）土壤氧化还原状况的生态影响及其调节

1. 土壤氧化还原状况及其影响因素

根据大量实测结果，不同土壤的 Eh 范围为 +750 ~ -300mV，相应的 pH 值在 12.7 ~ 5.1，这几乎包括自然生物界的最大变异范围。在不同的成土条件和利用条件下，由于水分、通气、有机质和 pH 等状况的不同，使不同土壤的氧化还原状况有很大差异。即便是同一土壤，其不同剖面层次，甚至团聚体内外或根际内外，也往往有 Eh 值的明显差别。在土壤学中，常把约 +300mV 作为氧化性和还原性的分界点。也有学者根据 Eh 值对土壤氧化还原状况进行分级：Eh > +700mV 为强氧化状态，此时通气性过强；+700 ~ +400mV 为氧化状态，此时氧化过程占绝对优势，各种物质以氧化态存在；+400 ~ +200mV 为弱度还原状态，此时 NO_3^-、Mn^{4+} 被还原；+200 ~ -100mV 为中度还原状态，此时出现较多还原性有机物，Fe^{3+}、SO_4^{2-} 易被还原；Eh < -100mV 为强度还原状态，此时 CO_2、H^+ 被还原，且硫化物开始大量出现。当然，这些划分带有一定的相对性。影响土壤氧化还原状况的因素很多，归纳起来有以下几大方面：

（1）土壤通气状况。通气状况决定土壤空气和土壤溶液中的氧浓度，通气良好的土壤与大气间气体交换迅速，土壤氧浓度高，氧化作用占优势，Eh 亦较高。通气不良的土壤则与大气间的气体交换缓慢，加之微生物活动和根系呼吸耗氧，使氧浓度降低，Eh 下降。而在长期渍水条件下，土壤通气状况恶化，强烈的持续性还原作用会使 Eh 降至很低。例如，一般森林土壤和农业旱作土壤通气条件良好，Eh 大都在 +700 ~ +400mV；沼泽化土壤和水稻土因渍水而处于嫌气状态，Eh 值大都在 +200mV 以下。就同一土壤而言，其 Eh 值总是随着水分和通气状况的波动而产生相应的变化。因此 Eh 值可作为土壤是否通气良好的指标。

（2）微生物活动。在通气土壤中，好氧微生物的有氧呼吸消耗土壤溶液和土壤空气中的氧气，活动越强烈，耗氧越迅速，因而总是趋于使 Eh 值下降。当通气不良或渍水时，土壤中的 O_2 逐渐耗竭，厌氧性微生物的活动占优势，微生物夺取有机质或含氧盐（如 NO_3^-、SO_4^{2-} 等）中所含的氧，形成大量复杂的有机或无机还原性物质，使 Eh 急剧降低。

（3）土壤中易分解有机质的含量。土壤中易分解有机质主要是指其生物有机质中的某些有机物。这些有机物本身具有一定的还原性，可以显著降低土壤的氧化还原电位。另外，在一定的通气条件和适当的湿度条件下，有机质分解主要是由微生物完成的耗氧过程。土壤中易分解的有机质越多，耗氧越多，氧化还原电位降低的趋势越明显。例如，大多数森林土壤表层有机质含量很高，其 Eh 值也比下层低数十至数百毫伏。

尤其值得指出的是，阶段性的渍水土壤 Eh 值迅速、大幅度降低往往与含有较多的易分解有机质密不可分，因为只有在较充足的有机基质（物源和能源）存在时，厌氧性微生物才能大量繁殖，并产生大量的比基质更易还原的中间产物或终产物。

（4）土壤中易氧化或易还原的无机物状况。土壤中易氧化的还原态无机物质越多，则还原条件越发达，并且抗氧化的平衡作用也越明显。但由于许多易氧化的还原态无机物质与氧能直接起反应（如 Fe^{2+}），因此在通气条件下电位会很快上升，因而这些物质也就很快地被氧化了。

相反，土壤中易还原的氧化态无机物质越多，抗还原的能力就越强。例如，当土壤中含有大量氧化铁、锰和较多硝酸盐时，可以削弱还原条件，因此显著延缓和减轻 Eh 下降的速度和程度，所以可把氧化铁、锰（尤其前者）当做渍水土壤氧化还原状况的调节剂。

（5）土壤 pH 值。如前所述，对于一个具体的氧化还原体系来说，其 $\Delta Eh/\Delta pH = -59$ mV 或为其不同比例（m/n）的倍数。土壤作为一个多体系共存的混合体，其 Eh—pH 关系要复杂得多。对于通气良好的自然土壤和旱作土壤，由于氧体系起主导作用，所以根据实验，其 $\Delta Eh/\Delta pH$ 值接近 -59 mV（氧体系的理论值）。而对还原性土壤（如水稻土和沼泽土）来说，由于还原性有机物和亚铁起重要作用，其 $\Delta Eh/\Delta pH$ 变化在 $-60 \sim -150$ mV（与 Fe^{2+} 有关的主要氧化还原反应 $\Delta Eh/\Delta pH$ 为 -0.177 mV 或 -0.236 mV）。

（6）植物根的代谢作用。植物根分泌物可以直接或间接影响根际土壤的氧化还原状况。一般植物根可向根际土壤中分泌大量的碳水化合物和有机酸、氨基酸类物质，这些物质本身具有一定的还原性，有一部分能直接参与根际土壤的还原反应，尤其是根分泌物造成特殊的根际微生物活动条件，对微域的氧化还原反应产生显著影响。根分泌物往往导致根际 Eh 值降低，很多植物根际的 Eh 值要比根外土体低几十至上百毫伏，尽管根际 pH 值往往较低，但并不足以抵制 Eh 值的下降。湿生植物的情况则完全不同，它们的根系往往分泌氧，使根际土壤的 Eh 值较根外土体高几百毫伏。

上述诸因素并不是孤立的，它们相互联系，相互影响，共同控制着土壤的氧化还原状况及其变异性。只不过在不同的条件下，有着不同的主导因素。

2. 土壤氧化还原状况的生态影响

土壤氧化还原过程影响土壤中的物质和能量转化，氧化还原状态在很大程度上决定土壤物质的存在形态及其活动性。因此土壤氧化还原状况会产生多方面的生态影响，包括对土壤本身的性状的影响、对植物生长的影响，以及对地表环境系统的其他要素（水体、大气）的影响等。

3. 土壤氧化还原状况调节

一般来说，土壤的氧化还原状况是易变和多变的。在农林业生产、城市绿化和自然生态系统管理中，可以有目的地采取一些技术措施，调节土壤的氧化还原状况。①排水和灌溉。②施用有机肥和氧化物。③其他调节措施。如质地改良、结构改良、中耕松土、深耕晒垡等。地膜覆盖可增温保墒，但透气性难免会受到影响，可以想象地膜会在一定程度上具有促进还原的作用。

另外，水田或其他还原性土壤施氮肥时应以氨（铵）态氮肥为好；硝态氮虽有助于提高氧化还原电位，但其实际用量很少，作用有限，且易引起反硝化损失和渗漏损失。除个别喜硝性树种外，林地施肥也以氨（铵）态氮为好，以防硝态氮淋洗流入湖沼湿地，引起水体的富营养化和 N_2O 排放的增加。在用硫黄粉作硫肥或调节土壤酸度时，应将其用在氧化态土壤上，若施在还原性强的土壤中则会产生 H_2S 危害。

第三节　土壤退化与土壤质量

　　进入 21 世纪，人口、资源、环境、粮食、能源五大问题日益困扰着人类，其中作为人类与资源环境载体的土壤圈出现的问题——土壤退化，给农、林、牧业的可持续发展带来了严重影响。土壤退化是人类活动诱导和加速的一种自然过程，其直接后果是导致土壤生产力的大幅度下降。此外，土壤退化还造成如河流与湖泊的淤积、土壤有机碳储量的变化、特殊生境消失以及生物多样性减少等其他环境与生态问题。

　　全球共有 20 亿 hm² 的土壤资源受到土壤退化的影响，其中，我国是受土壤退化影响最为严重的国家之一。据国际应用系统分析研究所（IIASA）《南亚及东南亚地区人为因素诱导的土壤退化现状评估》（ASSOD）的有关数据，估计我国的土壤退化总面积为 4.65亿 hm²，其中大部分属于轻微退化和轻度退化，面积为 3.07 亿 hm²，占总退化面积的66%。这些退化表现为物理、化学和生物学特性的退化。因此，认识土壤退化的性质与发展规律，寻求在不同尺度、不同水平上防治土壤退化，修复与重建退化土壤，是保持农、林、牧业及国民经济可持续发展的重要土壤学理论和实践课题。

一、土壤退化

（一）土壤退化的概念

　　土壤退化（Soil degradation）是指在各种自然和人为因素影响下所发生的，导致土壤的农业生产能力或土地利用和环境调控潜力，即土壤质量及其可持续性下降（包括暂时性的和永久性的）甚至完全丧失其物理的、化学的和生物学特征的过程，包括过去的、现在的和将来的退化过程，是土地退化的核心部分。土壤退化过程可归为两类：土壤物质的转移（如水力、风力造成的土壤侵蚀）和原位土壤的退化（包括土壤物理、化学和生物退化）。

　　根据土壤退化的表现形式，土壤退化可分为显型退化和隐型退化。前者是指退化过程（有些甚至是短暂的）可导致明显的退化结果，后者则是指有些退化过程虽然已经开始或已经进行较长时间，但尚未导致明显的退化结果。土壤退化受生物 - 物理因素和社会 - 经济政治因素的相互影响，且这种交互作用的复杂性加剧了土壤退化的问题（图 7-1）。因此，土壤退化一方面要考虑自然因素（如地形、气候、植被、成土母质与地表物质组成等）的影响，另一方面要关注人类活动的干扰（如森林砍伐、过度放牧、地下水的过度开采等）。人类活动不仅加速了土壤退化的进程，而且也影响着土壤退化的深度和广度。

　　土壤退化是土地退化的核心部分。土壤退化也可以简单定义为土壤生产植物的数量与质量下降，土壤发挥其生态功能受到限制；而土地退化的概念相对广泛，指土地在不同用途如农业生产、基础建设、运输、休闲等方面的功能降低的过程与现象。

　　土壤退化是多种因素与过程综合作用的结果。一种或者两种退化因素可能在某种土壤退化类型中占主导地位，但多种退化现象均可以同时在土壤退化过程中表现出来。

　　土壤是一种不可再生资源，一旦遭受物理、化学或生物退化，短期内无法再生。土壤

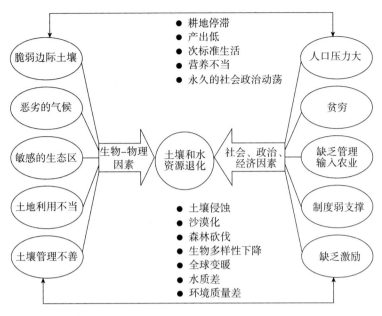

图 7-1　土壤退化的影响因素

退化过程，有些是不可逆的，有些是可逆的，即使有可能加以改造恢复，其成本也是相当昂贵的。因此，保护土壤资源，防治土壤退化（以防为主，防治并重）已成为当今人类的迫切任务。比如，为减少土壤压实，可采取改良的耕作方法如保护性耕作、覆盖耕作、轮作时覆盖农作物等，或限制采用机械化运输耕作（半干旱区采用带状耕作）；然而，对于土壤压实区，却需要投入相当大的成本，才可以恢复。

（二）土壤退化的主要类型

自 1971 年联合国粮农组织（FAO）提出土壤退化问题并出版《土壤退化》专著以来，土壤退化问题日益受到人们的关注。在《土壤退化》一书中，土壤退化细分为十类：侵蚀、盐碱化、有机废料、传染性生物、工业无机废料、农药、放射性物质、重金属、肥料和洗涤剂。之后，又补充了旱涝障碍、土壤养分亏缺和耕地非农业占用三类。目前，FAO 以及由 FAO 和联合国环境署（UNEP）资助的《人为因素诱导的土壤退化现状的全球评估》（GLASOD）使用的土壤退化类型、亚类和相应符号如表 7-10 所示。依据退化性质，将土壤退化分为三大类，即物理退化、化学退化和生物退化。

表 7-10　FAO 和 GLASOD 使用的土壤退化类型、亚类和相应符号

退化类型	亚类	符号	退化类型	亚类	符号
水蚀（W）	表土剥蚀	Wt	化学性质恶化（C）	养分/有机质损失	Cn
	地体变形/块体运动	Wd		盐渍化	Cs
	异位效应	Wo		酸化	Ca
	水库淤积	Wor		污染	Cp
	洪水泛滥	Wof		酸性硫酸盐土壤	Ct
	珊瑚礁与海藻破坏	Woc		富营养化	Ce

退化类型	亚类	符号	退化类型	亚类	符号
风蚀（E）	表土剥蚀	Et	物理性质恶化（P）	压实、密闭与结壳	Pc
				淹水潜育化	Pw
	地体变形	Ed		地下水位下降	Pa
				有机土沉降	Ps
	异位效应/沙尘	Eo		采矿、城市化等其他活动	Po

我国研究土壤退化的分类相对较晚。中国科学院南京土壤研究所在借鉴国外土壤退化分类的基础上，根据我国的实际情况，将土壤退化分为六类：土壤侵蚀、土壤沙化、土壤盐化、土壤污染、土壤性质恶化以及耕地的非农业占用，并在此基础上进行了二级分类。此后，潘根兴（1995）又提出较为系统的土壤退化分类，即数量退化和质量退化，并根据土壤退化的原因，将上述两类予以进一步划分。

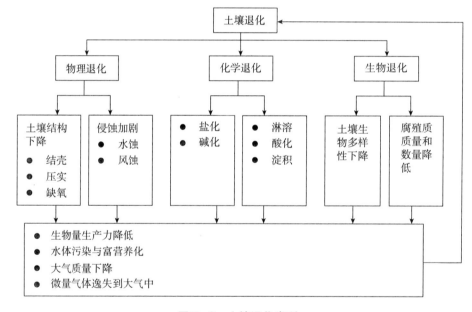

图 7-2 土壤退化类型

就退化类型而言，由各种因素引发的土壤侵蚀是全球最主要的土壤退化形式。侵蚀作用甚至影响到地球大约 50% 的陆地表面。在退化的干旱、半干旱牧区，土壤侵蚀存在三种形式：片蚀、风蚀和沟蚀，且以片蚀最为普遍。风蚀与荒漠化是除南美洲和欧洲之外所有大洲的第二大土壤退化形式，而在南美洲和欧洲则为化学性质恶化和物理退化。

快速的工业化和城市化进程使得土壤污染也已成为全球突出的问题。当排入土壤的废物数量超过土壤的自净能力，破坏了土壤系统原来的平衡，引起土壤系统成分、结构和功能的变化，就发生了土壤污染。土壤污染物的来源广、种类多，大致可分为无机污染物、有机污染物和有害微生物三大类，其中以重金属、农药和固体废物污染为最。土壤污染影响土壤的各种化学及电化学过程，进而影响土壤的生物学过程，因此可能会表现出土壤生物活动的退化。

（三）我国土壤退化的基本态势

我国土壤退化的主要类型、退化程度以及分布面积见表7-11。

表7-11 中国土壤退化的主要类型、退化程度以及分布面积

退化类型	亚类	退化程度/10^6 hm²				
		可忽略	轻度	中度	强度	极度
水蚀	表土剥蚀（Wt）	15.8	5.9	44.9	3.8	0.2
	地体变形（Wd）	0.5	7.9	5.9	24.0	-
	异位效应（Wo）	0.2	0.2	0.2	-	-
风蚀	表土剥蚀（Et）	1.7	65.9	2.5	+	+
	地体变形（Ed）	+	7.2	5.5	57.9	-
	异位效应（Eo）	+		6.5	0.2	-
化学性质恶化	肥力下降（Cn）	32.4	31.7	4.8	-	-
	盐渍化（Cs）	0.5		2.6		
	营养障碍（Ct）	-	+	-	-	-
物理性质恶化	干旱化（Pa）	-	23.7	-	-	-
	压实和结壳（Pc/Pk）	-	0.5			
	淹水潜育化（Pw）	3.8	-	-	-	-
退化总面积	所有类型	55.0	143.1	72.9	86.0	0.25

注：（-）不显著；（+）1万~10万 hm²；计算总面积时假定（+）相当于5万 hm²。

当前，因各种不合理的人类活动所引起的土壤和土地退化问题，已严重威胁着世界农业发展的可持续性。据统计，全球土壤退化面积达1 965万 km²。就地区分布来看，地处热带亚热带地区的亚洲、非洲土壤退化尤为突出，约300万 km² 的严重退化土壤中有120万 km² 分布在非洲、110万 km² 分布于亚洲；就土壤退化类型来看，土壤侵蚀退化占总退化面积的84%，是造成土壤退化的最主要原因之一；就退化等级来看，土壤退化以中度、严重和极严重退化为主，轻度退化仅占总退化面积的38%。下面重点介绍我国土壤退化情况。

（1）土壤退化的面积广、强度大、类型多。据统计，我国土壤退化总面积达460万 km²，占全国土地总面积的40%，是全球土壤退化总面积的1/4。其中水土流失总面积达150万 km²，几乎占国土总面积的1/6，每年流失土壤50万 t，流失的土壤养分相当于全国化肥总产量的1/2。沙漠化、荒漠化总面积达110万 km²，占国土总面积的11.4%。全国草地退化面积67.7万 km²，占全国草地面积的21.4%。土壤退化已影响到我国60%以上的耕地土壤。

（2）荒漠化和沙化问题也非常严重。目前，我国荒漠化土地已占国土陆地总面积的27.3%，且荒漠化面积还以每年2 460 km² 的速度增加。土壤沙化主要发生在"三北"干旱、半干旱地区，东部半湿润、湿润地带的风蚀活动频繁地区。土地沙化造成了内蒙古一些地区的居民被迫迁移他乡。

（3）土壤盐碱化主要发生在西北干旱区和内蒙古半干旱区，全国大约有 3 300 万 hm^2 的土壤遭受不同程度的盐化或碱化。

（4）土壤污染趋势加重。从全国范围来看，环境保护部和国土资源部不久前联合发布了《全国土壤污染状况调查公报》，结果显示全国土壤总的超标率为 16.1%，其中轻微、轻度、中度和重度污染点位比例分别为 11.2%、2.3%、1.5% 和 1.1%。污染类型以无机型为主，有机型次之，复合型污染比重较小，无机污染物超标点位数占全部超标点位的 82.8%。其中，耕地土壤的点位超标率为 19.4%，其中轻微、轻度、中度和重度污染点位比例分别为 13.7%、2.8%、1.8% 和 1.1%，主要污染物为镉、镍、铜、砷、汞、铅、滴滴涕和多环芳烃。若以第二次全国土地调查结果为准，我国耕地最新数据为 203 077 万亩来计算，中重度污染的耕地面积占 2.9%，已经达到 5 889 万亩。

（5）土壤养分亏缺（土壤贫瘠化）。从土壤肥力状况来看，我国耕地的有机质含量一般较低，水田土壤大多在 1%~3%，而旱地土壤有机质含量较水田低，小于 1% 的就占 31.2%；我国大部分耕地土壤全氮含量都在 0.2% 以下，缺磷土壤面积为 67.3 万 km^2，缺钾土壤面积约有 18.5 万 km^2；缺乏中量元素的耕地占 63.3%。就东部红壤丘陵区而言，选择土壤有机质、全氮、全磷、速效磷、全钾、速效钾、pH 值、CEC、物理性黏粒含量、粉/黏比、表层土壤厚度 11 项土壤肥力指标进行土壤肥力综合评价，结果表明：大部分土壤均不同程度遭受肥力退化的影响，高、中、低肥力等级的土壤的面积分别占该区总面积的 25.9%、40.8% 和 33.3%。

此外，以南方红壤区为例，约 20 万 km^2 的土壤由于酸化问题而影响其生产潜力。

二、森林土壤退化（变化）防治与森林土壤资源保护

（一）人工林地力衰退及防治

人工林地力衰退实质上就是在人工培育过程中，人类生产活动影响或改变了成土过程的方向和土壤熟化的进程，从而破坏了土壤的生态性质，导致林木对土壤生态的需求与发生变化的土壤的生态性质之间产生差异，其表现就是林地生产力下降和土壤肥力下降。德国最早在 1883 年便发现了云杉连栽后第二代生产力下降问题。此后，挪威、印度、印度尼西亚、法国、苏联、南非等国均有人工林连栽生产力下降的报道，衰退的树种有欧洲云杉、辐射松、日本落叶松、油棕、柚木、桉树、欧洲松等。我国人工林地力衰退现象十分普遍，衰退的树种有杉木、马尾松、落叶松、杨树、桉树、木麻黄、华山松、柳杉等。导致人工林地力衰退的原因，可概括为树种生物学特性和营林生产活动的干扰（采伐、林火）等。连栽造成林地力衰退的原因有：①树种多为速生树种，其轮伐期短，吸收养分多，归还少；②凋落物分解慢，造成土壤酸化；③许多树种存在土壤中毒问题；④由于人工林树种单一，林分密度过大（尤其是短周期工业人工林），群落结构简单，导致人工林功能降低、林地肥力下降。在人工林培育过程中，不合理的经营措施及其他的人为干扰活动同样造成土壤肥力下降，甚至是导致地力衰退的最直接原因；⑤火烧清理林地，可造成

有机质和营养元素流失、土壤理化性质的变化以及土壤动物和微生物区系的改变；⑥不适当的整地及幼林抚育，易引起水土流失，并导致营养元素流失；⑦不合理的采伐作用方式，尤其是反复短轮伐期的全树利用，会导致土壤养分的大量消耗，且采伐、集运材过程中，尤其是机械采运，造成土壤压实，土壤结构破坏，易破坏地表径流。

针对人工林地力衰退，可采取以下防治措施：①调整林分结构，促进林下植物生长，主要方法是通过抚育间伐，调整林分密度，减小林分郁闭度，提高透光度；②采取生物措施，提高自然培肥，主要途径是营造混交林、间种豆科植物和绿肥植物、利用固氮微生物等；③合理施肥以补充养分消耗，但施肥应因地因树制宜，并充分考虑经济效益和肥料资源；④采取科学营林措施（"近天然林"）以减少水土流失；⑤实行轮作休闲制度和生态系统管理等。

（二）大气酸沉降对森林土壤的影响及其控制

酸沉降包括干、湿沉降。湿沉降是指 pH <5.6 的天然降雨以及酸雪、酸雾等；干沉降是指硫氧化物和氮氧化物以及包含硫、氮氧化物的颗粒随风而降。现在很多情况下把酸雪酸雾和酸性粉尘降落物统称为"酸雨"。酸雨或酸沉降导致的环境酸化与危害是 21 世纪最大的环境问题之一。我国继欧洲、北美之后出现了大面积酸雨，主要分布区在秦岭淮河以南，川桂湘黔粤及皖赣局部和浙闽沿海，降水的 pH 值低于 5.0。酸雨对森林生态系统的危害往往通过土壤而起到间接作用。相关假设有：①土壤中 Ca、Mg、K 等盐基离子的大量流失，造成根系养分的严重缺乏；②因土壤酸化造成土壤养分不足；③土壤水中有毒元素，如 Al 浓度的升高；④NH_4^+ 的过量沉降导致植物对养分的吸收不平衡，从而造成森林衰亡或生产力下降。酸雨使土壤系统发生明显酸化，其重要特征是使盐基饱和度下降，而交换性酸增加。通常阳离子交换量（CEC）及盐基饱和度（BS）低，Ca 和 Al 对 pH 缓冲能力不强的土壤对酸雨反应最为敏感。土壤 pH、酸害阈值、酸害偏差、酸害变化率等常作为土壤酸敏感性评价的指标。酸害阈值是指植物呈受害状态时，土壤 pH 值的最大值。酸害偏差是指在一定条件下土壤中 pH 值与酸害阈值之差。酸害变化率指土壤 pH 值的变化快慢，即在模拟条件下两种不同的模拟酸雨对同一种土壤淋溶后所测得的差值。母质和海拔高度对土壤酸敏感性均有很大影响。湖南省不同母质土壤酸沉降敏感性大小依次为：第四纪红土红壤＞砂岩红壤＞花岗岩红壤＞紫色砂页岩红壤，而由于垂直地域分异作用，表现为山地红壤＞山地黄棕壤＞山地黄壤。酸雨的 pH 值对土壤盐基离子的释放具有较大的影响。酸雨中的氢离子与土壤胶体表面吸附的盐基离子会发生置换反应，并且酸促使了黏土矿物的风化，因而导致土壤盐基离子的淋失和某些毒性元素的释放与活化。模拟酸雨对盐基的长期淋溶将造成森林土壤的营养不平衡，尤其是 Ca^{2+}、Mg^{2+} 的缺乏，而且酸度越大，尤其当酸雨的 pH 值低于 3.0 时，盐基离子的淋溶量越大。并且随酸雨淋溶量的增加，盐基离子的释放能力逐渐衰减，尤其是在强酸性酸雨作用下，衰减速度大。目前大气沉降量的改变对森林土壤的影响是：土壤中 Al 的释放、原先吸附的 SO_4^{2-} 的释放、N 在土壤有机质的积累、根可吸收的 N 的增加和 Ca^{2+} 在土壤溶液中的减少。土壤中的 Al^{3+} 被认为是酸性阳离子，其溶解度和质子化程度依 pH 而定。酸性环境有利于土壤释放活性铝。在低 pH 情况下，Al^{3+} 从氢氧化铝中释放出来，$Al(OH)_3 + 3H^+ \rightarrow Al^{3+} + 3H_2O$，使土壤对酸沉降具有缓冲作用。此外，由于酸雨能加速土壤中含铝原生和次生矿物风化而释放出大

量的铝，也对酸雨起着重要缓冲作用。许多研究表明，当土壤溶液中的 Al^{3+} 浓度超过一定量，并且 Al/（Ca + Mg）比值大于 1.0 时，将对森林植物产生毒性，从而影响植物根生长。Noble 的研究认为，铝毒害不应只考虑自由 Al^{3+}，还要考虑其他形态的铝离子，例如，其他单体铝：$AlOH^{2+}$、$Al(OH)_2^+$ 和 $AlSO_4^+$，因为它们同样具有毒性。Parker 等则证明聚合 Al_{13}：$AlO_4Al_{12}(OH)_{24}(H_2O)_{12}^{7+}$ 为最毒的 Al 的种类。Maaike 认为 Al 对 Al 敏感的植物树种影响很大，表现在增加溶液的 Al 含量，根生长减慢，叶变枯黄，植物体中的 Mg 和 P 含量减少。Hirano 等认为土壤里高含量的 Al 对根结构和形态会产生不利影响。土壤中的铝主要存在于层状铝硅酸盐矿物的晶格中，其余的以水溶态、交换态、羟基态、有机配合态等各种化学形态存在。酸雨淋洗造成土壤中铝形态发生变化：酸雨 pH 值越低，则土壤中羟基态铝和腐殖质铝的含量越低，交换态铝含量越高。根据模拟酸沉降条件下，中国南方森林土壤中交换态铝含量将发生变化，并将引起土壤铝的释放与活化。土壤铝的释放与活化主要由可浸提铝、溶液或土壤 pH 值以及土壤总碳量控制，而且与酸沉降中酸度和其他阳离子浓度有关。由于阳离子交换反应，酸沉降中高浓度的盐基离子将导致土壤铝释放的增加以及交换态铝增加量的下降。也有研究发现，土壤溶液中的溶解铝明显受植物类型和根系活动的影响，其含量随剖面深度而减少，针叶林植被高于阔叶林，而非根圈土与根圈土差异不大。这说明酸沉降导致森林土壤表层的有机络合态铝转化为溶解态铝，且在同样的酸沉降的影响下，阔叶林的缓冲能力强于针叶林系统。基于氮氧化物对酸雨的贡献，研究酸沉降下 N 的循环转化、N 的输入输出量及其危害森林的机理也极为重要。Makarovh 等认为俄罗斯西北部森林高 N 沉降，导致了 K、Ca 和 Mg 的流失加快，营养不平衡。大气酸沉降对森林生态系统水溶态氮形态（$NH_4^+ - N$、$NO_3^- - N$、$NO_2^- - N$）及氮分异与迁移的影响研究发现：总氮随酸雨 pH 值升高而有所增加；系统中氮流通量加大，输入量大于输出量。以日本柳杉为主的针叶林已出现氮饱和，而以灯台树和山胡椒为主的阔叶林仍表现为氮吸收，由此可以看出阔叶林对酸沉降具有较强的生态耐性。在土壤恢复方面，可采取以下措施：①尽量控制大气酸沉降的输入；②施用适量的石灰与合理培肥（厩肥、绿肥等有机肥料）以改善土壤结构，提高对酸雨的环境容量；③种植对酸沉降不敏感的树种；④研究开发能分泌碱性次生代谢产物，而自身又对酸沉降不敏感的植物树种，达到对土壤直接的改善等。

（三）林火对森林土壤的影响及其控制

林火，是一个早已被人们熟知的自然和社会现象，除了四季都潮湿的森林，几乎所有的森林都曾在某一时期烧过火，最潮湿的热带雨林也有林火发生（成千上万年/次）。数千年来，林火及其引起的次生演替在保持物种的多样性以及形成地球上森林的组成结构上起着显著的作用。火是生态系统中独特的、自然的环境因子。火的影响有时是短期的，有时是长期的。火对生态系统有利或是有害，主要取决于火作用的时间和强度。一般来讲，低强度火和一定周期的林火能促进森林生态系统的物质流和能量流，有利于维持生态系统的稳定，有益于森林的天然更新和林地生产力的提高；而高强度和过频繁的林火会破坏森林生态系统的稳定性，并对大气、水资源、土壤、动物和人产生不利的影响。计划火烧选择在温度、风速、风向、湿度、植物含水量等适宜的季节和时间内进行，即巧妙地用火烧除天然可燃物，并把火限制在规定的地面，在一定的时间内产生合适的热量强度和蔓延速度，从而达到防火、育林、野生动物管理、放牧和减少病虫害等一个或几个目标。除林地计划火烧外，火烧清理采伐迹地，炼山造林，在森林铁路、公路两旁及林缘开设防火线，荒山和牧场上进行的生产用火也属于计划火烧。计划火烧的作用因应用于不同的生态系统而不同，火烧的效果取决于火行为、植被类型、地形、气候条件等。在大多数情况下，计划火烧必须与其他林业生产一起，如火烧后的机械整地、种植、补植或林间栽植、粗杂材的清理或除草等，最终发展成为森林经营不可分割的一部分。

林火不仅可以使土温升高，使土壤腐殖质和有机质遭到破坏，改变土壤的理化性质和土壤中的微生物，还可以使土壤细根系的生物量发生改变。土壤温度升高的规律取决于燃烧的速率、消耗的燃料、土壤湿度和土壤的导热性质。林火对土壤结构的影响研究发现：低、中强度火烧对土壤密度和孔隙度的影响不大，但对土壤分散系数有一定影响；高强度火烧对土壤密度、孔隙度和分散系数的影响显著。降雨能使火烧迹地的土壤密度和分散系数升高、孔隙度下降。连年火烧使土壤密度比未烧林地下降，而孔隙度和分散系数升高。火烧后土壤 pH 值、盐基饱和度和阳离子交换量等土壤化学性质均受到不同程度的影响，呈增加趋势，并以表层的土壤变化最强烈。土壤动物的生存种类和数量与火烧强度和林火发生的频率有着密切关系：随火烧强度增大，土壤小动物数量减少越多。火烧后土壤动物的恢复需要一定的条件和时间。林火对土壤微生物的影响则表现为：高强度火烧对土壤微生物有致死作用；中强度火烧后，土壤中细菌、真菌、放线菌数量有增加的趋势；低强度火烧后，细菌、真菌、放线菌数量变化规律不明显。在连年火烧迹地上，细菌数量下降，而真菌、放线菌数量有增加的趋势。通过对大兴安岭"5·6"大火火烧迹地土壤动物、微生物种类及多度的调查，发现在特大森林火灾后，经过 8 年的恢复，无论重度火烧、中度火烧还是轻度火烧，土壤小动物、微生物的种类、数量已基本恢复到火烧前水平，只略有差异。说明随着火烧时间的推移，在 8 年后火烧对土壤生物的影响已基本结束。火烧后，土壤细根系的生物量均有所增加，且高强度火烧后增加最显著，其次是低强度火烧，中强度火烧最不明显。林火通过以下 5 个过程导致营养元素损失：①化合物氧化成气态（气化，Gasification）；②常温下为固态的化合物的蒸发或挥发；③灰分颗粒在林火产生的风中对流；④离子的淋溶；⑤加速侵蚀。过程的相对重要性因元素而异，并受林火强度的差异、土壤特性、地形和气候模式的调节。林火使土壤有机质、N、Ca 和 P 发生了如下变化，导致营养元素损失，但也促进了养分的有效性，降低了植物间的竞争。高强度的火烧会增加对土壤的侵蚀，而低强度的火会减小对土壤的侵蚀，甚至没有。如在美国的亚利桑那州，森林或灌丛被高强度火烧后，在 10 cm 以下土层内，火烧后 K、Ca、Mg 和 P 的含量有所增加。在坡度为 5°~30°时，土壤的侵蚀量达到 72~272 t/hm；当坡度大于 30°时，土壤的侵蚀量达 795 t/hm。对采伐迹地进行炼山是一种常见的伐区清理方式，但炼山易引起严重的水土流失。因此，在我国热带和亚热带地区经营人工林时，应根据实际情况，进行计划火烧以增加土壤肥力，降低土壤酸度，但须控制火烧强度。在炼山不利影响小的缓坡地段，可以进行炼山，但应选择炼山季节，控制炼山面积、强度和持续时间，以减少水土流失；在炼山不利影响大的采伐迹地，应禁止炼山。

（四）采伐对森林土壤的影响及其控制

采伐是人类经营森林的重要手段，是根据森林生长发育过程和人类经济需要而进行的营林措施。而森林采伐作业作为生态系统的外界干扰之一，又对森林生态环境存在潜在的负面影响，其中最为严重的是由采伐作业引起的林地的水土流失。

　　森林采伐作业包括采伐、集运材和伐区清理等环节。在作业过程中，人、畜、机械、木材在林地上运行，各种作业及工程措施造成林地表层土壤的破坏和压实。不同采伐、集材方式对林地土壤的干扰程度由大到小依次为：皆伐作业手扶拖拉机集材 > 皆伐作业土滑道集材 > 皆伐作业半悬索道集材 > 皆伐作业手拉板车集材 > 皆伐作业全悬索道集材 > 择伐作业人力集材。森林采伐后，必然引起其他因素产生激烈的变化，导致森林土壤、动物和微生物区系的改变以及水、热和其他物质的再分配，从而使土壤理化性质产生相应的变化，总的趋势是土壤温度增高，土壤密度、土粒密度增加，土壤的孔隙度和导水率减小，土壤结构受到一定程度的破坏。采伐作业引起的土壤扰动对土壤中养分的贮量和供应状况也会产生不同的影响。不同采伐方式对林地土壤养分的影响研究表明：择伐林地及保留带的土壤有机质、全 N、水解 N、速效 P 含量均高于皆伐林地，但速效钾含量则相反。不同集材方式对集材道土壤养分的影响研究表明：对于土壤有机质、全 N、水解 N、速效 K 含量，以手扶拖拉机的影响最大，土滑道集材次之，全悬索道集材最为轻微，但各种集材作业对土壤 P 素含量的影响均较轻微。森林主要通过枯枝落叶层、良好的森林土壤结构和林冠的保护作用来减缓水土流失。采伐作业在不同程度上破坏了森林的这些功能，使土壤受侵蚀的可能性增加，其范围和强度主要随作业方式（包括采伐强度、集运材方式、所使用的机械设备类型等）不同而异，并受土壤类型、地形和环境条件的影响。这是因为森林的采伐，无论通过何种方式，最终都会使林冠层发生变化，导致林冠截留降水量和林内植被的蓄水作用发生变化；枯枝落叶层厚度的减小及其迅速分解降低了森林土壤的透水性能和蓄水性能；林地土壤渗水能力的下降和排水能力的增强，使降雨过程中的地表径流大幅度增强。不同坡度，不同的采伐方式及采伐强度产生的林地径流量是不同的，在同一坡度、同一采伐方式下，采伐强度越大，径流越大；在同一采伐方式和同一采伐强度下，坡度越陡，径流越大。皆伐炼山是我国南方林区长期沿用下来的一种利用木材和清理采伐迹地的重要营林措施。炼山后，短期内的强光照和较高养分含量的环境，有利于那些喜光、需要养分较多的林木幼林的生长发育。但是，由于炼山，特别是高强度的炼山造成地表覆盖物的消除，枯落有机物和养分库大量损失，增大了土壤受侵蚀的程度，在炼山后相当长的时期内（3~5 年），由于地表裸露，幼林地水土流失十分严重，土壤结构遭受一定程度的破坏，炼山过程中所增加的速效养分会伴随着严重的水土流失而移出森林生态系统外，使林地表现为一个突变的退化过程。

　　森林土壤是森林水文生态功能的重要因素。在森林 - 土壤系统中，只有具备良好森林植被结构的林型和深厚优良结构的土壤层，才可能取得最大水文生态效益。森林土壤通过把大气降水转化为地下水，从而延缓地表径流的形成、调节河川径流，实现其水文生态功能。土壤的结构性是影响土壤水分状况最重要的特性，特别是土壤团聚体及其稳定性对土壤渗透性、持水性等有直接作用。一般用大于 0.25 mm 和大于 1 mm 的水稳性团聚体的含量以及结构体的破坏率来表征土壤团聚体的稳定性。有研究发现：采伐作业后，大于 0.25 mm 和大于 1 mm 的水稳性团聚体含量均比采伐前的低，并随着采伐强度的增大而下降；而表层土壤结构体的破坏率却增大，其变化规律与水稳性团聚体变化正好相反；且皆伐作业对土壤结构稳定性的破坏比择伐更大。土壤团聚体的平均重量直径［每一粒级团聚体平均直径（mm）与其重量百分含量（％）乘积之和〕和分形维数也是常用的土壤结构性评定指标。土壤孔隙状况也是影响水分运动和保持的重要物理属性，其中非毛管孔隙因排水迅速而对径流调节具有重要作用，它反映土壤动态的涵蓄水能力；而土壤总孔隙度则反映土壤的潜在蓄水能力和调节降雨的潜在能力。

森林采伐后地表生物质大量增加，但矿质土壤中的碳含量在多数情况下并没有明显的变化。也有个别研究发现，矿质土壤中的碳在采伐后有所增加，这可能是由于大量的采伐促使了残留物的分解和淋溶作用造成的。也就是说，森林采伐本身对土壤碳含量的影响并不大，而此后的土地利用方式对土壤碳含量的影响是很大的。由此可以推断，除了热带和亚热带外，森林采伐对中国森林土壤中碳的储存量不会有很大的影响。

森林采伐作业必须在一定的生态约束下进行，以维持森林生态系统的生产力，实现森林的可持续发展。森林采伐作业中可采取以下有效措施来减少水土流失：①采伐方式的优化与伐区配置。根据地形、坡度选择适当的采伐方式，尽量采用择伐和小面积皆伐，控制采伐强度；在伐区配置方面，目前最为常见的是小面积块状和带状皆伐，伐区相邻布置。而美国"新林业"理论创立者 Franklin 教授从景观生态学的原理出发，认为应当集中伐区来取代现行的分散小块伐区配置，从而降低森林景观的破碎程度，也有利于降低伐区作业的生产成本。②集材方式的选择和集材机械的改进。如利用索道等各种悬空集材方式或轻型、宽轮胎的行走式集材机械，减少对林地土壤的破坏。③伐区清理措施的改进。尽量避免火烧清林、全垦整地，把采伐剩余物散铺或带状堆腐，并保留一些倒木和活立木；以全面劈杂，带状清理林地代替全面炼山。④采取水土保持措施。如在集运材道和防火隔离带上修筑截水沟；统一修建集运材道和集材场；采伐作业完成后要及时在集材场和集运材道上种植牧草或其他草本植物，以尽快恢复其植被覆盖度；在有坡度的样地上避免采用机械作业法和具有其他侵蚀作用的整地技术；采用无破坏的森林植被径流缓冲带（表达不清）等。

第四节 土壤环境污染

土壤污染包括点源污染和面源污染。点源污染主要是由于采矿、工业设施、废物填埋，以及其他设备在运行和停运之后造成的；而面源污染主要是由大气沉积、不合理的农业经营方式以及不充分的废物和废水循环与处理造成的。

一、土壤污染

土壤污染大致可分为无机污染物和有机污染物两大类。无机污染物主要包括酸，碱，重金属，盐类，放射性元素铯、锶的化合物，含砷、硒、氟的化合物等。有机污染物主要包括有机农药、酚类、氰化物、石油、合成洗涤剂、3，4 - 苯并芘以及由城市污水、污泥及厩肥带来的有害微生物等。当土壤中含有害物质过多，超过土壤的自净能力，就会引起土壤的组成、结构和功能发生变化，微生物活动受到抑制，有害物质或其分解产物在土壤中逐渐积累，通过"土壤→植物→人体"，或通过"土壤→水→人体"而间接被人体吸收，以达到危害人体健康的程度，就是土壤污染。

由于人口急剧增长，工业迅猛发展，固体废物不断向土壤表面堆放和倾倒，有害废水不断向土壤中渗透，大气中的有害气体及飘尘也不断随雨水降落到土壤中，导致了土壤的污染。凡是妨碍土壤正常功能，降低作物产量和质量，还通过粮食、蔬菜、水果等间接影响人体健康的物质，都叫做土壤污染物。

人类活动产生的污染物进入土壤并积累到一定程度，引起土壤质量的恶化，并进而造成农作物中某些指标超过国家标准的现象，称为土壤污染。污染物进入土壤的途径是多样的：废气中含有的污染物质，特别是颗粒物，在重力作用下沉降到地面进入土壤；废水中携带大量污染物进入土壤；固体废物中的污染物直接进入土壤或其渗出液进入土壤。其中最主要的是污水灌溉带来的土壤污染。农药、化肥的大量使用，造成土壤有机质含量的下降，土壤板结，也是土壤污染的来源之一。土壤污染除导致土壤质量下降、农作物产量和品质下降外，更为严重的是土壤对污染物具有富集作用，一些毒性大的污染物，如汞、镉等富集到作物果实中，人或牲畜食用后发生中毒。如我国辽宁沈阳张士灌区由于长期引用工业废水灌溉，导致土壤和稻米中的重金属镉含量超标，人畜不能食用，土壤不能再作为耕地，只能改作他用。

土壤处于陆地生态系统中的无机界和生物界的中心，不仅在本系统内进行着能量流动和物质的循环，而且与水域、大气和生物之间也不断进行物质交换，一旦发生污染，三者之间就会有污染物质的相互传递，并且作物从土壤中吸收和积累的污染物常通过食物链传递而影响人体健康。

二、土壤污染物类型

土壤污染物有下列 4 类：①化学污染物。包括无机污染物和有机污染物。前者如汞、镉、铅、砷等重金属，过量的氮、磷等植物营养元素以及氧化物和硫化物等；后者如各种化学农药、石油及其裂解产物，以及其他各类有机合成产物等。②物理污染物。指来自工厂、矿山的固体废弃物如尾矿、废石、粉煤灰和工业垃圾等。③生物污染物。指带有各种病菌的城市垃圾和由卫生设施（包括医院）排出的废水、废物以及厩肥中的细菌和真菌等。④放射性污染物。主要存在于核原料开采和大气层核爆炸地区，以锶和铯等在土壤中生存期长的放射性元素为主。

三、土壤污染途径

（一）污水排放

生活污水和工业废水中，含有氮、磷、钾等许多植物生长所需要的养分，所以合理地使用污水灌溉农田，一般有增产效果。但污水中还含有重金属、酚、氰化物等许多有毒有害的物质，如果污水没有经过必要的处理而直接用于农田灌溉，会将污水中的有毒有害物质带至农田，造成土壤污染。例如，冶炼、电镀、燃料、汞化物等工业废水能引起镉、汞、铬、铜等重金属污染，石油化工、肥料、农药等工业废水会引起酚、三氯乙醛、农药等有机物的污染。

（二）废气排放

大气中的有害气体主要是工业中排出的有毒废气，它的污染面大，会对土壤造成严重的污染。工业废气的污染大致分为两类：气体污染，如二氧化硫、氟化物、臭氧、氮氧化物、碳氢化合物等；气溶胶污染，如粉尘、烟尘等固体粒子以及烟雾、雾气等液体粒子，它们通过沉降或降水进入土壤，进而造成污染。例如，有色金属冶炼厂排出的废气中含有铬、铅、铜、镉等重金属，对附近的土壤造成污染；生产磷肥、氟化物的工厂会对附近的土壤造成粉尘污染和氟污染。

（三）化肥使用

施用化肥是农业增产的重要措施，但不合理地使用，也会引起土壤污染。长期大量使用氮肥，会破坏土壤结构，造成土壤板结，生物学性质恶化，影响农作物的产量和质量。过量地使用硝态氮肥，会使饲料作物中含有过多的硝酸盐，妨碍牲畜体内氧的输送，使其患病，严重的将导致死亡。

（四）农药使用

农药能防治病、虫、草害，如果使用得当，可保证作物的增产，但它是一类危害性很大的土壤污染物，使用不当，会引起土壤污染。喷施于作物体上的农药（粉剂、水剂、乳液等），除部分被植物吸收或逸入大气外，约有一半散落于农田，这一部分农药与直接施用于田间的农药（如拌种消毒剂、地下害虫熏蒸剂和杀虫剂等）构成农田土壤中农药的基本来源。农作物从土壤中吸收的农药，在根、茎、叶、果实和种子中积累，通过食物、饲料危害人体和牲畜的健康。此外，农药在杀虫、防病的同时，也使有益于农业的微生物、昆虫、鸟类遭到伤害，破坏了生态系统，使农作物遭受间接损失。

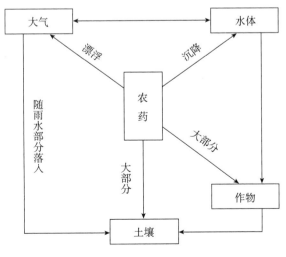

图7-3 农药污染途径

（五）固体污染

工业废物和城市垃圾是土壤的固体污染物。例如，各种农用塑料薄膜作为大棚、地膜覆盖物被广泛使用，如果管理、回收不善，使大量残膜碎片散落田间，会造成农田"白色污染"。这样的固体污染物既不易蒸发、挥发，也不易被土壤微生物分解，是一种长期滞留在土壤中的污染物。

四、土壤污染的原理

进入土壤的污染物，因其类型和性质的不同而主要有固定、挥发、降解、流散和淋溶等不同去向。重金属离子，主要是指能使土壤中无机和有机胶体发生稳定吸附的离子，包括与氧化物专性吸附和与胡敏素紧密结合的离子，以及土壤溶液化学平衡中产生的难溶性金属氢氧化物、碳酸盐和硫化物等，将大部分被固定在土壤中而难以去除。虽然一些化学反应能缓和其毒害作用，但仍对土壤环境存在潜在威胁。化学农药的归宿，主要是通过气态挥发、化学降解、光化学降解和生物降解而最终从土壤中消失，其挥发作用的强弱主要取决于化学农药的溶解度和蒸汽压，以及土壤的温度、湿度和结构状况。例如，大部分除草剂均能发生光化学降解，一部分农药（有机磷等）能在土壤中产生化学降解，使用的农药多为有机化合物，故也可产生生物降解，即土壤微生物在以农药中的碳素作能源的同时，就已破坏了农药的化学结构，导致脱烃、脱卤、水解和芳环被破坏等化学反应的发生而使农药降解。土壤中的重金属和农药都可随地面径流或土壤侵蚀而部分流失，引起污染物的扩散；作物的可利用部分中的重金属和农药残留物也会向外环境转移，即通过食物链进入家畜和人体等。施入土壤中过剩的氮肥，在土壤的氧化还原反应中分别形成 NO、NO_2、N_2 和 NH_3 等。前两者易于淋溶而污染地下水，后两者易于挥发而造成氮素损失并污染大气。

五、土壤污染的特点

土壤污染具有隐蔽性和滞后性。大气污染、水污染和废弃物污染等问题一般都比较直观，通过感官就能发现。而土壤污染则不同，它往往要通过对土壤样品进行分析化验和对农作物进行残留检测，甚至通过研究对人畜健康状况的影响才能确定。因此，土壤污染从产生污染到出现问题通常会滞后较长的时间。如日本的"痛痛病"经过了 10～20 年才被人们认识。

（一）累积性

污染物质在大气和水体中，一般比在土壤中更容易迁移，这使得污染物质在土壤中并不像在大气和水体中那样容易扩散和稀释，因此污染物质容易在土壤中不断积累而超标，同时也使土壤污染具有很强的地域性。

（二）不可逆转性

重金属对土壤的污染基本上是一个不可逆转的过程，许多有机化学物质的污染也需要较长的时间才能降解。譬如，被某些重金属污染的土壤可能要 100～200 年才能够恢复。

（三）难治理

如果大气和水体受到污染，切断污染源之后通过稀释作用和自净化作用有可能使污染问题不断逆转，但是积累在污染土壤中的难降解污染物，则很难靠稀释作用和自净化作用来消除。

土壤污染一旦发生，仅仅依靠切断污染源的方法则往往很难恢复，有时要靠换土、淋洗土壤等方法才能解决问题，其他治理技术可能见效较慢。因此，治理污染的土壤通常成本较高、治理周期较长。鉴于土壤污染难以治理，而土壤污染问题的产生又具有明显的隐蔽性和滞后性等特点，因此土壤污染问题一般都不太容易受到重视。

（四）高辐射

大量的辐射污染土地，使被污染的土地含有一种毒质。这种毒质会使植物生长不了，停止生长。通过焚烧树叶发现树叶里含有一种有毒物质，在一般情况下是不会散发出来的。但一遇火，就会挥发出毒物。人一呼吸，就会中毒。

六、土壤污染的危害

受到污染的土壤，其本身的物理、化学性质发生改变，会出现如土壤板结、肥力降低、土壤被毒化等现象，还可以通过雨水淋溶，使污染物从土壤传入地下水或地表水，造成水质的污染和恶化。受污染土壤上生长的生物，吸收、积累和富集土壤污染物后，可通过食物链进入人体，危害人体健康。历史上最著名的事件应属 1955 年日本富山县发生的"镉米"事件，即"痛痛病"事件。其原因是农民长期使用神通川上游铅锌冶炼厂的含镉废水灌溉农田，导致土壤和稻米中的镉含量增加，当人们长期食用这种稻米，镉便在人体内蓄积，从而引起全身性神经痛、关节痛、骨折等症状，以致死亡。历史上另一个土壤污染的典型事件是美国拉夫运河事件，美国加利福尼亚州拉夫运河在 20 世纪 40 年代已干涸而被废弃。1942 年，美国一家电化学公司购买了这条废弃运河当做垃圾仓库，在 11 年的时间内向河道倾倒的各种废弃物达 800 万 t。此后，在这片土地上盖起了大量的住宅和一所学校。自 1977 年开始，这里的居民不断发生各种怪病，孕妇流产、儿童夭折、婴儿畸形、癫痫、直肠出血等病症频频发生。1987 年，这里的地面开始渗出一种黑色液体，经检验，其中含有氯仿、三氯酚、二溴甲烷等多种有毒物质，对人体健康会产生极大的危害。

土壤污染还会使植物生长和发育受到限制。总之，土壤污染的危害极多，如果不加以治理必将后患无穷。土壤污染主要表现在如下几个方面：

（1）土壤污染导致严重的直接经济损失——农作物的污染、减产。对于各种土壤污染造成的经济损失，目前尚缺乏系统的调查资料。仅以土壤重金属污染为例，全国每年就因

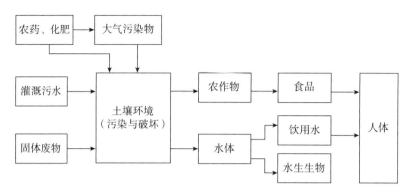

图 7-4　土壤污染侵害人体健康的途径

重金属污染而使粮食减产 1 000 多万 t，另外被重金属污染的粮食每年也多达 1 200 万 t，合计造成至少 200 亿元的经济损失。

（2）土壤污染导致生物品质的不断下降。我国大多数城市近郊土壤都受到了不同程度的污染，有许多地方粮食、蔬菜、水果等食物中镉、铬、砷、铅等重金属含量超标或接近临界值。土壤污染除影响食物的卫生品质外，也明显地影响到农作物的其他品质。

有些地区的污灌已经使得蔬菜的味道变差，易烂，甚至出现难闻的异味；农产品的储藏品质和加工品质也不能满足深加工的要求。

（3）土壤污染危害人体健康。土壤污染会使污染物在植（作）物体中积累，并通过食物链富集到人体和动物体中，危害人畜的健康，引发癌症和其他疾病等。

（4）土壤污染导致其他环境问题。土地受到污染后，重金属浓度较高的表层土壤容易在风力和水力的作用下分别进入到大气和水体中，导致大气污染、地表水污染、地下水污染和生态系统退化等其他次生生态环境问题。

第五节　土壤环境容量与自净

一、土壤环境容量的定义

土壤环境容量（Soil environmental capacity）是一个发展的概念，夏增禄等认为土壤环境容量是在一定区域与时限内，遵循环境质量标准，既保证农产品生物学质量，也不使环境遭到污染时，土壤所能容纳的污染物的最大负荷量。王淑莹等认为土壤环境容量是人类生存的自然生态条件不受破坏的前提下，土壤环境所能容纳的污染物的最大负荷量。卢升高等认为土壤环境容量是在区域土壤指标标准的前提下，使土壤免遭污染所能接受的污染物的最大负荷。张从将土壤在环境质量标准的约束下所能容纳的污染物的最大数量称为土壤环境容量 。由此可知，土壤环境容量属于一种控制指标，随环境因素的变化以及人们对环境目标期望值的变化而变化。环境标准限制某一要素在某一区域可能达到限度的量，作为该区域的环境容量，即环境的标准容量（C_0），将衡量土壤容许的污染量这个基准含量水平称为土壤净容量（Q_1）。其计算模式如下：

$$Q_1 = (C_0 - B) \times 2\,250$$

式中：Q_1——土壤环境容量，g/hm^2；

C_0——土壤环境标准值或土壤环境临界值，g/t；

B——区域土壤背景值或土壤本地值，g/t。

Q_2 土壤环境累积过程中污染物的输入与输出、吸附与吸解、固定与释放、累积与降解的净化过程以及土壤的自净作用。这些过程的结果，都将影响到允许进入土壤中的污染量。将这一部分净化的量（Q_2）加入土壤净容量（Q_1）才是土壤动态的、全部允许的量，即土壤环境容量（Q），也有人称为土壤环境动容量，用数学式表示即为：

$$Q = Q_1 + Q_2$$

二、土壤自净作用

土壤自净作用（Soil self purification）即土壤的自然净化作用，是指进入土壤的污染物，在土壤微生物、土壤动物、土壤有机和无机胶体等土壤自身的作用下，经过一系列的物理、化学和生物化学过程，使污染物在土壤环境中的数量、浓度或毒性、活性降低的过程。土壤自净作用的机理既是土壤环境容量的理论依据，又是选择环境污染调控与防治措施的理论基础。按其作用机理不同，可分为物理净化作用、物理化学净化作用、化学净化作用和生物净化作用。这 4 种土壤自净作用的过程相互交错，其强度的总和构成了土壤环境容量的基础。影响自净作用的因素有土壤环境的物质组成，土壤环境条件，水、热条件，生物学特性和人类活动。虽然可以通过多种措施来提高自净作用，但总是有限的。

近年来国内外学者从环境化学的角度出发，提出土壤环境对污染物的缓冲性概念，其定义为土壤因水分、温度、时间等外界因素的变化，抵御其组分浓度或活度变化的性质。其主要机理是土壤的吸附与解吸、沉淀与溶解，影响因素主要为土壤质量、黏粒矿物、铁铝氧化物浓度等指标，对地面水、地下水及其他环境要素的影响限量等微生物和酶学效应。当微生物数量减少 10% ~ 15% 或土壤酶活性降低 10% ~ 15% 时，土壤有害物质的浓度为最大允许浓度。

三、土壤临界含量的确定

土壤临界含量是土壤所能容纳的污染物的最大负荷量，是土壤环境容量研究中的一个主要内容。土壤作为一个生态系统，它由土壤 – 植物体系、土壤 – 微生物体系、土壤 – 水体系等组成，并与外界环境相互作用形成一个有机的自然体。在获得土壤污染物的各种生态效应、环境效应及各单一体系的临界含量后，采用各种效应的综合临界指标，得出整个土壤生态系统的临界含量，以此作为国家制定土壤环境标准的依据和计算土壤环境容量的依据，是土壤环境容量研究中的重要步骤。

四、污染物在土壤环境中的迁移行为

污染物在土壤环境中的迁移转化过程是相当复杂的，其整个过程系统可分为：系统内污染物的迁移过程、系统内各相之间的交换过程、污染物固相液相之间、污染物固相之间、污染物液相之间、系统内污染物转化过程、系统内与系统外部污染物交换过程以及污染物在系统内的积累过程。这些过程的形成主要是由于污染物在地下水系统内发生物理、化学以及生物作用。

（一）污染物在土壤环境中的环境行为

土壤溶质迁移理论研究的主要是在近五十多年。1952 年，Lapidus 等提出了一个类似于对流 - 弥散方程的模拟模型。1954 年，Scheidegger 将 Lapidus 的方程推广到三维的情况，同时考虑了溶质迁移时的水动力弥散作用，并在均质土壤稳态水流条件下，推导出了反映溶质迁移的概率密度函数，把溶质迁移理论的研究向前推进了一步。1956 年，Rifai 在 Scheidegger 研究成果的基础上，又考虑了溶质迁移时的分子扩散作用，并引入了弥散度（水动力弥散系数与孔隙水流速度的比值 $A = D/V$）的概念，来表征土壤特性对溶质迁移的影响，使对溶质迁移理论的研究更加深入。20 世纪 60 年代初期，土壤学家 Nielsen 和 Biggar 将石油科学中应用的混合置换理论原理应用到土壤科学领域，介绍了有关混合置换的试验及其机理，溶质迁移中的易混合置换现象实际上是由对流分子扩散和机械弥散两个物理过程以及溶质在迁移过程中所发生的众多化学、物理化学过程和其他过程的综合结果。随后，Biggar 和 Nielsen 等又从理论上推导建立了对流 - 弥散方程，并根据试验结果对 Lapidus、Scheidegger 及 Nielsen 的模型进行了比较分析，首次系统地论述了 CDE 方程的科学性和合理性，认为对流 - 弥散方程能较好地描述非反应性溶质在多孔介质中的迁移规律。近年来，关于土壤溶质迁移机理的研究主要集中在对土壤等多孔介质环境下，污染物的存在状态、迁移方式、滞后效应、润湿性和入渗规律的深入讨论。Lenhard 和 Parker 对控制多相流动的基本关系进行研究，并将二相饱和度，压力关系推广到三相流体的体系中去。随后，Hofstee 通过实验研究了由石油溢漏而引起的三相流的滞留特性，对多孔介质中非稳定三相非溶混流体的入渗规律进行了研究。Eckberg 等用不同黏度的碳氢质油做柱体入渗实验，预测非饱和带内土壤中油的入渗和再分布。Parker 和 Lenhard 分别对多相流的基本关系曲线的滞后现象进行了研究，提出了一种包含滞后效应和非浸润流体包裹现象的模型。Ostrom 等调查了原油溢出场地的流体分布，结合滞后现象，油的包裹现象和水力性质空间变化性对其进行模拟，得出结论是滞后现象和油的包裹对预测大规模油体特征至关重要。侯杰研究大庆市地下水石油类污染系统形成机制得出：水动力场对地下水污染系统的形成起主导作用；不同的水动力场对地下水的污染起不同的作用。

（二）土壤溶质迁移实验研究进展

近年来，国内外的许多学者对土壤溶质迁移转化问题做了大量的研究，室内、室外实验都得到了长足的发展，也为定性分析和定量化研究污染物在土壤中迁移提供了必要可行的研究手段。目前室内物理模拟装置主要是土柱和土槽试验，物理模拟的目的是以物理装置为手段真实地再现污染物在土壤及地下水系统中的迁移转化过程。通过物理模拟不仅可以为数学模型提供准确的参数，为求解复杂的数学模型、定量地描述污染物的迁移转化过程创造条件，而且还可以深入地揭示污染物在土壤各单元中的迁移转化机理。因此，物理模拟常常是研究污染物在土壤及地下水中迁移转化的重要技术方法。随着降雨产生淋溶作用及径流的形成，一部分污染物在入渗水流的作用下大大加快了入渗的速度；另一部分随径流泥沙一起进入地表径流。在径流中，由于水流的剪切作用，土壤团粒结构被破坏，分布在土壤颗粒孔隙中的污染物释放出来，导致地下水的污染。落地污染物经过较长的时间，在水力、重力等作用下，经过充分的扩散和混合，会逐渐形成较为稳定的状态。

（三）国内外土壤溶质迁移理论研究

近年来，有关土壤和地下水受到工业污染的报道得到了人们越来越多的关注，特别是在工业化发达国家，污染物对土壤及地下水污染的研究和治理工作已成为污染防治与保护的焦点问题，并在污染物迁移的理论研究、试验研究、模型建立及参数估值等方面取得了相当丰硕的研究成果。

1. 土壤溶质迁移理论研究进展

污染物在土壤中迁移转化问题的关键理论是水动力弥散的相关理论。早在 1805 年，Fick 就提出了分子扩散定律。到 20 世纪初，西方已经出现了一些关于土壤溶质迁移的经典论著，如 Lawis 等提出了水与溶质在田间土壤中的迁移并不是一致的；Means 和 Holmes 曾对降雨和灌溉期间土壤中发生的分子扩散和对流现象的复杂性做了描述；Slichter 根据把水溶性化合物或示踪剂加入地下水后，在下游的井中逐渐出现的现象，提出了水在土壤毛管孔的中心部分较沿孔壁部分的水流动快的解释；继而 Kitagawa 依据水饱和砂中 NaCl 点源的弥散现象，提出了混合过程可作为平均孔隙流速函数的论点；Bosworth 和 Taylor 又说明了毛管中分子扩散的作用。这些论著即是当代土壤溶质迁移理论发展的基础，此后，人们逐渐提出并逐步形成了溶质迁移的基本理论——水动力弥散理论。

化学吸附结合得牢，不易解吸或释放，被吸附分子不能在表面自由移动；化学吸附是单分子层吸附，有明显的选择性，而物理吸附是多分子层吸附，没有选择性，通常几类吸附总是相伴发生，很难截然分开，土壤介质的吸附作用使得许多有机物和无机物暂时地从地下水中排除。吸附与解吸作用是指溶解在地下水中的污染物与吸附在多孔介质上的污染物的质量转换过程。在地下水流运动过程中，吸附在多孔介质上的溶解的污染物由于吸附作用使得污染物的迁移速度相对水流速度减慢，同时也使得地下水中污染物的浓度降低。吸附作用是一个可逆反应，当溶质浓度一定时，一些污染物被吸附在土壤介质上，一部分又被解吸附重新进入到地下水中。

2. 污染物在土壤中的降解过程

一般情况下，污染物进入土壤后，可通过三种自然途径转化和降解，即挥发进入大气、自氧化作用及降解作用。降解作用主要包括生物降解和非生物降解，这是一个缓慢的过程。由于土壤中存在着大量的有机和无机胶体、土壤动植物和微生物，使进入土壤中的污染物通过土壤的物理化学和生物等反应，降解成小分子或简单分子化合物，乃至彻底无机化，转化为 CO_2、H_2O 等。污染物降解的最终产物是 CO_2 和 H_2O，若分子中含有 S、N、P，还能生成硫酸盐、硝酸盐和磷酸盐。土壤中微生物的生命活动是污染物降解的最主要因素，此外，包括蚯蚓在内的非脊椎动物对污染物的代谢作用也很重要，如有些污染物能在摄入植物体内后被代谢降解。除生物降解外，土壤中还存在诸如水解、氧化还原等化学降解作用以及光解和机械降解等非生物降解。

3. 污染物在土壤中吸附过程与降解过程间的关系

土壤对污染物的吸附和解吸是影响污染物在土壤中环境行为的重要因素之一，极大地影响其在土壤中的流动性和滞留性，影响污染物向大气、地下水与地表水的迁移。污染物在土壤中首先发生的是吸附、解吸过程，吸附过程直接影响污染物的微生物可利用性。在土壤环境中，污染物要发生生物降解反应，必须暴露给微生物，污染物与微生物之间的物理性分隔是制约生物降解的主要因素，土壤、水环境系统中，污染物的存在方式并不仅仅是土壤颗粒外部水相这一种状态，它还可能存在于土壤颗粒内部孔道之中，自然形成的土壤颗粒包含了大小不同的内空隙，大多数土壤固有微生物被阻挡在土壤颗粒内孔隙以外，只能存在于颗粒外部水溶液中。因此，那些吸附在土壤颗粒内部的污染物，将不能直接接触到微生物，因而也不能直接发生生物降解反应，污染物必须首先从颗粒内部的固定相解吸下来，进入内孔隙水相，再通过扩散作用，扩散到外部的水溶液，然后才能够被外部水溶液中的微生物降解。这就系统全面地指出了吸附与解吸作用的重要作用。

4. 污染物在土壤中迁移行为

污染物发生意外泄漏后，在重力作用下发生垂直方向的迁移，并在毛细力作用下发生侧向扩散运动，在短时间内形成小范围的高浓度污染。渗透率较高的表层土壤往往是污染物浓度大大超过土壤颗粒的吸附量的地方，过量的污染物就存在于土壤孔隙中，在土壤构成的一般情况下，意外泄漏在土壤表面上的污染物在土壤中的环境行为主要包括：吸附、降解、迁移及化学反应。首先，污染物会逐渐在水动力作用下向土壤中渗透，并在土壤中残留。其次，污染物在不同条件下，一方面在扩散、弥散、解吸等作用下向土壤深处或向低浓度区迁移，造成污染范围不断扩大；另一方面由于土壤对污染物具有的吸附作用，土壤多孔介质中含有的多种微生物和其他化学物质对污染物所起的生化降解反应等作用又会降低污染物在土壤中的浓度，即土壤中各土层污染物含量就是在它们的共同作用下形成的。

事实上，污染物进入土壤环境后，其迁移途径又是由多个过程联合实现的，涉及污染物本身的物化、生化特性与包气带和含水层结构，地层中黏粒及有机质含量，空隙特征，地下水位的埋深、流向、流速以及土壤环境条件（如温度、酸碱度、微生物的活动、植物的吸收、多孔介质的非均质性和各向异性）等多种因素，过程十分复杂。污染物在多孔介质中会产生物理过程、化学过程以及生物过程，物理过程包括对流作用、扩散和弥散作用；化学过程包括吸附与解吸作用、溶解和沉淀作用、氧化还原作用、配位作用、放射性核素衰减作用、水解作用和离子交换作用等；生物过程包括生物降解作用和生物转化作用等，而在这些环境行为过程中，微生物降解和吸附解吸是影响污染物迁移转化的两个主要因素。

第六节　土壤环境污染防治

一、几种典型的土壤污染问题

（1）重金属污染。采矿、冶金和化工等工业排放的"三废"、汽车尾气以及农药和化肥的使用都是土壤重金属的重要来源。按生物化学性质土壤中的重金属可以分为两类：第一类，对作物以及人体有害的元素，如汞、镉、铅及类金属砷等，因此，必须减少这些元素的含量使其不超过环境容量；第二类，常量下对作物和人体有益而过量时出现有害的元素，如铜、锌、铬、锰及类金属硒等，因此，应控制其含量，使其有益于作物生长和人体健康。

（2）石油污染。石油污染是指在石油的开采、炼制、贮运、使用过程中原油和各种石油制品进入环境而造成的污染，土壤中的石油污染物多集中在 20 cm 左右的表层。如石油开采过程中产生的落地油和油田的接转站、联合站的油罐、沉降罐、污水罐、隔油池的底泥，炼油厂含油污水处理设施产生的油泥，是我国油田土壤石油污染的主要来源。污染土壤中石油的主要成分为 $C_{15} \sim C_{36}$ 的烷烃、多环芳香烃、烯烃、苯系物、酚类等，在这之中环境优先控制污染物多达 30 种。

（3）化肥污染。化学肥料在现代化的农业生产中不仅是粮食增产的物质基础，更是农业生产资料的主体。在粮食增产中化肥的贡献率在 40% ～60%，稳定在 50% 左右，但是化肥中的有毒金属、有机物以及无机酸类等是造成土壤污染的主要来源。

（4）农药污染。据初步统计，我国至少有 1 300 万 ～1 600 万 hm^2 耕地受到农药污染。而造成土壤农药污染的主要是有机磷和有机氯农药。据 2000 年国家质检总局数据，全国 47.5% 的蔬菜农药残留超标，因农药残留超标被退回的出口农产品金额达 74 亿美元。

二、土壤污染防治措施

（一）科学灌溉废水

工业废水种类繁多，成分复杂。而且有些工厂排出的废水可能是无害的，但与其他工厂排出的废水混合后，就变成有毒的废水。因此，在利用废水灌溉农田之前，应按照《农田灌溉水质标准》规定的标准进行净化处理，这样既利用了污水，又避免了对土壤的污染。

（二）合理使用农药

合理使用农药，不仅可以减少对土壤的污染，还能经济有效地消灭病、虫、草害，发挥农药的积极效能。在生产中，不仅要控制化学农药的用量、使用范围、喷施次数和喷施时间，提高喷洒技术，还要改进农药剂型，严格限制剧毒、高残留农药的使用，重视低毒、低残留农药的开发与生产。

（三）合理施用化肥

根据土壤的特性、气候状况和农作物生长发育的特点，配方施肥，严格控制有毒化肥的使用范围和用量。

增施有机肥，提高土壤有机质的含量，可增强土壤胶体对重金属和农药的吸附能力。如褐腐酸能吸收和溶解三氯甲苯除草剂及某些农药，腐殖质能促进镉的沉淀等。同时，增加有机肥还可以改善土壤微生物的流动条件，加速生物降解过程。

（四）施用化学改良剂

在受重金属轻度污染的土壤中施用抑制剂，可将重金属转化成为难溶的化合物，减少农作物对它的吸收。常用的抑制剂有石灰、碱性磷酸盐、碳酸盐和硫化物等。例如，在受镉污染的酸性、微酸性土壤中施用石灰或碱性炉灰等，可以使活性镉转化为碳酸盐或氢氧化物等难溶物，此时的改良效果显著。

因为重金属大部分为亲硫元素，所以在水田中施用绿肥、稻草等，在旱地上施用适量的硫化钠、石硫合剂等有利于重金属生成难溶的硫化物。

对于砷污染土壤，可施加 Fe_2SO_4 和 $MgCl_2$ 等生成 $FeAsO_4$、$MgNH_4AsO_4$ 等难溶物，以减少砷的危害。另外，可以种植抗性作物或对某些重金属元素有富集能力的低等植物，用于小面积受污染土壤的净化。如玉米抗镉能力强，马铃薯、甜菜等抗镍能力强等。有些蕨类植物对锌、镉的富集浓度可达每千克数百甚至数千毫克，例如，在被砷污染的土壤上谷类作物无法生存，但在其上生长的苔藓对砷的富集量可达 1 250mg/kg。

同时还要采取防治措施，如针对土壤污染物的种类，种植有较强吸收力的植物，降低有毒物质的含量（如羊齿类铁角蕨属的植物能吸收土壤中的重金属）；通过生物降解净化土壤（如蚯蚓能降解农药、重金属等）；施加抑制剂改变污染物质在土壤中的迁移转化方向，减少作物的吸收（如施用石灰）；提高土壤的 pH，促使镉、汞、铜、锌等形成氢氧化物沉淀。此外，还可以通过增施有机肥、改变耕作制度、换土、深翻等手段，治理土壤污染。

总之，按照"预防为主"的环保方针，防治土壤污染的首要任务是控制和消除土壤污染源，同时对已污染的土壤，要采取一切有效措施，清除土壤中的污染物，控制土壤污染物的迁移转化，改善农村的生态环境，提高农作物的产量和品质，为广大人民群众提供优质、安全的农产品。

三、污染土壤的修复技术

现有污染土壤的修复途径包括：第一，降低污染物在土壤中的浓度；第二，通过固化或钝化作用改变污染物的形态从而降低污染物在环境中的迁移性；第三，将污染物从土壤中去除。下面介绍几种土壤的修复技术：

（1）物理修复。治理污染土壤的方法在 20 世纪 80 年代以前仅限于物理法和化学法。如早期的焚烧法、换土法以及隔离法等，这些方法都要求高温、人力以及机械设备等，不仅成本很高，而且最主要的是没有从根本上解决污染问题，这些处理方法仅是使污染物发生了转移，这些污染物还需要进一步的处理，目前这些方法仅应用于处理一些突发的紧急事件。而现在出现的一些经济可行的新技术、新工艺等逐渐成为研究的热点，如：电修复法、土壤气相抽提法及 CSP 法、热解析法等。

①电修复法是将电极插入到受污染的地下水或土壤区域，在直流电的作用下形成直流电场，则土壤中的离子和颗粒物质会沿着电场方向发生定向的电渗析、电泳运动以及电迁移，从而使土壤空隙中的电荷离子或粒子发生迁移运动；②热解析法主要用于修复有机物，它是通过加热升温土壤，收集土壤中的挥发性污染物进行集中处理；③土壤气相抽提

法是一种原位修复技术，主要是去除石油污染的土壤中的挥发性或半挥发性的石油组分；④CSP法是用煤和焦炭等含碳的物料当做吸附物，在90℃和强烈搅拌下通过煤表面强力吸附烃基污染物，然后用重选或浮选法将干净的土壤和吸附有烃基化合物的煤分开。

（2）生物修复。在减少土壤中有毒有害物质浓度的时候利用生物的代谢活动使污染的土壤恢复到健康状态，这种修复土壤的方式为生物修复。目前有以下三类：①微生物修复。土壤中的某些微生物对一种或多种污染物具有沉淀、吸收、氧化和还原的作用，微生物修复就是利用这种作用来降低土壤对重金属的吸收，修复被污染的土壤和降解复杂的有机物。影响微生物修复土壤的因素有很多，如温度、水分、pH以及氧气等。每种微生物对生物因子都会有一定的耐受范围，在同一个环境中，多种微生物就比一种微生物的耐受范围宽。如果环境条件超过了所有定居微生物的耐受范围，则微生物的修复作用就会停止。②植物修复。利用能够富集重金属的植物清除土壤重金属污染的设想是美国科学家Chaney在1983年首次提出的，即植物修复技术。污染土的植物修复技术根据植物修复的机理和作用过程可以分为4种基本类型：植物提取、植物挥发、植物稳定和植物降解。植物提取主要是靠植物吸收土壤中的污染物，这些污染物运输并储存在植物体的地上部分，通过种植和收割植物而达到去除土壤中污染物的目的。植物挥发净化土壤可以分为两种方式：一种是土壤中的污染物在植物根系分泌的特殊物质的作用下转化为挥发态，另一种是植物将土壤中的污染物吸收到体内再转换为气态物质释放到大气中。植物稳定是指植物通过某种生化过程使污染基质中污染物的流动性降低，生物可利用性下降。植物降解是通过植物根系分泌物与根际微生物的联合作用而达到降解污染物的生物化学过程，这种主要是处理复杂的有机物。以上几种方式中植物提取修复是目前应用最多、最有发展前景的技术；但植物挥发修复技术仅仅限于挥发性物质，将这些污染物转移到大气中有没有环境风险还不确定，因此应当谨慎采用。植物稳定修复仅仅是暂时固定污染物，当土壤环境发生变化时污染物可能将重新被激活而恢复毒性，因此，没有彻底解决土壤污染问题。③动物修复。动物修复技术主要是通过土壤动物群来修复受污染的土壤，分为直接作用和间接作用。直接作用包括吸收、转化和分解；间接作用是通过动物改善土壤的理化性质，提高土壤的肥力，促进植物和微生物的生长。动物修复技术包括两方面内容：第一，生长在污染土壤上的植物体和粮食等饲喂动物，通过研究动物的生化变异来研究土壤的污染状况；第二，直接将蚯蚓、线虫类等饲养在污染土壤中进行研究。目前这项技术较多的应用在石油类污染土壤中。

（3）化学修复。化学修复是通过土壤中的吸附、溶解、氧化还原、拮抗、络合螯合或沉淀作用，以降低土壤中污染物的迁移性或生物有效性。常用的有以下几种：①固化。为了控制污染物在土壤中的迁移，一般是将含有重金属的污染土壤与固化剂按照一定的比例进行混合，熟化后形成渗透性较低的固体混合物，从而隔离了污染土壤与外界环境的影响，将污染物固封在固化物中。②稳定化。将污染物转化为不易溶解、迁移能力小以及毒性小的形式或状态，主要是通过在土壤中加入化学物质来改变重金属的形态或价态实现的。③萃取法。主要是根据相似相溶原理进行的，如使用有机溶剂对石油污染的土壤中的原油进行萃取，萃取后对有机相进行分离，回收油用于回炼，而分离的溶剂则循环使用。④淋洗法。受到污染的土壤经过清水淋洗液或含有化学助剂的水溶液淋洗出污染物。以上几种方式各有自己的优势和适用范围，因此在处理污染土壤时应当根据实际情况选择适宜的处理方式以达到预期的处理效果。

四、土壤修复技术比较

土壤修复技术是一项涵盖地质学、化学、物理学、材料学、生物学和环境学的多学科的综合技术。近年来,对石油污染土壤治理的研究很多,世界各国纷纷制定石油污染土壤的修复与治理计划,并取得很大进展,目前土壤重金属污染物修复技术在探索中发展。物理修复、化学修复、生物修复技术本身都有明显的局限性。物理修复技术能量消耗高、需要专门设备、处理成本高、工作量大、只能处理小面积的污染土壤。化学法处理易破坏土壤团粒结构、处理成本高、存在二次污染的风险。生物修复存在过程缓慢,污染物降解的有些中间产物毒性甚至超过其自身,场地条件和环境因素对修复效率的影响大,修复效果不稳定。因此为克服单一方法的缺点,发挥不同修复技术的长处,研究开发土壤污染综合修复技术显得尤其重要。所以,研究重点是不同生物技术的综合利用和开发物理、化学和生物联合修复工艺。

电修复法与传统的土壤修复技术相比具有经济效益高、不破坏现场生态环境以及接触毒物少的优点,更加适用于治理渗透系数低的密质土壤。而热解析法需要消耗大量的能量并且容易破坏土壤中的有机质和结构水,同时还会向空气会发出有害蒸汽而造成二次污染。土壤气相抽提法具有可操作性强、处理污染物的范围宽、可由标准设备操作、不破坏土壤结构及可回收利用废物等优点。固化适用于面积小但污染严重的土壤;萃取法仅仅适用于受油污浓度较高的土壤;而化学氧化法虽然操作比较复杂但是可以灵活地应用于不同类型污染物的处理中。

思考题

1. 简述土壤圈与其他圈层的关系。
2. 简述土壤污染的特点。
3. 通过图示的方式描述氮元素在土壤中的循环过程。
4. 简述农田系统中无机氮肥的损失途径以及土壤中氮损失对环境的影响。
5. 通过图示的方式描述硫元素在土壤中的循环过程。
6. 简述土壤生物污染的危害。
7. 土壤水蚀作用对环境的原位影响和异位影响分别有哪些?
8. 污染土壤的物理修复方法有哪些?
9. 电修复技术的原理是什么?
10. 与传统修复技术相比,植物修复技术具有哪些优点?
11. 土壤的物理、化学和生物性质有哪些?在土壤环境中有哪些自发的物理、化学、生物过程?
12. 计算题。
某土壤样品,其湿土重为 1 000 g,体积为 640 cm^3,当在烘箱中烘干后,它的干重为 800 g,土壤相对密度为 2.65,试计算:①该土壤样品的容重;②该土壤样品的总孔度;

③该土壤样品的孔隙比；④该土壤样品的容积含水量；⑤该土壤样品的三相比（固：液：气）。（写明每一步所运用的公式）

参考文献

[1] 左玉辉. 环境学 [M]. 北京：高等教育出版社，2011.

[2] 唐孝炎，钱易. 环境与可持续发展 [M]. 北京：高等教育出版社，2010.

[3] 曲向荣. 土壤环境学 [M]. 北京：清华大学出版社，2010.

[4] 何强. 环境学导论 [M]. 北京：清华大学出版社，2008.

[5] Enger E D, Smith B F. Environmental Science [M].9th edition. 影印本. 北京：清华大学出版社，2004.

[6] 左玉辉. 环境学原理 [M]. 北京：高等教育出版社，2010.

[7] 仝致琦，谷蕾，马建华. 关于环境科学基本理论问题的若干思考 [J]. 河南大学学报：自然科学版，2012，4（2）：168 – 173.

[8] 刘培桐，薛纪渝，王华东. 环境学概论 [M]. 北京：高等教育出版社，1995.

[9] 窦贻俭，李春华. 环境科学原理 [M]. 南京：南京大学出版社，2003.

[10] 卢昌义. 现代环境学概论 [M]. 厦门：厦门大学出版社，2005.

[11] 刘滔，尹光彩，刘菊秀，等. 酸沉降对南亚热带森林土壤主要元素的影响 [J]. 应用与环境生物学报，2013，19（2）：255 – 261.

[12] 魏新平. 溶质运移理论的研究现状和发展趋势 [J]. 灌溉排水，1998，17（4）：58 – 63.

[13] 彭帅. 环境污染物在土壤介质中迁移行为研究 [D]. 重庆：重庆大学，2010.

[14] 梁冰，薛强，刘晓丽. 油气田地区土壤——水环境中有机污染的数值模拟及模型预测 [J]. 中国地质灾害与防治学报，2003，13（3），19 – 22.

[15] Truax D D, Brittu R, Sherrad J H. Benchacalt studies of reactor – based treatment of fuel contaminated oil [J]. Water Management，1995，15（6）：1833 – 1845.

[16] 张广军，赵晓光. 水土流失及荒漠化监测与评价 [M]. 北京：中国水利水电出版社，2005.

[17] 刘霄，熊耀湘. 土壤溶质运移研究现状 [J]. 水利科技与经济，2006，12（6）：355 – 358.

[18] Bear J. 多孔介质流体动力学 [M]. 北京：中国建筑工业出版社，1983.

[19] 许秀元，陈同斌. 土壤中溶质运移模拟的理论与应用 [J]. 地理研究，1998，17（1）：99 – 106.

[20] Nielsen D R, Biggar J W. Miscible displacement in soils：Experimental information [J]. Soil Sci. Soc. Am. Proc.，1961，25：1 – 5.

[21] Biggar J W, Nielsen D R. Miscible displacement Ⅱ：Behavior of tracers [J]. Soil Sci. Soc. Am. Proc.，1962，26（2）：125 – 128.

[22] Nielsen D R, Biggar J W. Miscible displacement is soil Ⅲ：Theoretical consideration [J]. Soil Sci. Soc. Am. Proc.，1962，26：216 – 221.

[23] Nielsen D R, Biggar J W. Miscible displacement Ⅳ：Mixing in glass beads [J]. Soil Sci. Soc. Am. Proc.，1963，27（1）：10 – 13.

[24] Biggar J W, Nielsen D R. Miscible displacement Ⅴ：Exchange processes [J]. Soil Sci. Soc. Am. Proc.，1963，27（6）：623 – 627.